"十二五"职业教育国家规划教材
经全国职业教育教材审定委员会审定

数控车削加工技术与综合实训（FANUC系统）

主　编　陈子银　任国兴
副主编　苏　源　黄美英
参　编　阚世元　张　星　陈海荣
　　　　王　兵　徐　超
主　审　吴光明

本书是经全国职业教育教材审定委员会审定的“十二五”职业教育国家规划教材，是根据教育部于2014年公布的职业院校数控技术专业教学标准，同时参考数控车工国家职业资格标准技能要求和理实一体化课程改革的需求编写的。本书包含FANUC系统的数控车床理论基础及实践操作，分为四个单元：单元一主要介绍数控车削的加工特点、功能、机床坐标系统、基本指令、机械结构、机床的安全操作、机床的维护保养与故障诊断等；单元二中包含五个项目，内容为数控车床基本操作、轴类、套类、沟槽及螺纹零件的车削加工，将相关知识、编程技巧、工艺分析、相关计算、加工路线、工序简图、刀具选择、切削用量、参考程序等有机融合在一起，并配备有大量的思考与练习，以便教学及实训；单元三为数控车削综合实训，包括简单外轮廓、较复杂外轮廓及配合件车削加工；单元四为数控车削考级与提升，包括知识要求试题（附答案）和技能要求试题，以便培训、考核鉴定和自查。

本书可作为职业院校数控技术专业教材，也可作为从事数控车床工作相关人员的实训参考书。选择本书作为教材的老师、可登录机械工业出版社教材服务网（www.cmpedu.com），注册后免费下载。

图书在版编目（CIP）数据

数控车削加工技术与综合实训：FANUC系统/陈子银，任国兴主编.
—北京：机械工业出版社，2015.11（2023.6重印）
“十二五”职业教育国家规划教材
ISBN 978-7-111-52215-7

Ⅰ.①数… Ⅱ.①陈… ②任… Ⅲ.①数控机床-车床-车削-加工工艺-职业院校-教材 Ⅳ.①TG519.1

中国版本图书馆CIP数据核字（2015）第280589号

机械工业出版社（北京市百万庄大街22号 邮政编码100037）
策划编辑：汪光灿 责任编辑：汪光灿 武 晋
责任校对：刘怡丹 封面设计：张 静
责任印制：单爱军
北京虎彩文化传播有限公司印刷
2023年6月第1版第6次印刷
184mm×260mm · 20.25印张 · 498千字
标准书号：ISBN 978-7-111-52215-7
定价：59.00元

电话服务 网络服务
客服电话：010-88361066 机 工 官 网：www.cmpbook.com
010-88379833 机 工 官 博：weibo.com/cmp1952
010-68326294 金 书 网：www.golden-book.com
封底无防伪标均为盗版 机工教育服务网：www.cmpedu.com

前言

本书是经全国职业教育教材审定委员会审定的“十二五”职业教育国家规划教材，是根据教育部于2014年公布的职业院校数控技术专业教学标准，同时参考数控车工国家职业标准技能要求和理实一体化课程改革的需求编写的。本书采用“项目引领，任务驱动，一体化教学”的教学模式，内容强调理论与实践相结合，遵循学生的认知规律，以实用、够用为原则，突出实践操作与技能训练，充分体现“学、练、做一体化”的教学思想。

本书以FANUC数控系统为主，从理论知识到技能操作训练进行了较为系统的讲授。本书在内容安排上注重理论知识与技能操作的统一，通过理论知识的讲解及大量的实例训练，使学生能够掌握数控车削加工中最实用的技术内容。

本书理论部分包括数控车床及其性能、数控车床坐标系及编程基础、数控车床的机械结构、数控机床的安全操作和维护保养及故障诊断。实训技能与操作部分包括FANUC系统数控车床基本操作，轴类、套类、沟槽及螺纹零件的车削加工，内容由浅入深，由易到难，便于学生掌握数控车削技术。特别是单元二数控车床操作与编程，各任务均由任务描述、任务分析、相关知识、任务准备、任务实施、检查评议、问题及防治、扩展知识、扩展训练组成，每个任务均附有相关训练题，便于师生参考。最后通过综合实训、考级与提升，使学生达到数控车削中级工水平的基本要求。

本书由陈子银、任国兴任主编，苏源、黄美英任副主编，吴光明任主审。参加本书编写的还有阚世元、张星、陈海荣、王兵、徐超。全国职业教育教材审定委员会评审专家对本书提出了宝贵建议。在编写本书过程中，还得到制造类企业的多位工程技术人员的技术支持与帮助，在此一并表示衷心的感谢！

由于编者水平有限，书中难免有错误和不妥之处，敬请读者批评指正。

编　者

目 录

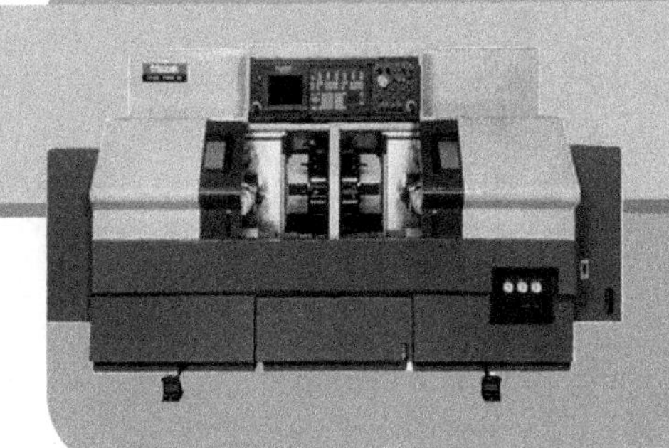

单元一 数控车床加工基础

课题一 数控车床及其性能

知识目标

1. 了解数控车床的组成、类型、特点。
2. 熟悉数控车床的性能测试、精度检测。

知识一 数控车床简介

一、数控车床的基本组成

数控车床加工是将编制好的加工程序输入到数控系统中，由数控系统通过车床 X、Z 坐标轴的伺服电动机去控制进给运动部件的动作顺序、移动量和进给速度，再配以主轴的转速和转向，自动加工出形状不同的轴类或盘类回转体零件。

如图 1-1 所示，数控车床是由床身 1、主传动系统（包括主轴 3 等）、进给传动系统（包括伺服电动机等）、自动回转刀架 6 等部分组成的。

1. 床身

数控车床的主轴、尾座等部件相对床身的布局形式与普通车床基本一致，而床身结构和导轨的布局形式则发生了根本变化。数控车床的床身结构和导轨有多种形式，主要有平床身、斜床身、平床身斜滑板与立床身，其布局形式分别如图 1-2a ~ d 所示。

平床身的工艺性好，便于导轨面的加工。平床身配置水平放置的刀架，可以提高刀架的运动精度，一般用于大型数控车床或小型精密数控车床。但是平床身由于下部空间小，故排屑困难。从结构尺寸上看，刀架水平放置使得滑板横向尺寸较长，从而加大了机床宽度方向的结构尺寸。

平床身斜滑板是在平床身上配置倾斜放置的滑板，并配置倾斜式导轨防护罩。这种布局形式一方面有平床身工艺性好的特点，另一方面机床宽度方向的尺寸较水平配置滑板的机床宽度要小，且排屑方便。

平床身斜滑板和斜床身配置斜滑板布局形式被中、小型数控车床所普遍采用。这是由于

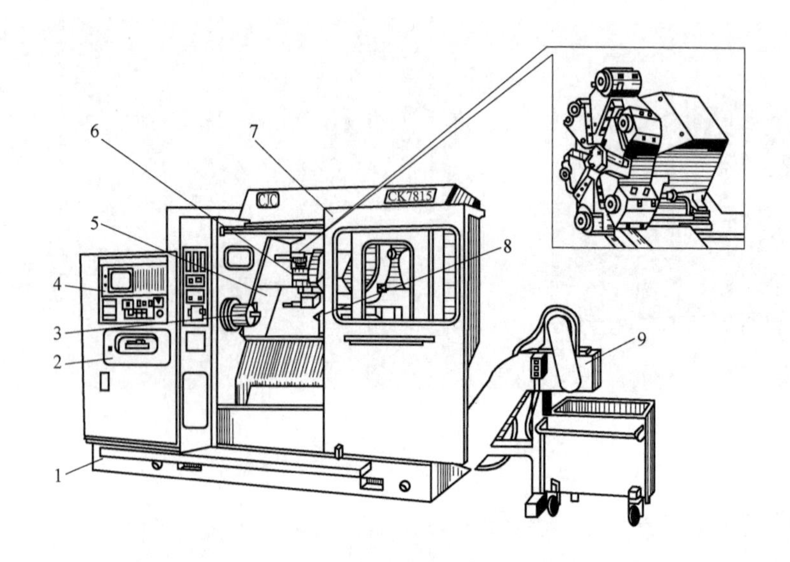

图 1-1　数控车床的外观图

1—床身　2—通信接口　3—主轴　4—数控系统操作面板

5—倾斜 60°导轨　6—刀架　7—防护门　8—尾座　9—排屑装置

此两种布局形式排屑容易，热切屑不会堆积在导轨上，也便于安装自动排屑器；操作方便，易于安装机械手，以实现单机自动化；机床占地面积小，外形简洁、美观，容易实现封闭式防护。

斜床身倾斜角度多为 30°、45°、60°、75°和 90°（称为立式床身）角，常用的是倾斜 45°、60°和 75°。

2. 主传动系统

数控车床的主传动系统一般采用直流或交流无级调速电动机，通过带传动带动主轴旋转，实现自动无级调速及恒切削速度控制，如图 1-3 所示。

3. 进给传动系统

进给传动系统分为横向进给传动系统和纵向进给传动系统，如图 1-4 所示。横向进给传动系统带动刀架做横向（X 轴）移动，它控制工件的径向尺寸，如图 1-4a 所示；纵向进给传动系统带动刀架做纵向（Z 轴）移动，它控制工件的轴向尺寸，如图 1-4b 所示。

4. 自动回转刀架

刀架是数控车床的重要部件，它安装各种切削加工刀具，其结构直接影响机床的切削性能和工作效率。

数控车床的刀架分为排式刀架和转塔式刀架两种类型，其中转塔式刀架是常用的刀架形式，它通过转塔头的旋转、分度、定位来实现机床的自动换刀工作。排式刀架有两种类型，如图 1-5a 所示。转塔式刀架也有两种类型：一种是回转轴与主轴垂直的转塔式刀架，如图 1-5b 所示；另一种是回转轴与主轴平行的转塔式刀架，如图 1-5c 所示。

二、数控车床的特点

1. 全封闭防护

由于车削时锋利、发烫的切屑对操作者的安全造成极大的威胁，故数控车床都装有安

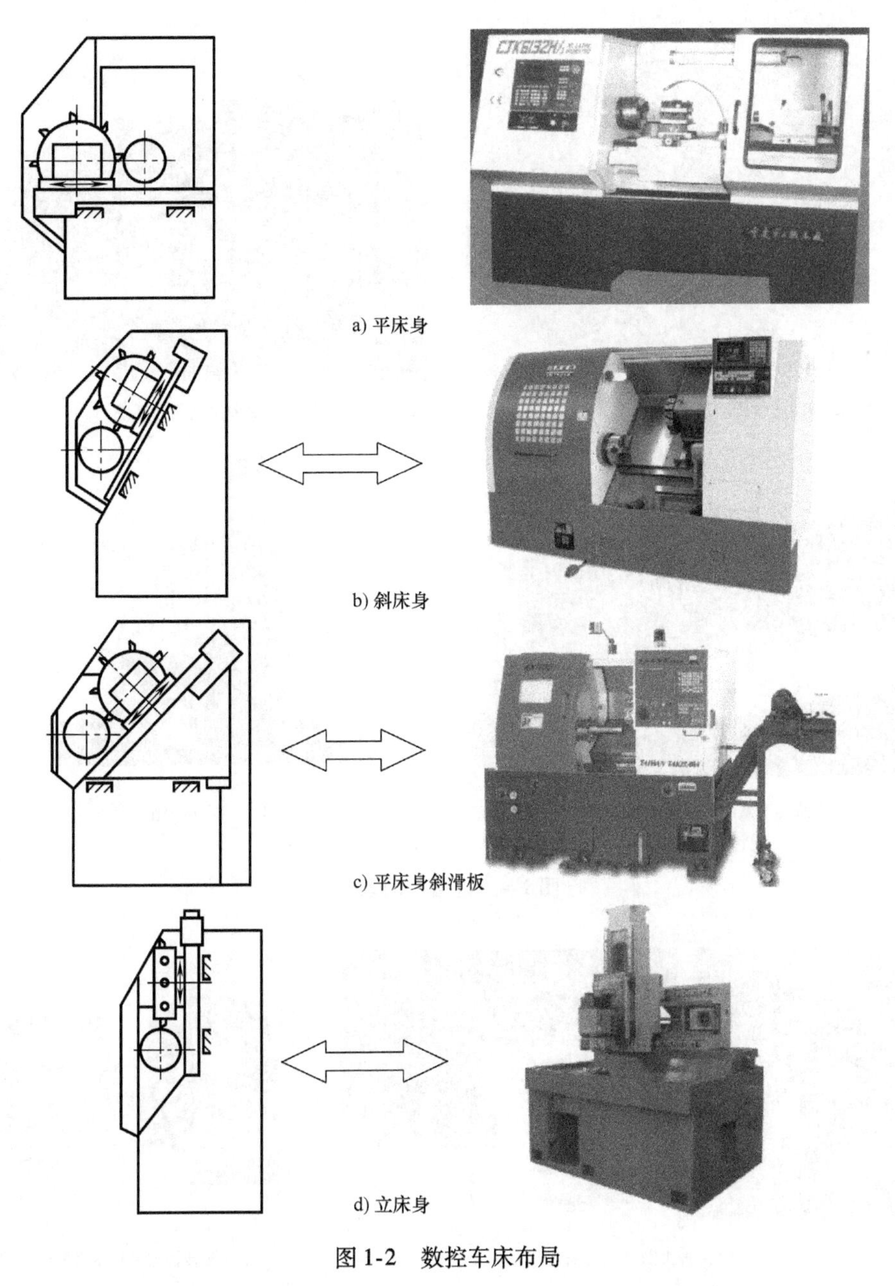

a) 平床身

b) 斜床身

c) 平床身斜滑板

d) 立床身

图 1-2　数控车床布局

a) 主传动系统　　b) 主轴部件　　c) 两种类型卡盘

图 1-3　主传动系统与主轴部件及卡盘

a) 横向进给传动系统

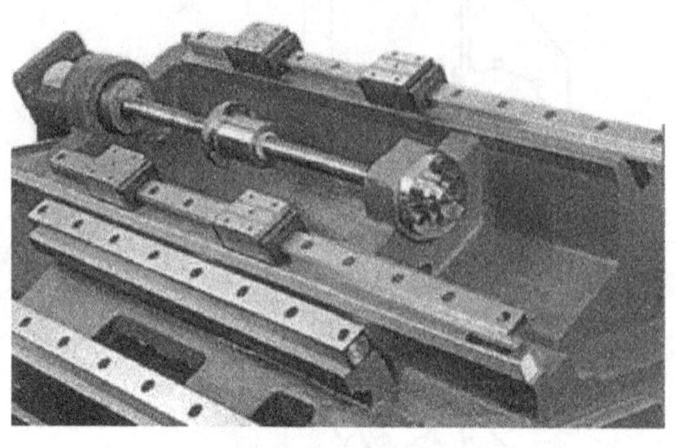

b) 纵向进给传动系统

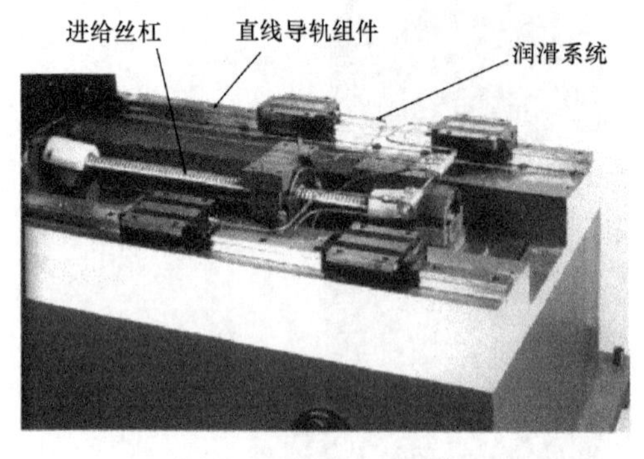

c) 进给传动系统在车床上的安装

d) X、Z向进给滑板

图 1-4　进给传动系统

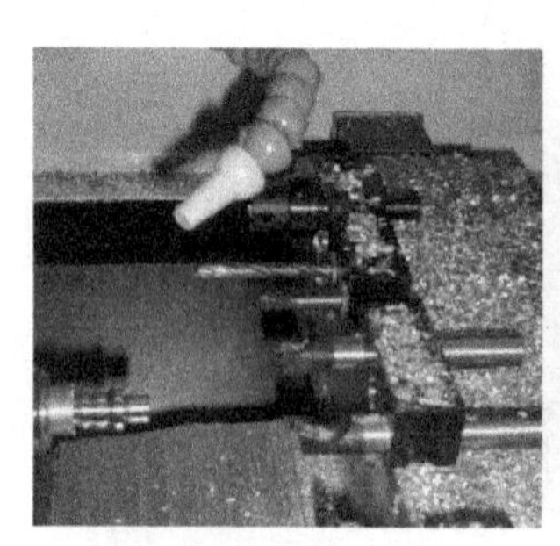

a) 两种类型排式刀架

b) 回转轴与主轴垂直的转塔式刀架

c) 回转轴与主轴平行的几类转塔式刀架

图 1-5　数控车床的刀架

全防护门，有效避免了切屑伤人等不安全的隐患。另外，数控车床的操作大多是由按键操控的，所以数控车床可以制造成全封闭结构，这样做除了有安全保护作用外，还可以将原来的单向冲淋冷却方式改变为多方位强力喷淋冷却方式，从而改善了刀具和工件的冷却效果。

图1-6　自动排屑装置和切屑运输小车

2. 排屑方便

配有自动排屑装置和切屑运输小车的数控车床，可以使排屑更加方便，如图1-6所示。

3. 主轴转速较高，工件夹紧可靠

因数控车床的总体结构刚性好、抗振性好，故能够使主轴的转速高，实现高速、强力切削，充分发挥数控车床的优势。同时由于数控车床转速较高，故多采用液压高速动力卡盘，使工件夹紧可靠。

4. 自动换刀

数控车床都配有自动换刀刀架，实现了自动换刀，提高了生产率和自动化程度。

5. 传动链短，主传动与进给传动分离，并由数控系统协调工作

数控车床上沿纵、横两个坐标轴方向的运动是通过伺服驱动系统完成的。例如，对于卧式数控车床，其横向运动由伺服电动机→滚珠丝杠→床鞍及中滑板驱动，免去了普通车床中主轴电动机→主轴箱→交换齿轮箱→进给箱→溜板箱→床鞍及中滑板的冗长的传动过程。

另外，大多数的数控车床已经大部分或全部取消了主轴箱内的齿轮传动系统，改由主轴伺服电动机驱动，并能实现无级自动调速，因而省去了主轴箱内较为复杂的机械传动链。主传动与进给传动由数控系统协调工作而互不影响，使数控车床的加工精度更高。

三、数控车床的类型

1. 按数控系统的功能分类

（1）经济型数控车床　经济型数控车床一般是在普通车床基础上进行改造设计的，如图1-7所示。

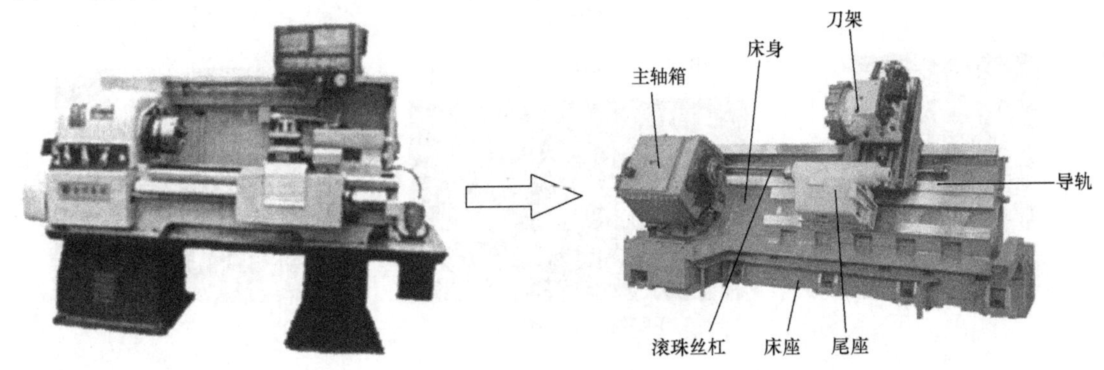

图1-7　经济型数控车床

（2）全功能型数控车床　全功能型数控车床一般采用闭环或半闭环控制系统，具有高刚度、高精度和高效率等特点，其外观及内部构造如图 1-8 所示。

（3）车削中心　车削中心的主体是数控车床，配以动力刀座或机械手，可实现车、铣复合加工，如图 1-9a 所示。图 1-9b 所示为车削中心配套的几种铣削动力头。

2. 按主轴的配置形式分类

（1）卧式数控车床　卧式数控车床是主轴轴线处于水平位置的数控车床，如图 1-7 和图 1-8 所示。

（2）立式数控车床　立式数控车床是主轴轴线处于垂直位置的数控车床，如图 1-10 所示。

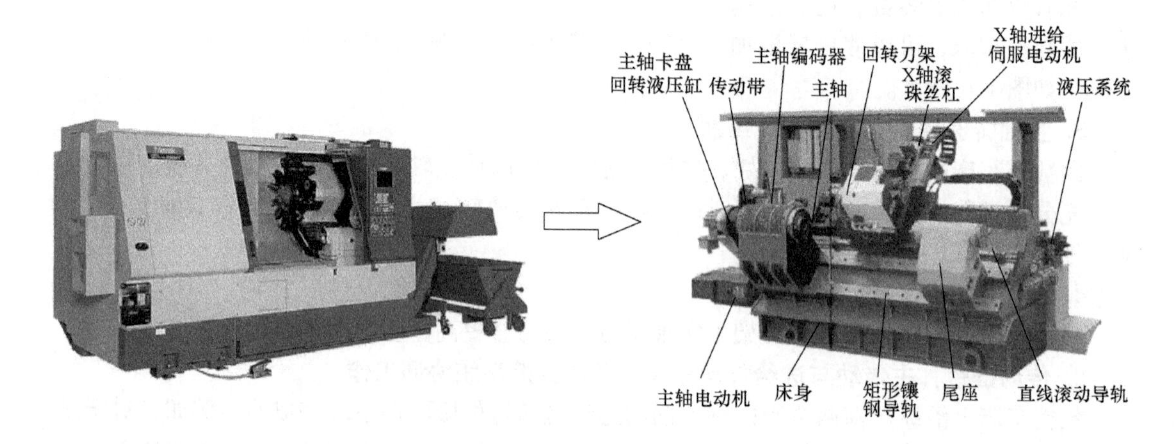

图 1-8　全功能型数控车床

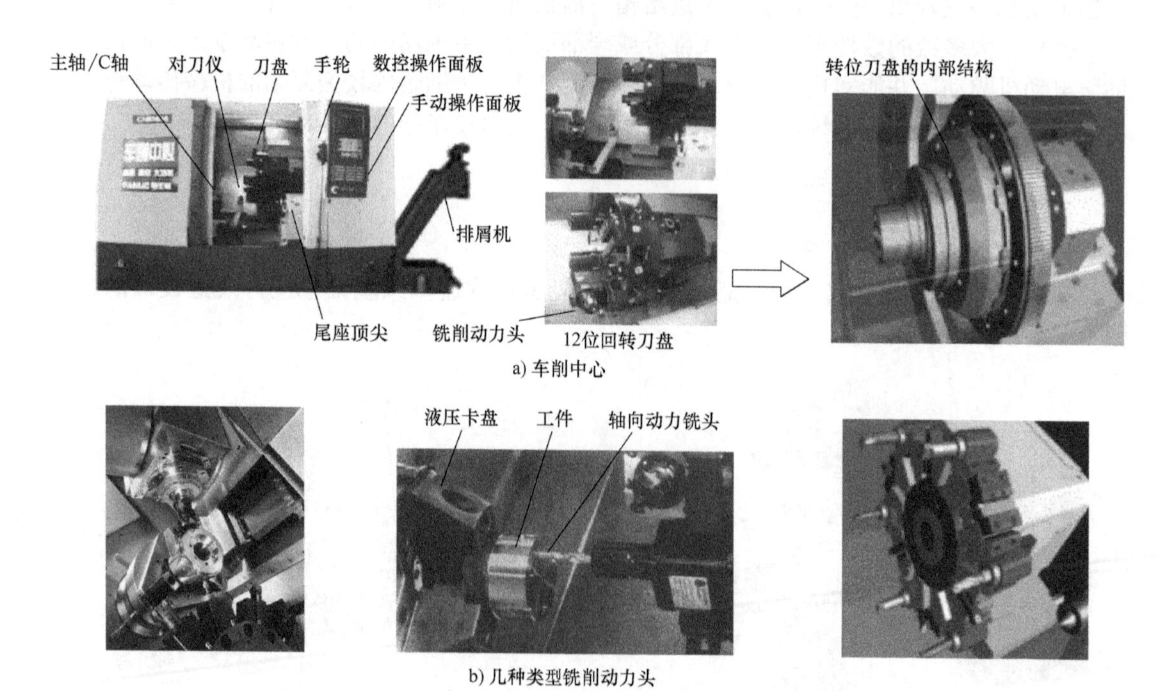

图 1-9　车削中心与铣削动力头

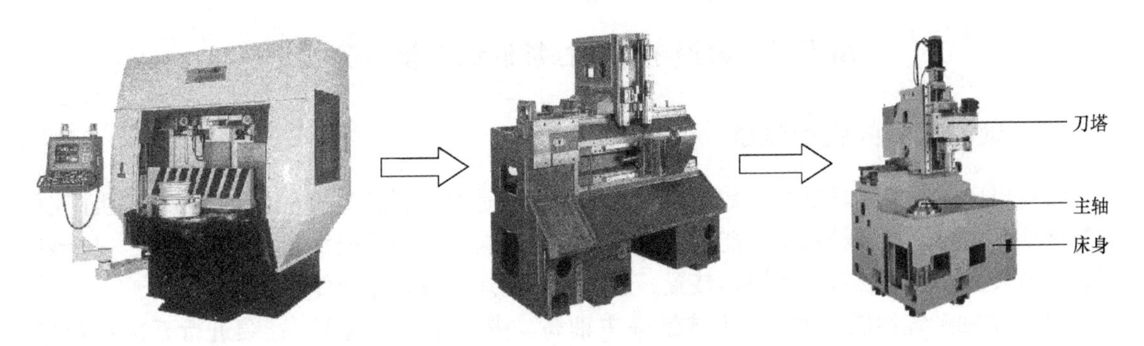

图 1-10　立式数控车床与其内部结构形式

无论是卧式数控车床还是立式数控车床，一般都只有一个主轴和一个刀架，如图 1-11a 所示，也有一些数控车床有一个主轴和两个刀架，如图 1-11b 所示。另外，还有双主轴双刀架卧式数控车床或立式数控车床，如图 1-12 所示。

a) 单主轴单刀架

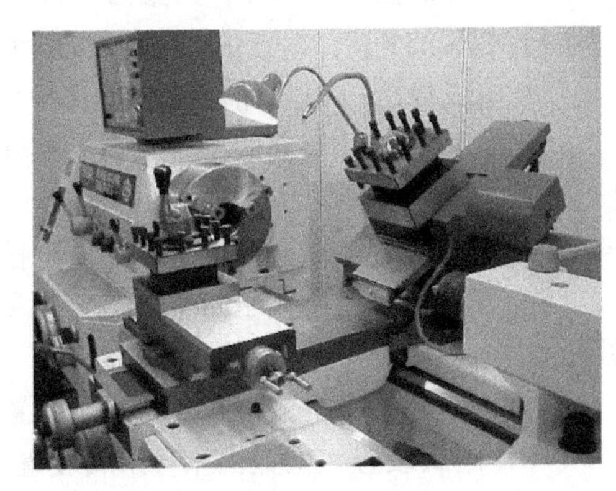

b) 单主轴双刀架

图 1-11　单主轴单刀架和双刀架结构类型

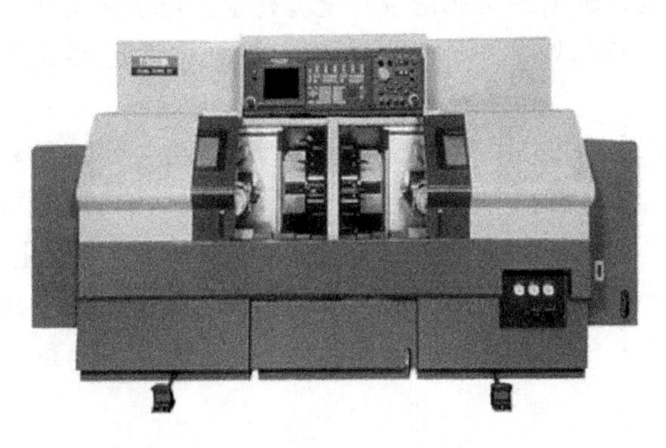

a) 卧式车床

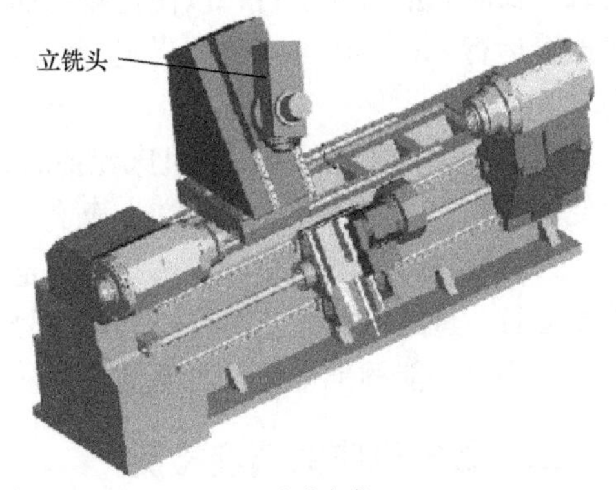

b) 立式车床

图 1-12　双主轴双刀架的数控车床

知识二　数控车床的性能测试与检测验收

一、数控机床的性能测试

数控机床的性能测试是验证数控机床的实际性能是否达到规定的性能指标要求。机床性能测试项目主要包括主轴系统性能、进给系统性能、自动换刀系统性能、电气装置、安全装置、气液装置、润滑装置、各附属装置、连续无载荷运行及程序功能等。

（1）主轴系统性能　用手动方式选择主轴高、中、低三档速度，连续进行五次正转与反转的起动、停止和准停动作，以测试主轴动作的灵活性和可靠性。另外，用数据输入方式，起动主轴从最低速逐级提高到最高允许速度，测试各级转速，误差不超过设定值的±10%，同时观察机床振动。经过两个小时运转允许升温15℃。

（2）进给系统性能　分析对各坐标轴进行手动操作，正反方向的低、中、高速进给和快速移动的起动、停止、点动等动作的平稳性和可靠性。

（3）自动换刀系统性能　手动操作和自动运行时，测试刀架满载条件下运动的平稳性，换刀过程的可靠性与灵活性，刀架刀号选择的准确性，测定换刀时间。

（4）机床的噪声　检查主轴电动机的冷却风扇和液压系统液压泵的噪声是否超过标准规定。

（5）电气装置　在运行前、后分别进行绝缘检查，检查接地线质量，确认绝缘的可靠性等。

（6）数控装置　检查数控柜的各种指示灯、操作面板、电柜冷却风扇等的动作及功能是否正常，以及装置的密封性。

（7）安全装置　检查对操作者的安全性和机床保护功能的可靠性。

（8）气液装置　检查压缩空气和液压回路的密封性、调压性能及液压油箱的正常工作情况。

（9）润滑装置　检查定时定量润滑装置的可靠性，检查润滑油路有无渗漏等。

（10）附属装置　检查机床各附属装置工作的可靠性，如切削液装置、排屑装置、防护门、自动交换工作台、坐标轴超程、电流过载保护、电动机过热和过载自动停机功能、欠电压和过电压保护功能等。

（11）连续无载荷运行　一台数控车床安装调试完毕后，由于其功能繁多，故可在一定负载下长时间地自动运行，以便比较全面地检查机床的功能是否齐全和稳定。可运用考机程序连续运行8h、24h或36h，若连续运行时不出故障，则表明该机床的可靠性已经达到要求。

（12）程序功能　指按照机床配备的数控说明书，用手动或自动编程检查数控系统的程序使用功能，如定位、直线插补、暂停、自动加减速、坐标选择、平面选择、刀具位置补偿、刀具直线补偿、拐角功能选择、固定循环、选择停止、程序结束、切削液启动与停止、单段运行、进给保持、紧急停止、程序号显示、检索、位置显示、镜像功能、间隙补偿及用户宏程序等功能的准确性及可靠性。

二、数控机床的精度检测

1. 机床精度概念

机床的加工精度是衡量机床性能的一项重要指标。影响机床加工精度的因素很多，有机床自身的精度，还有因机床及工艺系统变形、加工中产生振动、机床的磨损以及刀具磨损等因素。在上述各因素中，机床自身的精度是一个重要的因素。例如，在数控车床上车削圆柱面，其圆柱度主要取决于工件旋转轴线的稳定性、车刀刀尖移动轨迹的直线度以及刀尖运动轨迹与工件旋转轴线之间的平行度，即主要取决于车床主轴与刀架的运动精度以及刀架运动轨迹相对于主轴的位置精度。

机床精度包括几何精度、传动精度、定位精度以及工作精度等，不同类型的机床对这些方面的要求是不一样的。

（1）几何精度　机床的几何精度是指机床某些基础零件工作面的几何精度，它指的是机床在不运动（如主轴不转、工作台不移动）或运动速度较低时的精度。它规定了决定加工精度的各主要零部件间以及这些零部件的运动轨迹之间的相对位置公差，例如，床身导轨的直线度、工作台面的平面度、主轴的回转精度、刀架滑板移动方向与主轴轴线的平行度等。在机床上加工的工件表面形状是由刀具和工件之间的相对运动轨迹决定的，而刀具和工件是由机床的执行件直接带动的，所以机床的几何精度是保证加工精度最基本的条件。

（2）传动精度　机床的传动精度是指机床内联系传动链两末端件之间的相对运动精度。这方面的误差称为该传动链的传动误差。例如车床在车削螺纹时，主轴每转一转，刀架的移动量应等于螺纹的导程。但是，由于主轴与刀架之间的传动链中，齿轮、丝杠及轴承等存在着误差，使得刀架的实际移动距离与要求的移动距离之间有了误差，这个误差将直接造成工件的螺距误差。为了保证工件的加工精度，不仅要求机床有必要的几何精度，而且还要求机床内联系传动链有较高的传动精度。

（3）定位精度　机床定位精度是指机床主要部件在运动终点所达到的实际位置的精度。实际位置与预期位置之间的误差称为定位误差。对于主要通过试切和测量工件尺寸来确定运动部件定位位置的机床，如卧式车床、万能升降台铣床等普通机床，对定位精度的要求并不太高。但对于依靠机床本身的测量装置、定位装置或自动控制系统来确定运动部件定位位置的机床，如各种自动化机床、数控机床、坐标测量机等，对定位精度必须有很高的要求。

机床的几何精度、传动精度和定位精度通常是在没有切削载荷以及机床不运动或运动速度较低的情况下检测的，故一般称为机床的静态精度。静态精度主要取决于机床上的主要零部件，如主轴及其轴承、丝杠螺母、齿轮、床身等的制造精度以及它们的装配精度。

（4）工作精度　静态精度只能在一定程度上反映机床的加工精度，因为机床在实际工作状态下还有一系列因素会影响加工精度。例如，由于切削力、夹紧力的作用，机床的零部件会产生弹性变形；在机床内部热源（如电动机、液压传动装置的发热，轴承、齿轮等零件的摩擦发热等）以及环境温度变化的影响下，机床零部件将产生热变形；由于切削力和运动速度的影响，机床会产生振动；机床运动部件以工作速度运动时，由于相对滑动面之间的油膜以及其他因素的影响，其运动精度也与低速下测得的精度不同。所有这些都将引起机床静态精度的变化，影响其加工精度。机床在外载荷、温升及振动等工作状态作用下的精度，称为机床的动态精度。动态精度除与静态精度有密切关系外，还在很大程度上取决于机床的刚度、抗振性和热稳定性等。目前，生产中一般是通过切削加工出的工件精度来考核机床的综合动态精度，称为机床的工作精度。工作精度是各种因素对加工精度影响的综合反映。

2. 数控车床的精度检验标准与检验方法

卧式数控车床精度检验标准与检验方法见表 1-1。

表 1-1 卧式数控车床精度检验标准与检验方法（$D \leqslant 800$mm，500mm < $DC \leqslant 1000$mm）

序号	检验项目	公差/mm	检验工具	检验方法
1	导轨精度 a. 纵向：导轨的垂直平面内的直线度 b. 横向：导轨的平行度（无床身或 DC < 500mm 的机床，此项检验用 G10 代替）	斜导轨：0.03（每 1000mm 的长度） 水平导轨：0.04/（每 1000mm 的长度）（只许凸） 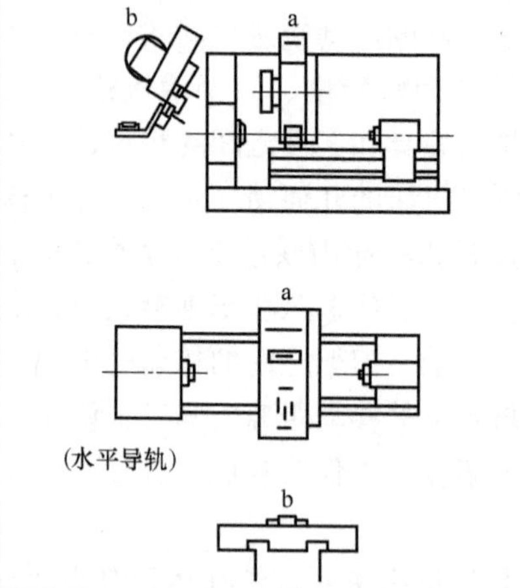 (水平导轨)	精密水平仪、专用支架、专用桥板或其他光学仪器	a. 将水平仪纵向放置在桥板（或滑板）上，等距离移动桥板（或滑板），每次移动距离小于或等于 500mm。在导轨的两端和中间至少三个位置上进行检验。误差以水平仪读数的最大代数差值计 b. 将水平仪横向放置在桥板（或滑板）上等距离移动桥板或滑板检验。误差以水平读数的最大代数差值计
2	滑板移动在主平面内的直线度（只适用于有尾座的机床）	$DC \leqslant$ 500mm：0.015 500mm < DC $\leqslant$ 1000mm：0.02 最大公差：0.03 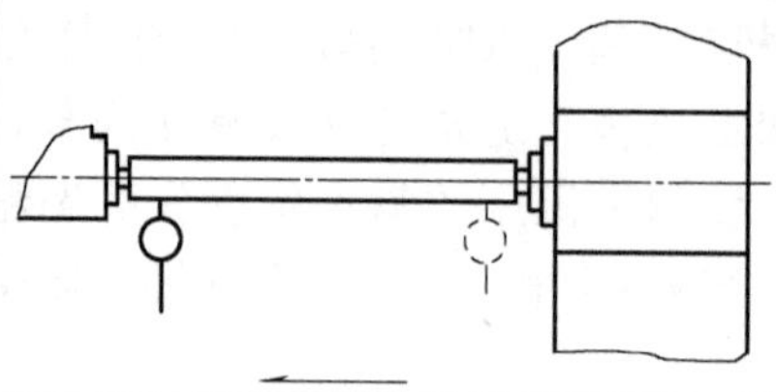	指示器和检验棒或平尺	将检验棒支承在两顶尖间。指示器固定在滑板上，使其测头触及检验棒表面。等距离移动滑板进行检验。每次移动距离小于或等于 250mm。将指示器的读数依次排列，画出误差曲线 将检验棒转 180°再同样检验一次。检验棒调头，重复上述检验 误差以曲线相对两端点连线的最大坐标值计。也可在检验棒两端 2/9L（L 为检验棒长度）处用支架支承进行检验
3	滑板移动对主轴和尾座顶尖轴线的等距度 a. 在主平面内 b. 在次平面内 水平导轨只检验次平面（只适用于主轴有锥孔和有尾座的机床）	a. DC $\leqslant$ 500mm：0.015 500mm < DC $\leqslant$ 1000mm：0.02 b. 0.04（只许尾座高） 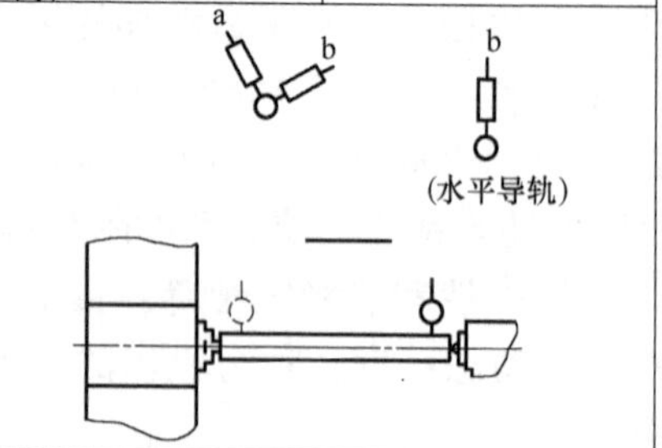 (水平导轨)	指示器和检验棒	将指示器固定在滑板上，使其测头触及支承在两顶尖间的检验棒表面 a. 在主平面内 b. 在次平面内，移动滑板在检验棒的两端进行检验。将检验棒旋转 180°，再同样检验一次 a，b 误差分别计算。误差以指示器在检验棒两端的读数差值计（$DC \leqslant$ 1000mm 时，检验棒长度等于 DC）

（续）

序号	检验项目	公差/mm	检验工具	检验方法
4	主轴端部的跳动 a. 主轴的轴向窜动 b. 主轴轴肩的跳动	a. 0.01 b. 0.015 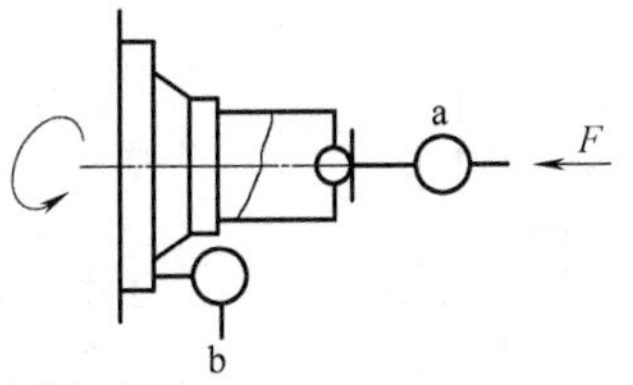	指示器和专用检具	固定指示器，使其测头触及 a. 固定在主轴端部的检验棒中心孔内的钢球上 b. 主轴轴肩靠近边缘处。沿主轴轴线施加力 F。旋转主轴检验 a，b 误差分别计算。误差以指示器读数的最大差值计 F 为消除主轴轴向游隙而施加的力
5	主轴定心轴颈的径向圆跳动	0.01 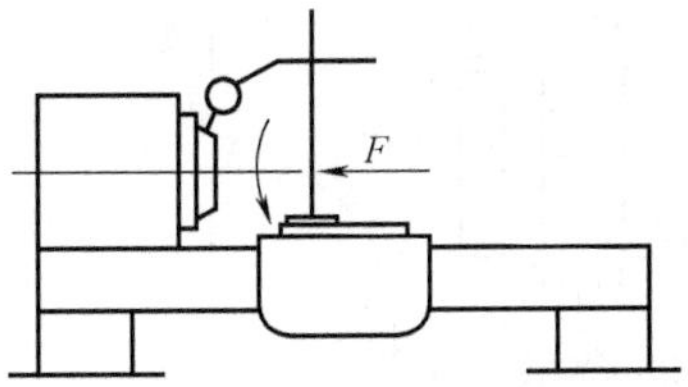	指示器和专用检具	固定指示器，使其测头垂直触及主轴定心轴颈上，沿主轴轴施加力 F。旋转主轴检验。误差以指示器读数的最大差值计
6	主轴定位孔的径向圆跳动（只适用于主轴有定位孔的机床）	0.01 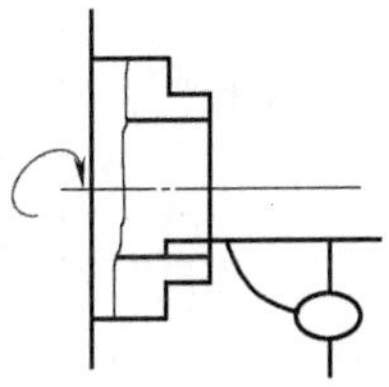	指示器	固定指示器，使其测头触及主轴定位孔表面。旋转主轴检验。误差以指示器读数的最大差值计
7	主轴锥孔轴线的径向圆跳动： a. 靠近主轴端面 b. 距 a 点 L 处（只适用于主轴有锥孔的机床）	a. 0.01 b. 0.02（L =300mm） 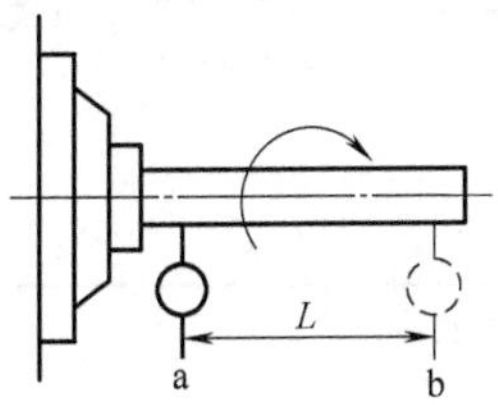（水平导轨）	指示器和检验棒	将检验棒插入主轴锥孔内，固定指示器，使其测头触及检验棒表面 a. 靠近主轴端面 b. 距 a 点 L 处。旋转主轴检验。拔出检验棒，相对主轴旋转 90°，重新插入主轴锥孔内，依次重复检验四次 a，b 误差分别计算。误差以四次测量结果的平均值计
8	主轴顶尖的跳动（只适用于主轴有锥孔的机床）	0.013 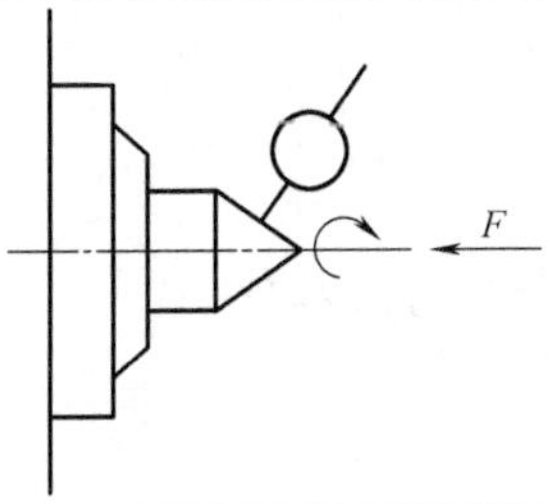	指示器和专用顶尖	固定指示器，使其测头垂直触及顶尖锥面上。沿主轴轴线施加力 F。旋转主轴检验。误差以指示器读数的最大差值计

（续）

序号	检验项目	公差/mm	检验工具	检验方法
9	滑板横向移动对主轴轴线的垂直度（同一滑板上装有两个转塔时，只检验用于端面车削的转塔）	0.01/100mm $\alpha \geqslant 90°$ (水平导轨)	指示器、平盘和平尺	调整装在主轴上的平盘和平尺，使其与回转轴线垂直。指示器装在横滑板上，其测头触及平盘（或平尺）。移动横滑板在全工作行程上进行检验 将主轴旋转 180°，再同样检验一次 误差以指示器两次测量结果的代数和之半计 检验用平盘的直径或平尺长度的尺寸 W 如下 D/mm：≤360；>360～800 W/mm：200；300
10	滑板移动对主轴轴线的平行度： a. 在主平面内 b. 在次平面内	L=300mm a. 0. 015（向刀具偏） b. 0. 02 (水平导轨)	指示器和检验棒	将指示器固定在滑板上，使其测头分别触及固定在主轴上的检验棒表面 a. 在主平面内 b. 在次平面内移动滑板检验 将主轴旋转 180°，再同样检验一次 a、b 误差分别计算。误差以指示器两次测量结果的代数和之半计

注：D 为机床床身上最大回转直径；DC 为最大工件长度。

思考与练习

1. 数控车床可分为哪几类？
2. 数控车床的主要特点有哪些？
3. 数控车床床身结构和导轨的布局形式有哪几种？
4. 数控车床的刀架可分哪几种类型？
5. 简述数控车床精度检测的内容。

课题二　数控车床坐标系及编程基础

知识目标

1. 学会数控车床机床坐标系和工件坐标系的设定原则。
2. 明确数控车削加工程序的结构。
3. 理解刀具补偿原理，会应用刀具补偿编写程序，以及在数控系统中进行设置。
4. 掌握 FANUC 数控系统常用 G 功能及辅助功能（M 功能）。

知识一　数控车床坐标系

1. 坐标轴命名规定

数控机床坐标系的规定可按照 GB/T 19660—2005《工业自动化系统与集成 机床数值控制坐标系和运动命名》，它与 ISO 841：2001 等效。其中规定的命名原则如下：

（1）刀具相对于静止工件而运动的原则　这一原则使编程人员能在不知道是刀具移近工件还是工件移近刀具的情况下，就可根据零件图样，确定机床的加工过程，如图 1-13 所示。例如，立式加工中心是工件运动，而卧式加工中心是刀具运动，但编程时均假设工件静止，刀具运动。

（2）数控机床坐标系的规定　数控机床坐标系采用标准笛卡儿坐标系（Cartesian coordinate system），符合右手法则，如图 1-14 所示。图中直角坐标轴 X、Y、Z 三者的关系及其正方向用右手法则判定，大拇指指向为 X 轴的正方向，食指指向为 Y 轴的正方向，中指指向为 Z 轴的正方向。围绕 X、Y、Z 各轴的回转运动及其正方向 +A、+B、+C 分别用右手螺旋定则判定，以大拇指指向 +X、+Y、+Z方向，则食指、中指的指向就是圆周进给运动的 +A、+B、+C 方向。

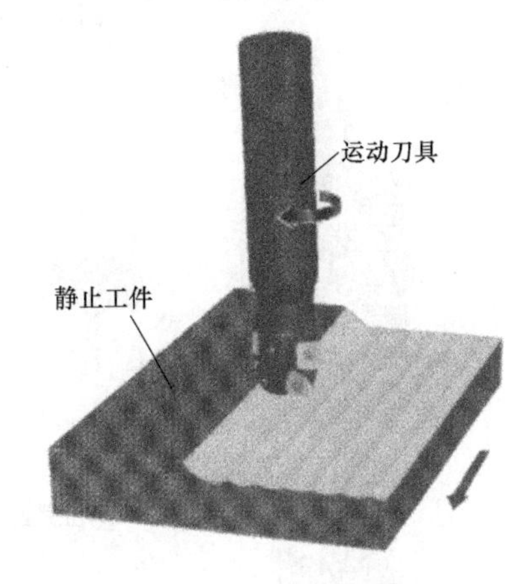

图 1-13　刀具相对于静止工件而运动

2. 坐标轴运动方向的确定

数控机床某一坐标轴运动的正方向，是增大工件和刀具之间距离的方向。一般先确定 Z 轴正方向，然后确定 X 轴正方向，最后再确定 Y 轴正方向。

（1）Z 轴　Z 轴一般平行于传递切削力的主轴。对于工件旋转的机床，如数控车床、外圆磨床等，则 Z 轴平行于工件的旋转轴线，如图 1-15a 所示；而对于刀具旋转的机床，如数控铣床、钻床和镗床等，Z 轴平行于刀具的旋转轴线，如图 1-15b、c 所示。当机床有几个主轴时，则选择一个垂直于工件装夹面的主轴作为主要主轴，Z 轴即为平行于主要主轴；对于工件和刀具都不旋转的机床，如刨床、插床等，则 Z 轴垂直于工件装夹面且正方向为刀具远离工件的方向。

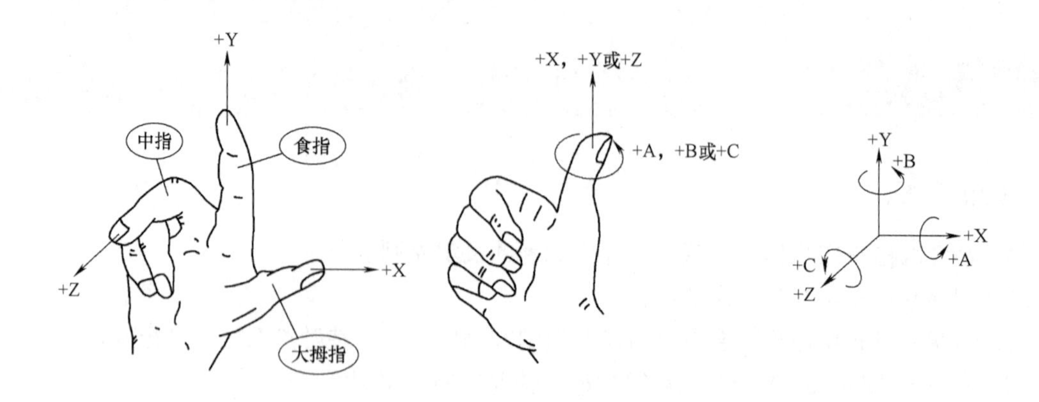

图 1-14　笛卡儿坐标系

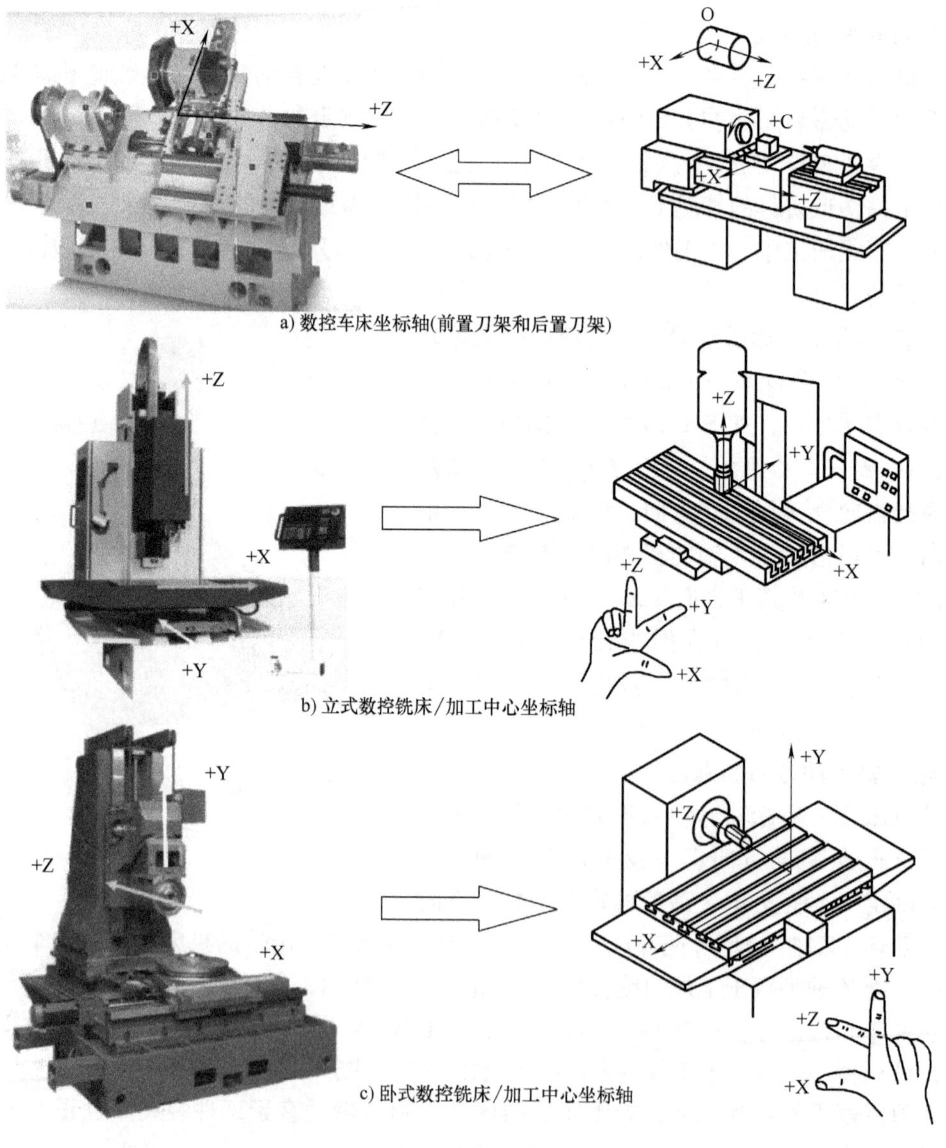

a) 数控车床坐标轴(前置刀架和后置刀架)

b) 立式数控铣床/加工中心坐标轴

c) 卧式数控铣床/加工中心坐标轴

图 1-15　数控机床坐标轴

（2）X 轴　X 轴位于与工件装夹面相平行的水平面内且与 Z 轴垂直。对于数控车床、外圆磨床等工件旋转的机床，X 轴的方向在工件的径向上且平行于横滑板，其正方向取远离工件的方向，如图 1-15a 所示。对于数控铣床、钻床和镗床等刀具旋转的机床，则规定当 Z 轴为垂直时，对单立柱机床则面对刀具主轴向立柱方向看，X 轴的正方向为向右方向，如图 1-15b 所示；当 Z 轴为水平时，从刀具主轴后端向工件方向看，X 轴的正方向为向左方向，如图 1-15c 所示。

（3）Y 轴　确定了 X、Z 轴的正方向后，Y 坐标轴正方向可以根据右手法则来确定，如图 1-15a、b、c 所示。

（4）旋转坐标 A、B、C　旋转坐标 A、B、C 相应地表示其轴线平行于 X、Y、Z 坐标轴的旋转运动，+A、+B、+C 可根据右手螺旋定则来确定，如图 1-14 所示。

知识二　机床坐标系与工件坐标系

1. 数控机床原点、机床参考点与数控机床坐标系

数控机床坐标系是用来确定工件坐标系的基本坐标系。机床坐标系的原点也称机床原点或零点。这个原点在机床设计和制造调整后便被确定下来，它是一个固定点。

为了正确地在机床工作时建立机床坐标系，通常在每个坐标轴的移动范围内设置一个机床参考点。机床参考点是机床坐标系中一个固定不变的极限点，其固定位置由各轴向的机械挡块来确定。机床参考点可以与机床原点重合，也可以不重合，通过机床参数可指定机床参考点到机床原点的距离，如图 1-16a 所示，数控车床的机床原点和机床参考点不重合；如图 1-16b 所示，数控铣床/加工中心的机床原点与机床参考点重合。数控机床工作时，先进行回机床参考点的操作，就可建立机床坐标系。

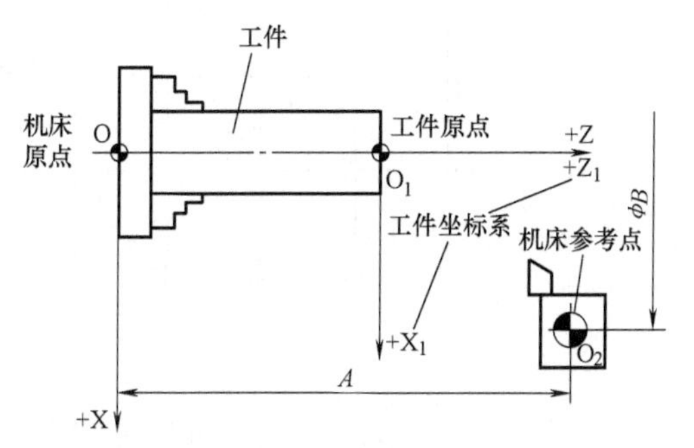

a) 数控车床的机床原点和机床参考点

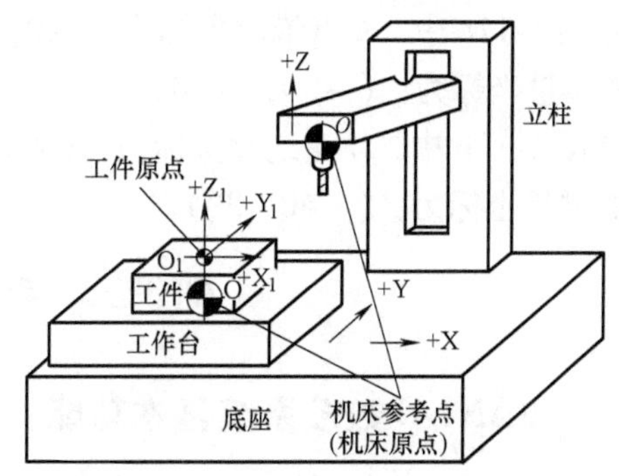

b) 数控铣床/加工中心的机床原点与机床参考点

图 1-16　机床原点与机床参考点

数控机床的机床参考点主要有两个作用：一个是建立机床坐标系；另一个是消除由于漂移、变形等造成的误差。机床使用一段时间后，工作台会存在一些漂移，使加工有误差，通过回机床参考点的操作，就可以使机床工作台回到准确位置，消除误差。

2. 工件原点与工件坐标系

编程时一般选择工件上的某一点作为工件原点（或称为程序原点），以这个原点建立的坐标系称为工件坐标系。工件坐标系一旦建立便一直有效，直到被新的工件坐标系所取代，

如图 1-16 所示。

工件原点的选择要尽量满足编程简单、尺寸换算少、引起的加工误差小等要求。一般情况下，以坐标式尺寸标注的零件，工件原点应选在尺寸标注的基准点；对称零件或以同心圆为主的零件，工件原点应选在对称中心线或圆心上。Z 轴的工件原点通常选在工件的上表面。工件原点与坐标系的建立通常是通过对刀操作来实现的。

3. 绝对坐标与增量坐标

数控机床编程中，工件或刀具移动量主要有绝对坐标和增量坐标两种表示方式。运动轨迹的终点坐标是相对于起点计量的坐标，称为增量坐标（或称为相对坐标）；所有坐标点坐标值均从工件原点计量的坐标，称为绝对坐标。图 1-17 所示为绝对坐标与增量坐标。

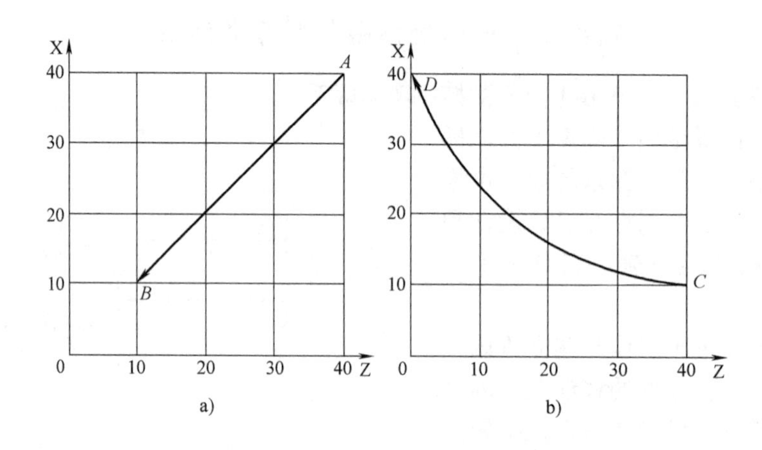

图 1-17　绝对坐标与增量坐标

在图 1-17a 中，*A* 点绝对坐标为：(40，40)；*B* 点绝对坐标为：(10，10)；*B* 点相对于 *A* 点的增量坐标为：(-30， -30)。

在图 1-17b 中，*C* 点绝对坐标为：(40，10)；*D* 点绝对坐标为：(0，40)；*D* 点相对于 *C* 点的增量坐标为：(-40，30)。

知识三　数控车削编程基础

一、FANUC 数控系统基本功能

1. 准备功能

FANUC 数控系统的准备功能起到控制作用，可分为坐标系设定功能、插补功能、刀具半径补偿功能、固定循环功能等。具体的 G 指令代码见表 1-2。

不同组的 G 指令在同一程序段中可以指令多个。如果在同一程序段中出现了多个同组的 G 指令，则仅执行最后指定的那个 G 指令。

2. 辅助功能

不同的机床生产厂家对部分 M 指令定义了不同的功能，但对多数常用的 M 指令，在所有机床上都具有通用性。具体的 M 指令代码见表 1-3。

表 1-2　FANUC 准备功能 G 指令代码

G 指令	组号	功　能	G 指令	组号	功　能
* G00	01	快速定位	G65	00	调用宏程序
G01		直线插补	G70	00	精加工循环
G02		顺圆插补	G71		外圆粗车循环
G03		逆圆插补	G72		端面粗车循环
G04	00	暂停	G73		多重车削循环
G10		可编程数据输入	G74		排屑钻端面孔
G11		可编程数据输入方式取消	G75		外径/内径钻孔循环
G20	06	英制输入	G76		多线螺纹循环
G21		米制输入	G80	10	固定钻削循环取消
G27	00	返回参考点检查	G83		钻孔循环
G28		返回参考点	G84		攻螺纹循环
G32	01	螺纹切削	G85		正面镗循环
G34		变螺距螺纹切削	G87		侧钻循环
G36	00	自动刀具补偿(X 轴)	G88		侧攻螺纹循环
G37		自动刀具补偿(Z 轴)	G89		侧镗循环
* G40	07	取消刀尖圆弧半径补偿	G90	01	外径/内径车削循环
G41		刀尖圆弧半径左补偿	G92		螺纹车削循环
G42		刀尖圆弧半径右补偿	G94		端面车削循环
G50	00	坐标系或主轴最大速度设定	G96	02	恒表面切削速度控制
G52	00	局部坐标系设定	* G97		恒表面切削速度控制取消
G53		机床坐标系设定	G98	05	每分钟进给
G54 ~ G59	14	选择工件坐标系 1 ~ 6	* G99		每转进给

注：带“*”的 G 指令表示接通电源时，即为该 G 指令的状态。00 组的 G 指令为非模态 G 指令，其他均为模态 G 指令。

表 1-3　FANUC 辅助功能 M 指令代码

代码	模态	功能说明	代码	模态	功能说明
M00	非模态	程序暂停	M03	模态	主轴正转起动
M01	非模态	程序选择停止	M04	模态	主轴反转起动
M02	非模态	程序结束	M05	模态	主轴停止转动
M30	非模态	程序结束并返回程序开头	M08	模态	切削液打开
M98	非模态	调用子程序	M09	模态	切削液停止
M99	非模态	子程序结束			

M 功能有非模态 M 功能和模态 M 功能两种形式。非模态 M 功能只在书写了该代码的程序段中有效；模态 M 功能则是一组可相互注销的 M 功能，这些功能在被同一组的另一个功能注销前一直有效。

（1）程序暂停指令 M00　执行 M00 指令后，机床所有的操作均被切断，以便进行某种手动操作，如精度的检测等，重新按循环启动按钮后，再继续执行 M00 指令后的程序。该指令常用于粗加工和精加工之间精度检测时的暂停。

（2）程序选择暂停指令 M01　M01 指令的执行过程和 M00 指令相似，不同的是只有按下机床控制面板上的“选择停止”开关后，该指令才有效，否则机床继续执行后面的程序。该指令常用于检查工件的某些关键尺寸。

（3）程序结束指令 M02　M02 指令执行后，表示本加工程序内的所有内容均已完成，但程序结束后，机床 CRT 屏上的执行光标不返回程序开始段。

（4）主轴正反转及停止功能指令 M03/M04/M05　M03 指令用于主轴顺时针方向旋转（俗称正转），M04 指令用于主轴逆时针方向旋转（俗称反转），主轴停转用 M05 指令表示。

（5）切削液开/关指令 M08/ M09　切削液开用 M08 指令表示，切削液关用 M09 指令表示。

（6）程序结束并返回程序开头指令 M30　M30 指令执行过程与 M02 指令相似，不同之处在于当程序内容结束后，随即关闭主轴、切削液等所有机床操作，机床显示屏上的执行光标返回程序开始段，为加工下一个工件做好准备。

（7）子程序调用指令 M98/M99　M98 规定为子程序调用指令，调用子程序结束后返回其主程序时用 M99 指令。

在主程序中，调用子程序的指令是一个程序段，其格式随具体的数控系统而定，FANUC 0 数控系统中调用子程序的指令格式：

M98 P__ __ __ __;

子程序格式：

O__ __ __ __;（子程序号）

…

M99;

说明：

① P 后的前 3 位数为子程序被重复调用次数，当不指定重复次数时，子程序只调用一次；后四位数为子程序号。

② M99 为子程序结束，并返回主程序。

例如，对图 1-18 所示零件切槽，可利用子程序进行编程。

3. 主轴功能

（1）主轴最高速度限定指令 G50　G50 指令除了具有坐标系设定功能外，还有主轴最高转速设定功能，即用 S 指定的数值设定主轴的最高转速。例如“G50 S2200;”表示主轴转速最高为 2200r/min。

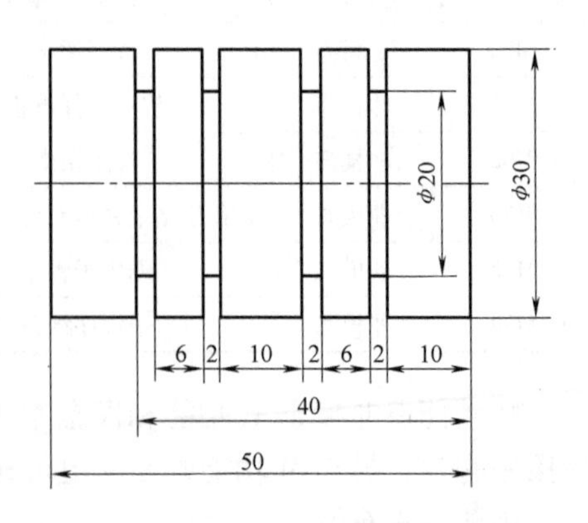

图 1-18　子程序应用实例

（2）恒线速度控制指令 G96　G96 为恒线速度控制有效指令。系统执行 G96 指令后，S 后面的数值为切削速度 v_c（单位为 m/min）。

例如，G96 S150 表示控制主轴转速，使切削点的速度始终保持在 150m/min。

在切削过程中，如果主轴的转速保持不变，则随着加工零件的直径减小，切削速度变小，影响切削质量，采用 G96 功能可使选择的最佳切削速度保持不变。

（3）主轴转速控制指令 G97　G97 为恒线速度切削控制取消指令。系统执行 G97 指令后，S 后面的数值表示主轴每分钟的转数。

例如，G97 S1000 表示取消恒线速度切削，主轴转速为 1000r/min。

4. 进给功能

（1）每分钟进给指令 G98　数控系统在执行了 G98 指令后，遇到 F 指令时，便认为 F 所指定的进给速度单位为 mm/min。例如，在执行完 G98 指令后，执行 F300 时，表示进给速度是 300mm/min。

（2）每转进给指令 G99　数控系统在执行了 G99 指令后，遇到 F 指令时，便认为 F 所指定的进给速度单位为 mm/r。例如，在执行完 G99 指令后，执行 F0.1 时，表示进给速度是 0.1mm/r。

5. 刀具功能

格式：T __ __ __ __；

说明：选择刀具及刀具补偿，地址字 T 后接四位数字，前两位是刀具号（00～99），后两位是刀具补偿值组别号。

例如，T0202 表示选择第 2 号刀具，2 号偏置量；T0300 表示选择第 3 号刀具，刀具偏置取消。

刀具号与刀具补偿号不必相同，但为了方便一般选择相同。刀具补偿值一般作为参数设定并由手动输入（MDI）方式输入数控装置。

6. 基本编程指令

（1）英制输入与米制输入指令 G20/G21　G20 表示程序中相关的一些数据均为英制，单位为 in；如果用 G21 指令，则表示程序中相关的一些数据为米制，单位为 mm。

（2）返回参考点指令 G28　执行 G28 指令，刀具先快速移动到指令值所指令的中间位置，然后自动返回机床参考点。

格式：G28 X __ Z __；或 G28 U __ W __；

说明：

① X、Z 和 U、W 都为 G28 回机床原点前先经过的中间点。

② 因为返回机床参考点必须经过中间点，所以一般编程为 G28 U0 W0，这样可以避免因计算失误而撞车。

（3）由参考点返回指令 G29　执行 G29 指令，机床坐标系的坐标轴全部顺序自动由参考点经前面 G28 所指令的中间点后再移到 G29 所指令的点定位。

格式：G29 X __ Z __；或 G29 U __ W __；

说明：X、Z 为返回点绝对坐标，U、W 为从中间点到返回点位移在 X 轴、Z 轴方向的坐标增量。

（4）刀尖圆弧半径补偿及取消指令 G41/G42/G40　通常，在编程时都将车刀刀尖作为一点来考虑，即所谓假设刀尖。但放大来看，实际刀尖上是带有圆角的，如图 1-19 所示。按尖点编制的程序在进行端面、外径、内径等与轴线平行加工时，是没有什么误差的，但在进行倒角、斜面及圆弧切削时，会产生欠切或过切现象，如图 1-20 所示。刀尖圆弧半径补偿就是计算出补偿量，在进行编程时加入补偿指令，以避免欠切或过切现象的产生。

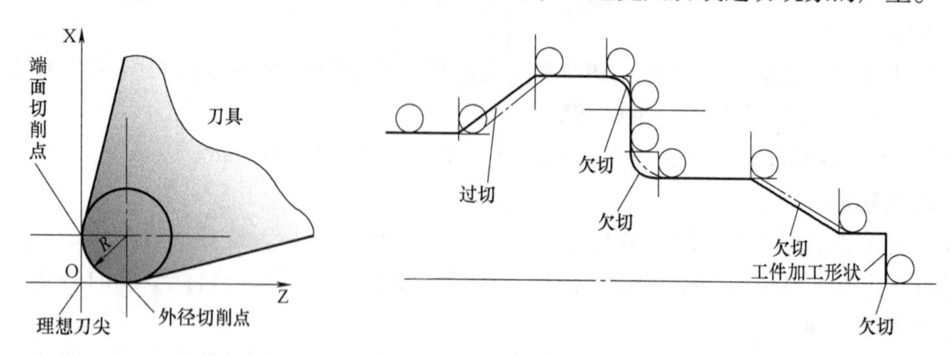

图 1-19　刀尖半径与理想刀尖　　　　图 1-20　刀尖圆弧造成的欠切与过切

目前，数控车床均具有刀尖圆弧半径补偿功能，可以根据刀尖的实际情况，选择刀位点的轨迹，为程序编制提供方便。编程时，只需按工件的实际轮廓尺寸编程，不必考虑刀具的刀尖圆弧半径的大小，加工时由数控系统将刀尖圆弧半径加以补偿，从而消除加工误差，即可加工出所要求的工件。

G40：取消刀尖圆弧半径补偿，按程序路径进给。

G41：左偏刀尖圆弧半径补偿，按程序路径前进方向看，刀具偏在零件左侧进给。

G42：右偏刀尖圆弧半径补偿，按程序路径前进方向看，刀具偏在零件右侧进给。

① 假想刀尖位置方向。具有刀具补偿功能的数控系统，除了要利用刀具的补偿值外，由于车刀假想的刀尖与相对刀尖圆角中心的方位和刀具移动的方向有关，故需确定刀尖的方位，确定补偿值。假想的刀尖方位有 8 种，分别用 1 ~ 8 数字代码表示。同时规定，假想刀尖取圆角中心位置时，代码为 0 和 9，也可以认为无补偿。图 1-21 所示为常用车刀的刀尖位置代码，外圆、端面车刀（左偏刀）为 3，外圆、端面车刀（右偏刀）为 4，切槽刀为 3、4，内槽车刀为 1、2，内孔车刀为 2、6。

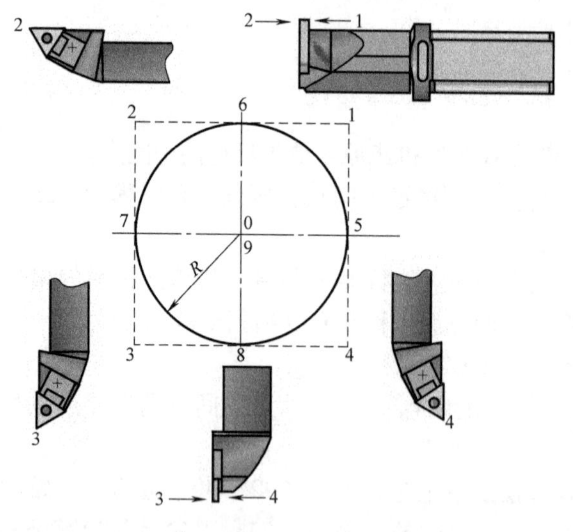

图 1-21　常用车刀的刀尖位置代码

② 车刀 X 轴和 Z 轴补偿值的确定。每把刀具的补偿包括一组偏置量 X、Z，刀具半径补

偿量和刀尖方位号。一般根据所选刀片的型号查出其刀尖圆角半径，对应图 1-21 所示确定刀尖方位代码。通过机床操作面板上的功能键“OFFSET”，分别设定修改这些参数。数控加工时，根据相应的指令进行调用，提高零件的加工精度。

（5）工件坐标系设定指令 G54 ~ G59　具有参考点设定功能的机床还可用工件零点预置指令 G54 ~ G59 来代替 G50 建立工件坐标系。它是先测定出预置的工件原点相对于机床原点的偏置值，并把该偏置值通过参数设定的方式预置在机床参数数据库中，因而该值无论断电与否都将一直被系统记忆，直到重新设置为止。当工件原点预置好以后，便可用“G54 G00 X __ Z __;”指令使刀具移到该预置工件坐标系中的任意指定位置。不需要再通过试切对刀的方法去测定刀具起刀点相对于工件原点的坐标，也不需要再使用 G50 指令。很多数控系统都提供 G54 ~ G59 指令，完成预置 6 个工件原点的功能。

G54 ~ G59 指令与 G50 指令之间的区别是：使用 G50 指令时，后面一定要跟坐标地址字；而用 G54 ~ G59 时，则不需要后跟坐标地址字，且可单独作为一行书写。若其后紧跟有地址坐标字，则该地址坐标字是附属于前次移动所用的模态 G 指令的，如 G00、G01 指令等。用 G54 等指令设立工件原点可在【数据设定】→【零点偏置】菜单中进行。在运行程序时若遇到 G54 指令，则自此以后的程序中所有用绝对编程方式定义的坐标值均是以 G54 指令的零点作为原点的，直到再遇到新的坐标系设定指令，如 G50、G55 ~ G59 等后，新设定的坐标系将取代旧坐标系。G54 ~ G59 指令建立的工件原点是相对于机床原点而言的，在程序运行前就已设定好而在程序运行中是无法重置的；G50 建立的工件原点是相对于程序执行过程中当前刀具刀位点的，可通过编程来多次使用 G50 指令而重新建立工件坐标系。

（6）用 G50 指令设定工件坐标系　对于刀架后置（刀架活动范围主要在回转轴线的后部）的车床来说，X 轴正向由轴中心指向后方，如图 1-22a 所示；而对于刀架前置的车床来说，X 轴的正向由轴中心指向前方，如图 1-22b 所示。由于车削加工是围绕主轴中心前后对称的，因此无论是前置刀架还是后置刀架，机床坐标系的 X 轴指向前、后对编程来说并无多大差别。为适应笛卡儿坐标习惯，编程绘图时都按后置刀架表示（从俯视方向看），机床坐标系在进行回参考点操作后便开始在数控系统内部自动建立了。

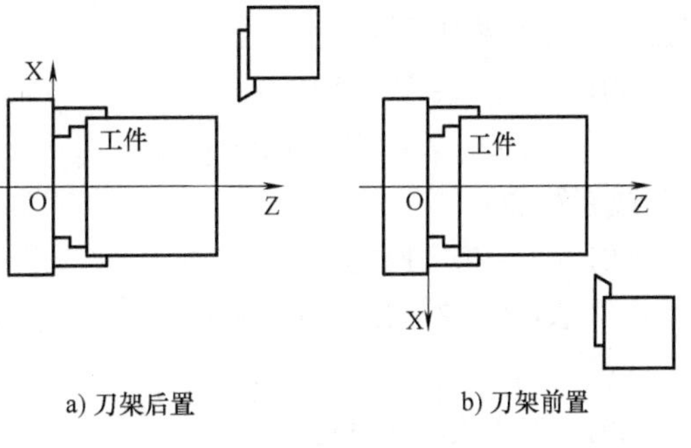

图 1-22　刀架的位置

格式：G50 X __　Z __;

说明：

① X、Z 的值是起刀点相对于加工原点的位置。

② 在数控车床编程时，所有 X 值均使用直径值。

例如，按图 1-23 所示设置加工坐标系的程序段如下：

G50　X180　Z117.4;

（7）暂停功能指令 G04

格式：G04 P __;　P 后跟整数值，单位为 ms（毫秒）。

或　　　G04 X(U) __;X(U)后跟带小数点的数，单位为 s（秒）。

由于两个不同的轴进给程序段转换时存在各轴的自动加减速调整，故可能导致刀具在拐角处的切削不完整。如果拐角精度要求很严，其轨迹必须是直角时，应在拐角处使用暂停指令，按指令的时间延迟执行下个程序段。

例如，欲停留 1.2s 时，程序段如下：

G04 X1.2;

或 G04 P1200;

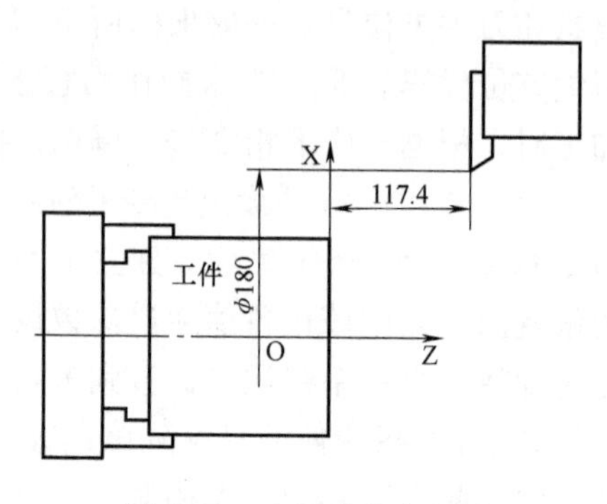

图 1-23　G50 建立坐标系

二、车削运动基本指令编程

1. 快速定位指令 G00

格式：G00 X（U）__　Z（W）__;

说明：表示 X 轴、Z 轴同时快速定位到 X、Z 坐标字指定的坐标位置。执行 G00 快速定位指令时，机床先以短轴方向为直角边走一个 45°斜线后再走长轴方向剩余的量。

2. 直线插补指令 G01

格式：G01 X（U）__　Z（W）__　F__;

说明：

① G01 X__　F__；表示车削端面至 X 的坐标位置。

② G01 Z__　F__；表示车削圆柱至 Z 的坐标位置。

③ G01 X__　Z__　F__；表示车削锥度或倒角至 X、Z 指定的坐标终点的位置。

例如，图 1-24 所示的刀具切削路线为 A→B→C，用直线指令编程如下：

G01 X95　Z-70　F100;

　　X 160　Z-130　F100;

或者写成：

G01　Z-70　F100;

　　X160　Z-130　F 100;

或：

G01　W-70　F100;

　　U65　W-60　F 100;

或：

G01　Z-70　F100;

　　U65　Z-130　F100;

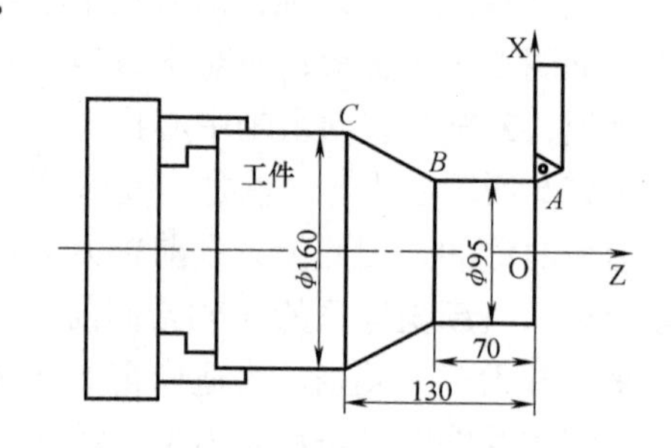

图 1-24　G01 直线插补

例如，图 1-25 所示零件中，用倒角和倒圆角指令编程。

如图 1-25a 所示，倒角编程如下：

N001　G01　Z-20　C4　F0.2;

N002　　　　X50　C2;

N003　　　　Z-40;

如图 1-25b 所示，倒圆角编程如下：

N001 G01 Z－20 R4 F0.2;
N002 X50 R2;
N003 Z－40;

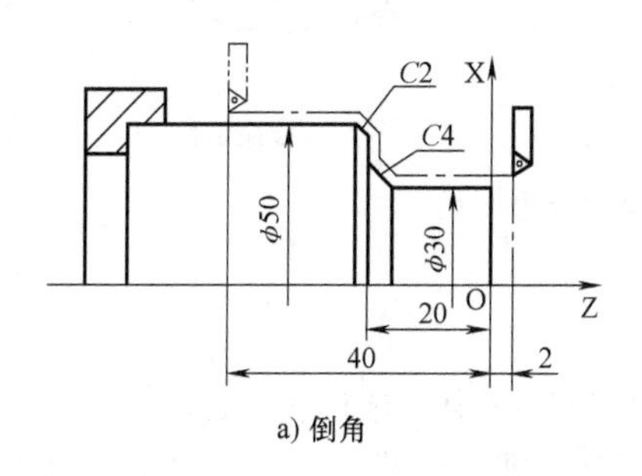

a) 倒角

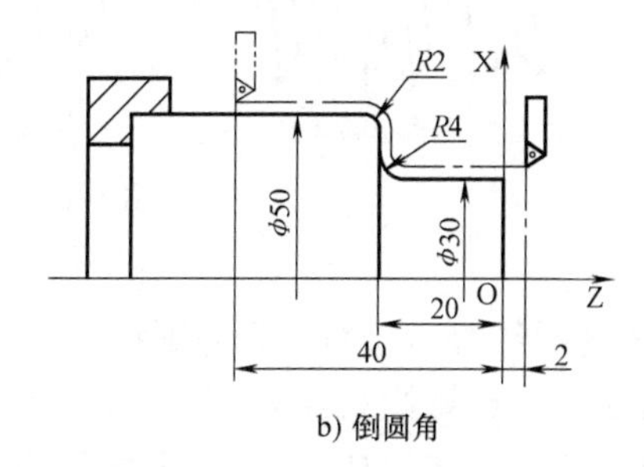

b) 倒圆角

图1-25 倒角和倒圆角

3. 顺圆插补指令G02

格式:

G02 X (U)__ Z (W)__ I __ K __ F __;

G02 X (U)__ Z (W)__ R __ F __;

说明:

① X、Z表示圆弧的终点坐标;I、K表示圆心相对于圆弧起点的坐标。

② R表示圆弧半径大小;F表示进给量设定。

③ 根据笛卡儿坐标系规定判断,正对着垂直于加工平面的轴所指的正方向看过去,圆弧加工轨迹为顺时针,则为顺圆。图1-26所示为圆弧的顺、逆方向与刀架位置的关系。

4. 逆圆插补指令G03

格式:

G03 X(U)__ Z(W)__ I __ K __ F __;

G03 X(U)__ Z(W)__ R __ F __;

说明:

① 同G02指令。X、Z、I、K、R、F含义

② 根据笛卡儿坐标系规定判断,正对着垂直于加工平面的轴所指的正方向看过去,圆弧加工轨迹为逆时针,则为逆圆。

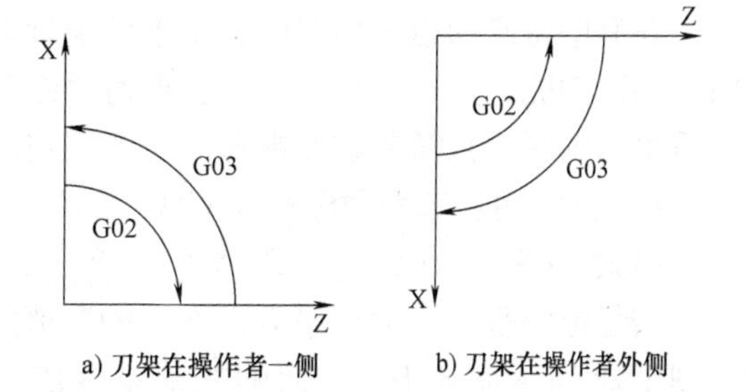

a) 刀架在操作者一侧 b) 刀架在操作者外侧

图1-26 圆弧的顺、逆方向与刀架位置的关系

5. 螺纹加工指令G32

数控车床可以加工圆柱螺纹、圆锥螺纹、端面螺纹,如图1-27所示。加工方法分为单行程螺纹切削、简单螺纹切削循环和螺纹切削复合循环。

格式:

G32 Z(W)__ F __;加工圆柱螺纹

G32 X(U)__ F __;加工端面螺纹

G32 X(U)__ Z(W)__ F __;加工圆锥螺纹

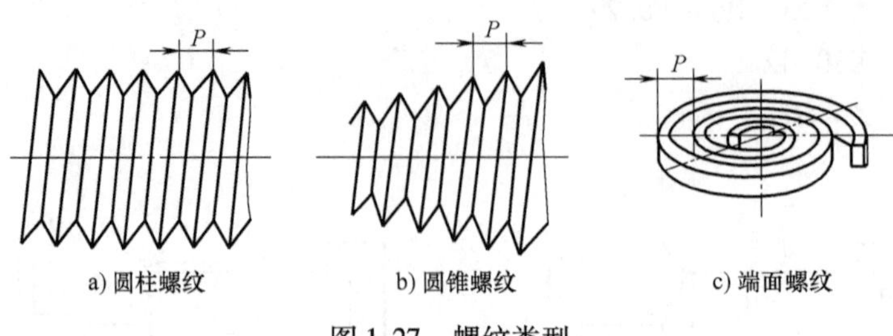

图 1-27　螺纹类型

说明：

① X、Z 为螺纹终点坐标，F 为螺距。

② 螺纹深度的计算按 0.65P×2 计算，其中 P 为螺距，单位为 mm。

③ 螺纹起始点一定要让出 1～2 个螺距的距离，即螺纹进刀距离，以消除螺纹起始位置乱扣现象。

④ 主轴正转时，从床尾车向床头为右旋螺纹，从床头车向床尾为左旋螺纹。

⑤ 车双线螺纹时，把所给的螺纹导程除以 2 作为第二线的偏移量，实际螺纹深度为以偏移量作为螺距所计算出的螺纹深度。

⑥ 对于没有进刀空刀位置的螺纹，如圆柱螺纹，可以在 X 方向以螺纹进刀，但要注意每次进刀斜率要一致，螺距要相同。

6. 暂停指令 G04

格式：G04　X __或 G04　U __；单位为 s

　　　G04　P __；单位为 ms

三、简单循环指令编程

在有些特殊的粗车加工中，由于切削量大，同一加工路线要反复切削多次，此时可利用固定循环功能，用一个程序段可实现通常由 3～10 个程序段指令才能完成的加工路线，并且在重复切削时，只需要改变数值。这个固定循环对简化程序非常有效。

1. 外径/内径车削循环指令 G90

格式：G90　X(U)__　Z(W)__　F __；

增量值编程时，地址字 U、W 后的数值的正负由轨迹 1 和 2（图 1-28）的方向来决定。在图 1-28 所示循环中，U 后的数值是负值，W 后的数值也是负值。在单程序段时，执行 G90 循环指令，进行 1→2→3→4 动作，如图 1-28 所示。

2. 圆锥车削循环指令

格式：G90　X(U)__　Z(W)__　R __　F __；

说明：R 为起始端与终止端的半径差。

3. 圆柱螺纹车削循环指令 G92

格式：

G92　X(U)__　Z(W)__　F __；米制螺纹

G92　X(U)__　Z(W)__　I __；寸制螺纹，寸制螺纹螺距 I 为非模态指令，不能省略

说明：

增量值编程时，地址字 U、W 后数值的符号根据轨迹 1 和 2（图 1-29）的方向决定。如果轨

迹1的方向是X轴的负向时，则U的数值为负。螺纹导程范围、主轴速度限制等，与G32指令的螺纹切削相同。单程序段时，执行G92指令的循环动作为1→2→3→4，如图1-29所示。

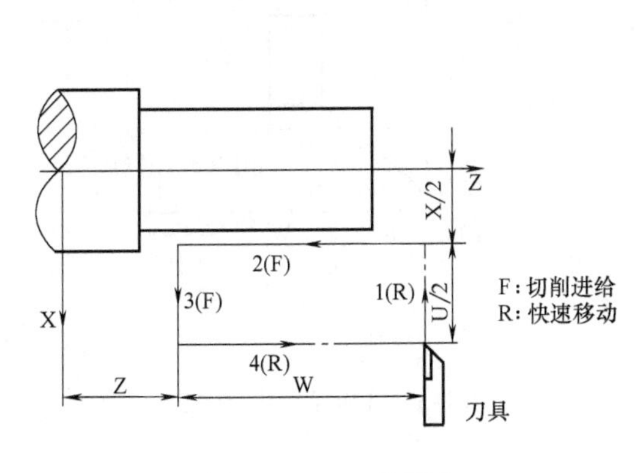

图1-28　G90的用法

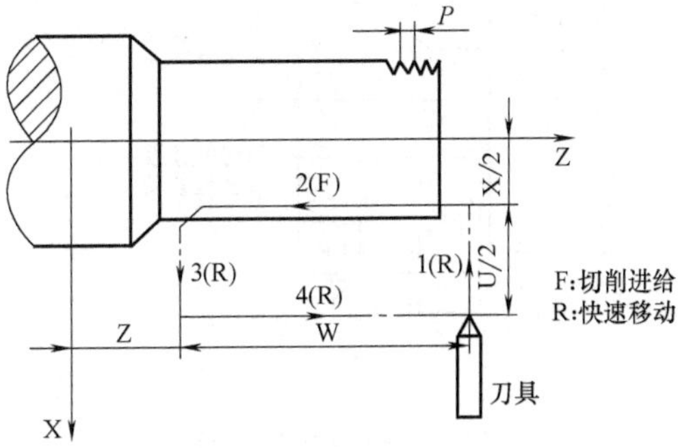

图1-29　G92的用法

4. 圆锥螺纹车削循环指令

格式：

G92　X(U)__　Z(W)__　R__　F__；米制螺纹，R为圆锥螺纹起始端与终止端的半径差

G92　X(U)__　Z(W)__　R__　I__；寸制螺纹，寸制螺纹螺距I为非模态指令，不能省略

5. 端面车削循环指令G94

格式：G94　X(U)__　Z(W)__　F__；

说明：增量值编程时，地址字U、W后的数值符号由轨迹1和2（图1-30）的方向来决定。如果轨迹1的方向是Z轴的负向，则W后的值为负值。单程序段时，执行G94指令的循环动作1→2→3→4如图1-30所示。

6. 锥度端面车削循环指令

格式：G94　X(U)__　Z(W)__　R__　F__；

说明：固定循环中的数据X（U）、Z（W）、R和G90、G92一样，都是模态值，所以当没有指定新的X（U）、Z（W）、R时，前面指令的数据均有效。单程序段时，执行G94指令的循环动作1→2→3→4，如图1-31所示。

四、复合循环指令编程

这些循环功能是为简化编程而提供的固定循环。例如，只给出精加工形状的轨迹，便可以自动决定中途进行粗车的刀具轨迹。

1. 外圆粗车循环指令G71

如图1-32所示，在程序中，给出$A \to A' \to B$之间的精加工形状，留出ΔU/2、ΔW精加工余量，用Δd表示每次的切削深度。

格式：

G71 U(Δd) R(e)；

G71 P(ns) Q(nf) U(Δu) W(Δw) F(f) S(s) T(t)；

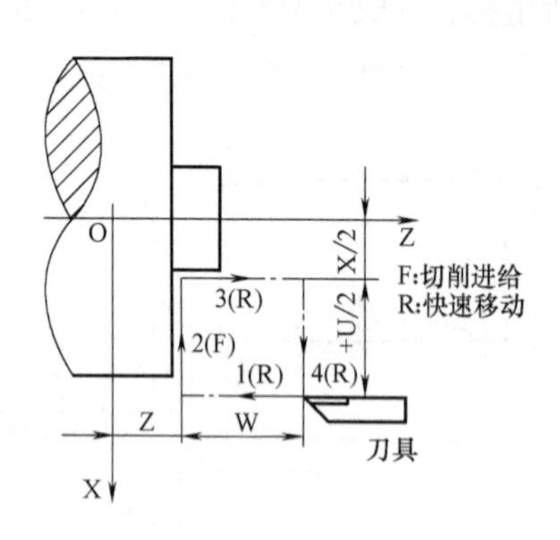

图 1-30　G94 的用法（一）

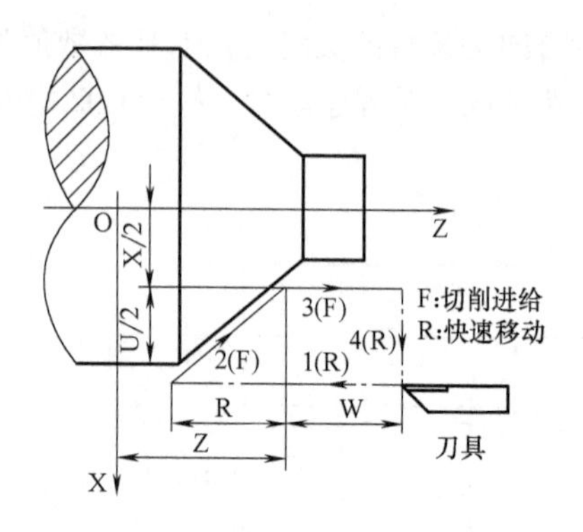

图 1-31　G94 的用法（二）

说明：

① Δd 为切削深度（无符号），切入方向由 *AA′*方向决定（半径量指定），具备模态功能。

② e 为退刀量，具备模态功能。

③ ns 为精加工形状程序段群第一个程序段的顺序号。

④ nf 为精加工形状程序段群最后一个程序段的顺序号。

⑤ Δu 为 X 轴方向精加工余量的距离及方向（直径/半径指定）。

⑥ Δw 为 Z 轴方向精加工余量的距离及方向。

⑦ f、s、t 分别为粗加工进给率、主轴转速、刀具设定值。在 G71 循环指令中，顺序号 ns ~ nf 之间程序段中的 F、S、T 功能都无效，全部忽略，仅在有 G71 指令的程序段中，F、S、T 功能是有效的，其加工轨迹如图 1-32 所示。

2. 端面粗车循环指令 G72

G72 指令的加工轨迹如图 1-33 所示。与 G71 指令相同，G72 指令也是一种复合循环指令，所不同的是，执行 G72 指令后，刀具沿与 X 轴平行的方向进行切削。

格式：

G72　W(Δd)　R(e)；

G72　P(ns)　Q(nf)　U(Δu)　W(Δw)　F(f)　S(s)　T(t)；

其中，Δd、e、ns、Δu、Δw、f、s、t 含义和 G71 指令中的相同。

3. 封闭切削循环指令 G73

利用 G73 循环指令，可以按同一轨迹重复切削，每次切削完毕刀具向前移动一次，因此对于锻造、铸造等粗加工已初步形成的毛坯，可以有效地提高加工效率。加工轨迹如图 1-34 所示，*A*→*A′*→*B*。

格式：

G73　U(Δi)　W(Δk)　R(d)；

G73　P(ns)　Q(nf)　U(Δu)　W(Δw)　F(f)　S(s)　T(t)；

说明：

① Δi 为 X 轴方向退刀的距离及方向（半径量），具备模态功能。

② Δk 为 Z 轴方向退刀距离及方向，具备模态功能。

③ d 为分割次数（即粗车循环次数），具备模态功能。

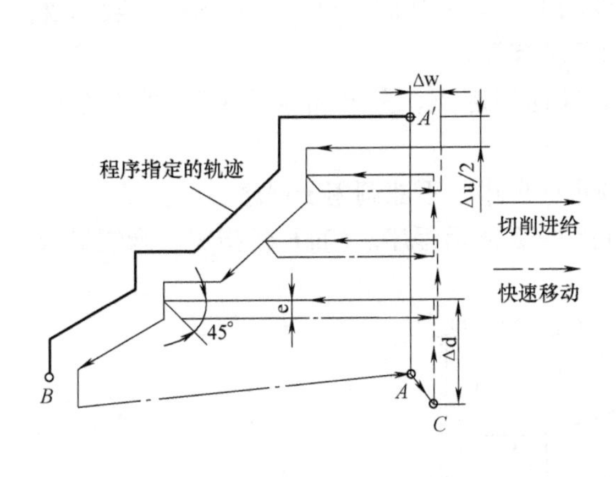

图 1-32　G71 的加工轨迹

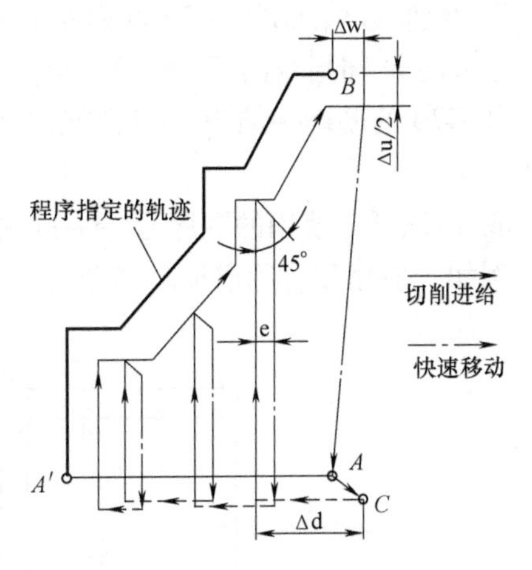

图 1-33　G72 的加工轨迹

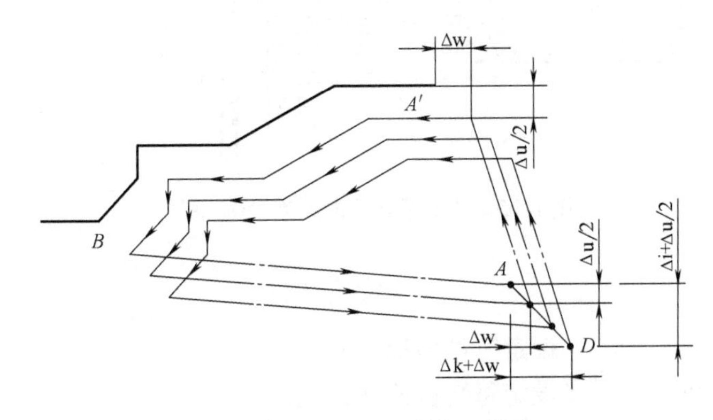

图 1-34　G73 的加工轨迹

④ ns 为构成精加工形状的程序段群的第一个程序段的顺序号。

⑤ nf 为构成精加工形状的程序段群的最后一个程序段的顺序号。

⑥ Δu 为 X 轴方向的精加工余量（直径/半径指定）。

⑦ Δw 为 Z 轴方向的精加工余量。

⑧ f、s、t 分别为进给率、主轴转速、刀具设定值，在 ns ~ nf 间任何一个程序段上的 F、S、T 功能均无效，仅在包含 G73 的程序段中指定的 F、S、T 功能有效。

注意：

① Δi、Δk、Δu、Δw 都用地址字 U、W 指定，它们的区别根据有无指定 P、Q 来判断。

② 循环动作 G73 指令。切削形状可分为四种，编程时请注意 Δu、Δw、Δi、Δk 的符号，循环结束后刀具返回 *A* 点。

4. 精加工循环指令 G70

在用 G71、G72、G73 粗车后，可以用 G70 指令精车。

格式：G70　P(ns)　Q(nf)；

说明：

① ns 为构成精加工形状的程序段群的第一个程序段的顺序号。

② nf 为构成精加工形状的程序段群的最后一个程序段的顺序号。

注意：

① 在含 G71、G72、G73 的程序段中指令的 F、S、T 功能，对于 G70 的程序段无效，而顺序号 ns ~ nf 间指令的 F、S、T 功能在精加工时有效。

② G70 的循环一结束，刀具就以快进速度返回起点，并开始读入 G70 循环的下个程序段。

③ 在该循环使用的顺序号 ns ~ nf 之间的程序段中，不能调用子程序。

例如，应用复合固定循环指令 G71 编制图 1-35 所示程序。（直径量指定，米制输入）

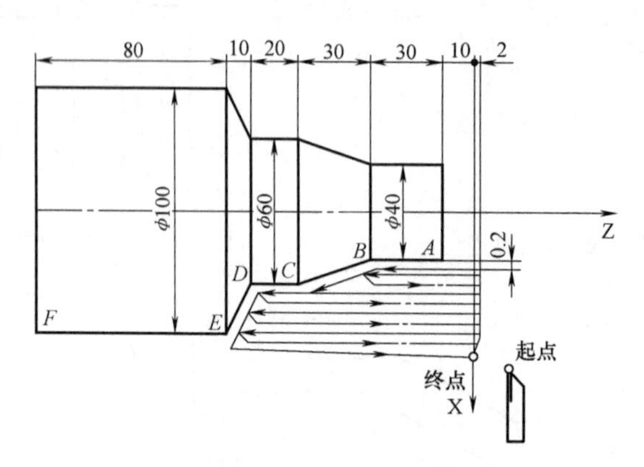

图 1-35　G71 循环功能编程举例

参考程序如下：

```
O0001;
N010  M42;                          (设定工件坐标系)
N015  G99  F0.25;                   (设定每转进给量方式)
N020  M03  S350;                    (主轴正转，转速 500r/min)
N030  M08;                          (开切削液)
N040  T0101;                        (调入粗车刀)
N050  G00  X101.0  Z2.0;
N060  G71  U2.5  R1.0;
N070  G71  P080  Q120  U0.20  W0.1  F0.25  S350;
N080  G00  X40.0  S820;
N090  G01  Z-30  F0.1;
N100  U20.0  W-30.0;
N110  Z-80;
N120  X100.0  W-10.0;
N130  G00  X100.0  Z100.0;
N140  T0202;
N150  G00  Z2.0;
N160  G70  P080  Q120;
N170  G00  X100.0  Z100.0;
N180  M09;
N190  M30;
```

例如，应用复合固定循环指令 G70、G72 编制图 1-36 所示程序。

参考程序如下：

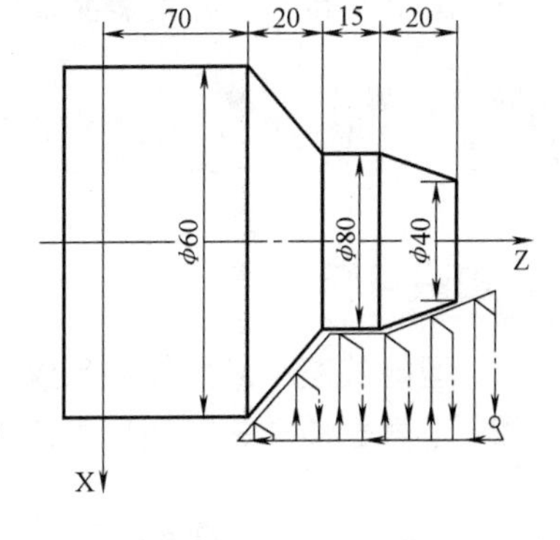

图 1-36　复合固定循环功能编程举例

```
O0002;
N010  M42;
N015  T0202;
N017  M03  S500;
N020  G00  X176.0  Z132.0;
N030  G72  W7.0  R1.0;
N040  G72  P050  Q090  U4.0  W2.0  F100  S500;
N050  G00  Z70.0  S1000;
N060  G01  X160.0  F120;
N070  X80.0  W20.0;
N080  Z105.0;
N090  X40.0  Z125.0;
N100  G00  X220.0  Z190.0;
N105  T0303;
N107  G00  X176.0  Z132.0;
N110  G70  P050  Q090;
N120  G00  X220.0  Z190.0;
N130  M30;
```

5. 复合固定循环指令（G70 ~ G73）**的注意事项**

1）在复合固定循环的程序段中，要正确指定 P、Q、X、Z、U、W、R 等必要的参数。

2）在 G71、G72、G73 指令程序段中，如果 P 指令了顺序号，那么对应此顺序号的程序段必须指令 01 组 G 代码的 G00 或 G01，否则会有 P/S 报警（No. 65）。

3）在 MDI 方式中不能执行 G70、G71、G72、G73 指令。如果指令了，则会有 P/S 报警（No. 67）。

4）在 G70、G71、G72、G73 指令程序段以及这些程序段中 P 和 Q 指令的顺序号之间的程序段中，不能指令 M98/M99。

思考与练习

1. 什么是数控加工“零件程序”？它有何作用？
2. 数控编程的步骤有哪些？
3. 对刀点与机床坐标系、工件坐标系有何关系？
4. 数控机床原点、参考点与工件原点有何区别？
5. 何谓增量编程？何谓绝对编程？何谓混合编程？
6. 机械原点与机床参考点有什么关系？

7. 机床坐标系与工件坐标系的区别在哪里？对刀点有什么作用？
8. 使用刀具半径补偿需要注意哪几个问题？

课题三　数控车床的机械结构

知识目标

1. 理解数控车床主传动系统、进给传动系统、滚珠丝杠等的特点与组成。
2. 了解数控车床刀架形式及特点、导轨的类型及特点、尾座的工作原理。

知识一　数控车床主传动系统及主轴箱结构

1. 主传动系统

CKA6136 型卧式数控车床主轴箱位于机床的左侧，安装在床身上，主传动由变频电动机驱动，通过多楔带直接传递给主轴。主轴最高转速达 3000r/min，恒功率转速范围为 1200～3000r/min。主轴运动由一组同步带传动驱动编码器同步旋转，编码器将主轴的角位移换成光电脉冲信号传输给 CNC 系统，从而实现主轴的速度控制。电动机变频调速范围为 10～125Hz，其中 50Hz 以下为恒转矩区，50Hz 以上为恒功率区。

2. 主轴箱结构

CKA6136 型卧式数控车床主轴箱结构如图 1-37 所示。交流主轴电动机通过带轮 15 把运动传递给主轴 7。主轴有前后两个支承。前支承由一个圆锥孔双列圆柱滚子轴承 11 和一对角接触球轴承 10 组成，圆锥孔双列圆柱滚子轴承用来承受径向载荷，两个角接触球轴承一个大口向外（朝向主轴前端），另一个大口向里（朝向主轴后端），用来承受双向的轴向载荷和径向载荷。前支承轴承的间隙用螺母 8 来调整。螺钉 12 用来防止螺母 8 回松。主轴的后支承为圆锥孔双列圆柱滚子轴承 14，轴承间隙由螺母 1 和 6 来调整。螺钉 17 和 13 是防止螺母 1 和 6 回松的。主轴的支承形式为前端定位，主轴受热膨胀向后伸长。前、后支承所用圆锥孔双列圆柱滚子轴承的支承刚性好，允许的极限转速高。前支承中的角接触球轴承能承受较大的轴向载荷，且允许的极限转速高。主轴所采用的支承结构适合低速大载荷的需要。主轴的运动经过同步带轮 16 和 3 及同步带 2 带动脉冲编码器 4，使其与主轴同速运转。脉冲编码器用螺钉 5 固定在主轴箱体 9 上。

知识二　数控车床进给传动系统及传动装置

1. 进给传动系统的特点

数控车床的进给传动系统是控制 X、Z 坐标轴的伺服系统的主要组成部分。它将伺服电动机的旋转运动转化为刀架的直线运动，而且对移动精度要求很高，X 轴最小移动量为 0.0005mm（直径编程），Z 轴最小移动量为 0.001mm。采用滚珠丝杠副，可以有效地提高进给传动系统的灵敏度、定位精度和防止爬行。另外，消除滚珠丝杠和螺母的配合间隙及丝杠两端的轴承间隙，也有利于提高传动精度。

数控车床的进给传动系统采用伺服电动机驱动，通过滚珠丝杠副带动刀架移动，所以刀架的快速移动和进给运动均为同一传动路线。

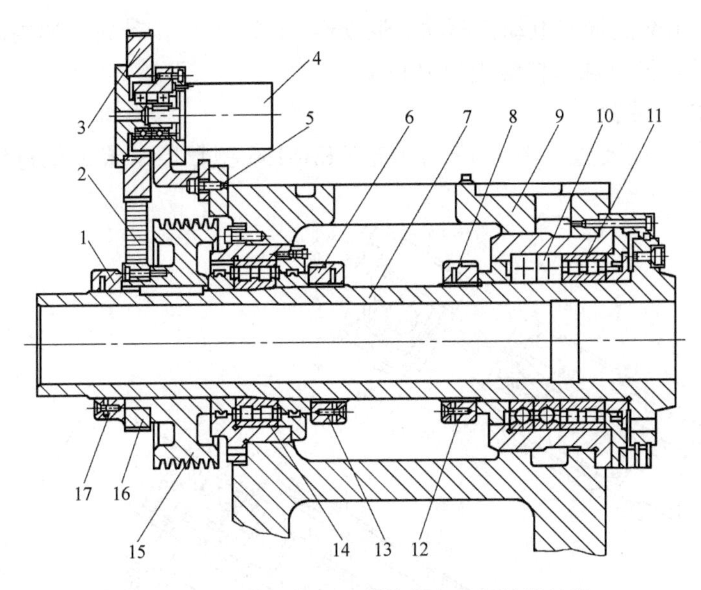

图 1-37　CKA6136 型卧式数控车床主轴箱结构

1、6、8—螺母　2—同步带　3、16—同步带轮　4—脉冲编码器

5、12、13、17—螺钉　7—主轴　9—主轴箱体

10—角接触球轴承　11、14—双列圆柱滚子轴承　15—带轮

2. 进给传动系统

如图 1-38 所示，CKA6136 型数控车床的进给传动系统分为 X 轴进给传动和 Z 轴进给传动。X 轴进给由交流伺服电动机驱动，运动经 20/24 的同步带轮传递给滚珠丝杠，螺母带动回转刀架移动，滚珠丝杠螺距为 6mm。

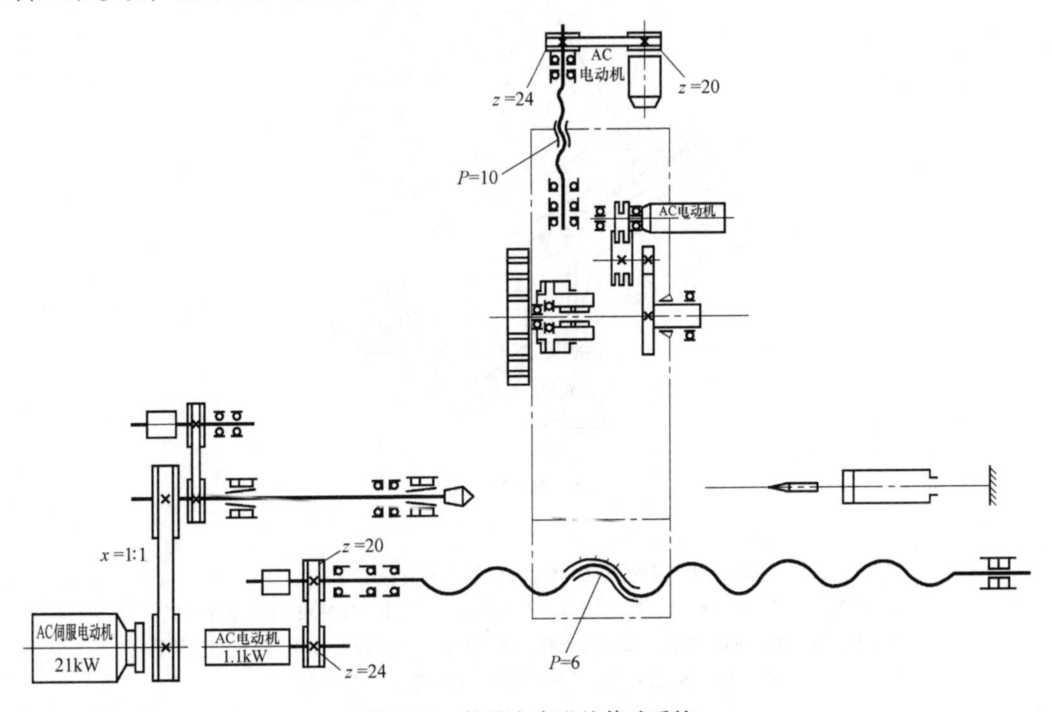

图 1-38　数控车床进给传动系统

Z 轴进给也是由交流伺服电动机驱动，运动经 24/20 的同步带轮传递给滚珠丝杠，其上螺母带动滑板移动。该滚珠丝杠螺距为 10mm。

3. 进给系统传动装置

（1）X 轴进给传动装置　图 1-39 所示是 CKA6136 型数控车床 X 轴进给传动装置的结

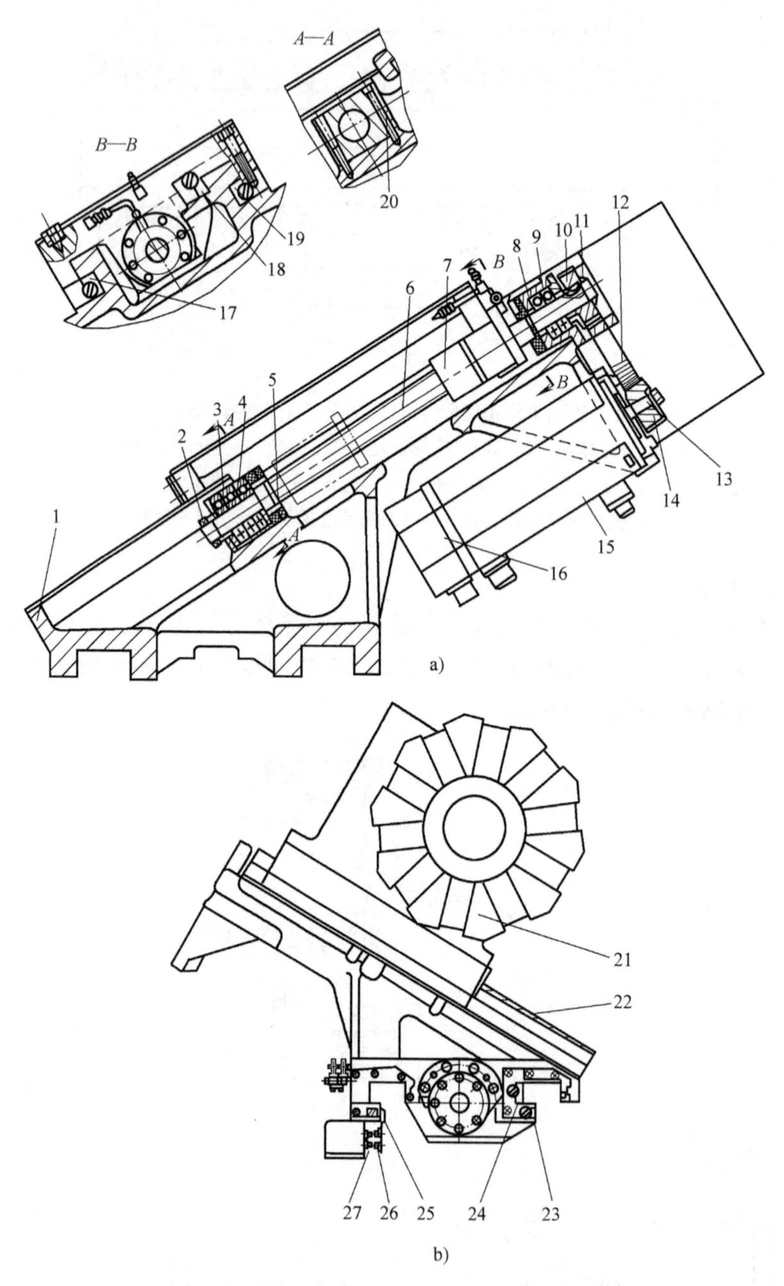

图 1-39　数控车床 X 轴进给传动装置的结构

1—滑板　2、7、11—螺母　3—前支承　4—轴承座　5、8—缓冲块　6—滚珠丝杠　9—后支承　10、14—同步带轮　12—同步带　13—键　15—伺服电动机　16—脉冲编码器　17、18、19、23、24、25—镶条　20—螺钉　21—刀架　22—导轨护板　26—限位开关　27—挡块

构。图 1-39a 中，AC 伺服电动机 15 经同步带轮 14 和 10 及同步带 12 带动滚珠丝杠 6 回转，其上螺母 7 带动刀架 21（图 1-39b）沿滑板 1 的导轨移动，实现 X 轴的进给运动。电动机轴与同步带轮 14 用键 13 联接。滚珠丝杠有前后两个支承，前支承 3 由三个角接触球轴承组成，其中一个轴承大口向前，另两个轴承大口向后，分别承受双向的轴向载荷。前支承的轴承由螺母 2 进行预紧。其后支承 9 为一对角接触球轴承，轴承大口相背放置，由螺母 11 进行预紧。这种丝杠两端固定的支承形式，其结构和工艺都较复杂，但是可以保证和提高丝杠的轴向刚度。脉冲编码器 16 安装在伺服电动机的尾部。件 5 和件 8 是缓冲块，在出现意外碰撞时起保护作用。

A—A 剖视图表示滚珠丝杠前支承的轴承座用螺钉 20 固定在滑板上。滑板导轨如 *B—B* 剖视图所示，为矩形导轨，镶条 17、18、19 用来调整刀架与滑板导轨的间隙。

图 1-39b 中，件 22 为导轨护板，件 26 和件 27 分别为机床参考点的限位开关和挡块。镶条 23、24、25 用于调整滑板与床身导轨的间隙。

因为滑板顶面导轨与水平面夹角为 30°，回转刀架的自身重力会使其下滑，滚珠丝杠和螺母不能以自锁阻止其下滑，故机床依靠 AC 伺服电动机的电磁制动来实现自锁。

（2）Z 轴进给传动装置　CKA6136 型数控车床 Z 轴进给传动装置结构如图 1-40 所示。AC 伺服电动机 14 的运动经同步带轮 12 和 2 以及同步带 11 传递到滚珠丝杠 5，由螺母 4 带动滑板连同刀架沿床身 13 的矩形导轨移动（图 1-40a），实现 Z 轴的进给运动。如图 1-40b 所示，电动机轴与同步带轮 12 之间用锥环无键连接，局部放大视图中件 19 和件 20 是锥面相互配合的内、外锥环，当拧紧螺钉 17 时，法兰 18 的端面压迫外锥环 20，使其向外膨胀，内锥环 19 受力后向电动机轴收缩，从而使电动机轴与同步带轮连接在一起。这种连接方式无需在被连接件上开键槽，而且两锥环的内、外圆锥面压紧后，使连接配合面无间隙，对中性较好。选用锥环对数的多少，取决于所传递转矩的大小。

滚珠丝杠的左支承由三个角接触球轴承 15 组成。其中右边两个轴承与左边一个轴承的大口相对布置，由螺母 16 进行预紧。滚珠丝杠的右支承为一个圆柱滚子轴承，只能承受径向载荷，轴承间隙用螺母 8 来调整。滚珠丝杠的支承形式为左端固定，右端浮动，留有丝杠受热膨胀后轴向伸长的余地。件 3 和件 6 为缓冲挡块，起超程保护作用。*B* 向视图中的螺钉 10 将滚珠丝杠的右支承轴承座 9 固定在床身 13 上。

如图 1-40b 所示，Z 轴进给装置的脉冲编码器 1 与滚珠丝杠相连，直接检测丝杠的回转角度，从而提高系统对 Z 向进给的精度控制。

知识三　数控车床的自动回转刀架

数控车床的自动回转刀架换刀过程为：当接收到数控系统的换刀指令后，刀架松开→刀架转位→刀架压紧。

回转刀架在结构上应具有良好的强度和刚性，以承受粗加工时的切削抗力。由于车削加工精度在很大程度上取决于刀尖位置，对于数控车床来说，加工过程中刀尖位置不进行人工调整，因此更有必要选择可靠的定位方案和合理的定位结构，以保证回转刀架在每一次转位之后，具有尽可能高的重复定位精度（一般为 0.001 ~0.005mm）。

图 1-41 所示为数控车床四方回转刀架结构。四方回转刀架为螺旋升降式四方刀架，适用于轴类零件的加工，它的换刀过程如下：

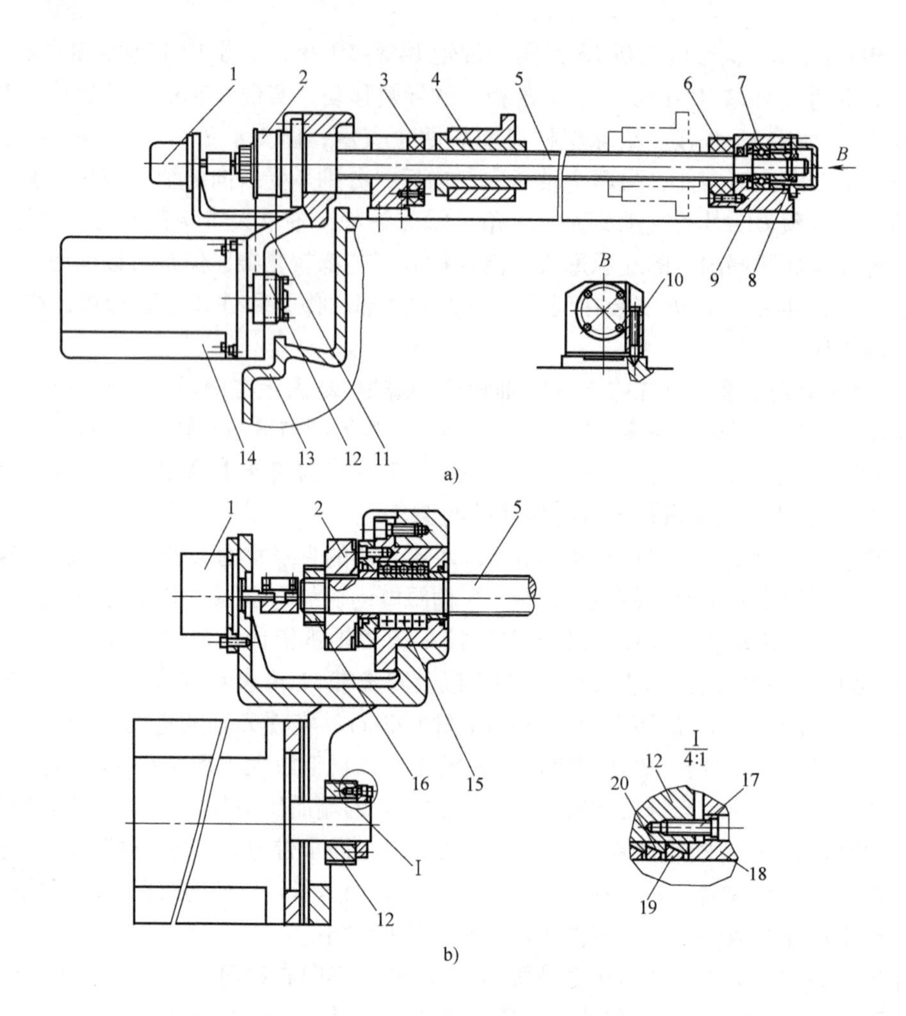

图 1-40　数控车床 Z 轴进给传动装置结构

1—脉冲编码器　2、12—同步带轮　3、6—缓冲挡块　4、8、16—螺母
5—滚珠丝杠　7—右支承　9—轴承座　10、17—螺钉　11—同步带
13—床身　14—伺服电动机　15—角接触球轴承　18—法兰　19、20—内、外锥环

1. 刀架抬起

当数控装置发出换刀指令后，电动机 23 正转，并经联轴套 16、轴 17，由滑键（或花键）带动蜗杆 19、蜗轮 2、轴 1、轴套 10 转动。轴套的外圆上有两处凸起，可在套筒 9 内孔中的螺旋槽内滑动，从而举起与套筒 9 相连的刀架 8 及上端齿盘 6，使上端齿盘与下端齿盘 5 分开，完成刀架抬起动作。

2. 刀架转位

刀架抬起后，轴套仍在继续转动，同时带动刀架转过 90°（如不到位，刀架还可继续转位 180°、270°、360°），并由微动开关 25 发出信号给数控装置。

3. 刀架压紧

刀架转位后，由微动开关发出的信号使电动机反转，销 13 使刀架定位而不随轴套回转，于是刀架向下移动，上、下端齿盘合拢压紧。蜗杆 19 继续转动则产生轴向位移，压缩弹簧 22，套筒 21 的外圆曲面压力开关 20 使电动机停止旋转，从而完成一次转位。

知识四　数控车床的导轨

导轨主要用来支承和引导运动部件沿着一定的轨道运动。在导轨副中，运动的一方称为动导轨，不动的一方称为支承导轨。动导轨相对于支承导轨的运动通常是直线运动或回转运动。导轨是进给系统的重要环节，是机床基本结构要素之一。

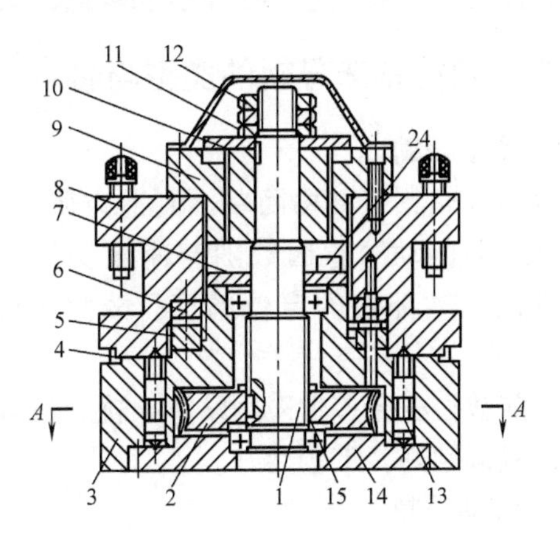

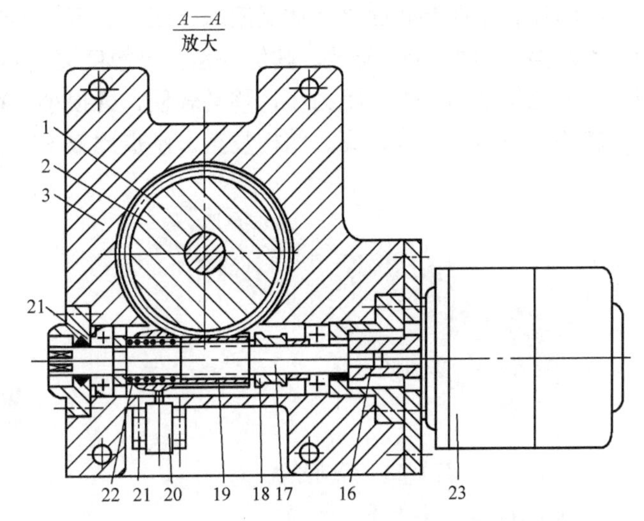

图 1-41　数控车床四方回转刀架结构

1、17—轴　2—蜗轮　3—刀座　4—密封圈　5、6—齿盘　7、24—压盖　8—刀架　9、21—套筒　10—轴套　11—垫圈　12—螺母　13—销　14—底盘　15—轴承　16—联轴套　18—套　19—蜗杆　20、24—开关　22—弹簧　23—电动机

一、对数控机床导轨的要求

1. 导向精度高

导向精度是指数控机床的动导轨沿支承导轨运动的直线度（对直线运动导轨）或圆度（对圆周运动导轨）。数控机床无论在空载或切削加工时，导轨都应有足够的刚度和导向精度。数控机床中，影响导向精度的主要因素是导轨的几何精度、导轨的结构形式和装配质量及导轨与基础件的刚度等。

2. 良好的精度保持性

精度保持性是指导轨在长期的使用中保持导向精度的能力。数控机床导轨的耐磨性是保持精度的决定性因素，它与导轨的摩擦性能、导轨的材料等有关。对于数控机床导轨面，除了要求尽量减少磨损量外，还应在磨损后能自动补偿和便于调整。

3. 具有足够的刚度

数控机床各运动部件所受外力最终都由导轨面来承受，如果导轨受力变形过大，不仅导向精度破坏，而且导轨的工作条件恶化。因此，要求导轨具有足够的刚度。导轨的刚度主要取决于导轨的类型、结构形式和尺寸大小，导轨与床身的连接方式，导轨的材料和表面加工质量等。

4. 具有良好的耐磨性

导轨长期使用后，要求能保持一定的使用精度，而数控机床导轨的耐磨性决定了导轨的精度保持性。耐磨性受导轨副的材料、硬度、润滑和载荷的影响。

5. 具有良好的工艺性

数控机床的导轨应便于制造和装配，结构简单，工艺性好，便于加工、调整和维修。

二、数控车床导轨的类型与特点

1. 滑动导轨

滑动导轨具有结构简单、制造方便、刚度好、抗振性高等优点，如图 1-42 所示。由于滑动导轨的动摩擦因数随着速度变化而变化，摩擦损失大，低速时易产生爬行现象，从而降低运动部件的定位精度，故除了经济型数控机床以外，在其他数控机床上已不采用。

目前数控机床多数采用贴塑导轨。贴塑滑动导轨的特点是摩擦特性好，耐磨性好，运动平稳，减振性好，工艺性好。

2. 滚动导轨

滚动导轨是在导轨面之间放置滚珠、滚柱、滚针等滚动体，使导轨面之间的滑动摩擦变为滚动摩擦，如图 1-43 所示。其优点是：灵敏度高，运动平稳，低速移动时不易出现爬行现象，定位精度高，摩擦阻力小，移动轻便，磨损小，精度保持性好，寿命长。缺点是：抗振性较差，对防护要求较高，结构复杂，制造比较困难，成本较高。

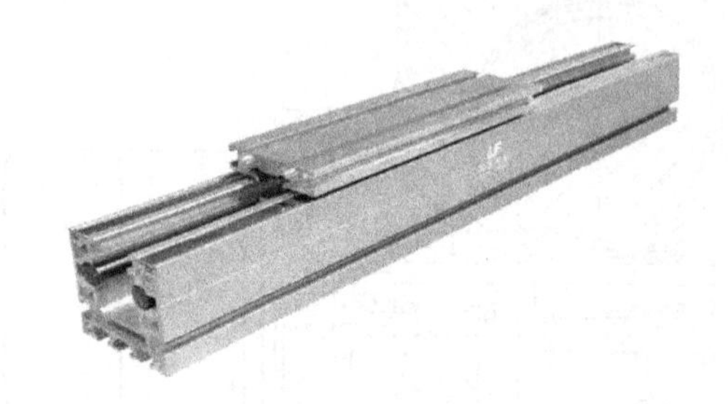

图 1-42　滑动导轨

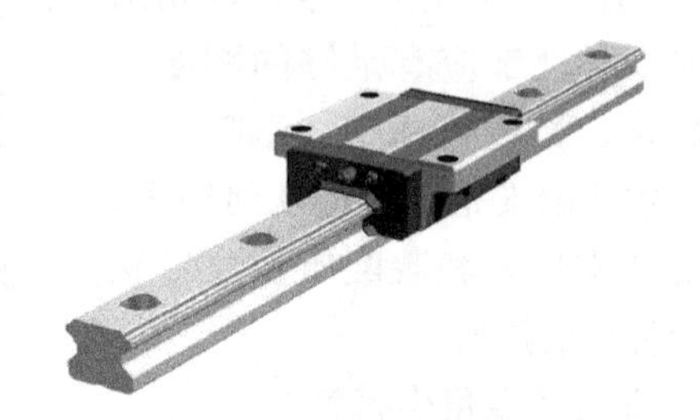

图 1-43　滚动导轨

3. 静压导轨

静压导轨分为液体静压导轨与空气静压导轨两种。

液体静压导轨如图 1-44 所示。其优点是：在两导轨工作面之间开有油腔，通入具有一定压力的润滑油后，可形成静压油膜，使导轨工作表面处于纯液体摩擦，不产生磨损，精度保持性好；同时，摩擦因数也极低，使驱动功率大大降低；低速无爬行，承载能力大，刚度好；此外，油液有吸振作用，抗振性好。其缺点是：结构复杂，要有专门的供油系统；油的清洁度要求高。静压导轨在机床上得到日益广泛的应用。

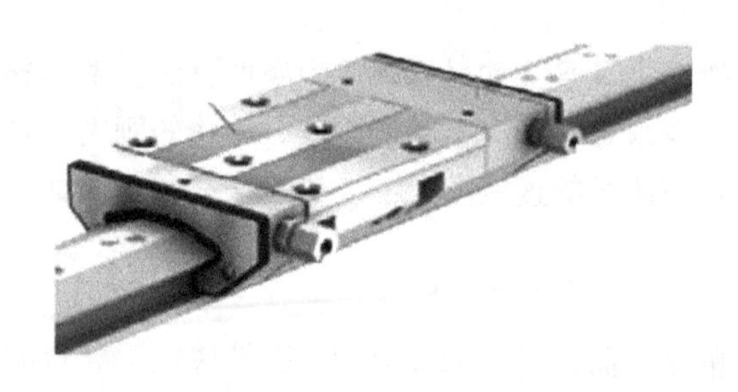

图 1-44　液体静压导轨

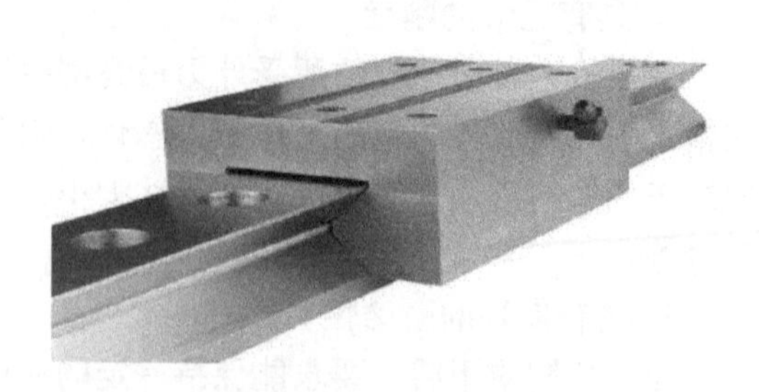

图 1-45　空气静压导轨

空气静压导轨如图1-45所示。其特点是：在两导轨工作面之间通入具有一定压力的空气后，可形成静压气膜，使两导轨面均匀分离，以得到高精度的运动；同时，摩擦因数小，不易引起发热变形，但空气膜会随空气压力波动而发生变化；承载能力小，常用于负载不大的场合。此外，必须注意导轨面的防尘，因为尘埃落入空气导轨面内会引起导轨面的损伤。

知识五　数控车床的尾座

尾座体的移动由滑板带动。尾座体移动后，由手动控制的液压缸将其锁紧在床身上。

在调整机床时，可以手动控制尾座套筒移动。图1-46所示为液压尾座结构，顶尖1与尾座套筒2用锥孔连接，尾座套筒可以带动顶尖一起移动。在机床自动工作循环中，可通过程序由数控系统控制尾座套筒的移动。当数控系统发出尾座套筒伸出指令后，液压电磁阀动作，压力油通过活塞杆4的内孔进入套筒液压缸的左腔，推动尾座套筒伸出。当数控系统指令其退回时，压力油进入套筒液压缸的右腔，从而使尾座套筒退回。

尾座套筒移动的行程靠调整套筒外部连接的行程杆10上面的移动挡块6来完成。图1-46中所示移动挡块的位置在左端极限位置时，套筒的行程最长。

当套筒伸出到位时，行程杆上的挡块6压下确认开关9，向数控系统发出尾座套筒到位信号。当套筒退回时，行程杆上的固定挡块7压下确认开关8，向数控系统发出套筒退回的确认信号。

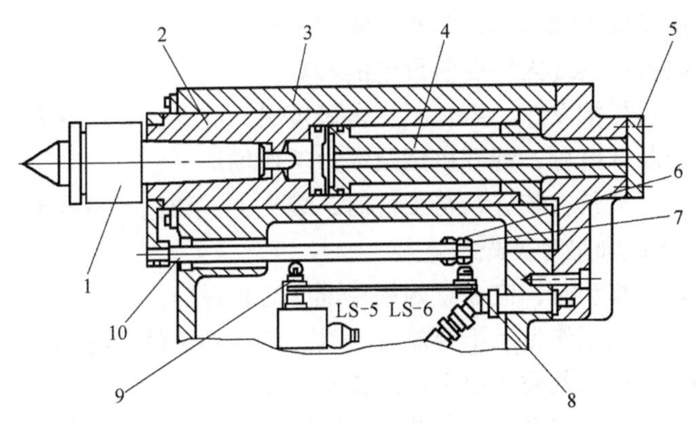

图1-46　液压尾座结构

1—顶尖　2—尾座套筒　3—尾座体　4—活塞杆　5—后端盖
6—移动挡块　7—固定挡块　8、9—确认开关　10—行程杆

思考与练习

1. 简要说明数控车床的主传动系统主轴结构。
2. 数控车床进给传动系统有哪些要求。
3. 简要说明数控车床自动回转刀架的换刀过程。

课题四　数控机床的安全操作、维护保养及故障诊断

知识目标

1. 掌握数控机床的安全操作规程、维护与保养部位及要求。
2. 了解数控机床的故障诊断方法。
3. 学会数控机床一些常见故障的诊断与排除。

知识一　数控机床的安全操作

一、数控机床的安全使用环境

应避免阳光的直接照射和其他热辐射；应避免潮湿及粉尘过多，尤其有腐蚀性气体的场所，应避免使电子元器件受到腐蚀；要远离振动大的设备。

二、数控机床的安全操作规程

应制订数控机床的安全操作规程，这是保证数控机床安全运行的首要条件之一。

1. 安全操作规程

1）工作时穿好工作服、安全鞋，戴好工作帽及防护镜，操作机床时不允许戴手套，不得与他人闲谈。

2）不得在机床周围放置障碍物，工作空间应足够大。

3）不得任意修改数控系统内厂商所设定的参数。

4）若遇设备电动机异常发热、声音不正常等情况，应立即停机查看。

5）操作完毕后应断开电源，清理机床及周边工作场地。

6）合理选用刀具、夹具。装夹精密工件时，装夹方式要适当并保证装夹牢固可靠，不得猛力敲打，可用软锤或加垫轻微敲打。

7）机床工作台快速移动时，应注意四周情况，防止碰撞。

8）操作时机床导轨及工作台上不要放置工具、量具和工件等物品。

9）加工时，不允许两人及两人以上同时操作机床。

10）手控沿 X、Z 轴方向移动工作台时，避免其与主轴碰撞，并观察刀具移动是否正常。

2. 工作前的准备

1）开动机床前应预热，检查机床各部位的润滑状况、油压、气压及防护装置等。

2）机床上电顺序为机床先上电后数控系统上电，关机顺序则正好相反。

3）开机后首先进行返回机床参考点的操作，先 X 轴后 Z 轴。若某轴在回参考点前已处在原点位置，应将该轴手动移动到距离原点 100mm 以外位置后再回参考点。

4）在进行工件装卸时，台面上、防护罩上、导轨上不得有异物。

5）程序输入校验后要对刀具补偿值（半径补偿值、长度补偿值）、刀具补偿号、正负号及小数点进行认真核对。

6）调整刀具所用的工具不要遗忘在机床工作台上。

3. 工作过程中的安全注意事项

1）禁止用手或以其他任何方式接触正在旋转的主轴、工件或其他运动部位。

2）单段试切时，“快速倍率”开关必须置于低档。

3）试切和加工中，更换刀具、辅具后，一定要重新测量刀具长度，并修改好刀具补偿值和刀具补偿号。

4）机床运行时严禁操作人员离开工作岗位或做与操作无关的事情。

5）手摇进给和手动连续进给操作时，必须检查各种开关所选择的位置是否正确。

6）在机床加工过程中，禁止打开机床防护门。

7）量具应在固定地点使用和摆放，加工完毕后，应把量具擦拭干净。

8）自动加工中出现报警等异常时，应立即按下复位或急停按钮，查明报警原因并采取相应措施。报警取消后再进行操作。

4. 工作完成后的注意事项

1）数控车床批量加工完毕后，应核对刀具号、刀具补偿值，使程序、偏置界面、调整卡及工序卡中的刀具号、刀具补偿值完全一致。

2）从刀架卸下刀具，按调整卡或程序清单编号入库。

3）清除切屑，擦拭机床，使机床与周围环境保持清洁状态。

4）检查润滑油、切削液的状态，及时添加或更换。

5）依次关掉机床操作面板上的电源和总电源。

三、数控机床的电源保证

为了避免电源波动幅度大（大于±10%）和可能的瞬间干扰信号等影响，一般对数控机床采用专线供电，以减少供电质量的影响和其他电气设备对其干扰。

四、数控机床不宜长期封存

购买数控机床以后要充分利用，以尽量提高机床的利用率，尤其是投入使用的第一年，使故障的隐患尽可能在保修期内得以排除。加工中，尽量减少数控机床主轴的起停，以降低离合器、齿轮等部件的磨损。长期不使用数控机床时，要定期通电，每次空运行1h左右，以利用机床本身的发热量来降低机内的湿度，同时也能及时发现有无电池或电量不足报警，防止系统设定参数的丢失。

知识二 数控机床的维护与保养

数控机床种类繁多，功能、结构及系统不同，其维护保养的内容和规则也不同，具体应根据数控机床种类、型号及实际使用情况，并参照数控机床使用说明书要求，制订和建立必要的定期、定级保养制度。

一、数控系统的维护保养

1）严格遵守操作规程和日常维护制度。数控设备操作人员要严格遵守操作规程和日常维护制度，操作人员的技术业务素质的优劣是影响故障发生频率的重要因素。当机床发生故障时，操作人员要注意保留现场，并向维修人员如实说明出现故障前后的情况，以利于分析、诊断出故障的原因，及时排除。

2）防止灰尘污物进入数控装置内部。在机械加工车间的空气中一般都会有油雾、灰尘甚至金属粉末，一旦它们落在数控系统内的电路板或电子元器件上，容易引起元器件间绝缘电阻下降，甚至导致元器件及电路板损坏。有的用户在夏天为了使数控系统能超负荷长期工作，采取打开数控柜的门来散热，这是一种极不可取的方法，其最终将导致数控系统的加速损坏，应该尽量减少打开数控柜和强电柜门。

3）防止系统过热。应该检查数控柜上的各个冷却风扇工作是否正常。每半年或每季度检查一次风道过滤器是否有堵塞现象，若过滤网上灰尘积聚过多却不及时清理，会引起数控柜内温度过高。

4）定期检查和更换直流电动机电刷。直流电动机电刷的过度磨损会影响电动机的性能，甚至造成电动机损坏。为此，应对电动机电刷进行定期检查和更换。对于数控车床、数控铣床、加工中心等，应每年检查一次直流电动机电刷。

5）定期检查和更换存储用电池。一般情况下电池应每年更换一次，以确保数控系统正常工作。电池的更换应在数控系统供电状态下进行，以防更换时 RAM 内信息丢失。

二、机械部分的维护保养

1）主轴系统为带传动系统时，应定期检查和调整主轴驱动带的松紧程度，防止因驱动带松弛产生丢转现象；主轴刀具夹紧装置长时间使用后会产生间隙，影响刀具的夹紧，需及时调整液压缸活塞的位移量；另外注意观察主轴箱温度，检查主轴润滑系统，定期补充润滑油量，并防止各种杂质进入主轴箱；使用手动变速的主传动系统，必须在主轴停机后方可变速。

2）定期检查、调整滚珠丝杠副、换刀系统、工作台交换系统的轴向间隙等，保证其反向传动精度和轴向刚度，以减少各运动部件之间的形状和位置偏差。

3）定期调整导轨副压板间隙、镶条间隙、对导轨进行预紧和润滑，检查导轨的防护罩。

4）检查并维护刀库及换刀机械手。严禁把超重、超长的刀具装入刀库，以避免机械手换刀时掉刀或刀具与工件、夹具发生碰撞；经常检查刀库的回零位置是否正确、主轴回换刀点位置是否到位；机床上电时，应使刀库和机械手空运行，检查各部分工作是否正常，特别是各行程开关和电磁阀能否正常动作；检查刀具在机械手上的锁紧是否可靠。

5）定期对各润滑、液压、气压系统的过滤器或分滤网进行清洗或更换；定期对液压系统进行油质化验检查，添加和更换液压油；经常检查压缩空气气压，将其调整到标准要求值；定期对气压系统的分水排水器放水。

6）经常检查轴端、切削液箱体及各处的密封状态，防止润滑油、切削液的泄漏。

三、数控机床精度的维护保养

定期进行数控机床水平和机械精度检查并校正。机械精度的校正方法有软硬两种。其中软方法主要是指系统参数补偿，如丝杠反向间隙补偿、各坐标定位精度定点补偿、机床回参考点位置校正等。

四、电气部分的维护保养

1）应尽量少开数控柜和强电柜的门，以防止油雾、浮尘甚至金属粉末落入数控装置内的印制电路板或电子元器件上，引起元器件间绝缘电阻下降，并导致元器件及印制电路板的损坏。

2）经常检查数控装置上各个冷却风扇工作是否正常，风道过滤网是否堵塞。如过滤网上灰尘积聚过多，需及时清理，否则将会引起数控装置内温度过高（一般不允许超过55℃），影响数控系统的正常工作，甚至出现过热报警现象。

3）长时间闲置数控机床时，应定期对数控装置通电 2～3h，以避免系统受潮。

4）更换存储器电池。系统参数及用户加工程序由存储器储存，并由电池保持供电，当系统发出电池电压报警时，应立即更换电池。

5）经常监视数控装置用的电网电压。数控装置允许电网电压通常在额定值的－10%～10%的范围内波动。若超出此范围就会造成系统不能正常工作，甚至会损坏数控系统内的电子部件。

6）检查及更换直流伺服电动机电刷。直流伺服电动机带有数对电刷，电动机旋转时电刷与换向器摩擦而逐渐磨损，因此电刷可以根据用户的实际使用情况每年检查一次，对于频繁工作的伺服电动机需每三个月检查一次，同时使用工业酒精（乙醇）对电刷表面进行清洗，当电刷剩余长度在 10mm 以下时，须及时更换相同型号的电刷。

数控车床日常维护、保养的部位及内容见表 1-4。

表 1-4　数控车床日常维护，保养的部位及内容

序号	检查周期	检查部位	检查及维护内容
1	每天	润滑油箱、润滑油泵、导轨润滑	检查润滑油的油面、油量，及时添加润滑油；检查润滑油泵能否定时起动、打油及停止；检查导轨各润滑点在打油时是否有润滑油流出
2	每天	X、Y、Z 轴导轨	清除导轨面上的切屑、脏物、切削液；检查导轨润滑是否充分，导轨面上有无滑伤及锈斑，导轨防尘刮板上有无夹带切屑；如果是安装滚动块的导轨，当导轨上出现划伤时应检查滚动块
3	每天	压缩空气气源	检查气源供气压力是否正常，含水量是否过大
4	每天	机床进气口分水排水器和空气干燥器	及时清理分水排水器中滤出的水分；加入足够的润滑油；检查空气干燥器是否能自动切换工作，干燥剂是否饱和
5	每天	气液转换器和增压器	检查存油面高度并及时补油
6	每天	主轴恒温油箱	检查主轴恒温油箱是否正常工作，由主轴箱上油标确定是否有润滑油；调节油箱制冷温度，制冷温度不要低于室温太多（相差 2～5℃，否则主轴容易产生空气水分凝聚）
7	每天	机床液压系统	检查油箱、液压泵有无异常噪声，压力表指示是否正常，油箱工作油面是否在允许范围内，回油路上背压是否过高，各管接头有无泄露和明显振动
8	每天	主轴箱液压平衡系统	检查平衡油路有无泄露，平衡压力是否指示正常，主轴箱上下快速移动时压力波动大小，油路补油机构动作是否正常
9	每天	数控系统及输入/输出	检查光电阅读机的机械结构是否润滑良好，外接快速穿孔机或程序服务器连接是否正常
10	每天	各种电气装置及散热通风装置	检查数控柜、机床电气柜进气扇、排气扇工作是否正常，风道过滤网有无堵塞，主轴电动机、伺服电动机、冷却风道是否正常，恒温油箱、液压油箱的冷却散热片通风是否正常

（续）

序号	检查周期	检查部位	检查及维护内容
11	每天	各种防护装置	检查导轨、机床防护罩动作是否灵敏及有无漏水，刀库防护栏杆、机床工作区防护栏检查门开关动作是否正常
12	每周	各电柜进气过滤网	清洗各电柜进气过滤网
13	半年	滚珠丝杠副	清洗丝杠上旧的润滑油脂，涂上新的油脂；清洗螺母两端的防尘网
14	半年	液压油路	清洗溢流阀、减压阀、过滤器、油箱，更换或过滤液压油，注意加入油箱的新油必须经过过滤和去水分
15	半年	主轴润滑	清洗过滤器，更换润滑油，检查主轴箱各润滑点是否正常供油
16	每年	检查并更换直流伺服电动机电刷	从电刷窝内取出电刷，用酒精清除电刷窝内和换向器上的碳粉；当发现换向器表面被电弧烧伤时，应抛光表面、去毛刺；检查电刷表面和弹簧有无失去弹性，更换长度过短的电刷，并保证其抱合后才能正常使用
17	每年	润滑油泵、过滤器等	清理润滑油箱池底，清洗更换过滤器
18	不定期	各轴导轨上镶条、压紧滚轮、丝杠	按机床说明书上规定检查并维护
19	不定期	切削液箱	检查切削液箱液面高度，切削液装置是否工作正常，切削液是否变质；经常清洗过滤器，疏通防护罩和床身上各回水通道，必要时更换并清理切削液箱底部
20	不定期	排屑器	检查有无卡滞现象
21	不定期	清理废油池	及时取走废油池中的油液，以免外溢；当发现废油池中油量突然增多时，应检查液压回路中是否有漏油点

知识三　数控机床的故障分类、诊断及排除方法

数控机床是一种机电一体化设备，通常是由电气控制、机械传动控制、液压传动控制等系统组成，它们之间相互制约，相互关联，其故障发生的原因一般都比较复杂，每个系统出现故障时都会牵扯到整个机床的运行状态。当数控系统发生故障时，可利用诊断程序诊断出故障源所在范围或具体位置。

一、数控机床故障分类

1. 按数控机床发生故障的部件分类

（1）主机故障　数控机床的主机部分，主要包括机械装置、润滑装置、冷却装置、排屑装置、液压装置、气动装置与防护装置。常见的主机故障有因机械安装、调试及操作使用不当等原因引起的机械传动故障与导轨副摩擦过大故障。故障表现为传动噪声大，加工精度差，运行阻力大。例如，传动链的挠性联轴器松动，齿轮、丝杠与轴承缺油，导轨塞铁调整不当，导轨润滑不良以及系统参数设置不当等均可造成以上故障。尤其应引起重视的是，机床各部位标明的注油点（注油孔）须定时、定量加注润滑油（脂），这是机床各传动链正常运行的保证。另外，液压、润滑与气动系统的故障主要是管路阻塞或密封不良，引起泄漏，造成系统无法正常工作。

（2）电气故障　电气故障分弱电故障与强电故障。弱电部分主要指CNC装置、PLC控制器、CRT显示器，以及伺服单元、输入/输出装置等电子电路。弱电故障又有硬件故障与

软件故障之分。硬件故障主要是指上述各装置的印制电路板上的集成电路芯片、分立元件、接插件及外部连接组件等发生的故障。常见的软件故障则有加工程序出错、系统程序和参数的改变或丢失、计算机的运算出错等。强电故障是指继电器、接触器、开关、熔断器、电源变压器、、电磁铁、行程开关等电气元器件及其所组成的电路故障。这部分的故障十分常见，必须引起足够的重视。

2. 按数控机床发生故障的性质分类

（1）系统性故障　系统性故障是指只要满足一定的条件或超过某一设定的限度，工作中的数控机床必然会发生的故障。这一类故障现象极为常见。例如液压系统的压力值随着液压回路过滤器的阻塞而降到某一设定参数时，必然会发生液压系统故障报警，使系统断电停机；在加工中，因切削用量过大达到某一限值时，必然会发生过载或超温报警，导致系统迅速停机等。

（2）随机性故障　随机性故障是指在同样的条件下工作时只偶然发生一次或两次的故障。由于此类故障在各种条件相同的状态下只偶然发生一两次，因此，随机性故障的原因分析与故障诊断较其他故障困难得多。一般情况下，这类故障的发生往往与机械结构的局部松动、错位，数控系统中部分元件工作特性的漂移，机床电气元件可靠性下降等诸因素有关，如电路板上的元器件松动变形或焊点虚脱，继电器触点、各类开关触头因污染锈蚀以及直流电刷不良等所造成的接触不可靠等。

3. 按数控机床发生故障时有无报警显示分类

（1）有报警显示的故障　这类故障又可分为硬件报警显示故障与软件报警显示故障两种。

1）硬件报警显示故障是指各单元装置上的警告灯指示的故障。在数控系统中有许多用以指示故障部位的警告灯，如控制操作面板、位置控制印制电路板、伺服控制单元、主轴单元、电源单元等常外设警告灯。一旦数控系统的这些警告灯指示故障状态后，借助相应部位上的警告灯就可大致分析判断出故障发生的部位与性质。

2）软件报警显示故障　通常是指 CRT 显示屏上显示出来的报警号和报警信息。由于数控系统具有自诊断功能，一旦检测到故障，即按故障的级别进行处理，同时在 CRT 上以报警号形式显示该故障信息。这类报警显示常见的有存储器警示、过热警示、伺服系统警示、轴超程警示、程序出错警示、主轴警示、过载警示及短路警示等。

（2）无报警显示的故障　这类故障发生时无任何硬件或软件的报警显示，但机床却是在不正常状态。例如机床通电后，手动方式或自动方式运行 X 轴时出现爬行现象，而 CRT 显示器上无任何报警显示。还有在运行机床某轴时发生异常声响，一般也无报警显示等。对于无报警显示故障，通常要具体情况具体分析，要根据故障发生的前后变化状态进行分析和判断。

4. 按数控机床发生故障的原因分类

（1）破坏性故障　这类故障的发生会对机床和操作者造成侵害，导致机床损坏或人身伤害，如飞车、超程运动、部件碰撞等。

（2）非破坏性故障　大多数故障属于此类故障，这种故障往往通过“清零”即可消除。维修人员可以重现此类故障，通过现象进行分析、判断。

二、数控机床的故障诊断及排除方法

数控机床系统出现报警，发生故障时，维修人员不要急于动手处理，而应多进行观察，应遵循两条原则：一是充分调查故障现场，充分掌握故障信息，从系统外观到系统内部的各个印制电路板都应细心察看是否有异常之处。在确认数控系统通电无危险的情况下，方可通电，观察系统有何异常，CRT 显示器显示哪些内容。二是认真分析故障的起因，确定检查的方法与步骤。目前所使用的各种数控系统，虽有各种报警指示灯或自诊断程序，但智能化的程度还不是很高，不可能自动诊断出发生故障的确切部位。往往是同一报警号可以有多种起因。因此，分析故障时，无论是 CNC 系统还是机床强电、机械、液压系统以及油路和气路等，只要有可能引起该故障，都要尽可能全面地列出来，进行综合判断。对于数控机床发生的大多数故障，总体上来说可采用下述几种方法来进行诊断并排除。

1. 直观法

直观法是一种最基本的方法，也是一种最简单的方法。维修人员通过对故障发生时产生的各种光、声、味等异常现象的观察，以及认真检查系统，观察有无烧毁和损伤痕迹，往往可将故障范围缩小到一个模块，甚至一块印制电路板，但这要求维修人员具有丰富的实践经验及综合判断能力。

2. PLC 检查法

（1）利用 PLC 的状态信息诊断故障　PLC 检测故障的机理是通过机床厂家为特定机床编制的 PLC 梯形图，根据各种逻辑状态进行判断，对一些 PLC 产生报警的故障或一些没有报警的故障，可以通过分析 PLC 的梯形图对故障进行诊断，利用 CNC 系统的梯形图显示功能或机外编程器在线跟踪梯形图的运行，从而提高诊断故障的速度和准确性。

（2）利用 PLC 梯形图跟踪法诊断故障　数控机床出现的绝大部分故障都是通过 PLC 程序检查出来的，有些故障可在屏幕上直接显示出报警原因，而另外一些故障，虽然在屏幕上显示报警信息，但并没有直接反映报警的原因，还有些故障不产生报警信息，只是有些动作不执行。遇到后两种情况，跟踪 PLC 梯形图的运行是确诊故障很有效的方法。

3. 诊断程序法

用诊断程序进行故障诊断一般有三种形式，即启动诊断、在线诊断及离线诊断。

（1）启动诊断　指数控系统每次从上电开始到进入正常的运行准备状态为止，系统内部诊断程序自动执行的诊断。诊断的内容为系统中最关键的硬件和系统控制软件，如 CPU、存储器、I/O 单元等模块，以及 CRT/MDI 单元、光电阅读机、软盘单元等装置或外部设备。

（2）在线诊断　指通过数控系统的内装程序，在系统处于正常运行状态时，对系统本身与数控装置相连的各个伺服单元、伺服电动机、主轴伺服单元和主轴电动机，以及外部设备等进行自动诊断检查和故障信息显示。

故障信息显示的内容一般有上百条，最多可达 600 条。其中，许多信息都以报警号和适当注释的形式出现。一般可分成以下两大类：

1）软件故障类。例如过热报警、系统报警、存储器报警、编程/设定等。

2）连接故障类。例如行程开关报警、印制电路板间报警等。

（3）离线诊断　是利用专用的检测诊断程序进行诊断，目的是对故障点进行大致定位，力求把故障定位在尽可能小的范围内。现代 CNC 系统的离线诊断用软件一般多与 CNC 系统控制软件一起存储在 CNC 系统中，这样维修诊断时更为方便。

1）通信诊断。用户将 CNC 系统中专用通信接口连接到普通电话线上，再将专用通信诊断计算机的数据电话也连接到电话线路上，然后由计算机向 CNC 系统发送诊断程序，并将测试数据输回到计算机，进行分析并得出结论。

2）自修复系统。指系统能自动使故障模块脱机而接通备用模块，从而使系统较快地进入正常工作状态。

3）专家诊断系统。具有人工智能（Artificial Intelligence，AI）功能的专家故障诊断系统，在处理实际问题时，通过具有某个领域的专门知识的专家分析和解释数据并做出决定。

数控机床是涉及多个应用学科的十分复杂、综合的系统，但故障诊断是遵循一定规律的，需要综合运用各个方面的知识进行判断和处理，一般操作者只需要处理与操作有关的故障与报警问题。

4. 参数检查法

在数控系统中有许多参数（机床数据）地址，其中存入的参数值是机床出厂时通过调整确定的，它们直接影响着数控机床的性能。发生故障时，可通过检查这些参数确定可能故障。

5. 换板法

换板法就是在分析出故障大致起因的情况下，维修人员可以利用备用的印制电路板、模板、集成电路芯片或元器件替换有疑点的部分，甚至用系统中已有的相同类型的部件来替换，从而把故障范围缩小到印制电路板或芯片一级。这实际上也是在验证分析的正确性。

6. 测量法

测量法就是使用万用表、示波器、逻辑测试仪等仪器对电路进行实际测量。

7. 分析法

根据数控系统的组成原理，可从逻辑上分析出各点的逻辑电平和特征参数（如电压值或波形等），然后用万用表、逻辑笔、示波器或逻辑分析仪对其进行测量、分析和比较。

8. 经验法

经验法指维修人员根据自己的知识和经验对故障进行深入具体的诊断，判断出故障诊断的方向。

思考与练习

1. 简述数控机床日常维护的内容。
2. 数控机床常见的故障包括哪几种？
3. 怎样才能做好数控机床的维护与保养？
4. 数控机床常用故障诊断及排除方法有哪些？
5. 数控机床常见故障检测方法有哪些？

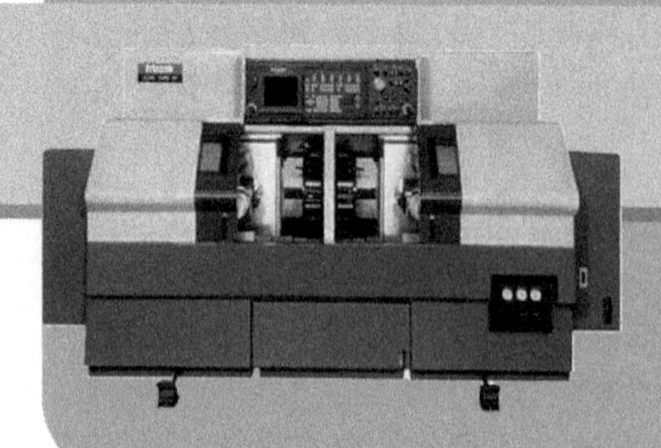

单元二 数控车床操作与编程

项目一 FANUC 系统数控车床基本操作

知识目标

1. 掌握 FANUC 系统数控车床操作面板的各部分功能。

2. 掌握手动操作、手轮进给、自动运行、创建和编制程序、设定和显示数据等功能及使用方法。

任务描述

初识 FANUC 系统数控车床需要从机床整体外形开始，首先熟悉铭牌中各参数的含义，然后进行机床操作面板的训练，这是操作机床的前提。

任务训练

1. 开机上电

检查机床状态是否正常，按下“急停”按钮，打开机床总电源开关，机床上电，数控系统上电，机床进入系统控制状态。

2. 复位

左旋并拔起操作台右上角的“急停”按钮使系统复位，接通伺服电源，系统默认进入“回参考点”方式，软件操作界面的工作方式变为“回零”。

3. 返回机床参考点

按一下控制面板上面的“回零”键，确保系统处于“回零”方式。根据 X 轴机床参数“回参考点方向”，按一下“+X”（回参考点方向为“+”）键，X 轴回到参考点后，“+X”按键内的指示灯亮；同理，可按“+Z”键，使 Z 轴回参考点。

4. 毛坯安装

清洁自定心卡盘，将工件夹紧。

5. 刀具安装

刀具安装可按刀号顺序依次进行，注意刀尖与工件回转轴线在同一水平面上。

6. 设定工件坐标系（对刀）

采用试切法确定工件坐标系，设定工件右端面中心为坐标系原点。

7. 输入和调试加工程序

将程序输入或传输到数控系统中，对程序进行编制、调试。

8. 试切

检查程序无误后，将刀架手动移至安全处，启动程序进行试切，观察刀具运行轨迹是否正常。

9. 自动加工

启动程序加工工件，切削时注意观察刀具加工情况和切削声音，如发生异常，立即停机检查。

10. 测量工件尺寸

加工时应测量工件尺寸，如果尺寸不符合图样要求，应修改程序或刀补值，直至尺寸符合图样要求为止，取下工件。

11. 关机

清理加工现场，关机。

任务准备

一、FANUC 系统数控车床操作面板的组成

FANUC 系统数控车床的操作面板由编辑面板和控制面板所组成，如图 2-1 所示。

1. 编辑面板的组成

编辑面板位于操作面板的上半部分，由液晶显示屏、编辑键及功能键所组成。其中，液晶显示屏用来显示相关坐标位置、程序、图形、参数、诊断和报警等信息，以实现人机对话；编辑键包括字母键、数值键等。

编辑面板常用按键功能见表 2-1。

表 2-1　FANUC 系统编辑面板常用按键功能

名　称	功 能 说 明
复位键  RESET	按下这个键可以使 CNC 复位或者取消报警等
帮助键  HELP	当对 MDI 键的操作不明白时，按下这个键可以获得帮助
软键	根据不同的画面，软键有不同的功能。软键功能显示在屏幕的底端

（续）

名　称	功 能 说 明
地址和数字键 Op	按下这些键可以输入字母、数字或者其他字符
切换键 SHIFT	键盘上的某些键具有两个功能时，按下“SHIFT”键可以在这两个功能之间进行切换
输入键 INPUT	当按下一个字母键或者数字键时，再按该键，数据被输入到缓存区，并且显示在屏幕上。要将输入缓存区的数据复制到偏置寄存器中时，可按下该键。这个键与软键中的[INPUT]键是等效的
取消键 CAN	用于删除最后一个进入输入缓存区的字符或符号
程序功能键 ALTER、INSERT、DELETE	ALTER：替换键 INSERT：插入键 DELETE：删除键
功能键 POS PROG OFFSET SETTING SYSTEM MESSAGE CUSTOM GRAPH	按下这些键，切换不同功能的显示屏幕
光标移动键 ↑ ← → ↓	有四种不同的光标移动键 → 键用于将光标向右或者向前移动 ← 键用于将光标向左或者往回移动 ↓ 键用于将光标向下或者向前移动 ↑ 键用于将光标向上或者往回移动
翻页键 ↑PAGE PAGE↓	PAGE↓ 键用于将屏幕显示的页面往前翻页 ↑PAGE 键用于将屏幕显示的页面往后翻页

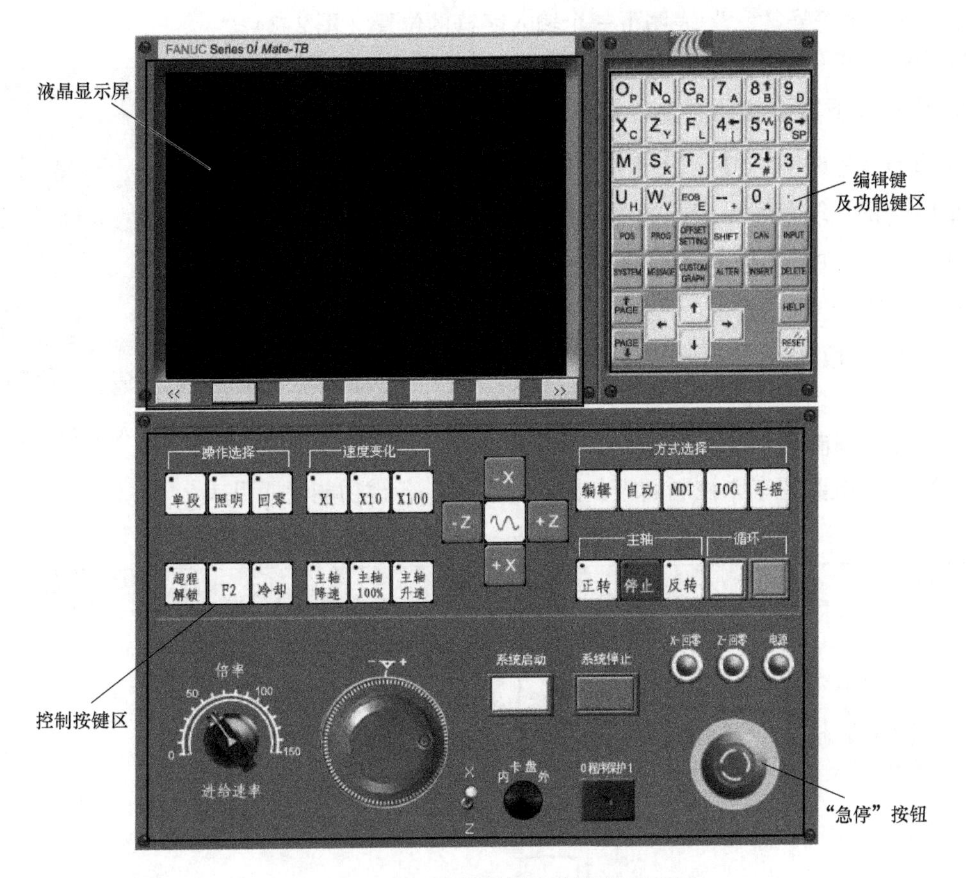

图 2-1　FANUC 系统数控车床的操作面板

2. 功能键和软键

功能键用来选择将要显示的屏幕画面。

按下功能键之后再按下与屏幕文字相对的软键，就可以选择与所选功能相关的屏幕。

（1）功能键

POS：按下这一键以显示位置屏幕。

PROG：按下这一键以显示程序屏幕。

OFFSET SETING：按下这一键以显示偏置/设置（SETTING）屏幕。

SYSTEM：按下这一键以显示系统屏幕。

MESSAGE：按下这一键以显示信息屏幕

CUSTOM GRAPH：按下这一键以显示用户宏屏幕。

（2）软键　要显示一个更详细的屏幕，可以在按下功能键后按软键。

最左侧带有向左箭头的软键为菜单返回键，最右侧带有向右箭头的软键为菜单继续键。

3. 输入缓存区

当按下一个地址键或数字键时，与该键相应的字符就立即被送入输入缓存区。输入缓存区的内容显示在 CRT 屏幕的底部。

为了表明这是键盘输入的数据，在该字符前面会立即显示一个符号“ > ”。在输入数据的末尾显示一个符号“_”表明下一个输入字符的位置（图 2-2）。

为了输入同一个键上右下方的字符，首先按下 SHIFT 键，然后按下需要输入的键。例如要输入字母 P，首先按下 SHIFT 键，这时“SHIFT”键变为红色，然后按下 O_P 键，缓存区内就可显示字母 P。再按一下 SHIFT 键，“SHIFT”键恢复成原来颜色，表明此时不能输入右下方字符。

按 CAN 键可取消缓存区最后输入的字符或者符号。

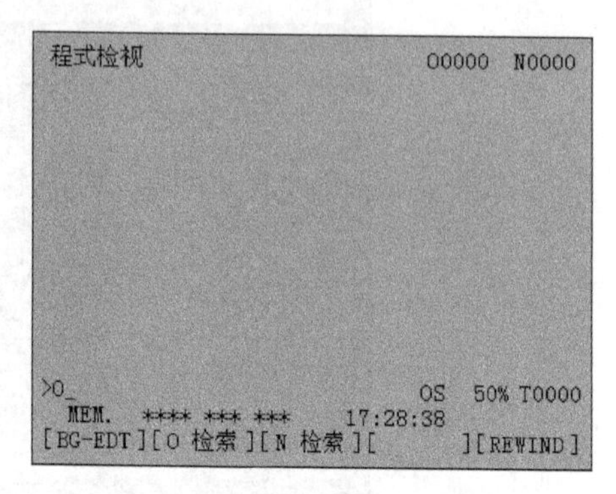

图 2-2 表明键盘输入数据画面

4. 机床控制面板

FANUC 系统数控车床控制面板如图 2-3 所示。各键功能说明见表 2-2。

表 2-2 数控车床控制面板各键功能说明

名　称	功 能 说 明
方式选择键 编辑 自动 MDI JOG 手摇	用来选择系统的运行方式 编辑:按下该键,进入编辑运行方式 自动:按下该键,进入自动运行方式
方式选择键 编辑 自动 MDI JOG 手摇	MDI:按下该键,进入 MDI 运行方式 JOG:按下该键,进入 JOG 运行方式 手摇:按下该键,进入手轮运行方式
操作选择键 单段 照明 回零	用来开启单段、回零操作 单段:按下该键,进入单段运行方式 回零:按下该键,可以进行返回机床参考点操作(即机床回零)
主轴旋转键 正转 停止 反转	用来起动和停止主轴 正转:按下该键,主轴正转 停止:按下该键,主轴停转 反转:按下该键,主轴反转

（续）

名　称	功 能 说 明
循环启动/停止键 	用来启动和停止加工，在自动加工运行和 MDI 运行时都会用到
主轴倍率键 	在自动或 MDI 方式下，当 S 代码的主轴速度偏高或偏低时，可用来修调程序中编制的主轴速度 按  主轴100% 键，指示灯亮，主轴修调倍率被置为 100%；按一下  主轴升速 键，主轴修调倍率递增 5%；按一下  主轴降速 键，主轴修调倍率递减 5%
超程解除 	用来解除超程报警
进给轴和方向选择开关 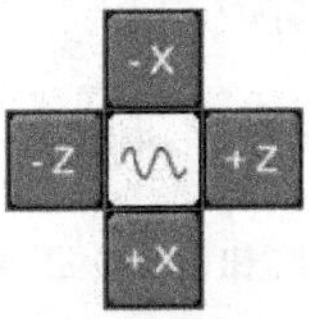	用来选择机床欲移动的轴和方向 其中的  键为快进开关。当按下该键后，该键变为红色，表明快进功能开启。再按一下该键，该键的颜色恢复成白色，表明快进功能关闭
JOG 进给倍率刻度盘 	用来调节 JOG 进给的倍率。倍率值为 0～150%。每格为 10% 左键单击旋钮，旋钮逆时针旋转一格；右键单击旋钮，旋钮顺时针旋转一格
系统启动/停止 	用来开启和关闭数控系统。在通电开机和关机的时候用到
电源/回零指示灯 	用来表明系统是否开机和回零的情况。当系统开机后，电源灯始终亮着。当进行机床回零操作时，某轴返回零点后，该轴的指示灯亮；离开参考点，则指示灯熄灭
“急停”按钮 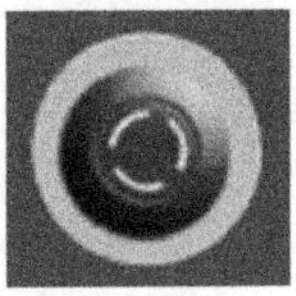	用于锁住机床。按下“急停”按钮时，机床立即停止运动 “急停”按钮抬起后，按钮下方有阴影，如图 a 所示；“急停”按钮按下时，按钮下方没有阴影，如图 b 所示 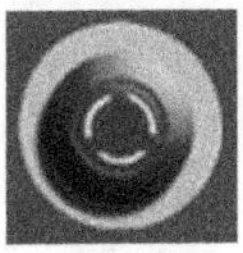 a) 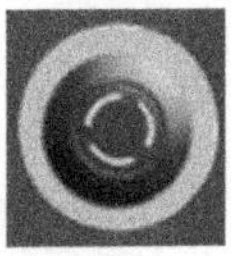　b)

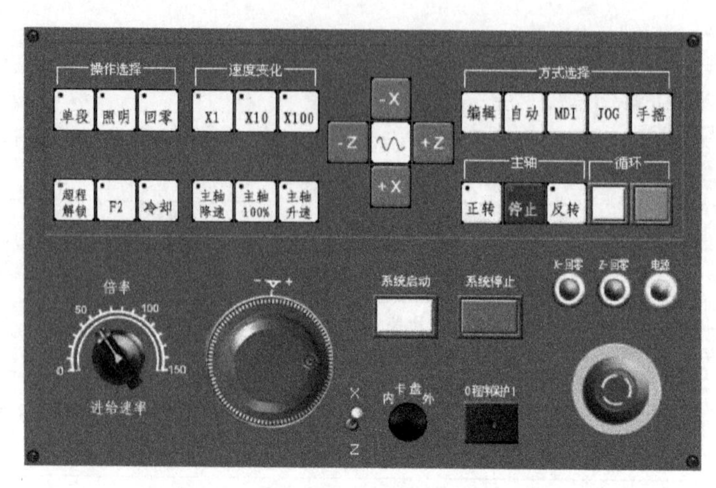

图 2-3　FANUC 系统数控车床控制面板

5. 手轮面板

手轮面板的各键及其功能见表 2-3。

表 2-3　手轮面板的各键及其功能

名　　称	功 能 说 明
手轮进给倍率键 X1 X10 X100	用于选择手轮移动倍率。按下所选的倍率键后，该键左上方的红灯亮 X1 为 0.001（表示单击 X1 按钮，刀架沿 X 方向移动 0.001mm）、X10 为 0.010、X100 为 0.100
手轮	手轮模式下用来使机床坐标轴移动 左键单击手轮旋钮，手轮逆时针旋转，机床坐标轴向负方向移动；右键单击手轮旋钮，手轮顺时针旋转，机床坐标轴向正方向移动。用鼠标单击一下手轮旋钮即松手，则手轮旋转刻度盘上的一格，机床坐标轴根据所选择的移动倍率移动一个档位。如果鼠标按下后不松开，则 3s 后手轮开始连续旋转，同时机床坐标轴根据所选择的移动倍率进行连续移动，松开鼠标后，机床坐标轴停止移动
手轮进给轴选择开关 X Z	手轮模式下用来选择机床要移动的轴 按下开关，开关扳手向上指向 X，表明选择的是 X 轴；开关扳手向下指向 Z，表明选择的是 Z 轴

二、通电开机

进入系统后的第一件事是接通系统电源。操作步骤如下：

1）按下机床面板上的“系统启动”键，接通电源，显示屏由原先的黑屏变为有文字显示，电源指示灯亮。

2）按“急停”按钮，使“急停”按钮抬起。

这时系统完成上电复位，可以进行后面的操作。

三、手动操作

手动操作主要包括手动返回机床参考点和手动移动刀具。电源接通后，首先要做的事就是将刀具移到参考点。然后可以使用按钮或开关，使刀具沿各轴运动。手动移动刀具包括JOG进给、手轮进给、增量进给。

1. 手动返回参考点

手动返回参考点就是用机床操作面板上的按钮或开关，将刀具移动到机床的参考点。

操作步骤如下：

1）在方式选择键中按下“JOG”键。这时数控系统显示屏幕左下方显示状态为JOG。

2）在操作选择键中按下“回零”键。这时该键左上方的红灯亮。

3）在坐标轴选择键中按下“+X”键，X轴返回参考点，同时“X－回零”指示灯亮。

4）依上述方法，按下“+Z”键，Z轴返回参考点，同时“Z－回零”指示灯亮。

2. JOG进给

JOG进给就是手动连续进给。在JOG方式下，按机床操作面板上的进给轴和方向选择开关，机床坐标轴沿选定轴的选定方向移动。

手动连续进给速度可用JOG进给倍率刻度盘调节。

操作步骤如下：

1）按下“JOG”键，系统处于JOG运行方式。

2）按下进给轴和方向选择开关，机床沿选定轴和选定方向移动。

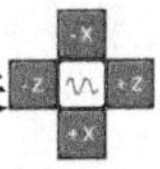

3）可在机床运行前或运行中使用JOG进给倍率刻度盘，根据实际需要调节进给速度。

4）如果在按下进给轴和方向选择开关前按下快速移动开关，则机床坐标轴按快速移动速度运行。

3. 手轮进给

在手轮方式下，可使用手轮使机床坐标轴移动。

操作步骤如下：

1）按“手摇”键，进入手轮方式。

2）按手轮进给轴选择开关，选择机床要移动的轴。

3）按手轮进给倍率键[X1][X10][X100]，选择移动速度倍率。

4）根据需要移动的方向，按下手轮旋钮，手轮旋转，同时机床坐标轴移动。

5）鼠标单击一下手轮旋钮即松手，则手轮旋转刻度盘上的一格，机床坐标轴根据所选择的移动倍率移动一个档位。如果鼠标按下后不松开，则3s后手轮开始连续旋转，同时机床坐标轴根据所选择的移动倍率进行连续移动。松开鼠标后，机床坐标轴停止移动。

四、自动运行

自动运行就是机床根据编制的零件加工程序来运行。自动运行包括存储器运行和MDI运行。

1. 存储器运行

1）存储器运行就是指将编制好的零件加工程序存储在数控系统的存储器中，调出要执行的程序来使机床运行。

2）按编辑键[编辑]，进入编辑运行方式。

3）按数控系统面板上的“PROG”键[PROG]。

4）按数控屏幕下方的软键［DIR］键，屏幕上显示已经存储在存储器里的加工程序列表。

5）按地址键O。

6）按数字键输入程序号。

7）按数控屏幕下方的［O检索］软键，这时所选择的程序就被打开并显示在屏幕上。

8）按自动键[自动]，进入自动运行方式。

9）按机床操作面板上的循环键中的白色启动键，开始自动运行。

运行中按下循环键中的红色暂停键，机床坐标轴减速并停止运行。再按下白色启动键，机床恢复运行。

如果按下数控系统面板上的“RESET”键，自动运行结束并进入复位状态。

2. MDI运行

MDI运行是指用键盘输入一组加工命令后，机床根据这个命令执行操作，步骤如下：

1）按“MDI”键[MDI]，进入MDI运行方式。

2）按数控系统面板上的“PROG”键[PROG]，屏幕上显示如下画面。程序号O0000是自动生成的，如图2-4所示。

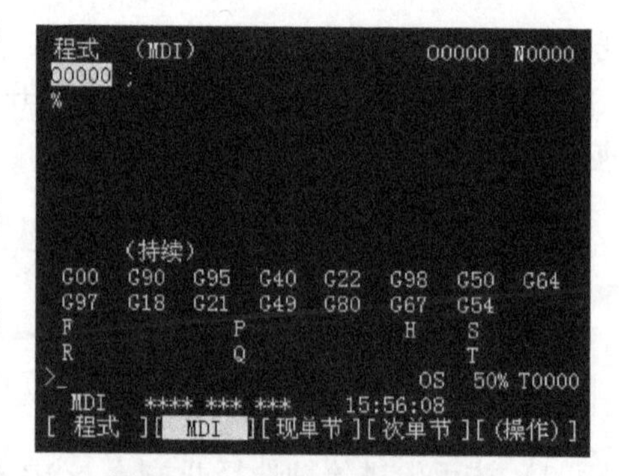

图2-4 “PROG”键显示画面

3）像编制普通零件加工程序那样编制一段程序。

4）按软键［REWIND］键，使光标返回程序头。

5）按机床操作面板上循环键中的白色启动键，程序开始运行。当执行到结束代码M02、M30或碰到“%”时，运行结束并且程序自动删除。

6）运行中按下循环键中的红色暂停键，机床减速并停止运行。再按下白色启动键，机床恢复运行。

7）如果按下数控系统面板上的“RESET”键，自动运行结束并进入复位状态。

3. 程序再启动

程序再启动功能是指定程序段的顺序号即程序段号，以便下次从指定的程序段开始重新启动加工。

程序再启动功能有两种再启动方法：P 型操作和 Q 型操作。

P 型操作可在程序的任何地方开始重新启动，程序再启动的程序段不必是被中断的程序段。当执行 P 型再启动功能时，再启动程序段必须使用与被中断时相同的坐标系。

Q 型操作是重新启动前，机床必须移动到程序起点。

4. 单段

单段方式是指通过一段一段执行程序的方法来检查程序。

操作步骤如下：

1）按操作选择键中的“单段”键[单段]，进入单段运行方式。

2）按下循环启动键，执行程序的一个程序段，然后机床停止。

3）再按下循环启动键，执行程序的下一个程序段，机床停止。

如此反复，直到执行完所有程序段。

五、创建和编辑程序

下列各项操作均是在编辑状态下或程序被打开的情况下进行的。

1. 创建程序

1）在机床操作面板的方式选择键中按“编辑”键[编辑]，进入编辑运行方式。

2）按系统面板上的“PROG”键，数控操作面板显示屏上显示程式画面。

3）使用字母键和数字键输入程序号。

4）按插入键[INSERT]。

5）显示屏上显示新建立的程序名和结束符“%”，接下来就可以输入程序内容。

6）新建的程序自动保存到“DIR”画面中的零件程序列表里。但这种保存是暂时的，退出 FANUC 数控系统后，列表里的程序消失。

2. 字的检索

1）按［操作］软键。

2）按最右侧带有向右箭头的菜单继续键，直到软键中出现［检索］软键。

3）输入需要检索的字。例如，要检索 M03，则输入 M03。

4）按［检索］软键。带向下箭头的［检索］软键表示从光标所在位置开始向程序后面检索，带向上箭头的［检索］软键表示从光标所在位置开始向程序前面检索。可以根据需要选择其中一个。

5）找到目标字后，光标定位在该字上。

3. 跳到程序头

当光标处于程序中间，而需要将其快速返回到程序头时，可用下列两种方法。

方法一：按下复位键，光标即可返回到程序头。

方法二：连续按软键最右侧带向右箭头的菜单继续键，直到出现［REWIND］软键，按下该键，光标即可返回到程序头。

4. 字的插入

例如，在第一行的最后插入“X20.”，操作步骤如下：

1）使用光标移动键，将光标移到需要插入的最后一位字符上。在这里将光标移到“;”上。

2）键入要插入的字和数据“X20.”，按下插入键。

3）“X20.”被插入。

5. 字的替换

1）使用光标移动键，将光标移到需要替换的字符上。

2）键入要替换的字或数据。

3）按下替换键。

4）光标所在的字符被替换，同时光标移到下一个字符上。

6. 字的删除

1）使用光标移动键，将光标移到需要删除的字符上。

2）按下删除键。

3）光标所在的字符被删除，同时光标移到被删除字符的下一个字符上。

7. 输入过程中的删除

在输入过程中，即字母或数字还在输入缓存区、没有按插入键的时候，可以使用取消键来进行删除。每按一下，则删除一个字母或数字。

8. 程序号的检索

1）在机床操作面板的方式选择键中按编辑键，进入编辑运行方式。

2）按“PROG”键，数控机床显示屏上显示程式画面，屏幕下方出现软键［程式］、［DIR］。系统默认进入的是程式画面，也可以按软键［DIR］进入 DIR 画面，即加工程序列表页。

3）输入地址字 O。

4）按数控系统面板上的数字键，输入要检索的程序号。

5）按软键［O 检索］。

检索到的程序被打开并显示在程式画面里。如果第 2）步中按软键［DIR］，则进入 DIR 画面，这时屏幕画面自动切换到程式画面，并显示所检索的程序内容。

9. 删除程序

1）在机床操作面板的方式选择键中按编辑键，进入编辑运行方式。

2）按“PROG”键，数控机床显示屏上显示程式画面。

3）按软键［DIR］进入 DIR 画面，即加工程序列表页。

4）输入地址字 O。

5）按数控系统面板上的数字键，输入要删除的程序号。

6）按数控系统面板上的删除键，输入程序号的程序被删除。需要注意的是，如果删除的是从计算机中导入的程序，那么这种删除只是将其从当前的程序列表中删除，并没有将其从计算机中删除，以后仍然可以通过从外部导入程序的方法再次将其打开和加入列表。

10. 输入加工程序

1）单击菜单栏“文件”→“加载 NC 代码文件”，弹出“Windows”打开文件对话框。

2）从计算机中选择代码存放的文件夹，选中代码，按“打开”键。

3）按程序键，显示屏上显示该程序。同时该程序文件被放进程序列表里。在编辑状态下，按“PROG”键，再按软键［DIR］，就可以在程序列表中看到该程序的程序名。

11. 保存代码程序

1）单击菜单栏“文件”→“保存 NC 代码文件”。

2）弹出“Windows 另存为文件”对话框。

3）从计算机中选择存放代码的文件夹，按“保存”键。这样该加工程序就被保存在计算机中了。

六、设定和显示数据

1. 设定和显示刀具补偿值

1）按编辑键，进入编辑运行方式。

2）按偏置/设置键，显示工具补正/形状画面。

3）按软键［补正］，再按软键［形状］，然后再按软键［操作］，再按下软键［NO 检索］，屏幕上出现刀具形状列表，如图 2-5 所示。

4）输入一个值并按下软键［输入］，完成刀具补偿值的设定。

5）例如，要设定 W03 号的 X 值为 2。先用光标键将光标移到 W03，如图 2-6 所示。

工具补正 / 形状　　O0006　N0000
番号　X　Z　R　T
W_01　0.000　0.000　0.000　0
W 02　0.000　0.000　0.000　0
W 03　0.000　0.000　0.000　0
W 04　0.000　0.000　0.000　0
W 05　0.000　0.000　0.000　0
W 06　0.000　0.000　0.000　0
W 07　0.000　0.000　0.000　0
W 08　0.000　0.000　0.000　0
现在位置　（相对坐标）
U　-75.000　W　-200.000
>_　OS　50% T0000
EDIT　**** *** ***　14:07:25
[NO检索][　][C.输入][+输入][输入]

图 2-5　刀具形状列表画面

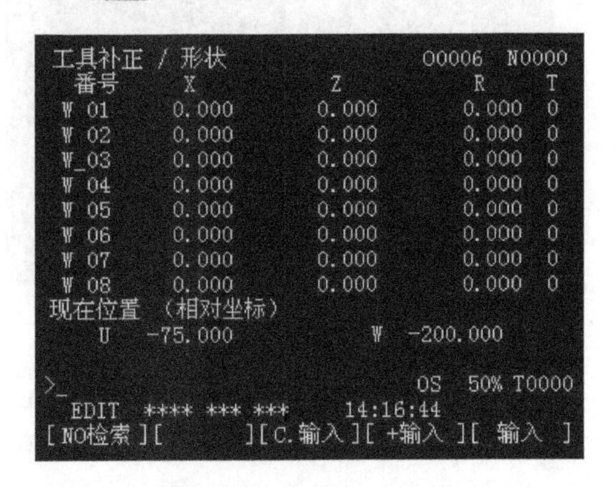

图 2-6　刀具补正画面

6）输入数值 2。

7）按软键［输入］。这时画面显示为新输入的数值，如图 2-7 所示。

2. 设定和显示工件原点偏移值

1）按编辑键，进入编辑运行方式。

2）按下偏置/设置键。

3）按下软键［坐标系］。

4）显示屏上显示工件坐标系设定画面。该画面包含两页，可使用翻页键翻到所需要的页面，如图 2-8 所示。

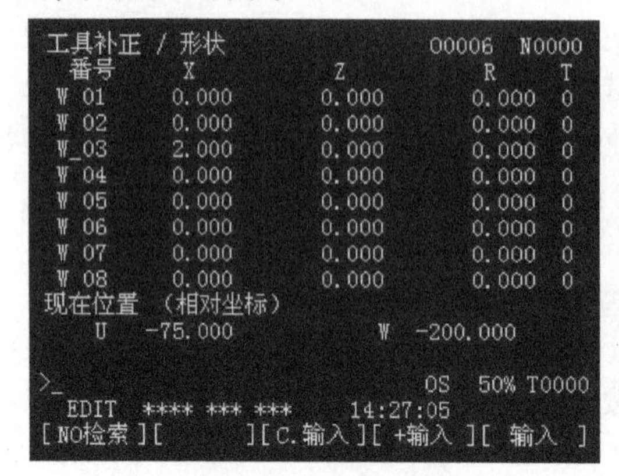

图 2-7　新输入数值画面

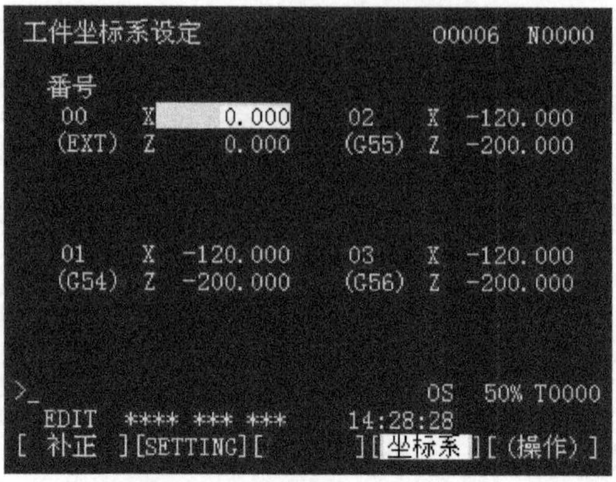

图 2-8　工件坐标系设定画面

5）使用光标键将光标移动到想要改变的工件原点偏移值上。例如，要设定“G54 X20. Z30.”，首先将光标移到 G54 的 X 值上。

6）使用数字键输入数值“20.”，然后按输入键或者按软键［输入］，如图 2-9 所示。

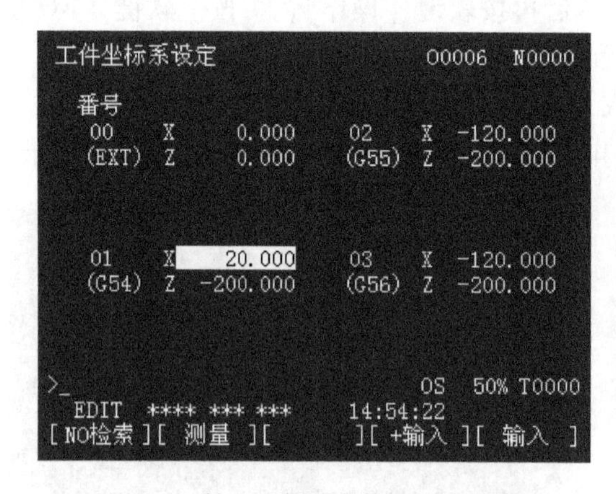

图 2-9　输入工件原点偏置 X 值画面

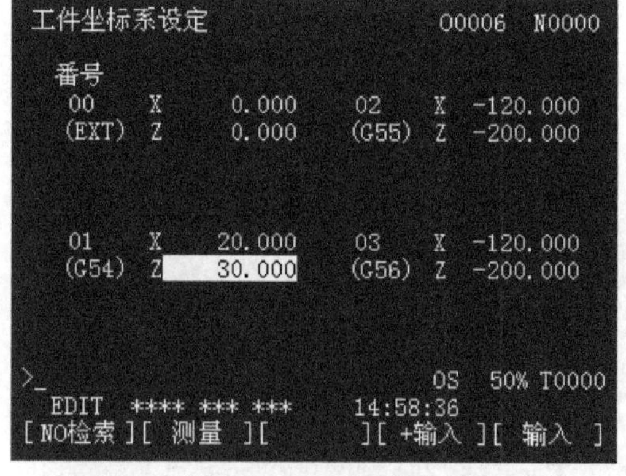

图 2-10　输入工件原点偏置 Z 值画面

7）将光标移到 Z 值上。输入数值“30.”，然后按输入键或者按软键［输入］，如图 2-10 所示。

8）如果要修改输入的值，可以直接输入新值，然后按输入键或者按软键［输入］。如果输入一个数值后按软键［+输入］，那么当光标在 X 值上时，系统将输入的值除 2，然后和当前值相加；而当光标在 Z 值上时，系统直接将输入的值和当前值相加。

注意事项

1. 指法训练数控车床操作面板应注意机床安全，避免误操作。

2. 感知机床的运动方向，避免误动作。
3. 训练机床进给方式时，要避免机床超程。
4. 按键互锁，即点按其中一个指示灯亮，其余指示灯灭，处于失效状态。
5. 一定要把对刀数据存入相应的存储地址，否则容易出现恶性事故。

项目总结

通过本项目内容的学习，同学们掌握了 FANUC 系统数控车床操作面板的组成、功能与操作方法；基本掌握了数控车床的操作步骤；对于疑惑之处应及时和实习指导教师交流沟通。

思考与练习

1. 如何进行数控车床电源的开/关操作?
2. 试述对刀操作步骤。
3. MDI 面板上的 INSERT 与 INPUT 键有何区别？在何种场合使用?
4. MDI 面板上的 DELETE 与 CAN 键有何区别？在何种场合使用?
5. AUTO 方式中断运行时，如何恢复运行?
6. 如何进行程序的检索？如何进行程序段的检索?
7. 如何进行数控车床空运行操作？如何进行数控车床锁住试运行操作？两种试运行操作有什么不同?
8. 如何进行数控车床的手动回参考点操作？如何编写程序中的回参考点程序段?

项目二　轴类零件的车削加工

知识目标

1. 掌握外圆、台阶、倒角的编程方法。
2. 掌握外圆锥面的编程方法。
3. 掌握外圆弧面的编程方法。
4. 掌握轴类零件尺寸检测用量具的使用方法及检测方法。
5. 掌握简单轴类零件的工艺方案、加工路线制订方法及加工方法。

技能目标

1. 掌握外圆、阶台、倒角的加工及测量方法。
2. 掌握外圆锥面的加工及测量方法。
3. 掌握外圆弧面的加工及测量方法。
4. 掌握轴类零件的加工及检测方法。

任务一　外圆、台阶、端面零件的编程与加工

一、任务描述

1. 外圆、台阶、端面零件的编程与加工任务描述（表 2-4）

表 2-4　外圆、台阶、端面零件的编程与加工任务描述

任务名称	外圆、台阶、端面零件的编程与加工
零件	台阶轴
设备条件	数控仿真软件、CAK5085DI 型数控车床、数控车刀、夹具、量具、材料
任务要求	(1)完成台阶轴零件数控车削路线及工艺编制 (2)在数控车床上完成台阶轴零件的编程与加工 (3)完成零件的检测 (4)填写零件加工检评分表及完成任务评定表

2. 零件图（图 2-11）

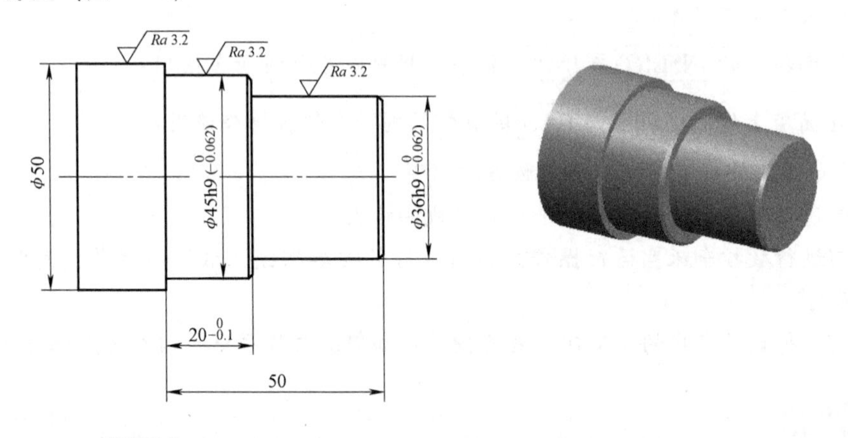

图 2-11　台阶轴零件及其三维效果

二、任务分析

1）了解外圆和端面加工的基本方法。
2）掌握数控车削外圆、端面的编程指令和方法。
3）掌握数控车削外圆和端面的对刀方法。
4）掌握外圆、台阶的测量方法。

三、相关知识

数控车床具有高精度、高效率和高柔性，以及可实现无级变速和进行直线与圆弧插补等特点，数控车削是数控加工中应用最普遍的加工方法之一。

1. 数控车削加工工艺知识

数控车削工艺是在所编制的加工程序中体现出来的，并由数控车床自动运行来实现对零件的加工。其内容不仅包括零件的工艺过程，还要包括切削用量、进给路线、刀具尺寸及机床的运动过程。因此，合理编制车削加工工艺可提高数控车床的加工效率和加工精度。零件的车削加工工艺可从以下几个方面考虑。

（1）加工工序的确定　根据数控车削加工特点，加工工序按下列方法划分：

1）以一次装夹加工作为一道工序，此法适应于加工内容较少的零件。

2）以同一把刀具加工的内容划分工序，适合于程序内容较少的零件。

3）以加工部位划分工序。对于加工内容较多的工件，可按其结构特点将加工部位分成几个部分，如外轮廓、内轮廓、沟槽、螺纹等，并将每一部分的加工作为一道工序。

4）以粗、精加工阶段划分工序。

（2）零件图工艺分析　零件工艺分析主要包括零件结构工艺性分析、轮廓几何要素分析、精度及技术要求分析、装夹与定位基准分析。分析时要注意观察零件结构的合理性；分析几何要素给定条件是否充分和尺寸是否完整；精度及技术要求分析主要指分析精度及各项技术要求是否齐全、是否合理，分析本工序的加工精度是否能达到图样要求；对于有位置精度要求的加工内容，尽可能考虑在一次装夹内完成加工；对于表面粗糙度值高的表面可选择使用恒线速加工；选择装夹牢固可靠的表面作为装夹定位基准。

1）确定零件的加工方案。在数控加工过程中，由于加工对象的复杂多样性、形状和位置的多样性、零件材料及批量的不同等诸多影响，导致零件的加工方案直接影响零件质量、加工效率和成本的高低。制订零件的加工方案应遵循以下原则：

① 先粗后精。在切削加工中为了提高生产率，保证零件加工符合图样的精度要求，应先安排粗加工工序。一般应根据机床的功率，首先选择较大的背吃刀量，其次选择较大的进给量，最后选择合理的切削速度，尽可能快地切除大部分加工余量，如图2-12所示（点画线区域内）。粗加工完成后应留有一定的精加工余量，在精加工中去除。

② 先近后远。加工部位相对于加工起点（对刀点）的距离大即为远，距离小即为近。在一般情况下，离加工起点近的部位先加工，离加工起点远的部位后加工，以缩短刀具移动的距离，减少空行程运行时间。对于车削加工，先近后远还有利于保证零件加工过程中工艺系统的刚性。如图2-13所示零件，如果按照从最大直径到最小直径的顺序加工，即ϕ50mm→ϕ45mm→ϕ36mm→ϕ24mm的顺序安排车削，不仅会增加刀具返回对刀点所需的空行程时间，而且会削弱工件的刚性，还可能会使台阶的外直角处产生毛刺。因此，对此类台阶轴可按ϕ24mm→ϕ36mm→ϕ45mm→ϕ50mm的顺序先近后远地安排车削。

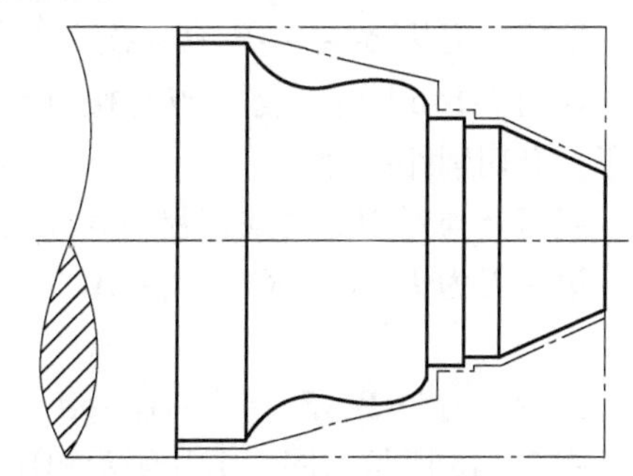
图2-12　先粗加工后精加工

③ 先内后外。对于套类零件的加工，由于外圆与内孔同轴度的要求较高，一般采用此原则。即先以外圆作为定位基准来加工内孔，再以内孔定位加工外圆，从而保证较高的同轴度要求。

④ 内外交替。对于加工余量大或精度要求高且型面较复杂的套类零件，安排加工顺序时，应按内外交替的原则进行。即先进行内、外轮廓的粗加工，后

进行内、外轮廓的半精加工、精加工。

⑤ 基面先行。基面先行原则就是用于精基准的表面先行加工，因为定位基准的表面越精确，装夹误差就越小。例如轴类零件的加工一般先加工中心孔，再以中心孔作为精基准定位加工其他表面。

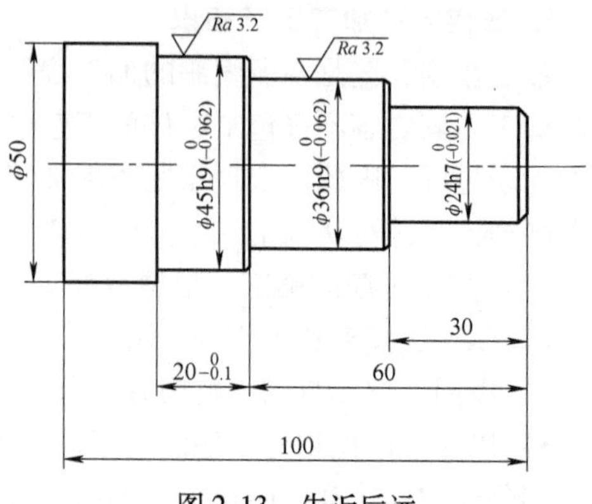

图 2-13　先近后远

2）确定加工路线。数控加工的加工路线是指刀具的刀位点相对于零件运动的轨迹。其中包括切削加工的路径与刀具切入、切出等空行程路径。加工路线应遵循以下原则：第一，加工路线应保证被加工零件的精度和表面粗糙度值，且效率高；第二，应使数值计算简便，减少编程工作量；第三，应使加工路线最短，以减少程序段和空行程。具体方法如下：

① 最短的空行程路线。

a. 巧用起刀点，实现最短空行程路线。合理设置起刀点，如图 2-14a 所示，粗车走刀路线采用矩形循环方式，换刀点与起刀点重合，起刀点 A 的设定是考虑到精车等加工过程中的换刀方便，所以离毛坯较远。其粗车路线如下：

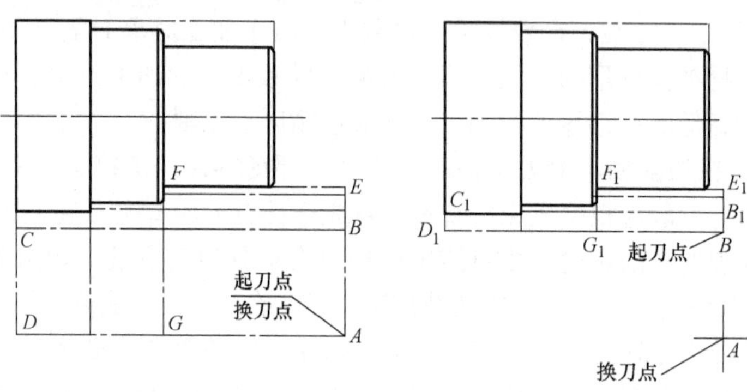

a）换刀点与起刀点重合　　b）换刀点与起刀点不重合

图 2-14　合理设置起刀点

第一刀为 $A \to B \to C \to D \to A$。

……

最后一刀为 $A \to E \to F \to G \to A$。

如图 2-14b 所示，起刀点与换刀点分离，起刀点设置于 B 点，仍按相同的走刀路线进行粗车，其切削路线为：

起刀点与对刀点的空行程为 $A \to B$。

第一刀为 $B \to B_1 \to C_1 \to D_1 \to A$。

……

最后一刀为 $B \to E_1 \to F_1 \to G_1 \to A$。

图 2-14a 所示与图 2-14b 所示相比较而言，图 2-14b 所示的加工路线最短。该方法也可用于其他循环指令格式的加工程序编程中。

b. 巧设换刀点。为了考虑换刀的方便和安全，可将换刀点设置在离毛坯件较远的位置处（如图 2-14a 中的 *A* 点），当换第二把刀后，进行精车时的空行程路线必然也较长；如果将第二把刀的换刀点按图 2-14b 所示位置设定，则可缩短空行程。

c. 合理安排回参考点路线。在安排回参考点路线时，应使前一刀的终点与后一刀的起点之间的距离尽量缩短，或者为零，即可满足走刀路线最短的要求。另外，在选择返回参考点指令时，在不发生干涉的前提下，应尽可能采用两坐标同时运动回参考点的指令，该指令功能的回“参考点”路线最短。

② 合理设置车削走刀路线。在确定粗加工走刀路线时，根据最短切削进给路线原则，同时兼顾工件的刚性和加工工艺性的要求确定合理的走刀路线。图 2-15 所示为常见粗加工走刀路线。

通过对以上三种加工路线的分析和判断，可以得到矩形循环走刀路线最短，封闭式循环走刀路线最长。因此，在同等条件下，矩形循环所需切削时间最短，刀具磨损最小。另外，矩形循环加工的程序段格式简单，所以这种走刀路线在制订加工方案时应用较多，但是矩形循环粗加工后的精加工余量不够均匀，一般需要安排半精加工。

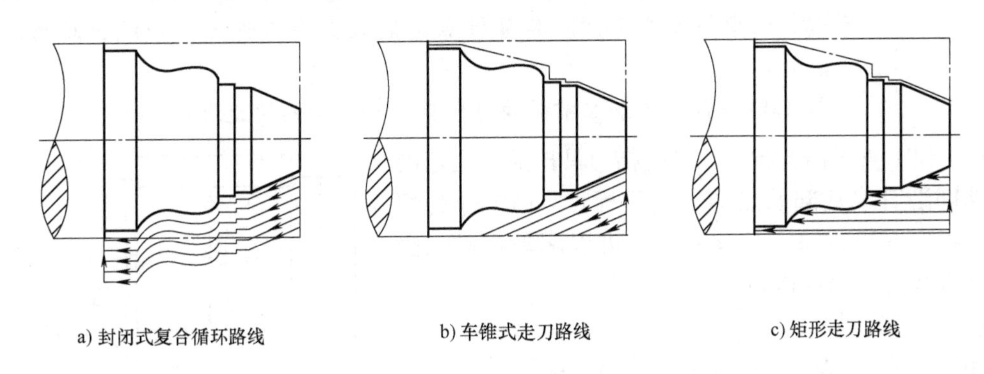

a) 封闭式复合循环路线　　b) 车锥式走刀路线　　c) 矩形走刀路线

图 2-15　常见粗加工走刀路线

2. 基本编程指令代码

数控车床加工中的动作在加工程序中用指令的方式予以规定。准备功能 G 指令用来规定刀具和工件的相对运动轨迹、机床坐标系、坐标平面、刀具补偿、坐标偏置等多种参数。下面我们学习 G 指令中的基本指令。

（1）G00 快速定位指令　该指令规定刀具以点定位控制方式从刀具所在点快速移动到下一个目标位置。其移动速度由机床系统设定，无需在程序段中指定。运动过程无运动轨迹要求，无切削加工过程。G00 指令移动速度快，能减少运动时间，提高效率，通常在进、退刀和空行程中使用。

格式：G00　X__　Z__；

说明：①X、Z 为 终点坐标值（绝对坐标值）。

如图 2-16 所示零件，要求刀具快速从 *A* 点移动到 *B* 点的运动路线分别为：*A*→*B*；*A*→*C*→*B*；

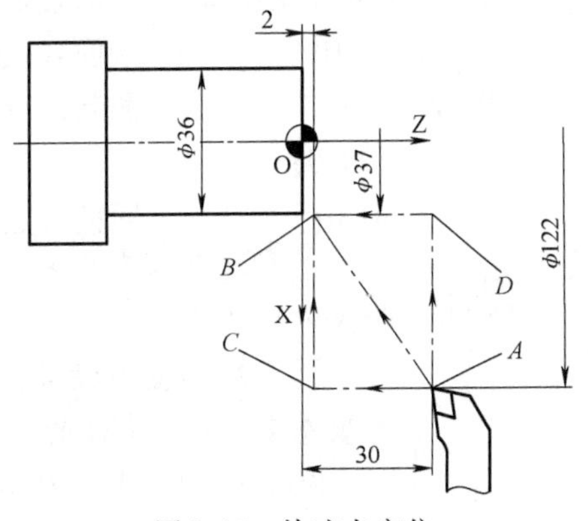

图 2-16　快速点定位

A→*D*→*B*。

编程如下：

A→*B*	G00	X 37.0	Z 2.0；
A→*C*→*B*	G00	Z 2.0；	
		X 37.0；	
A→*D*→*B*	G00	X 37.0；	
		Z 2.0；	

>> **提示**

① G00 为模态指令，持续有效，直到被同组 G 代码（如 G01、G02、G03 等）取代为止。

② G00 移动速度不能用程序指令设定，而是由机床生产厂家预先设定的，但是可以通过面板上的快速倍率修调按键调节。

③ G00 的执行过程中，刀具由程序起点加速到最大速度，然后快速移动，最后减速到终点，实现快速定位。

④ 刀具的实际移动路线如图 2-16 所示，移动路线的选择依据是避免刀具移动过程中与工件干涉。其目标点不能设置在工件上，一般应距离工件 2 ~5mm。

⑤ G00 一般用于加工前的快速定位和加工后的快速退刀。

（2）G01 直线插补指令　它是指刀具按照 F 指定的进给速度沿直线从起始点加工到目标点。G01 作为切削加工指令既可以单坐标移动，又可以两坐标或三坐标联动方式进行插补运动。

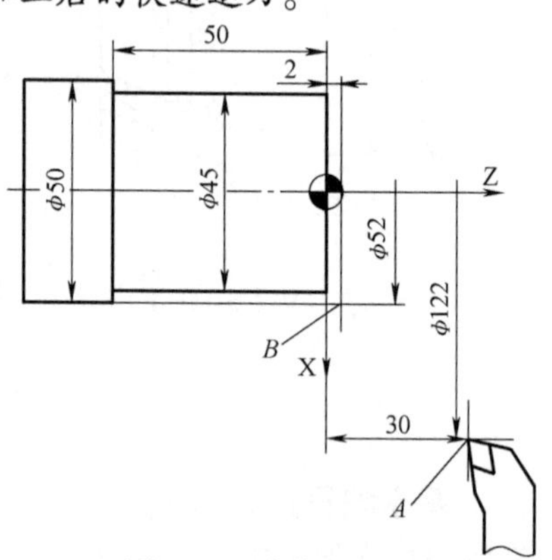

图 2-17　直线插补指

格式：G01 X__　Z__　F__；

说明：X、Z 为终点坐标值（绝对坐标值）。

F 为进给速度，单位为 mm/r。

图 2-17 所示加工 ϕ45mm 外圆的直线插补指令编程（使用绝对值编程）如下：

```
G00   X 52.0 Z2.0；       刀具移动到起刀点
       X45.0
G01   Z -50.0 F 0.25；   外圆直线插补
       X 52.0；           端面直线插补
G00   Z 2.0；             回起刀点
       X 122.0；
       Z 30.0；           回换刀点
```

>> **提示**

① G01 为模态指令，持续有效，直到被同组 G 代码（如 G01、G02、G03 等）取代为止。

② G01 为直线插补指令，必须给定进给速度，其大小由 F 指令。F 指令为模态量，在没有新的 F 指令替代的情况下一直有效。

③ G01 指令中是绝对坐标值编程或增量坐标值编程，由编程者视情况而定。

(3) 增量尺寸输入方式

增量值尺寸表示坐标轴编程值是相对于前一位置的位移矢量坐标尺寸。

G00　U __　W __;

G01　U __　W __　F __;

提示　当图样尺寸标注有一个固定基准时，采用绝对值编程方式较为方便；当图样尺寸采用链式标注时，采用增量值编程方式较为方便。在数控车削编程中，X 轴选用绝对值方式，Z 轴在链式标注时选用增量方式能方便编程和减少加工误差。

(4) 倒角、倒圆指令　在一个轮廓拐角处可以插入倒角或倒圆，指令 C 或 R 与加工拐角的轴运动指令一起被写入程序段中。

1) 倒角 C。直线轮廓之间、圆弧轮廓之间以及两相邻轨迹之间插入直线倒角，如图 2-18 所示。

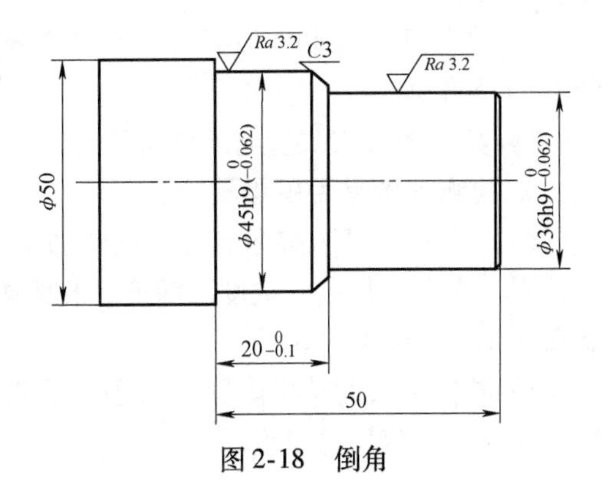

图 2-18　倒角

简化倒角程序如下：

…

N60 G01 Z-30.0;

N70 G01 X45.0 C3.0;

N80 W-20.0;

N90 G01 X50.0;

…

2) 倒圆 R。直线轮廓之间、圆弧轮廓之间以及两相邻轨迹之间插入直线倒角，圆弧与轮廓之间以切线过渡，如图 2-19 所示。

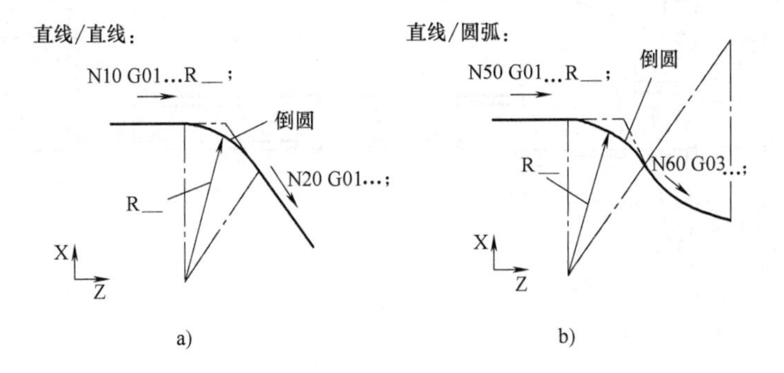

图 2-19　倒圆

图 2-19a 所示倒圆编程如下：

N10 G01 Z __ R8；倒圆，半径 $R=8$mm

N20 G01 X __ Z;

图 2-19b 所示倒圆编程如下：

N80 G01 Z __ R12；倒圆，半径 $R=12$mm

N90 G03 X __ Z __ R __;

>> **提示**

① 利用 C 或 R 编程需要知道未倒角轮廓的交点坐标，符合图样尺寸标注习惯。

② 利用 C 或 R 编程加工时，刀具前一段程序的运动必须是以 G01 方式沿 X 轴或 Z 轴的单一运动，刀具在下一段程序中的运动也必须是以 G01 方式沿 Z 轴或 X 轴的单一运动。

③ 当进行 C 或 R 编程加工时，如果其中一个程序段轮廓长度不够，则在倒圆或倒角时会自动消减编程值。

④ 倒角或倒圆编程不能用于螺纹切削程序段。

3. 车刀的安装

车刀的安装正确与否，直接影响车削顺利进行和工件的加工质量。因此，在装夹车刀时必须注意以下事项：

1）数控车刀安装在刀架上的伸出部分应尽量短，以增加其刚性。伸出长度为刀柄厚度的 1 ~ 1.5 倍。

2）数控车刀刀尖应与工件轴线等高，过高或过低都会造成刀尖的崩碎。

4. 检测外圆常用量具及方法

（1）游标卡尺　游标卡尺是机械加工中应用最多的通用量具。一般用于直接测量零件的外圆、内孔、长度、宽度、深度、孔距等。其分度值有 0.02mm 和 0.05mm 两种。常用的是 0.02mm 游标卡尺。

1）游标卡尺的结构。图 2-20 所示为游标卡尺，由外测量爪、内测量爪、尺身、紧固螺钉、游标、深度尺等组成。

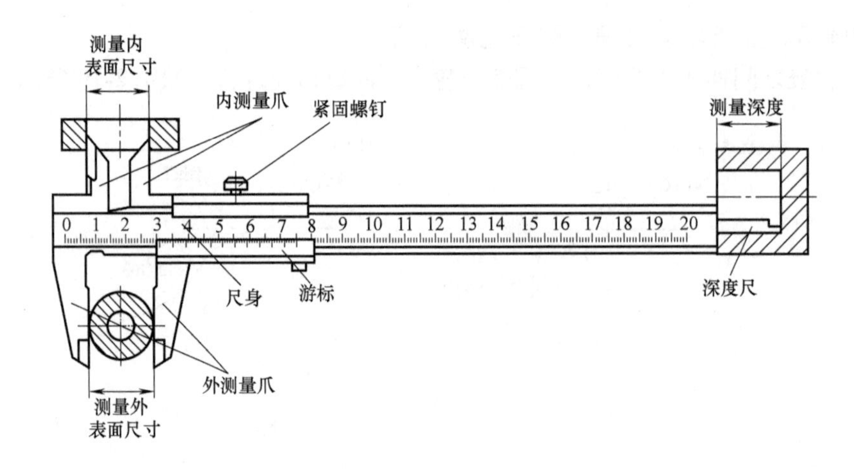

图 2-20　游标卡尺

2）游标卡尺的刻线原理。读数前应明确所用游标卡尺的分度值。读数时先读出游标零线左边尺身上的整数毫米值，再在游标上找到与尺身刻线相对齐的刻线，在游标的刻度尺上读出小数毫米值，然后将上面两项读数相加，即为被测表面的实际尺寸。

如图 2-21 所示，游标卡尺（分度值为 0.02mm）的读数方法如下：

第一步，读取游标零线左侧的整数值，*A* 位置的整数为 17mm。

第二步，尺身刻度与游标刻度对齐处，*B* 位置的小数为 0.78mm。

第三步，将两者相加为17.78mm。

（2）千分尺　千分尺是测量中常用的一种精密量具。其分度值为0.01mm。

1）千分尺的结构形状。千分尺的种类很多，按用途可分为外径千分尺、内径千分尺、深度千分尺、内测千分尺、公法线千分尺、螺纹千分尺。图2-22所示为外径千分尺的结构。由于受到测微螺杆长度的限制，其移动量通常为25mm，所以千分尺的测量范围分别为0～25mm、25～50mm、50～75mm等，每隔25mm为一档规格。

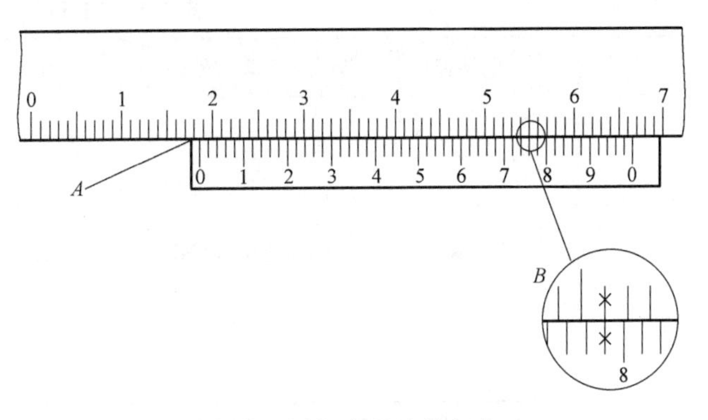

图2-21　游标卡尺读数方法

2）千分尺的刻线原理及读数方法。测微螺杆右端螺纹的螺距为0.5mm，当微分套筒转一周时，螺杆就移动0.5mm。微分套筒圆锥面上刻有50格，因此微分套筒每转一格，螺杆就移动0.5mm/50＝0.01mm，即千分尺的分度值为0.01mm。

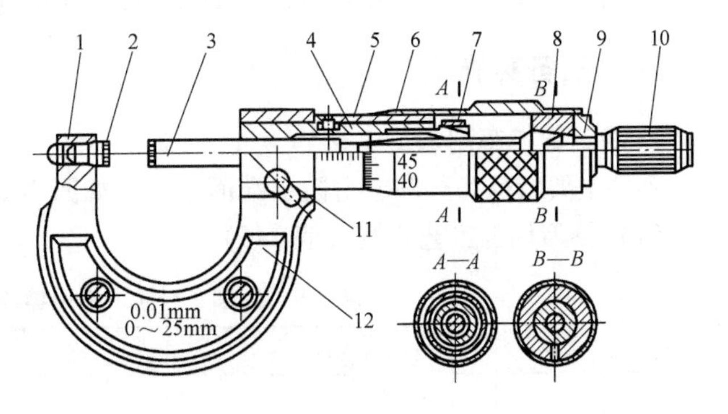

图2-22　外径千分尺

1—尺架　2—固定量砧　3—测微螺杆　4—螺套　5—固定套管　6—微分套筒　7—螺母　8—锥管接头　9—垫片　10—测力装置　11—锁紧手柄　12—绝热板

读数时，第一步，读出微分套筒边缘在固定套管主尺的毫米数和半毫米数，图2-23a所示的毫米数和半毫米数为（15＋0.5）mm＝15.5mm，图2-23b所示的毫米数为40mm。第二步，看微分套筒上哪一格与固定套管上的基准线对齐，并读出相应的不足半毫米数，图2-23a所示为0.29mm，图2-23b所示为0.29mm。第三步，把两个读数相加起来就是测得的实际尺寸。图2-23a所示的测量值为15.79mm，图2-23b所示的测量值为40.29mm。

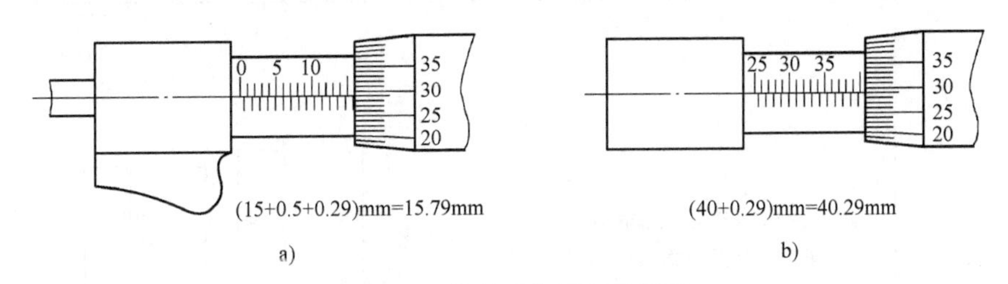

图2-23　外径千分尺读数原理

四、任务准备

1）机床为CAK5085DI型数控车床。

2）刀具准备见表2-5。

表 2-5　刀具准备表

序号	刀具种类	刀具型号	刀片型号	图示
1	90°偏刀	DCLNR2525M12	CNMG120404-PM	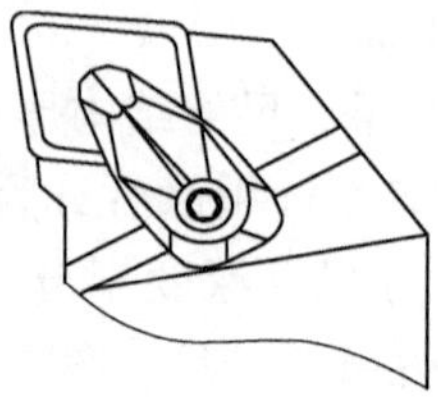

3）量具选择游标卡尺、游标深度卡尺、千分尺。

4）工具、附件包括划线找正盘、卡盘扳手、压刀扳手和垫铁若干。

5）零件毛坯尺寸为 ϕ50mm×300mm，材料为塑料棒。

五、任务实施

1. 确定数控车削加工工艺

零件主要特征为外圆、台阶、端面，尺寸如图 2-11 所示，棒料伸出卡盘 65mm。

（1）偏刀加工工艺路线（表 2-6）

表 2-6　外圆、台阶、端面零件加工路线图

序号	工步	加工内容	加工简图
1	工步 1	车端面，建立工件坐标系	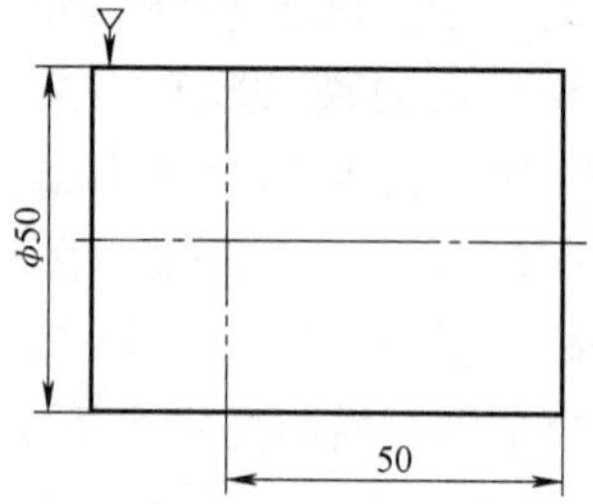 ϕ50 50
2	工步 2	粗车 ϕ45h9×50mm、ϕ36h9×30mm 处，分别至 ϕ45.5mm×50mm、ϕ36.5mm×30mm	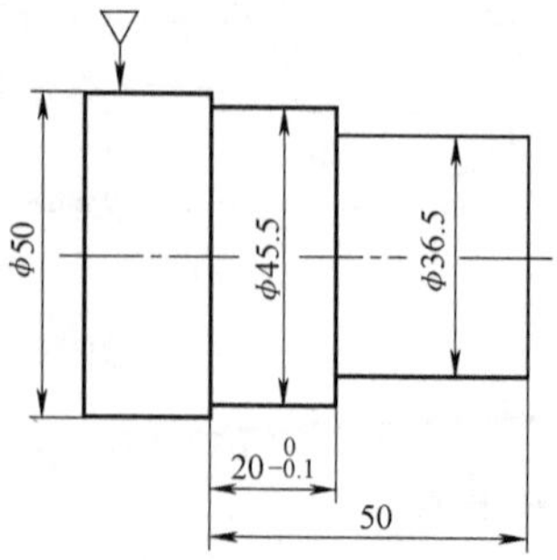 ϕ50 ϕ45.5 ϕ36.5 $20^{\ 0}_{-0.1}$ 50

（续）

序号	工步	加工内容	加工简图
3	工步 3	精车 $\phi45h9\times50mm$、$\phi36h9\times30mm$，并倒角去锐至图样要求	$\phi50$　$\phi45h9(_{-0.062}^{0})$　$\phi36h9(_{-0.062}^{0})$　$20_{-0.1}^{0}$　50
4	工步 4	检测	

（2）确定切削用量　根据零件被加工表面质量要求、刀具材料和工件材料，参考相关资料选取切削速度和进给量。数控加工工序卡见表 2-7。

表 2-7　数控加工工序卡

班级	姓名	数控加工工序卡	零件名称	材料	零件图号
			台阶轴	塑料棒	—
工序	程序编号	夹具编号	使用设备	实训教室	
—	O2011	—	CAK5085DI	数控车床编程加工教室	

序号	工步内容	刀具号	刀具规格/mm	主轴转速 /n (r/mm)	进给量 f/ (mm/r)	背吃刀量 a_p/mm	刀尖圆弧半径 r_ε /mm	备注
1	车端面	T01	25×25	800	0.15	0.5	0.4	手动
2	粗车外圆及台阶，尺寸至 $\phi45.5mm\times50mm$、$\phi36.5mm\times30mm$	T01	25×25	800	0.25	2	0.4	自动
3	精车外圆及台阶至图样要求	T01	25×25	1200	0.1	0.5	0.4	自动
4	检测							
编制		审核		批准		年　月　日		

2. 编制程序

台阶轴加工程序见表 2-8

表 2-8　台阶轴加工程序

O2011		程序名
程序段号	程序内容	动作说明
N10	G00　X150.0　Z150.0；	车刀移动到换刀点
N20	M03　S800；	主轴正转，　转速 800r/min

（续）

O2011		程序名
程序段号	程序内容	动作说明
N30	T0101　M08；	换 1 号刀　切削液开
N40	G00　X52.0　Z2.0；	刀具移动至起刀点
N50	X45.5；	车刀进给一个背吃刀量 2.25mm
N60	G01　Z－50.0 F0.25；	粗车外圆
N70	X52.0；	车端面
N80	G00 Z 2.0；	车刀回到起刀点
N90	G00 X40.5；	车刀进给一个背吃刀量 2.5mm
N100	G01 Z－30.0　F0.25；	粗车外圆
N110	X52.0；	车端面
N120	G00　Z 2.0	车刀回到起刀点
N130	G00 X36.5；	车刀进给一个背吃刀量 2mm
N140	G01 Z－30.0　F0.25；	粗车外圆
N150	X52.0；	车端面
N160	G00 Z 2.0；	车刀回到起刀点
N170	X150.0　Z150.0；	车刀回到换刀点
N180	M05；	主轴停止
N190	M00；	暂停，检查工件，调整磨耗参数
N200	M03 S1200；	主轴正转，转速 1200r/min　精加工开始
N220	G00 X52.0 Z2.0；	车刀移动到起刀点
N230	G00 X34.0；	车刀进给至 X 方向精加工起点
N240	G01 Z0 F0.1；	车刀进给至 Z 方向精加工起点
N250	X36.0 C1.0；	倒角
N250	Z－30.0；	精车外圆
N270	X43.0；	车端面
N280	X45.0　C1.0；	倒角
N290	Z－50.0；	精车外圆
N300	X49.0；	车端面
N310	X50.0 C0.5；	去锐
N320	X52.0；	退刀
N330	G00 Z 2.0；	车刀退回起刀点
N340	X150.0 M09；	车刀退回换刀点　切削液关
N350	Z150.0；	车刀退回至换刀点
N360	M05；	主轴停止
N370	M30；	程序结束并返回程序开始

3. 加工过程

（1）加工准备

1）检查毛坯尺寸。

2）开机、返回参考点。

3）装夹工件和刀具。工件装夹并找正、夹紧；外圆车刀安装在 1 号刀位。

4）程序输入。

（2）对刀

1）*X* 方向对刀。外圆车刀试切，长度 5～8mm，沿 +*Z* 方向退出车刀，如图 2-24 所示，停机检测外圆尺寸，将其值输入到相应的刀具长度补偿中。

2）*Z* 方向对刀。微量车削端面（约 a_p =0.5～1mm）至端面平整，车刀沿 *X* 方向退出，如图 2-25 所示，将刀具位置数据输入到相应的长度补偿中。

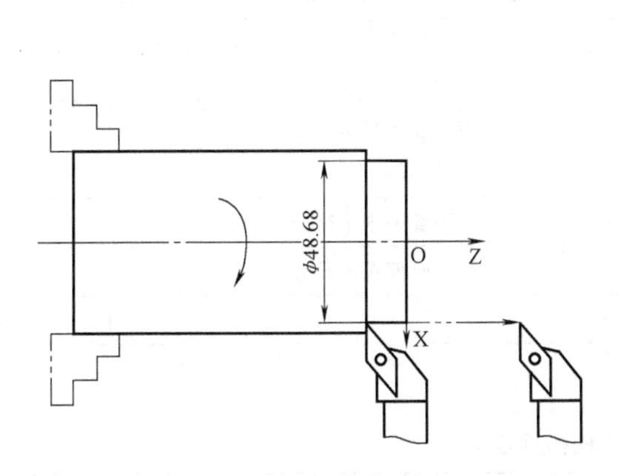

图 2-24　*X* 轴对刀

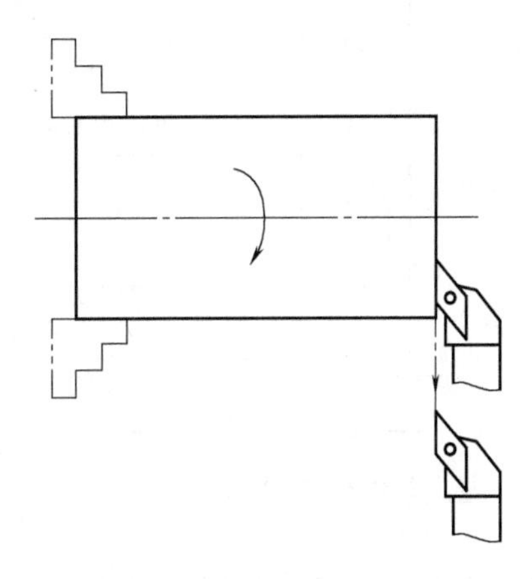
图 2-25　*Z* 轴对刀

（3）程序模拟加工　选择自动加工方式，打开程序，按下“空运行”键、“机床锁住”键，按“图形显示”键，按“循环启动”键可进行加工轨迹仿真。

（4）自动加工及尺寸检测　打开程序选择自动加工方式，调整好进给倍率，按“循环启动”键进行加工。待零件粗加工完成，机床暂停时，检测工件外圆，根据测量结果，设置刀具磨耗值，运行精加工，直至加工到符合图样尺寸要求为止。

六、检查评议

1. 零件加工检测评分（表 2-9）

表 2-9　零件加工检测评分

班级		姓名		学号		
任务一	外圆、台阶、端面零件的编程与加工			零件编号		
项目	序号	检测内容	配分	评分标准	自检	他检
编程	1	工艺方案制订正确	5 分	不正确不得分		
	2	切削用量选择合理	5 分	不正确不得分		
	3	程序正确和规范	5 分	不正确不得分		
操作	4	工件安装和找正正确、规范	5 分	不正确不得分		
	5	刀具选择、安装正确	5 分	不正确不得分		
	6	设备操作正确、规范	5 分	不正确不得分		
	7	安全生产	10 分	违章不得分		
	8	文明生产，符合“5S”标准	10 分	1 处不符合要求扣 2 分		

（续）

班级			姓名			学号	
任务一	外圆、台阶、端面零件的编程与加工				零件编号		
项目	序号	检测内容		配分	评分标准	自检	他检
外圆	9	ϕ45h9	IT	12 分	超出 0.01mm 扣 2 分		
			Ra	5 分	达不到要求不得分		
	10	ϕ36h9	IT	12 分	超出 0.01mm 扣 2 分		
			Ra	5 分	达不到要求不得分		
长度	11	20-8.1mm		5 分	超差不得分		
	12	50mm		5 分	按 GB/T 1804—m 精度超差不得分		
倒角	13	*C*1（2 处）		4 分	达不到要求不得分		
	14	*C*0.5		2 分	达不到要求不得分		
总分				100 分			

2. 完成任务评定（表 2-10）

表 2-10　完成任务评定

任务名称					
任务准备过程分析记录					
任务完成过程分析记录					
任务完成结果分析记录					
自我分析评价					
小组分析评价					
自我评定成绩		小组评定成绩		教师评定成绩	
个人签名		组长签名		教师签名	
综合成绩				日期	

七、问题及防治

外圆、台阶、端面零件加工产生的问题及解决措施见表 2-11。

表 2-11　外圆、台阶、端面零件加工产生的问题及解决措施

产生问题	产生原因	解决措施
工件外圆尺寸超差	（1）刀具数据不准确 （2）切削用量选择不当 （3）程序错误 （4）工件尺寸计算错误 （5）测量数据错误	（1）调整或重新设定刀具数据 （2）合理选择切削用量 （3）检查并修改加工程序 （4）正确计算工件尺寸 （5）正确、仔细测量工件
外圆表面粗糙度达不到要求	（1）车刀角度选择不当 （2）刀具中心过高 （3）切屑控制较差 （4）切削用量选择不当，产生积屑瘤 （5）切削液选择不当 （6）工件刚度不足	（1）选择合理的车刀角度 （2）调整刀具中心，严格对准工件轴线 （3）选择合理的进刀方式及背吃刀量 （4）合理选择切削速度 （5）选择正确的切削液并浇注充分 （6）增加工件装夹刚度

（续）

产生问题	产生原因	解决措施
加工过程中出现扎刀导致工件报废	(1)进给量过大 (2)切屑堵塞 (3)工件安装不牢固 (4)刀具角度选择不合理	(1)降低进给量 (2)采用断屑、退屑方式切入 (3)检查工件安装，增加安装刚度 (4)正确选择刀具角度
台阶端面不垂直	(1)程序尺寸字错误 (2)刀具安装不正确 (3)切削用量选择不当	(1)检查并修改加工程序 (2)正确安装刀具 (3)合理调整和选择切削用量
工件圆度超差或产生锥度	(1)机床主轴间隙过大 (2)程序措施 (3)工件安装不合理	(1)调整机床主轴间隙 (2)检查并修改加工程序 (3)检查工件安装，增加安装刚度
端面加工长度尺寸超差	(1)刀具数据不准确 (2)尺寸计算错误 (3)程序错误	(1)调整或重新设定刀具数据 (2)正确进行尺寸计算 (3)检查、修改加工程序
端面表面质量达不到要求	(1)主轴转速过低 (2)刀具中心过高 (3)切屑控制较差 (4)刀尖产生积屑瘤 (5)切削液选择不当	(1)合理选择切削速度 (2)调整刀具中心，严格对准工件轴线 (3)选择合理的进刀方式和背吃刀量 (4)选择合理的切削速度 (5)正确选择切削液并充分浇注
端面中心处有凸台或凹凸不平	(1)程序错误 (2)刀具中心过高 (3)刀具损坏 (4)机床主轴配合间隙过大 (5)切削用量选择不当	(1)检查并修改加工程序 (2)调整刀具中心，严格对准工件轴线 (3)及时更换刀片 (4)调整机床主轴间隙 (5)合理选择切削用量
台阶处不清根	(1)程序错误 (2)刀具选择不当 (3)刀具损坏	(1)检查并修改加工程序 (2)正确选择加工刀具 (3)及时更换刀片

八、扩展知识　精密量具

1. 杠杆卡规

杠杆卡规如图 2-26 所。

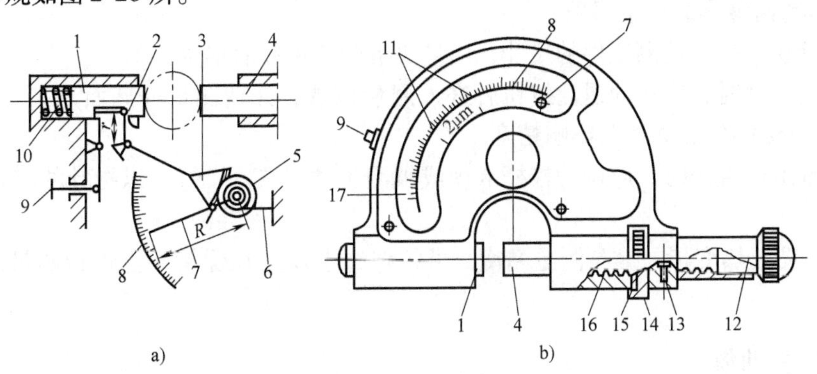

图 2-26　杠杆卡规

1—活动测砧　2—杠杆　3—扇形齿轮　4—可调测砧　5—小齿轮　6—游丝　7—指针　8—刻度盘　9—按钮　10—弹簧　11—误差指示器　12—套管　13—螺钉　14—滚花螺　15—碟形弹簧　16—丝杠　17—盖子

杠杆卡规是利用杠杆齿轮传动放大原理制成的，传动放大比（倍数）计算如下：

已知杠杆 2 的长度为 r，指针 7 的长度为 R，扇形齿轮 3 的齿数为 z_1，小齿轮 5 的齿数为 z_2。当活动测砧 1 移动距离 a 时，指针 7 转过的距离 b 为

$$b \approx \frac{a}{2\pi r} \times \frac{z_1}{z_2} \times 2\pi R = a \times \frac{R}{r} \times \frac{z_1}{z_2}$$

因此

$$\frac{b}{a} = \frac{R}{r} \times \frac{z_1}{z_2}$$

式中　b/a——放大比，并令其等于 K，则 $K \approx \frac{R}{r} \times \frac{z_1}{z_2}$

2. 杠杆千分尺

杠杆千分尺如图 2-27 所示。

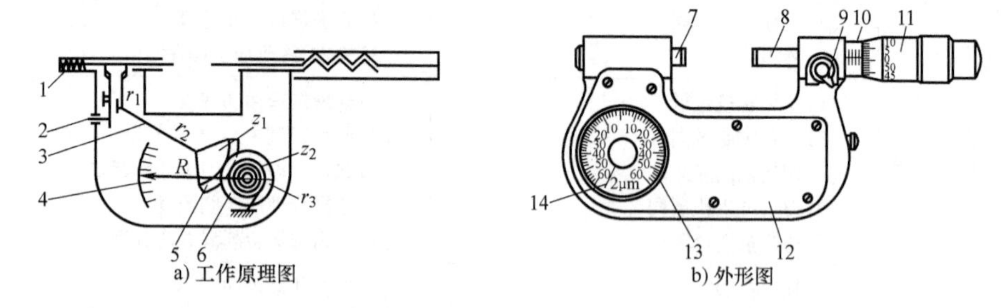

图 2-27　杠杆千分尺

1—压簧　2—拨叉　3—杠杆　4、14—指针　5—扇形齿轮（$z_1=312$）　6—小齿轮（$z_2=12$）　7—微动测杆　8—活动测杆　9—止动器　10—固定套筒　11—微分筒　12—盖板　13—表盘

杠杆千分尺的工作原理如图 2-27a 所示。其分度值为 0.002mm，指示范围为 ±0.06mm，$r_1=2.54\text{mm}$，$r_2=12.195\text{mm}$，$r_3=3.195\text{mm}$，指针长 $R=18.5\text{mm}$，$z_1=312$ 齿，$z_2=12$ 齿，则传动放大比 K 为

$$K \approx \frac{r_2 R}{r_1 r_3} \times \frac{z_1}{z_2} = \frac{12.195\text{mm} \times 18.5\text{mm}}{2.54\text{mm} \times 3.195\text{mm}} \times \frac{312}{12} = 723$$

测砧移动 0.002mm 时，指针转过一格，读数值 b 为

$$b \approx 0.002\text{mm}K = 0.002\text{mm} \times 723 = 1.446\text{mm}$$

3. 使用精密量具的注意事项

1）测量前，应按被测工件的尺寸，用量块组调整指针的零位。

2）测量工件时，应按动退让按钮后进入测量位置，并使测量杆砧面与工件轻轻接触，不能硬卡，以免测量面磨损及影响精度。

3）测量工件直径时，应摆动杠杆卡规或被测工件（图 2-28），以指针的转折点读数为正确测量值。

4）为了防止热变形，提高测量精度，可将杠杆卡规夹在保持架上进行测量，如图 2-29 所示。

九、扩展训练

1. 加工任务

根据所学指令编写图 2-30 所示台阶轴数控加工工艺技术文件及加工程序。毛坯尺寸为

ϕ55mm × 125mm；材料为 45 钢。

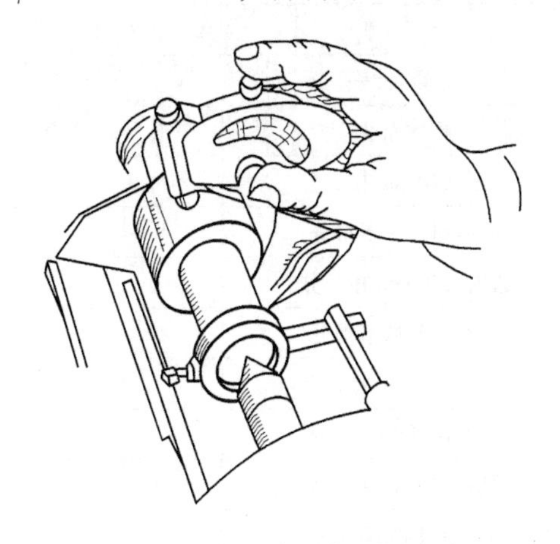

图 2-28　杠杆卡规的测量方法

图 2-29　在保持架上进行测量

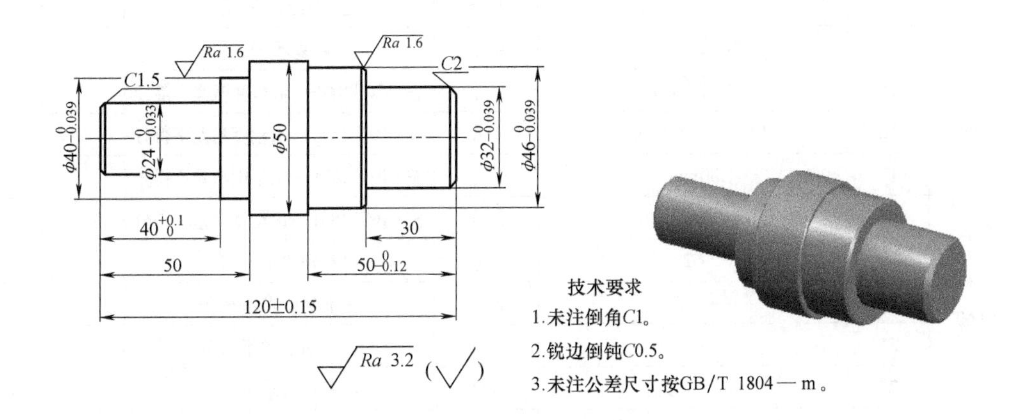

图 2-30　台阶轴零件及其三维效果

2. 零件加工检测评分（表 2-12）

表 2-12　台阶轴加工检测评分

班级		姓名		学号		
扩展训练	台阶轴零件的编程与加工			零件编号		
项目	序号	检测内容	配分	评分标准	自检	他检
编程	1	工艺方案制订正确	5 分	不正确不得分		
	2	切削用量选择正确	5 分	不正确不得分		
	3	程序正确和规范	5 分	不正确不得分		
操作	4	工件安装和找正正确、规范	5 分	不正确不得分		
	5	刀具选择、安装正确	5 分	不正确不得分		
	6	设备操作正确、规范	5 分	不正确不得分		
	7	安全生产	5 分	违章不得分		
	8	文明生产，符合“5S”标准	5	1 处不符合要求扣 2 分		

（续）

班级			姓名		学号		
扩展训练	台阶轴零件的编程与加工				零件编号		
项目	序号	检测内容		配分	评分标准	自检	他检
外圆	9	$\phi46_{-0.039}^{\ 0}$mm	IT	6 分	超出 0.01mm 扣 2 分		
			Ra	2 分	达不到要求不得分		
	10	$\phi40_{-0.039}^{\ 0}$mm	IT	6 分	超出 0.01mm 扣 2 分		
			Ra	2 分	达不到要求不得分		
	11	$\phi32_{-0.039}^{\ 0}$mm	IT	6 分	超出 0.01mm 扣 2 分		
			Ra	2 分	达不到要求不得分		
	12	$\phi24_{-0.033}^{\ 0}$mm	IT	6 分	超出 0.01mm 扣 2 分		
			Ra	2 分	达不到要求不得分		
	13	$\phi50$mm	IT	4 分	超出 0.01mm 扣 2 分		
			Ra	1 分	达不到要求不得分		
长度	14	$50_{-0.12}^{\ 0}$mm		4 分	超差不得分		
	15	$40_{\ 0}^{+0.12}$mm		4 分	按 GB/T1804—m，精度超差不得分		
	16	120mm ± 0.15mm		2 分	按 GB/T 1804—m，精度超差不得分		
	17	30mm		2 分	按 GB/T 1804—m，精度超差不得分		
	18	50mm		2 分	按 GB/T 1804—m，精度超差不得分		
倒角	19	*C*2		2 分	达不到要求不得分		
	20	*C*1.5		2 分	达不到要求不得分		
	21	*C*1		2 分	达不到要求不得分		
	22	*C*0.5（3 处）		3 分	达不到要求不得分		
总分				100 分			

任务二　外圆锥面零件的编程与加工

一、任务描述

1. 外圆锥面零件的编程与加工任务描述（表 2-13）

表 2-13　外圆锥面零件的编程与加工任务描述

任务名称	外圆锥面零件的编程与加工
零件	外圆锥面零件
设备条件	数控仿真软件、CAK5085DI 型数控车床、数控车刀、夹具、量具、材料
任务要求	（1）完成外圆锥零件的数控车削路线及工艺编制 （2）在数控车床上完成外圆锥零件的编程与加工 （3）完成零件的检测 （4）填写零件加工检测评分表及完成任务评定表

2. 零件图（图2-31）

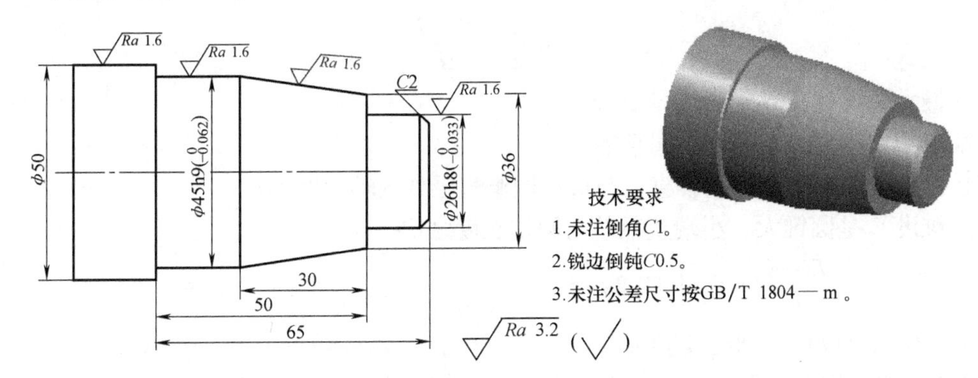

图2-31 外圆锥面零件及其三维效果

二、任务分析

1）掌握外圆锥面的加工方法。

2）掌握数控车削外圆锥面编程指令和方法。

3）熟练掌握数控车床上外圆车刀对刀的方法。

4）掌握外圆锥面零件的测量方法。

三、相关知识

1. 圆锥的基本知识

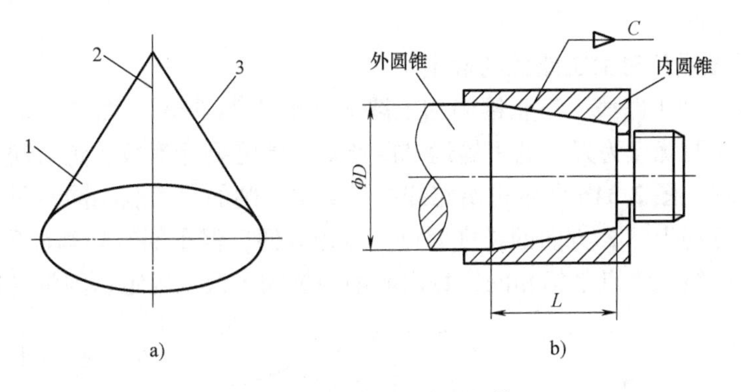

图2-32 圆锥表面及圆锥体

1—圆锥表面 2—轴线 3—母线

（1）圆锥的各部分名称及尺寸计算

1）圆锥表面和圆锥。圆锥表面是由与轴线成一定角度且一端相交于轴线的一条直线段（母线），绕该轴线旋转一周所形成的表面，如图2-32a所示。由圆锥表面和一定轴向尺寸、径向尺寸所限定的几何体，称为圆锥。圆锥又分为外圆锥与内圆锥，如图2-32b所示。

2）圆锥的基本参数 如图2-33所示。

① 圆锥半角$\alpha/2$。圆锥角α是通过圆锥轴线的截面内两条素线的夹角。车削加工经常使用圆锥角的一半，即圆锥半角$\alpha/2$。图样上圆锥零件如果标注出$\alpha/2$和其他两个参数，则

可利用圆锥半角的计算公式计算另一个参数

$$\tan\frac{\alpha}{2}=\frac{D-d}{2L} \tag{2-1}$$

② 最大圆锥直径 D 简称大端直径。

③ 最小圆锥直径 d 简称小端直径。

④ 圆锥长度 L 指最大圆锥直径与最小圆锥直径处的轴向距离。

⑤ 锥度 C 是圆锥大、小端直径差与圆锥长度之比

$$C=\frac{D-d}{L} \tag{2-2}$$

锥度 C 确定以后，圆锥半角 $\alpha/2$ 则能计算出来。因此，圆锥半角 $\alpha/2$ 与 C 属于同样基本参数。

（2）标准工具圆锥

1）莫氏圆锥。莫氏圆锥是机器制造业中应用最广泛的一种，如数控车床的主轴锥孔、顶尖、钻头柄及铰刀柄等。莫氏圆锥分为 0.1～6 号共七种，最小的是 0 号，最大的是 6 号。

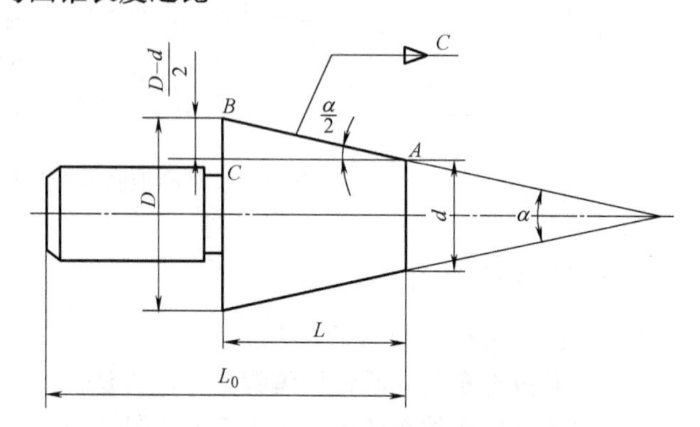

图 2-33　圆锥基本参数与常见标注方法

2）米制圆锥。米制圆锥分为 4 号、6 号、80 号、100 号、120 号、140 号、160 号和 200 号共八种。它们的号码表示大端直径，锥度固定不变为 $C=1:20$。米制圆锥的优点是锥度不变，记忆方便。

2. 车削外圆锥零件时加工路线的确定

（1）车正锥的加工路线　车正锥的加工路线如图 2-34 所示。图 2-34a 所示的加工路线为相似三角形，主要优点为刀具的进给运动距离短，但需要计算每次走刀起点与终点的坐标值，计算较为烦琐。图 2-34b 所示进给路线中，每次车削的起刀点相同，只需要根据锥度的长度合理分配其终端坐标 Z 方向的长度即可，编程方便，但车削时切削深度不同。图 2-34c 所示的圆锥加工路线是终点坐标相同，每次车削根据加工余量确定切削深度即可。

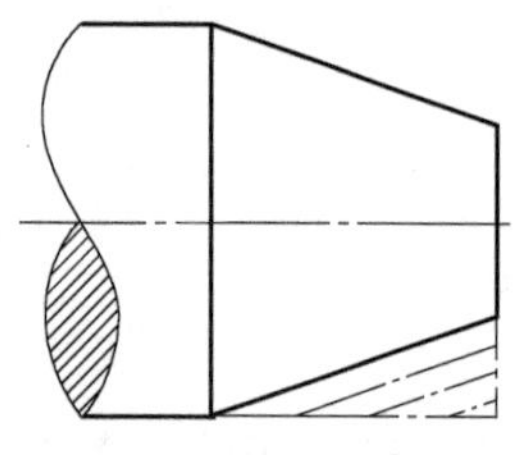
a)平行循环走刀路线

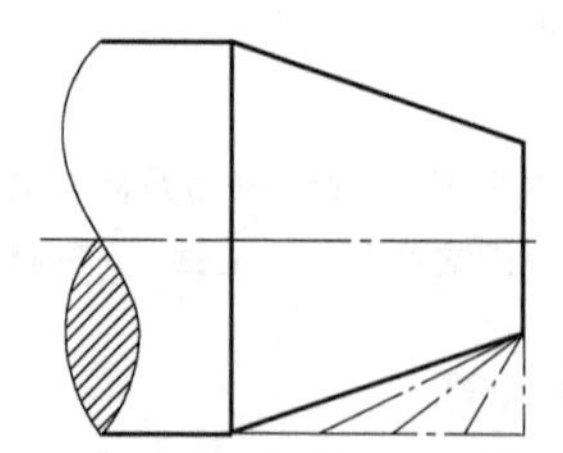
b)起点相同循环走刀路线

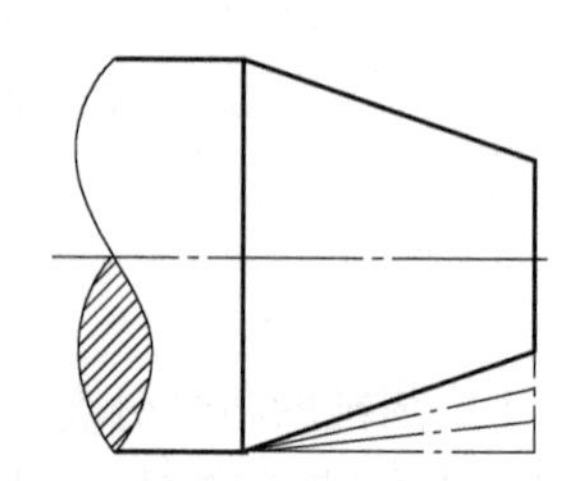
c)终点相同循环走刀路线

图 2-34　车正锥的加工路线

（2）车倒锥的加工路线　车倒锥的原理与方法和正锥相同，加工路线如图 2-35 所示。

3. G41/G42、G40 刀尖圆弧半径补偿的建立与取消

车削数控编程和对刀操作是以理想尖锐的车刀刀尖为基准进行的。为了提高刀具寿命和降

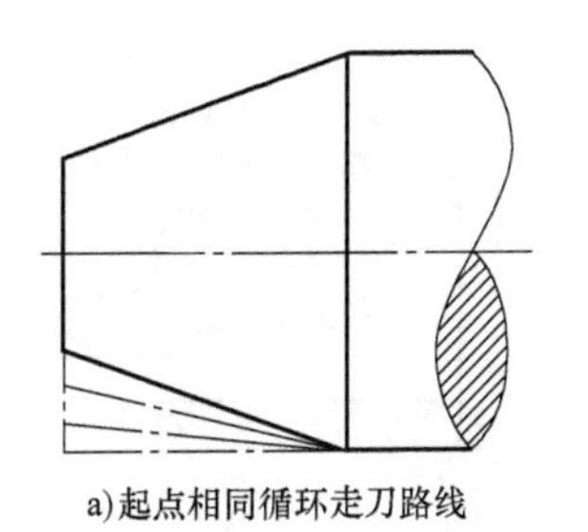

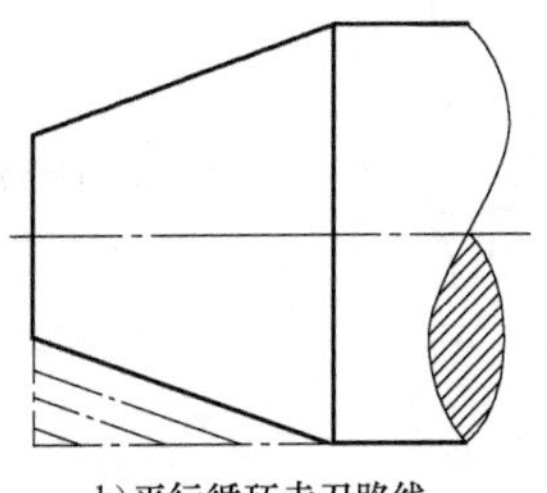

图 2-35　车倒锥的加工路线

低加工表面粗糙度值，实际加工中的车刀刀尖不是理想尖锐的，而总是有一个半径不大的圆弧，因此可能会产生加工误差。在进行数控编程和加工过程中，必须对由于车刀刀尖圆角产生的误差进行补偿，才能加工出高精度的零件。

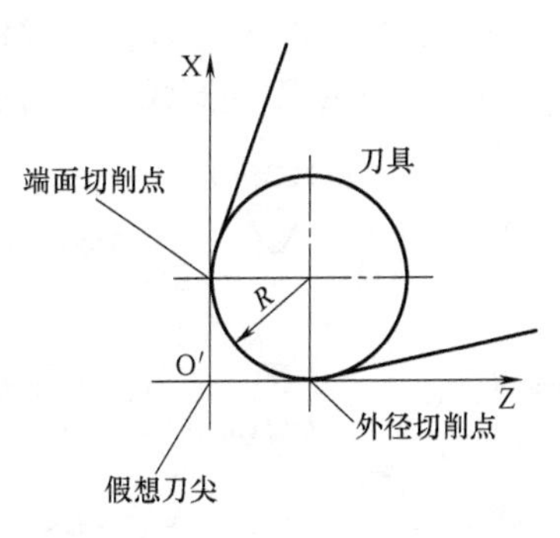

图 2-36　假想刀尖与刀尖圆角

（1）车刀刀尖圆角引起加工误差的原因　在实际加工过程中所用车刀的刀尖都呈一个半径不大的圆弧形状，如图 2-36 所示，而在数控车削编程过程中，为了编程方便，常把刀尖看作一个尖点，即所谓假想刀尖（图 2-36 中的 O'点）。对刀时一般以车刀的假想刀尖作为刀位点，所以在车削零件时，如果不采取补偿措施，将使车刀的假想刀尖沿编制程序的轨迹运动，而实际参与切削的是刀尖圆角的切削点。由于假想刀尖的运动轨迹和刀尖圆角切削点的运动轨迹不一致，使得加工时可能会产生误差。图 2-37 所示为车削圆锥时欠切削、过切削情况。

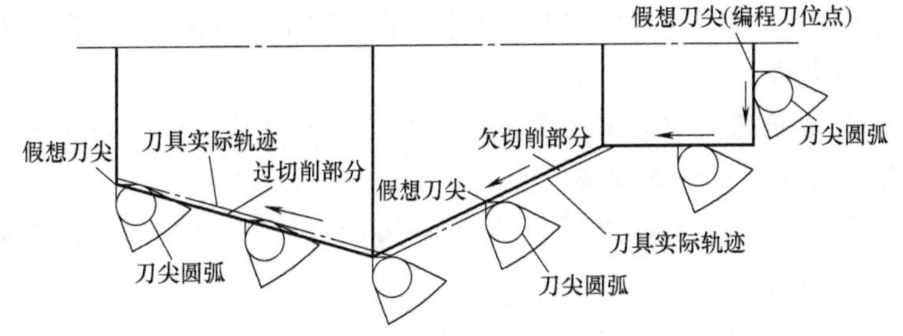

图 2-37　车削圆锥时欠切削、过切削情况

（2）G41/G42、G40 刀尖圆弧半径补偿指令

G41：刀尖圆弧半径左补偿。

G42：刀尖圆弧半径右补偿。

G40：取消刀尖圆弧半径补偿。

前置刀架刀尖圆弧半径左、右补偿判别方法，如图 2-38 所示。后置刀架刀尖圆弧半径左、右补偿判别方法如图 2-39 所示。所以，不论是前置刀架还是后置刀架，沿车刀进给方向观察车外轮廓都是用刀尖半径右补偿 G42，车内轮廓都是用刀尖半径左补偿 G41。

（3）刀尖圆弧半径补偿指令使用格式

G00/G01 G41 X __ Z __；建立刀尖圆弧半径左补偿

G00/G01 G42 X __ Z __；建立刀尖圆弧半径右补偿

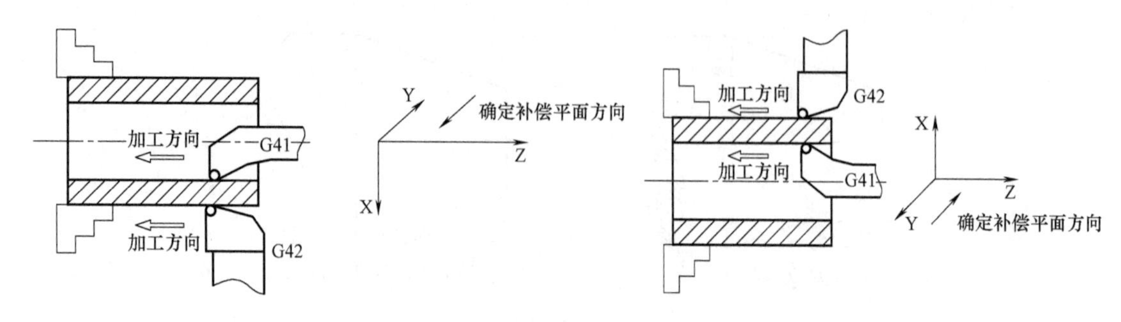

图 2-38　前置刀架刀尖圆弧半径左、右补偿判别　　图 2-39　后置刀架刀尖圆弧半径左、右补偿判别

G00/G01 G40 X __ Z __；取消刀尖圆弧半径补偿

（4）机床中刀尖圆弧半径参数及刀尖位置号输入（图 2-40、2-41）

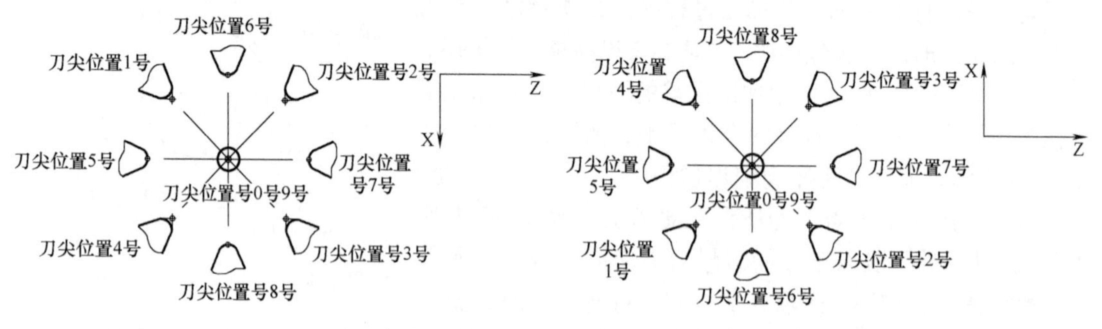

图 2-40　前置刀架刀尖位置代号　　图 2-41　后置刀架刀尖位置代号

>> 提示

① G41、G42 和 G40 指令不能与圆弧切削指令写在同一个程序段内，但可与 G01、G00 指令写在同一程序段内，即它是通过直线运动来建立或取消刀具补偿的。

② 在调用新刀具前或要更改刀具补偿方向时，中间必须取消前一个刀具补偿，避免产生加工误差。

③ 在 G41 或 G42 程序段后面加 G40 程序段，便可以取消刀尖圆弧半径补偿，其格式为：

G41（或 G42）…；

…

G40…；

程序的最后必须以取消偏置状态结束，否则刀具不能在终点定位，而是停在与终点位置偏移一个矢量的位置上。

④ G41、G42 和 G40 是模态代码。

⑤ 在 G41 方式中，不要再指定 G42 方式，否则补偿会出错；同样，在 G42 方式中，不要再指定 G41 方式。当补偿取负值时，G41 和 G42 互相转化。

⑥ 在使用 G41 和 G42 之后的程序段中，不能出现连续两个或两个以上的不移动指令，否则 G41 和 G42 会失效。

（5）编程举例　图2-31所示零件外圆锥面精加工程序中应用了刀尖圆弧半径补偿。

…	
G00 X52.0；	
Z－13.0；	
G00 G42 X36.0；	调用刀尖圆弧半径右补偿，车刀进给至锥度精加工起点
G01 Z-15.0 F0.1；	车刀进给至锥度加工起点
X45.0 W－30；	外圆锥精车
G00 G40 X52.0；	取消刀尖圆弧半径补偿，车刀退回 *X* 轴起刀点
G00 Z2.0；	车刀退回 *Z* 轴起刀点
…	

4. 外圆锥面的检测工具及方法

（1）游标万能角度尺

1）游标万能角度尺又叫量角器，其结构如图2-42所示，测量范围为0°～320°，分度值为2′。游标万能角度尺的刻线原理与游标卡尺相同。在分度值为2′的游标万能角度尺上，尺身每格为1°，游标在29°内分成30格，每格为58′，尺身和游标尺每格差1°－58′＝2′。

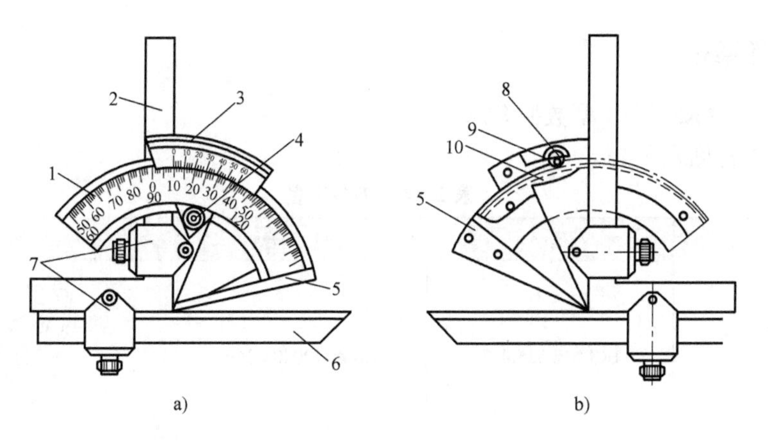

图2-42　游标万能角度尺

1—尺身　2—直角尺　3—游标尺　4—锁紧装置　5—基尺　6—直尺
7—卡块　8—捏手　9—小齿轮　10—伞形齿

2）读数方法。游标万能角度尺的读数方法与游标卡尺相似，即先读尺身上的整数，然后在游标上读出分的数值，两者相加为被测角度数值。图2-43所示的数值为10°50′。

（2）用角度样板检测外圆锥　对于锥角精度要求不太高而批量又较大的圆锥工件和角度零件，可用角度样板测量。图2-44所示为用角度样板测量锥齿轮坯的角度。

（3）外圆锥尺寸的检测　在圆锥套规小端轴向开有缺口，测量时如果锥体的小端平面在缺口之间则视为合格，如图2-45a所示；若锥体未进入缺口或超出了缺口，则视为不合格，如图2-45b、c所示。

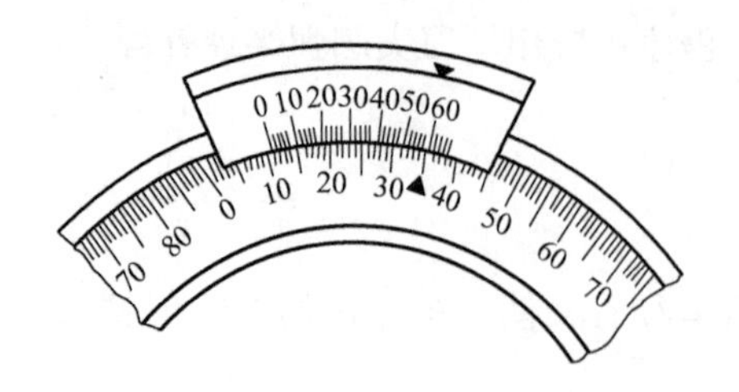

图 2-43　游标万能角度尺读数示意图

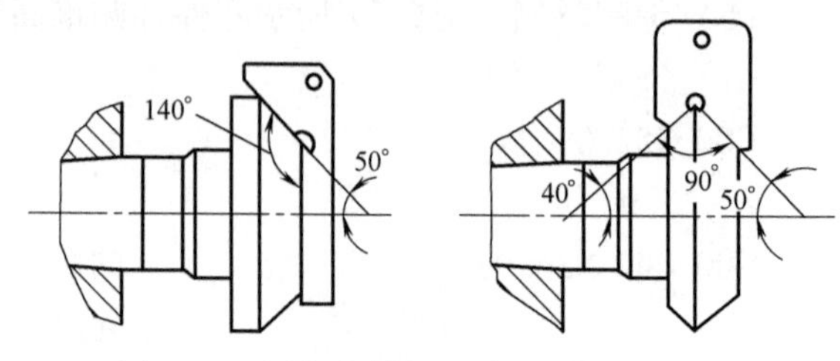

图 2-44　用角度样板测量锥齿轮坯的角度

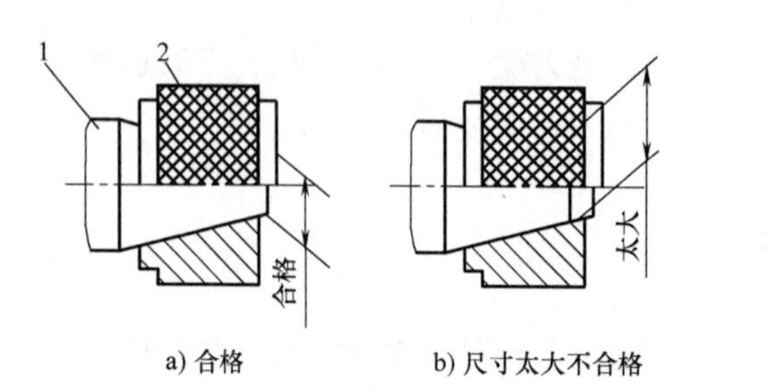

图 2-45　圆锥尺寸检测

1—工件　2—套规

四、任务准备

1）机床为 CAK5085DI 型数控车床。

2）刀具准备见表 2-14。

表 2-14　刀具准备

刀具种类	刀具型号	刀片型号	图示
90°偏刀	DCLNR2525M12	CNMG120404-PM	

3）量具有游标卡尺、游标深度卡尺、千分尺、游标万能角度尺。

4）工具、附件有划线找正盘、卡盘扳手、压刀扳手和垫片若干。

5）零件毛坯尺寸为 ϕ50mm×300mm；材料为塑料棒。

五、任务实施

1. 确定数控车削加工工艺

零件特征主要为外圆、台阶、端面和外圆锥，尺寸如图 2-31 所示，棒料伸出卡盘 72～75mm。

（1）加工工艺路线（表 2-15）

（2）确定切削用量　根据零件被加工表面质量要求、刀具材料和工件材料、参考相关资料选取切削速度和进给量。数控加工工序卡见表 2-16。

表 2-15 外圆锥面零件工艺路线

序号	工步	加工内容	加工简图
1	工步 1	车端面,建立工件坐标系	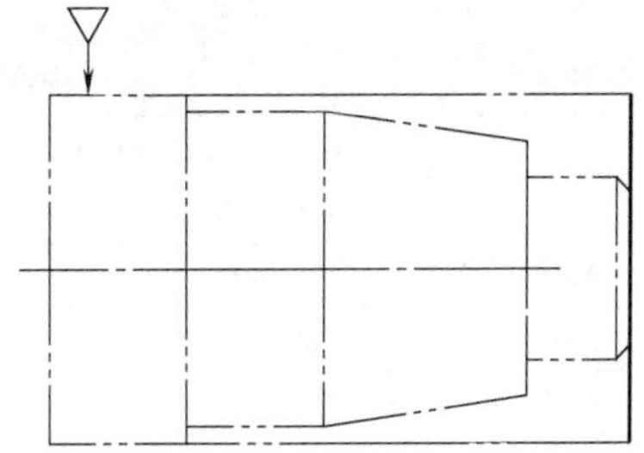
2	工步 2	粗、精车 ϕ45h9 × 50mm、ϕ26h8 × 15mm 及倒角去锐至图样尺寸	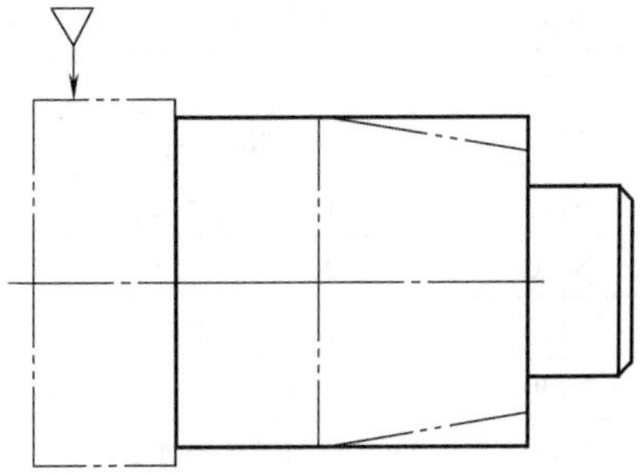
3	工步 3	粗,精车外圆锥面,至图样尺寸要求	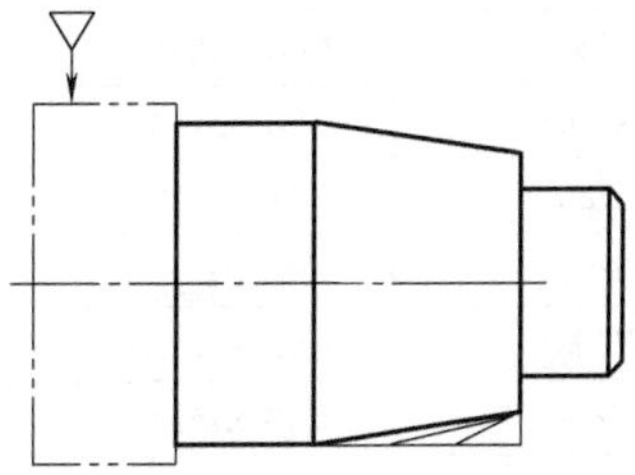
4	工步 4	检测	

表 2-16 数控加工工序卡

班级	姓名	数控加工工序卡	零件名称	材料	零件图号
			外圆锥面零件	塑料棒	—

工序	程序编号	夹具编号	使用设备	实训教室
—	O2031	—	CAK5085DI	数控车床编程加工教室

序号	工步内容	刀具号	刀具规格 /mm	主轴转速 n/ (r/mm)	进给量 f/ (mm/r)	背吃刀量 a_p/mm	刀尖圆弧半径 r_ε/mm	备注
1	车端面,建立工件坐标系	T01	25 × 25	800	0.15	0.5	0.4	手动
2	粗、精车 ϕ45h9 × 50mm、ϕ26h8 × 15mm 及倒角去锐至图样尺寸	T01	25 × 25	粗:800 精:1200	粗:0.25 精:0.1	粗:2 精:0.5	0.4	自动
3	粗、精车外圆锥至图样尺寸要求	T01	25 × 25	粗:800 精:1200	粗:0.2 精:0.1	粗:2 精:0.5	0.4	自动
4	检测							
编制		审核		批准		年 月 日		

2. 编制程序（表 2-17）

表 2-17　外圆锥面零件加工程序

O2031;		程序名
程序段号	程序内容	动作说明
N10	G00 X150.0 Z150.0;	车刀移动到换刀点
N20	M03 S800;	主轴正转，　转速 800r/min
N30	T01 M08;	调用 1 号刀　切削液开
N40	G00 X52.0 Z2.0;	刀具移动至起刀点
N50	X45.5;	车刀进给一个背吃刀量 2.25mm
N60	G01 Z-65.0 F0.25;	粗车外圆
N70	X52.0;	车端面
N80	G00 Z2.0;	车刀回到起刀点
N90	G00 X40.5;	车刀进给一个背吃刀量 2mm
N100	G01 Z-15.0;	粗车外圆
N110	X52.0;	车端面
N120	G00 Z 2.0;	车刀回到起刀点
N130	G00 X36.5;	车刀进给一个背吃刀量 2mm
N140	G01 Z-15.0;	粗车外圆
N150	X52.0;	车端面
N160	G00 Z 2.0;	车刀回到起刀点
N170	G00 X31.5;	车刀进给一个背吃刀量 2.5mm
N180	G01 Z-15.0;	粗车外圆
N190	X52.0;	车端面
N200	G00 Z 2.0;	车刀回到起刀点
N210	G00 X26.5;	车刀进给一个背吃刀量 2.5mm
N220	G01 Z-15.0;	粗车外圆
N230	X52.0;	车端面
N240	G00 Z 2.0;	车刀回到起刀点
N250	X150.0 Z150.0;	车刀回到换刀点
N260	M05;	主轴停止
N270	M00;	暂停，检查工件，调整磨耗参数
N280	M03 S1200;	主轴正转，转速 1200r/min，精加工开始
N300	G00 X52.0 Z2.0;	车刀移动到起刀点
N310	G00 X22.0;	车刀进给至 X 方向精加工起点
N320	G01 Z0 F0.1;	车刀进给至 Z 方向精加工起点
N330	X26.0 C2.0;	倒角
N340	Z-15.0;	精车外轮廓
N350	X45.0;	
N360	Z-65.0;	
N370	X59.0;	
N380	X50.0 W-0.5;	
N390	X52.0;	车刀移动至外圆锥加工起点
N400	G00 Z-15.0;	

（续）

O2031；		程序名
程序段号	程序内容	动作说明
N410	G01 X41.0 F0.2；	外圆锥粗车
N420	X45.0 W-30；	
N430	X52.0；	
N440	G00 Z－15.0；	
N450	X37.0；	
N460	G01 X45.0 W-30；	
N470	X52.0；	车刀移动至外圆锥加工起点
N480	G00 Z－15；	
N490	G00 G42 X36.0；	刀尖圆弧半径补偿
N500	G01 Z0 F0.1；	车刀进给至锥度加工起点
N510	X45.0 W-30；	外圆锥精车
N520	G00 G40 X52.0；	取消刀尖圆弧半径补偿
N530	G00 Z2.0；	车刀退回至起刀点
N540	X150.0；	车刀退回换刀点　切削液关
N550	Z150.0 M09；	
N570	M05；	主轴停止
N580	M30；	程序结束并返回程序开始

3. 加工过程

（1）加工准备

1）检查毛坯尺寸。

2）开机，返回参考点。

3）装夹工件和刀具。工件装夹并找正、夹紧。外圆车刀安装在1号刀位、2号刀位；切断刀安装在3号刀位。

4）程序输入。

（2）对刀

（3）程序模拟加工

（4）自动加工及尺寸检测

六、检查评议

零件加工检测评分（表2-18）

表2-18　外圆锥面零件加工检测评分

班级		姓名		学号		
任务二	外圆锥面零件的编程与加工			零件编号		
项目	序号	检测内容	配分	评分标准	自检	他检
编程	1	工艺方案制订正确	5分	不正确不得分		
	2	切削用量选择合理、正确	5分	不正确不得分		
	3	程序正确和规范	5分	不正确不得分		

（续）

班级			姓名		学号	
任务二	外圆锥面零件的编程与加工			零件编号		
项目	序号	检测内容	配分	评分标准	自检	他检
操作	4	工件安装和找正规范、正确	5 分	不正确不得分		
	5	刀具选择、安装正确	5 分	不正确不得分		
	6	设备操作规范、正确	5 分	不正确不得分		
	7	安全生产	10 分	违章不得分		
	8	文明生产，符合“5S”标准	10 分	1 处不符合要求扣 2 分		
外圆	9	ϕ45h9 IT	8 分	超出 0.01mm 扣 2 分		
		ϕ45h9 *Ra*	4 分	达不到要求不得分		
	10	ϕ26h8 IT	8 分	超出 0.01mm 扣 2 分		
		ϕ26h8 *Ra*	4 分	达不到要求不得分		
锥度	11	ϕ36mm×30mm IT	8 分	超出 0.01mm 扣 2 分		
		ϕ36mm×30mm *Ra*	4 分	达不到要求不得分		
长度	12	30mm	3 分	超差不得分		
	13	50mm	3 分	按 GB/T 1804—m 精度超差不得分		
	14	65mm	3 分	按 GB/T 1804—m 精度超差不得分		
倒角	15	*C*2mm	3 分	达不到要求不得分		
	16	*C*0.5mm	2 分	达不到要求不得分		
总分			100 分			

七、问题及防治

车削锥度时产生的问题及解决措施见表 2-19。

表 2-19　车削锥度时产生的问题及解决措施

产生问题	产生原因	解决措施
圆锥面大小端直径超差	(1)圆锥体尺寸计算或编程输入错误 (2)刀具 X 轴对刀错误 (3)刀尖圆弧半径没有补偿 (4)测量错误	(1)正确计算，检查并修改加工程序 (2)检查、修正工件坐标系 (3)编程时考虑刀尖圆弧半径补偿 (4)正确进行工件测量
圆锥长度超差	(1)圆锥体尺寸计算或编程输入错误 (2)刀具 Z 轴对刀错误 (3)测量错误	(1)正确计算，检查并修改加工程序 (2)检查、修正工件坐标系 (3)正确进行工件测量
圆锥角度不正确	(1)圆锥体尺寸计算或编程输入错误 (2)刀具磨损而没有及时更换刀片 (3)工艺系统刚性差，产生“让刀”现象	(1)正确计算、检查修改加工程序 (2)及时检查、更换刀片 (3)增强工艺系统刚性，减小刀片刀尖圆弧半径
圆锥母线双曲线误差	车刀刀尖没有对准工件回转中心	正确安装车刀，刀尖严格对准工件回转中心
表面粗糙度达不到要求	(1)工艺系统刚性差，产生振动 (2)刀具磨损而没有及时更换刀片 (3)切削用量选择不当	(1)增强工艺系统刚性，减小刀片刀尖圆弧半径 (2)及时检查、更换刀片 (3)合理选择切削用量

八、扩展知识　细长轴的车削

工件的长度与直径比大于25（$L/d \geqslant 25$）的轴类零件称为细长轴。细长轴虽然外形并不复杂，但由于它本身刚性较差（长度与直径比越大，刚性越差），车削时由于切削力、重力、切削热、振动等影响，容易发生弯曲变形，产生锥度、腰鼓形和竹节状等缺陷，难以保证加工精度。所以在加工过程中，为了增加刚性，常采用中心架和跟刀架作为辅助支撑。

1. 使用中心架车削细长轴的方法

使用中心架车削细长轴，关键是使中心架与工件表面接触的三个支撑爪所决定圆的圆心与车床的回转中心重合。车削时，一般是用两顶尖装夹或一夹一顶方式安装工件，中心架装在工件的中间部位并固定在床身上。当工件用两顶尖装夹时，通常有以下两种形式：

（1）中心架直接支撑在工件中间　当工件加工精度要求较低，可采用分段车削或调头车削，将中心架直接支撑在工件中间，如图2-46所示。采用这种支撑方式，可使工件的长度与直径比减少一半，细长轴的刚性则可增加好几倍。工件装上中心架之前，必须在毛坯中间车出一点圆柱面沟槽作为支撑轴颈，其直径应略大于工件要求的尺寸。

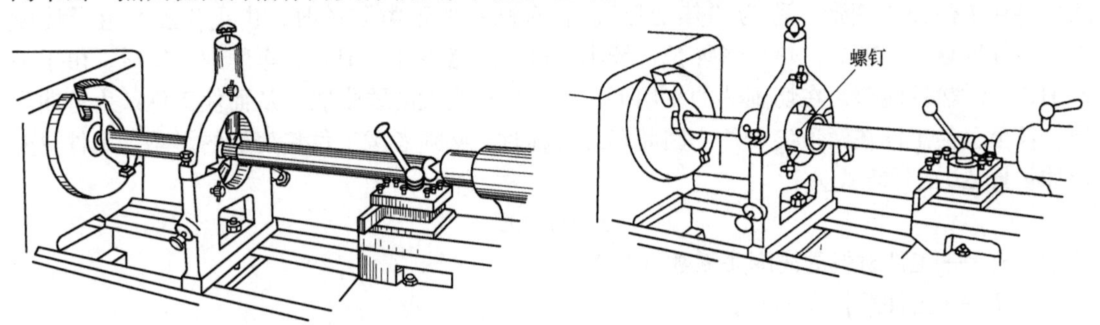

图2-46　采用中心架车削细长轴

图2-47　用过渡套筒车细长轴

（2）中心架配以过渡套筒支撑工件　当车削部分轴段不需要加工的细长轴时，或者是加工不适于在中端车沟槽、表面又不规则的工件（如安置中心架处有键槽或花键等）或毛坯时，可采取中心架配以过渡套筒支撑工件的方式，如图2-47所示。车完一端后，撤去过渡套筒，工件调头装夹，调整中心架支撑爪与已加工表面接触，使已加工表面的旋转轴线与车床主轴轴线重合，即可继续车削。

2. 跟刀架及其使用方法

跟刀架一般固定在数控车床的床鞍上跟随车刀后面移动，承受作用在工件上的切削力。

细长轴刚性差，车削比较困难，如采用跟刀架来支撑，可以增加刚性，防止工件弯曲变形，从而保证细长轴的车削质量。

常用跟刀架有两种，即二爪跟刀架（图2-48a）和三爪跟刀架（图2-48b）。跟刀架支撑，其承受工件上的切削力 F' 可以分解两个分力，它们分别使工件贴紧在支撑爪上（图2-48a）。但是工件除了受 F' 力之外，还受重力 Q 的作用，会使工件产生弯曲变形。因此车削时，若用二爪跟刀架支撑工件，则工件往往会因受重力作用而瞬时离开支撑爪，瞬时接触支撑爪而产生振动；若选用三爪跟刀架支撑工件（图2-48b），工件支撑在支撑爪和刀尖之中，上下、左右均不能移动，这样车削就稳定，不易产生振动。所以选用三爪跟刀架支撑车

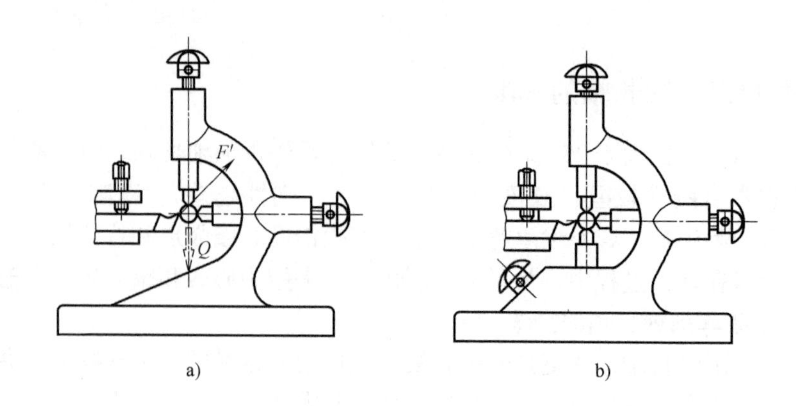

图 2-48　跟刀架的选用

削细长轴是一项很重要的工艺措施。

3. 细长轴车削控制热变形伸长的方法

（1）工件的热变形伸长　车削时，产生的切削热会传导给工件，使工件的温度升高，从而导致工件伸长变形，称为“热变形”。在车削一般轴类零件时，由于长度与直径比较小，工件散热条件较好，热变形伸长量较小，可以忽略不计。但是，车削细长轴时，由于工件细长，散热性能差，在切削热的作用下，会产生相当大的线膨胀，从而使工件产生弯曲变形，甚至会使工件在两顶尖卡住。因此车细长轴时，必须考虑工件热变形的影响。工件热变形伸长量 ΔL 的计算式为

$$\Delta L = \alpha_1 L \Delta t$$

式中　α_1——工件材料的线膨胀系数（1/℃）；

L——工件总长（mm）；

Δt——工件升高的温度（℃）。

常用材料线膨胀系数 α_1 可在表 2-20 中查出。

表 2-20　常用材料线膨胀系数

材料名称	温度范围/℃	α_1(×10^{-6}℃)	材料名称	温度范围/℃	α_1(×10^{-6}℃)
灰铸铁	0 ~ 100	10.4	铁锰合金	20 ~ 100	11.0
球墨铸铁	0 ~ 100	10.4	纯铜	20 ~ 100	17.2
45 钢	20 ~ 100	11.59	黄铜	20 ~ 100	17.8
T10A	20 ~ 100	11.0	铝青铜	20 ~ 100	17.8
20Cr	20 ~ 100	11.3	锡青铜	20 ~ 100	17.6
40Cr	25 ~ 100	11.0	铝	0 ~ 100	18.0
65Mn	25 ~ 100	11.1	镍	0 ~ 100	23.8
20Cr13	20 ~ 100	10.5	光学玻璃	20 ~ 100	13.0
60SiMn	20 ~ 100	11.5 ~ 12.4	普通玻璃	20 ~ 100	4 ~ 11.5
1Cr18Ni9Ti	20 ~ 100	16.6	有机玻璃	20 ~ 100	120 ~ 130
Ni58	20 ~ 10	11.5	水泥、混凝土	20	10 ~ 14
GCr15	100	14.0	聚氯乙烯管材	10 ~ 60	50 ~ 80
38CrMoA1A	20 ~ 100	12.3	尼龙	0 ~ 100	110 ~ 150
镍铝合金	20 ~ 100	11.0	硬橡胶、胶木	17 ~ 25	77

（2）控制热变形伸长的措施

1）细长轴应采用一夹一顶的装夹方式。卡盘爪夹持的部分不宜过长，一般在 15mm 左

右，最好用钢丝圈垫在卡盘爪的凹槽中，以点接触，使工件在卡盘内能自由调节其位置，避免夹紧时形成弯曲力矩，这样，即使在切削过程中发生热变形伸长，也不会因卡盘夹死而产生内应力。

2）使用弹性回转顶尖来补偿工件热变形伸长。由于弹性顶尖内置两片碟形弹簧，当工件变形伸长时，工件推动顶尖，使碟形弹簧压缩变形，顶尖自动后退，这样就可以有效地补偿工件的热变形伸长，避免细长轴零件弯曲。

3）采取反向进给方法。车削时采用反向进给，作用在工件上的轴向切削分力由压力变为拉力（与工件伸长变形方向一致），同时由于细长轴装夹在钢丝圈固定在卡盘内，另一端支撑在弹性回转顶尖上，可以自由伸缩，不易产生变形。

4）加注充分切削液。车削细长轴时，加注充分的切削液能有效地减少工件所吸收的热量，从而减少工件的热变形伸长。此外，加注充分的切削液还可以降低刀尖切削温度，延长刀具使用寿命。

（3）合理选择车刀几何形状 车削细长轴时，由于工件刚性差，车刀几何形状对减小作用在工件上的切削力、减小工件弯曲变形和振动、减少切削热的产生等均有明显的影响。选择时主要考虑一下几点。

1）车刀的主偏角是影响背向力的主要因素，在不影响刀具强度的情况下，应尽量增大车刀主偏角，一般细长轴车刀主偏角选择为 $\kappa_r = 80° \sim 93°$。

2）为了减少切削力和切削热，应选择较大的前角，一般取 $\gamma_o = 15° \sim 30°$。

3）前刀面形式为带有 $R1.5 \sim R3$mm 圆弧形断屑槽。

4）选择正的刃倾角，通常取 $\lambda_s = +3° \sim +10°$，使切屑流向待加工表面。此外，车刀也容易切入工件，并可减少切削力。

5）为了减少背向力，刀尖圆弧半径应选择较小（$r_\varepsilon < 0.3$mm），倒棱的宽度一般取小于 $0.5f$，以减小切削时的振动。

九、扩展训练

1. 加工任务

根据所学指令编写图 2-49 所示外圆锥零件的数控加工工艺技术文件及加工程序。

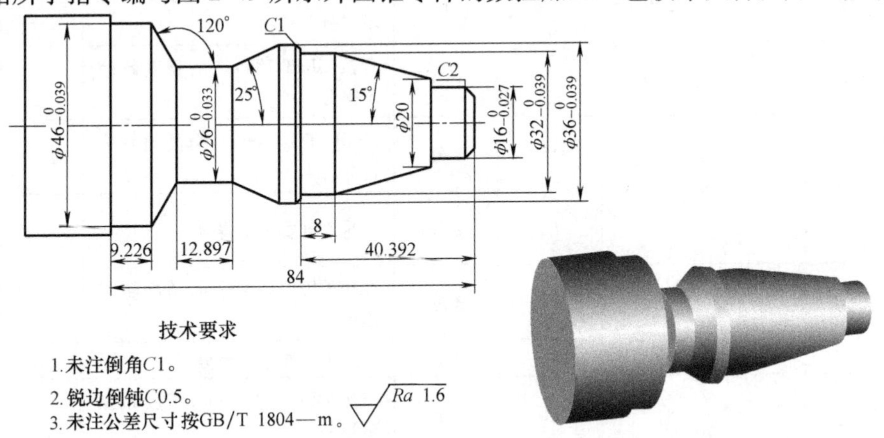

图 2-49 外圆锥零件及其三维效果

2. 零件加工检测评分表（表 2-21）

表 2-21 外圆锥零件加工检测评分

班级		姓名			学号		
扩展训练	外圆锥零件的编程与加工				零件编号		
项目	序号	检测内容		配分	评分标准	自检	他检
编程	1	工艺方案制订正确		5	不正确不得分		
	2	切削用量选择合理、正确		5 分	不正确不得分		
	3	程序正确和规范		5 分	不正确不得分		
操作	4	工件安装和找正规范、正确		5 分	不正确不得分		
	5	刀具选择和安装正确		5 分	不正确不得分		
	6	设备操作规范、正确		5 分	不正确不得分		
	7	安全生产		5 分	违章不得分		
	8	文明生产，符合“5S”标准		5 分	1 处不符合要求扣 2 分		
外圆	9	$\phi 46_{-0.039}^{0}$ mm	IT	5 分	超出 0.01mm 扣 2 分		
			Ra	2 分	达不到要求不得分		
	10	$\phi 36_{-0.039}^{0}$ mm	IT	5 分	超出 0.01mm 扣 2 分		
			Ra	2 分	达不到要求不得分		
	11	$\phi 32_{-0.039}^{0}$ mm	IT	5 分	超出 0.01mm 扣 2 分		
			Ra	2 分	达不到要求不得分		
	12	$\phi 26_{-0.033}^{0}$ mm	IT	5 分	超出 0.01mm 扣 2 分		
			Ra	2 分	达不到要求不得分		
	13	$\phi 16_{-0.027}^{0}$ mm	IT	5 分	超出 0.01mm 扣 2 分		
			Ra	2 分	达不到要求不得分		
长度	14	84mm		1 分	按 GB/T 1804—m，精度超差不得分		
	15	40.392mm		1 分	按 GB/T 1804—m，精度超差不得分		
	16	12.897mm		1 分	按 GB/T 1804—m，精度超差不得分		
	17	9.226mm		1	按 GB/T 1804—m，精度超差不得分		
	18	8mm		1 分	按 GB/T 1804—m，精度超差不得分		
锥度	19	15°	IT	3 分	按 GB/T 1804—m，精度超差不得分		
			Ra	2 分	达不到要求不得分		
	20	25°	IT	3 分	按 GB/T 1804—m，精度超差不得分		
			Ra	2 分	达不到要求不得分		
	21	120°	IT	3 分	按 GB/T 1804—m，精度超差不得分		
			Ra	2 分	达不到要求不得分		

（续）

班级		姓名		学号		
扩展训练	外圆锥零件的编程与加工			零件编号		
项目	序号	检测内容	配分	评分标准	自检	他检
倒角	22	$C2$	2分	达不到要求不得分		
	23	$C1$	2分	达不到要求不得分		
	24	$C0.5$	1分	达不到要求不得分		
总分			100分			

任务三　外圆弧面零件的编程与加工

一、任务描述

1. 外圆弧面零件的编程与加工任务描述（表2-22）

表2-22　外圆弧面零件的编程与加工任务描述

任务名称	外圆弧面零件的编程与加工
零件	外圆弧面零件
设备条件	数控仿真软件、CAK5085DI型数控车床：数控车刀、夹具、量具、材料
任务要求	(1)完成外圆弧零件数控车削路线及工艺编制 (2)在数控车床上完成外圆弧面零件的编程与加工 (3)完成零件的检测 (4)填写零件加工检测评分表及完成任务评定表

2. 零件图（图2-50）

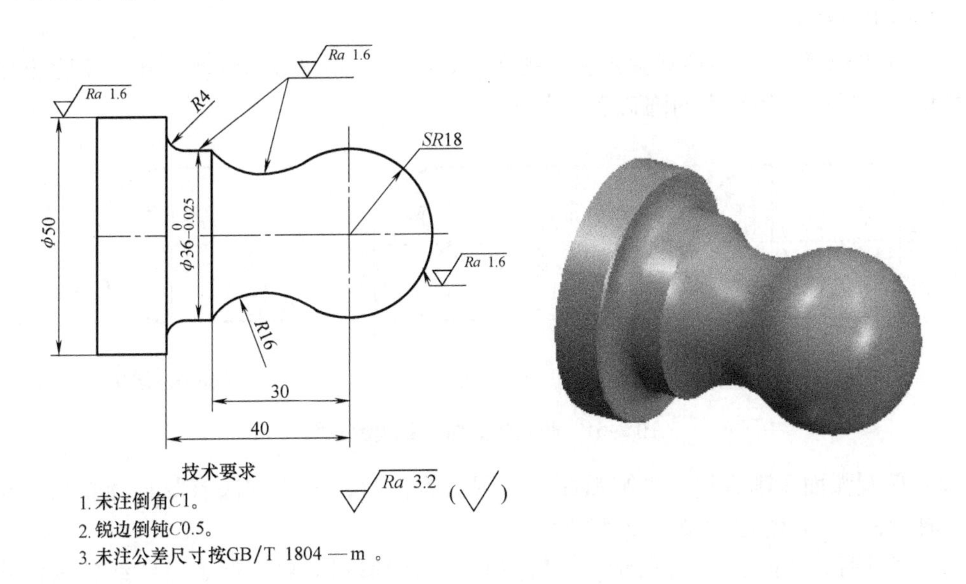

图2-50　外圆弧面零件及其三维效果

二、任务分析

1）掌握外圆弧面加工的基本方法。

2）掌握数控车削外圆弧面编程指令和方法。

3）熟练掌握外圆弧面车削加工的工艺特点。

4）掌握外圆弧面零件的测量方法。

三、相关知识

具有曲线轮廓的旋转体表面为圆弧面，称为成形面或特形面。在数控车床上加工圆弧面是通过程序控制圆弧插补指令进行的。

1. 外圆弧面的车削方法

圆弧面加工一般分为粗加工和精加工两个阶段。圆弧面的粗加工与一般的外圆柱面、圆锥面粗加工不同，加工中存在着切削用量不均匀、背吃刀量过大、容易损坏刀具的问题。因此，在圆弧面的粗加工中要合理选择加工路线和切削方法，在保证背吃刀量尽可能均匀的情况下，减少走刀次数和空行程。

（1）凸圆弧面的车削方法　车削凸圆弧面时，一般选用轮廓粗车循环指令进行编程加工。当无法使用粗车循环指令编程时，需要合理设定其粗车加工路线。常用的圆弧面加工路线有以下几种。

1）同心圆车削法。同心圆车削法用不同的半径切除毛坯余量，此法在确定了每次切削深度后，对90°圆弧的起点、终点坐标计算简单，编程方便，如图2-51a所示

2）车锥法。车锥法是用车圆锥的方法切除圆弧毛坯余量，如图2-51b所示，加工路线不能超过A、B两点的连线，否则会产生过切。车锥法一般适用于圆心角小于90°的圆弧。A、B两点坐标值计算为$AC=BC=\sqrt{2}CF=0.586R$。A点坐标为（$R-0.586R$，0），B点坐标为（R，$R-0.586R$）。

3）等径圆偏移法。等径圆偏移法如图2-51c所示，此法数值计算简单，编程方便，切削余量均匀，适合半径较大的圆弧面的车削。

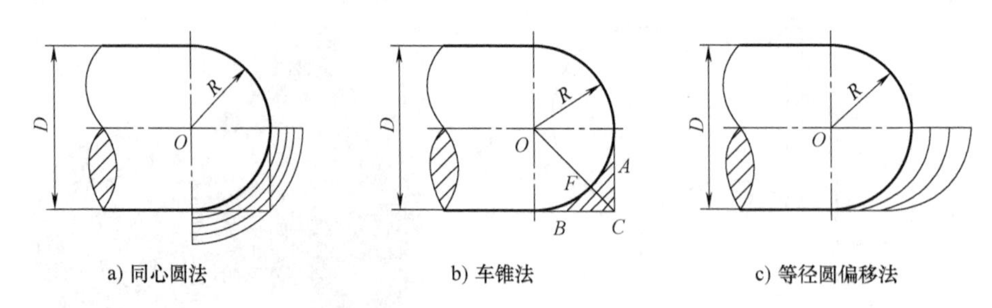

a) 同心圆法　　b) 车锥法　　c) 等径圆偏移法

图2-51　凸圆弧面加工路线示意图

（2）凹圆弧面车削方法　当圆弧面为凹圆弧表面时，加工方法有等径圆弧法、同心圆弧法、梯形法、三角形法，如图2-52所示。

1）等径圆弧法如图2-52a所示，其特点是计算和编程简单，但走刀路线较其他几种方法长。

2）同心圆弧法如图2-52b所示，其特点是走刀路线短，精车余量均匀。

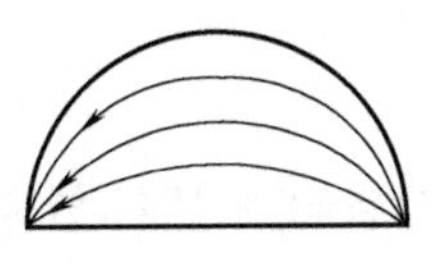
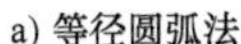
a) 等径圆弧法

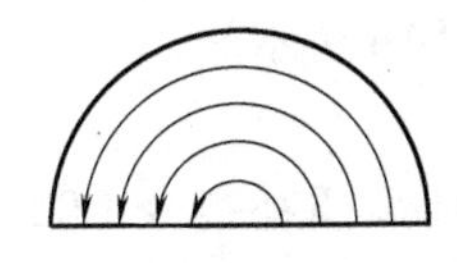
b) 同心圆弧法

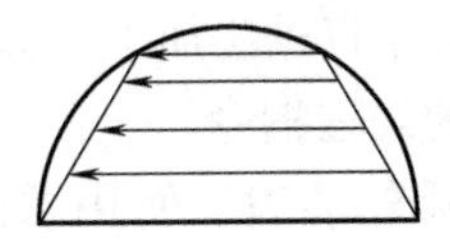
c) 梯形法

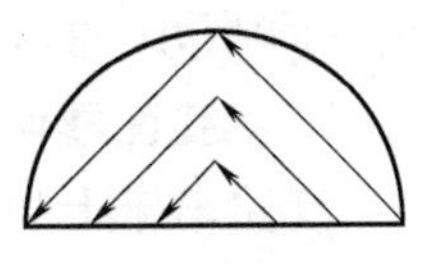
d) 三角形法

图 2-52 凹圆弧面加工路线示意图

3）梯形法如图 2-52c 所示，其特点是切削力分布合理，加工效率高。

4）三角形法如图 2-52d 所示，走刀路线较同心圆弧法长，但是比梯形法与等径圆弧法短。

2. 外圆弧面加工常用刀具

加工圆弧面时一般选用尖形车刀或圆弧形车刀，如图 2-53a、b 所示。

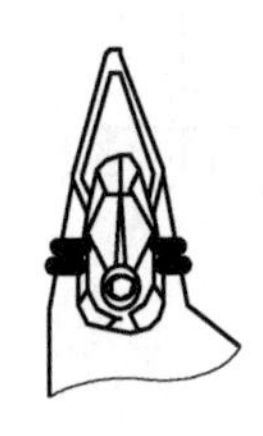
a) 尖形车刀

b) 圆弧形车刀

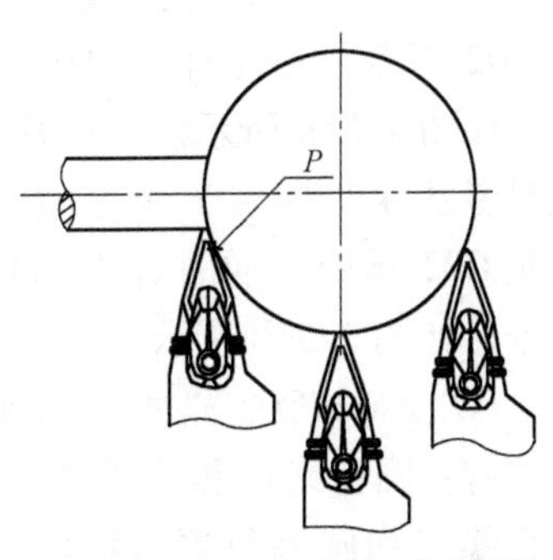

c) 刀具与已加工圆弧面产生干涉

图 2-53 常用圆弧车刀及选择

（1）尖形车刀 对于大多数精度要求不高的圆弧面一般可以选用尖形车刀，但一定要注意选择合理的副偏角，防止副切削刃与加工表面之间产生干涉。如图 2-53c 所示，刀具在 *P* 点产生干涉。

（2）圆弧形车刀 圆弧形车刀的主切削刃是圆弧形，该圆弧刃每一点都是圆弧形车刀的刀尖，因此刀位点在圆弧的圆心上。圆弧形车刀用于切削内、外圆弧面，特别适宜于车削各种光滑连接的圆弧面，加工精度和表面粗糙度较尖形车刀好。在圆弧面切削时，所选择圆弧形车刀的切削刃半径应小于或等于零件凹形轮廓上的最小曲率半径，以免出现加工干涉，如图 2-54a 所示。

加工圆弧半径较小的零件，可选用成形圆弧车刀，切削刃的圆弧半径等于零件圆弧半

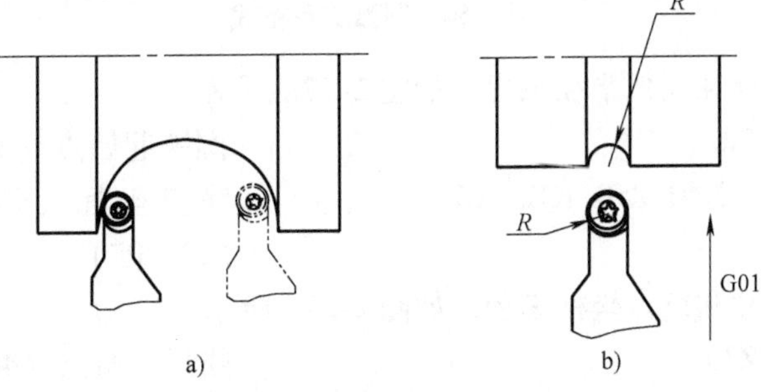

图 2-54 凹圆弧面车削刀具选择

径，使用 G01 直线插补指令直进法加工，如图 2-54b 所示。

3. 圆弧面零件加工的编程指令

数控车床上加工圆弧轮廓时，使用顺时针圆弧插补指令 G02 和逆时针圆弧插补指令 G03。G02/G03 指令刀具在指定平面内按给定的进给速度车削出圆弧轮廓。

（1）G02/G03 方向的判断　G02/G03 圆弧插补指令的判断方法：沿圆弧所在坐标系（XOZ 平面）的垂直坐标轴的负方向（－Y）看去，顺时针方向用 G02 指令，逆时针方向用 G03 指令。当刀架前置时，观察者从＋Y 向－Y 看去顺时针方向用 G02 指令，逆时针方向用 G03 指令，如图 2-55a 所示。刀架后置时，观察者从＋Y 向－Y 看去顺时针方向用 G02 指令，逆时针方向用 G03 指令，如图 2-55b 所示。

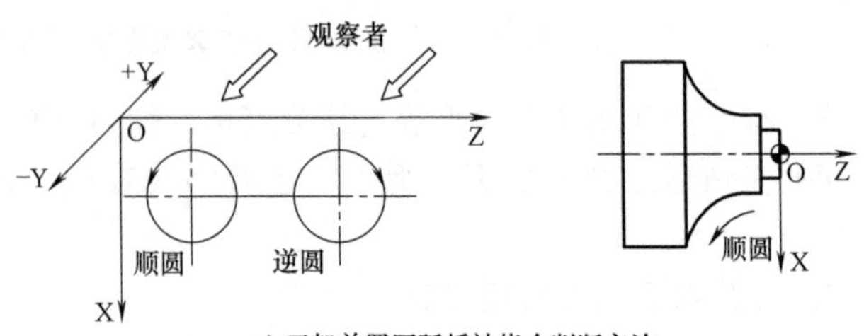

a) 刀架前置圆弧插补指令判断方法

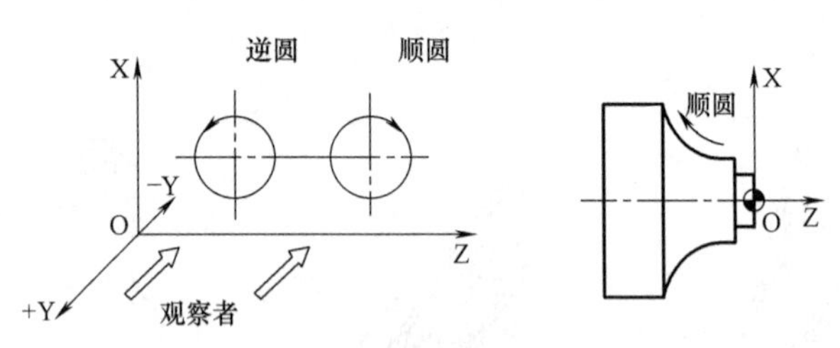

b) 刀架后置圆弧插补指令判断方法

图 2-55　使用 G02/G03 指令的判断方法

（2）G02/G03 格式　圆弧编程格式有：圆弧终点和圆弧半径编程、圆弧终点和圆心位置编程两种，如图 2-56 所示。

G02/G03　X__　Z__　R__F__;

G02/G03　X__　Z__　I__K__F__;

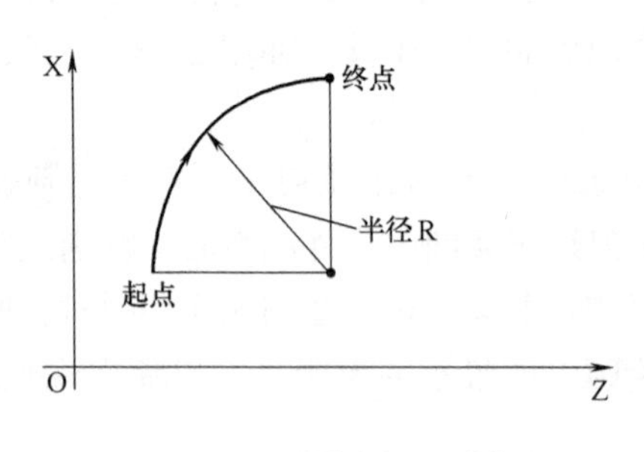

a) 圆弧终点和圆弧半径

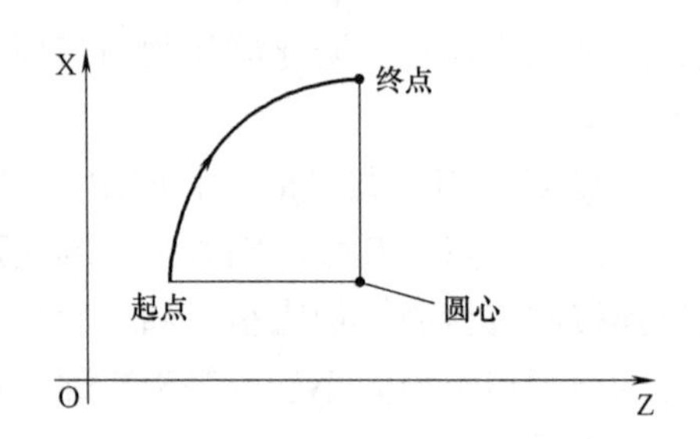

b) 圆弧终点和圆心位置

图 2-56　圆弧编程格式

【例】 用终点坐标和圆弧半径编程，如图 2-57a 所示。

N05 X40 Z30	圆弧起始点（40，30）
N10 G02　X40　Z50　R12.207　F0.1;	终点坐标（40，50）和圆弧半径（12.207）

【例】 用圆心尺寸和终点坐标编程，如图 2-57b 所示。

N5　X40 Z30;	圆弧起始点（40，30）
N10 G02 X40 Z50 I-7 K10 F0.1;	终点坐标（40，50）和圆心位置

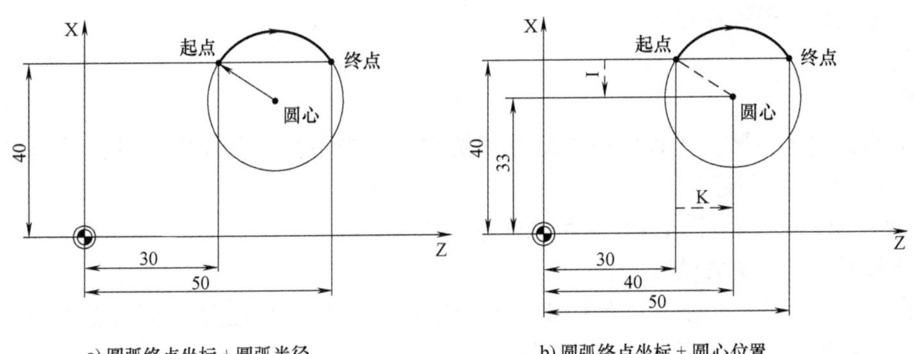

图 2-57　圆弧编程示例

提示　① G02/G03 为模态指令，在程序中一直有效，直到被同组的其他 G 功能指令取代为止。

② X、Z 指定圆弧的终点绝对坐标值。

③ I、K 指定圆弧圆心相对于起点的增量值，且一直为增量值；在直径编程、半径编程时，I 都是半径值。

④ R 指定圆弧半径，值的正负取决于圆弧角的大小，若圆弧角小于或等于 180°，则 R 后为正值，若圆弧角大于 180°，则 R 后为负值。

⑤ 插补圆弧尺寸必须在一定的公差范围内，系统比较圆弧起始点和终点的半径，如果其差值在公差范围之内，则可以精确设定圆心，若超出公差范围则给出报警。公差值可以通过机床参数设定。

4. 调用子程序

原则上讲，主程序与子程序之间没有区别。子程序通常用于零件上需要重复加工的部分，例如，对于如图 2-58 所示特定的轮廓形状零件。子程序位于主程序中的适当地方，在需要时进行调用、运行。子程序的另一种形式就是加工循环。加工循环包括一般通用的加工工序，如螺纹车削、坯料切削加工等，通过给规定的计算参数赋值就可以实现各种具体的加工。

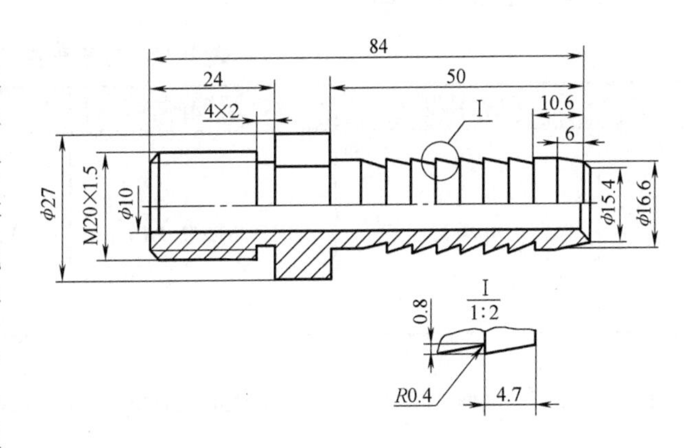

图 2-58　子程序应用零件图

5. M98/M99 指令

M98 规定为子程序调用指令，调用子程序结束后返回主程序时用 M99 指令。

在主程序中，调用子程序的程序段格式随具体的数控系统而定，FANUC 数控系统中调用子程序的格式如下：

M98 P□□□ □□□□；

子程序格式：

O□□□□；（子程序号）

M99；

说明：

1）P 后的前 3 位数为子程序被重复调用的次数，当不指定重复次数时，子程序只调用一次。后四位数为子程序号。

2）执行 M99，子程序结束并返回主程序。

6. 外圆弧面的检测方法

在车削外圆弧面的过程中，为了保证圆弧面的外形和尺寸的正确，可根据不同的精度要求选用圆弧样板、游标卡尺或千分尺等进行检测。其中，对于精度要求不高的外圆弧面，可以用圆弧样板检测。检测时，圆弧样板中心应对准工件中心，如图 2-59a 所示。对于精度要求高的外圆弧面，除了用圆弧样板检测轮廓外，还要用千分尺通过被检测表面的中心并多方位地进行测量，使其尺寸公差满足工件精度要求，如图 2-59b 所示。

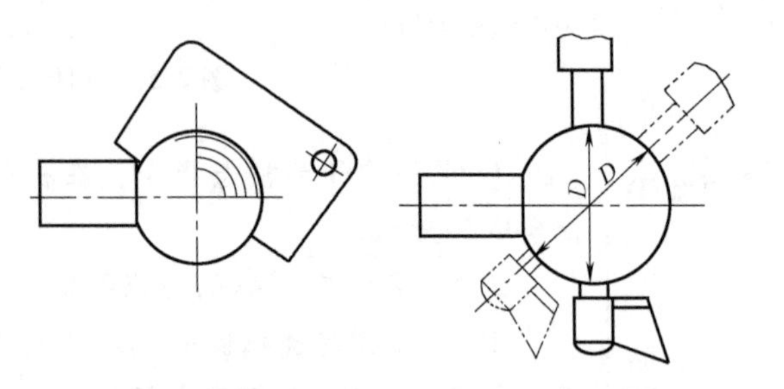

a) 用圆弧样板检测　　b) 用千分尺检测

图 2-59　外圆弧面的检测

四、任务准备

1）机床为 CAK5085DI 数控车床。

2）刀具准备见表 2-23。

表 2-23　刀具准备

序号	刀具种类	刀具型号	刀片型号	图示
1	90°偏刀	MVJNR2525M16	VNMG160408-PM	
2	切断刀	RF123F202525B	N123H2-0400-0002-CM	

3）量具有游标卡尺、游标深度卡尺、千分尺、R18mm 和 R16mm 圆弧样板。

4）工具、附件准备：划线找正盘、卡盘扳手、压刀扳手和垫片若干。

5）零件毛坯尺寸为 ϕ50mm × 100mm，材料为塑料棒。

五、任务实施

1. 数控车削加工工艺分析

零件特征主要为外圆、台阶、圆弧，尺寸如图 2-47 所示。棒料伸出卡盘 50mm。

（1）加工路线（表2-24）

表2-24　外圆弧面零件加工路线

序号	工步	加工内容	加工简图
1	工步1	用卡盘装夹毛坯，伸出50mm，车端面，建立工件坐标系	
2	工步2	利用循环指令粗加工 粗车 $SR18$mm、$R16$mm、$\phi36_{-0.025}^{\ 0}$ mm × 58mm 及 $R4$mm 外轮廓，各表面留0.5mm余量	
3	工步3	测量并调整磨耗	
4	工步4	精车 $SR18$mm、$R16$mm、$\phi36_{-0.025}^{\ 0}$ mm × 58mm 及 $R4$mm 外轮廓，倒角去锐至图样要求	
5	工步5	检测	

（2）确定切削用量　根据零件被加工表面质量要求、刀具材料和工件材料，参考相关资料选取切削速度和进给量。数控加工工序卡见表2-25。

表2-25　数控加工工序卡

<table>
<tr><td>班级</td><td>姓名</td><td rowspan="2">数控加工工序卡</td><td>零件名称</td><td>材料</td><td>零件图号</td></tr>
<tr><td></td><td></td><td>外圆弧零件</td><td>塑料棒</td><td>—</td></tr>
<tr><td>工序</td><td>程序编号</td><td>夹具编号</td><td>使用设备</td><td colspan="2">实训教室</td></tr>
<tr><td>—</td><td>O2047</td><td>—</td><td>CAK5085DI</td><td colspan="2">数控车床编程加工教室</td></tr>
</table>

序号	工步内容	刀具号	刀具规格/mm	主轴转速 n/(r/mm)	进给量 f/(mm/r)	背吃刀量 a_p/mm	刀尖圆弧半径 r_ε/mm	备注
1	车端面	T01	25×25	800	0.15	1	0.4	手动
2	粗车 $SR18$mm、$R16$mm、$\phi36_{-0.025}^{\ 0}$ mm×58mm 及 $R4$mm 外轮廓，并各表面留0.5mm余量	T01	25×25	1000	0.25	2	0.4	自动
3	精车 $SR18$mm、$R16$mm、$\phi36_{-0.025}^{\ 0}$ mm×58mm 及 $R4$mm 外轮廓，并倒角去锐至图样要求	T01	25×25	1400	0.1	0.5	0.4	自动
4	切断	T02	25×25	600				手动
	检测							
编制		审核		批准		年　月　日		

2. 编制程序（表2-26）

表2-26 外圆弧零件加工程序

O2047；		程序名
程序段号	程序内容	动作说明
N10	G00 X150.0 Z150.0；	车刀移动到换刀点
N20	M03 S1000；	主轴正转，转速1000r/min
N30	T0101 M08；	调用1号刀，切削液开
N40	G00 X52.0 Z2.0；	刀具移动至起刀点
N50	M98 P0004；	调用子程序粗加工外轮廓
N60	G00 X150.0 Z150.0；	车刀移动到换刀点
N70	M05；	主轴停止
N80	M00；	程序暂停，测量零件，调整磨耗
N90	M03 S1400；	主轴正转，转速1400r/min
N110	G00 G42 X52.0；	调用刀尖圆弧半径补偿指令，车刀移动至起刀点
N120	Z2.0；	
N130	M98 P0004；	调用子程序精加工外轮廓
N140	G00 G40 X 150.0；	取消刀尖圆弧半径补偿，移动到换刀点，切削液关
N150	Z 150.0 M09；	
N160	M30；	程序结束
O0004；		轮廓加工子程序
N10	G00 X0；	刀具移动至X轴加工起点
N20	G01 Z0 F0.25；	刀具移动至Z轴加工起点
N30	G03 X 30.442 Z -27.609 R18.0；	车 *SR*18mm 凸圆弧轮廓
N40	G02 X36.0 Z -48.0 R16.0；	车 *R*16mm 凹圆弧轮廓
N50	G01 Z -54.0；	车 $\phi 36_{-0.025}^{0}$ mm 圆
N60	G02 X44.0 Z -58.0 R4.0；	车 *R*4mm 凹圆弧轮廓
N70	G01 X52.0；	车刀退回至 *X* 轴起刀点
N80	M99；	子程序调用结束，返回主程序

3. 加工过程

（1）加工准备

1）检查毛坯尺寸。

2）开机，返回参考点。

3）装夹工件和刀具。工件装夹并找正、夹紧；外圆车刀安装在1号刀位。

4）程序输入。

（2）对刀

（3）程序模拟加工

（4）自动加工及尺寸检测

六、检查评议

1. 零件加工检测评分（表 2-27）

表 2-27　外圆弧零件加工检测评分表

班级			姓名		学号		
任务三	外圆弧面零件的编程与加工			零件编号			
项目	序号	检测内容		配分	评分标准	自检	他检
编程	1	工艺方案制订正确		5 分	不正确不得分		
	2	切削用量选择合理、正确		5 分	不正确不得分		
	3	程序正确和规范		5 分	不正确不得分		
操作	4	工件安装和找正规范、正确		5 分	不正确不得分		
	5	刀具选择、安装正确		5 分	不正确不得分		
	6	设备操作规范、正确		5 分	不正确不得分		
	7	安全生产		10 分	违章不得分		
	8	文明生产，符合“5S”标准		10 分	1 处不符合要求扣 2 分		
圆	9	$\phi36_{-0.025}^{0}$mm	IT	6 分	超出 0.01mm 扣 2 分		
			Ra	4 分	达不到要求不得分		
圆弧	10	*SR*18mm	IT	6 分	按 IT10，精度达不到要求不得分		
			Ra	4 分	达不到要求不得分		
	11	*R*16mm	IT	6 分	按 IT10 精度，达不到要求不得分		
			Ra	4 分	达不到要求不得分		
	12	*R*4mm	IT	6 分	按 IT10 精度，达不到要求不得分		
			Ra	4 分	达不到要求不得分		
长度	13	30mm		2 分	超差不得分		
	14	40mm		2 分	按 GB/T 1804—m，精度超差不得分		
倒角	15	*C*1（2 处）		4 分	达不到要求不得分		
	16	*C*0.5		2 分	达不到要求不得分		
总分				100 分			

2. 完成任务评定（表 2-28）

表 2-28　完成任务评定

任务名称					
任务准备过程分析记录					
任务完成过程分析记录					
任务完成结果分析记录					
自我分析评价					
小组分析评价					
自我评定成绩		小组评定成绩		教师评定成绩	
个人签名		组长签名		教师签名	
综合成绩				日期	

七、问题及防治

外圆弧面加工产生的问题及解决措施见表 2-29。

表 2-29　外圆弧面加工产生的问题及解决措施

误差项目	产生原因	解决措施
加工中出现干涉现象	(1)刀具几何参数选择不正确 (2)车刀安装不正确	(1)正确选择刀具几何参数 (2)正确安装车刀
圆弧几何尺寸与图纸不符	(1)刀尖圆弧半径没有补偿 (2)加工程序错误 (3)车刀磨损	(1)编程时使用刀尖圆弧半径补偿功能 (2)检查、修改加工程序 (3)及时更换刀片
圆弧顺、逆时针方向错误	加工程序错误	正确编写加工程序
圆弧表面粗糙度达不到要求	(1)工艺系统刚性不足 (2)车刀几何参数选择不合理 (3)切削用量选择不合理	(1)提高车刀刚度及工艺系统刚性 (2)正确选择车刀几何参数，适当增大前角，合理选择后角 (3)合理选择切削用量，精加工时使用恒线速功能

八、扩展知识

1. 数控加工中的数值计算与处理

在数控加工中无论是手工编程还是自动编程，都要按已经确定的加工路线和允许的误差进行刀位点的计算。所谓刀位点就是刀具运动过程中的相关坐标点，包括基点与节点。所以，通常的数学处理内容主要包括基点坐标的计算、节点坐标的计算及辅助计算等内容。

（1）基点坐标的计算　所谓基点，就是指构成零件轮廓的各相邻几何要素间的交点或切点，如两直线的交点、直线与圆弧的交点或切点等。一般来说，基点坐标值可根据图样原始尺寸，利用三角函数、几何、解析几何等求出，数据计算精度应与图样加工精度要求相适应，一般最高精确到机床最小设定单位。

例如，图 2-60 所示零件两圆弧相切于 B 点，在直角三角形 ABC 中，$AC=30.442\text{mm}/2=15.221\text{mm}$，$BC=18\text{mm}$，所以 $AB=\sqrt{BC^2-AC^2}=\sqrt{18^2-15.221^2}\text{mm}=9.609\text{mm}$，因此 B 点的 Z 坐标 $Z_B=-(18+9.609)\text{mm}=-27.609\text{mm}$。圆弧 $SR18\text{mm}$ 的起点、终点坐标为为 O（0，0），B（30.442，−27.609）。

基点坐标的计算是手工编程中一项重要而烦琐的工作，基点坐标计算一旦出差，则据此编制的程序也就不能正确反映所希望的刀具路径与精度，从而导致零件报废。人工计算效率低，数据可靠性低，只能处理一些简单的图形数据。对于一些复杂图形的数控计算建议采用 CAD 辅助图解法。

（2）节点坐标计算　所谓节点就是在满足公差要求前提下，用若干插补线段（直线或圆弧）拟合逼近实际轮廓曲线时，相邻两插补线段的交点。公差是指用插补线段逼近实际轮廓曲线时允许存在的误差。节点坐标的计算相对比较复杂，方法也很多，是手工编程的难点。因此，通常对于复杂的曲线、曲面加工，尽可能采用自动编程，以减少误差，提高程序的可靠性，减轻编程人员的工作负担。

2. 切削用量的选择

（1）合理选择切削用量的目的　在工件材料、刀具材料、刀具几何参数、车床等切削条件一定的情况下，切削用量不仅对切削阻力、切削热、积屑瘤、工件的加工精度、表面粗糙度有很大的影响，而且还与提高生产率、降低生产成本有密切的关系。虽然加大切削用量对提高生产率有利，但过分增加切削用量会增加刀具磨损，影响工件质量，甚至会撞坏刀具，产生“闷车”等严重后果，所以应合理原则切削用量。

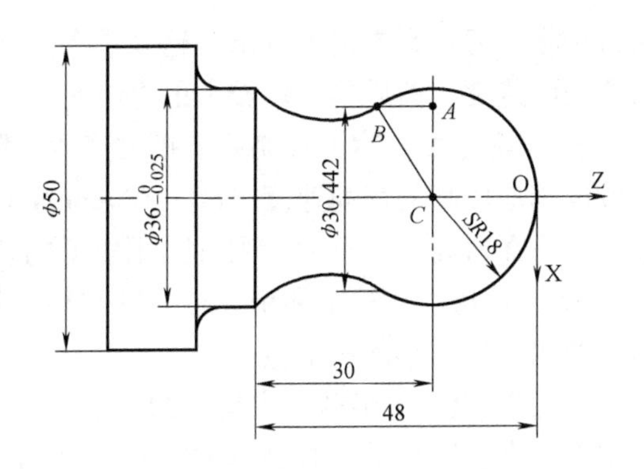

图 2-60　球头手柄相关计算

合理的切削用量应满足以下要求：在保证安全生产，不发生人身、设备事故，保证工件加工质量的前提下，能充分发挥机床的潜力和刀具的切削性能，在不超过机床的有效功率和工艺系统刚性所允许的额定负荷的情况下，尽量选取较大的切削用量。

（2）选择切削用量的一般原则

1）粗车时切削用量的选择原则。粗车时，加工余量较大，主要应考虑尽可能提高生产率和保证必要的刀具寿命。由于切削速度对切削温度影响大，切削速度增大，导致切削温度升高，刀具磨损加快，刀具使用寿命明显下降，这是不希望发生的。因此，应首先选择尽可能大的进给量，然后再选取合适的背吃刀量，最后在保证刀具经济、刀具寿命的条件下，尽可能选取较大的切削速度。

① 背吃刀量。背吃刀量应根据工件的加工余量和工艺系统的刚性来选择。

在保留半精加工余量（1～3mm）和精加工余量（0.1～0.5mm）后，应尽量将剩下的余量一次切除，以减小走刀次数。

若总加工余量太大，一次切去所有余量将引起明显振动，或者刀具强度不允许，机床功率不够。这时就应分两次或多次进刀，但第一次进刀的背吃刀量必须选取得大一些。

特别是当切削表面层有硬皮的铸铁、锻件毛坯或切削不锈钢等冷硬现象较严重的材料时，应尽量使背吃刀量超过硬皮或冷硬层厚度，以免刀尖过早磨损或破损。

② 进给量。一般制约进给量的主要原因是切削力和表面粗糙度。粗车时，对加工表面粗糙度要求不高，只要工艺系统的刚性和刀具强度允许，可以选较大的进给量，否则应适当减小进给量。

粗车铸铁件比粗车钢件背吃刀量大，而进给量小。

③ 切削速度。粗车时切削速度的选择主要考虑切削的经济性，既要保证刀具的经济寿命，又要保证切削负荷不超过机床的额定功率。具体可作如下考虑：

a. 刀具材料耐热性好，则切削速度可选高些。用硬质合金车刀比用高速钢车刀切削时的切削速度高。

b. 工件材料的强度、硬度高或塑性太大或太小，切削速度均应选取低些。

c. 断续切削（即加工不连续表面）时，应取较低的切削速度。

2）半精车和精车时切削用量的选择。精车时加工余量较小，此时主要考虑要保证加工精度和表面质量，要提高生产率只有适当提高切削速度。而此时，由于被切削层较薄，切削阻力较小，刀具磨损也不突出，这就具备了适当提高切削速度的条件，此时应尽可能选择较高的切削速度，然后再选取较大的进给量。

① 切削速度。为了抑制积屑瘤的产生，降低表面粗糙度值，当用硬质合金车刀切削时，一般可选应较高的切削速度（80～100mm/min），这样既可提高生产率，又可以提高工件表面质量。而对高速钢车刀，则宜采用较低的切削速度，以降低切削温度。

② 进给量。半精车和精车时，制约增大进给量的主要因素是表面粗糙度。半精车与精车时通常选用较小的进给量。

③ 切削速度。半精车和精车的背吃刀量是根据加工精度和表面粗糙度要求并由粗加工后留下的余量决定的。若精车时选用硬质合金车刀，由于其刃口在砂轮上不易磨损得很锋利，最后一刀的背吃刀量不宜选得过小，否则很难满足工件的表面粗糙度值要求。若选用高速钢车刀，则可选较小的背吃刀量。

九、扩展训练

1. 加工任务

根据所学指令编写图 2-61 所示曲面锥度零件数控加工工艺技术文件及加工程序。

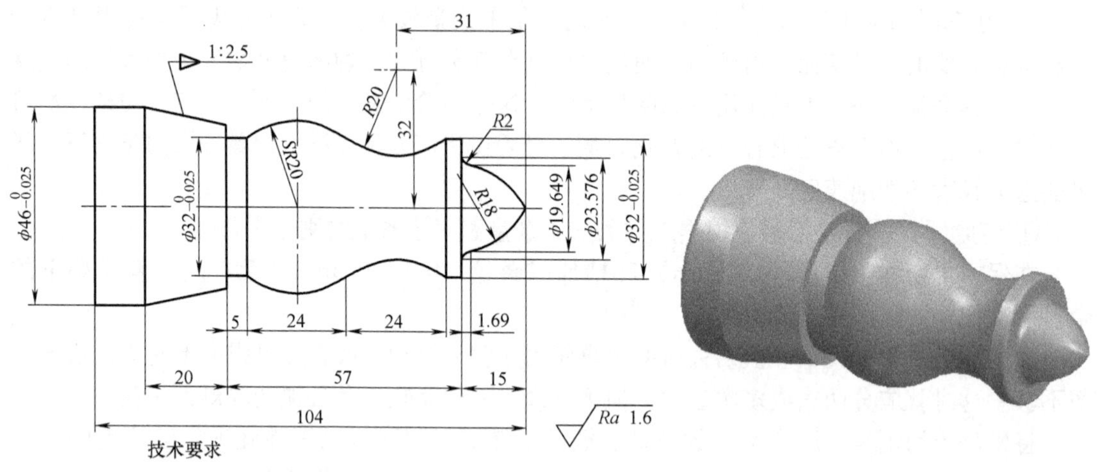

技术要求

1. 未注倒角 C1。
2. 锐边倒钝 C0.5。
3. 未注公差尺寸按GB/T 1804—m。

图 2-61　曲面锥度零件及其三维效果

2. 零件加工检测评分（表 2-30）

表 2-30　圆弧锥度零件加工检测评分

班级			姓名		学号	
扩展训练	曲面锥度零件的编程与加工			零件编号		
项目	序号	检测内容	配分	评分标准	自检	他检
编程	1	工艺方案制订正确	5 分	不正确不得分		
	2	切削用量选择合理、正确	5 分	不正确不得分		
	3	程序正确和规范	5 分	不正确不得分		

（续）

班级		姓名			学号		
扩展训练	曲面锥度零件的编程与加工			零件编号			
项目	序号	检测内容		配分	评分标准	自检	他检
操作	4	工件安装和找正规范、正确		5分	不正确不得分		
	5	刀具选择、安装正确		5分	不正确不得分		
	6	设备操作规范、正确		5分	不正确不得分		
	7	安全生产		5分	违章不得分		
	8	文明生产，符合“5S”标准		5分	1处不符合要求扣2分		
外圆	9	$\phi46_{-0.025}^{\ 0}$mm	IT	6分	超出0.01mm扣2分		
			Ra	2分	达不到要求不得分		
	10	$\phi32_{-0.025}^{\ 0}$mm　（2处）	IT	6/6分	超出0.01mm扣2分		
			Ra	2/2分	达不到要求不得分		
锥度	11	1:2.5	IT	4分	按GB/T 1804—m，精度超差不得分		
			Ra	1分	达不到要求不得分		
圆弧	12	*SR*200、*R*20mm	IT	5分/5分	按GB/T 1804—m，精度超差不得分		
			Ra	2分/2分	达不到要求不得分		
	13	*R*18mm	IT	5分	按GB/T 1804—m，精度超差不得分		
			Ra	2分	达不到要求不得分		
长度	14	20mm		1分	达不到要求不得分		
	15	15mm		1分	达不到要求不得分		
	16	57mm		1分	达不到要求不得分		
	17	104mm		3分	达不到要求不得分		
其他	18	*R*2mm		1分	达不到要求不得分		
	19	5mm、24mm		2分	达不到要求不得分		
	20	C0.5（2处）		1分	达不到要求不得分		
总分				100分			

任务四　圆弧锥度轴的编程与加工

一、任务描述

1. 圆弧锥度轴零件的编程与加工任务描述（表2-31）

表2-31　圆弧锥度轴的编程与加工任务描述

任务名称	圆弧锥度轴的编程与加工
零件	圆弧锥度轴
设备条件	数控仿真软件、CAK5085DI型数控车床、数控车刀、夹具、量具、材料
任务要求	（1）完成圆弧锥度轴数控车削路线及工艺编制 （2）在数控车床上完成圆弧锥度轴零件的编程与加工 （3）完成零件的检测 （4）填写零件加工检测评分表及完成任务评定表

2. 零件图（图 2-62）

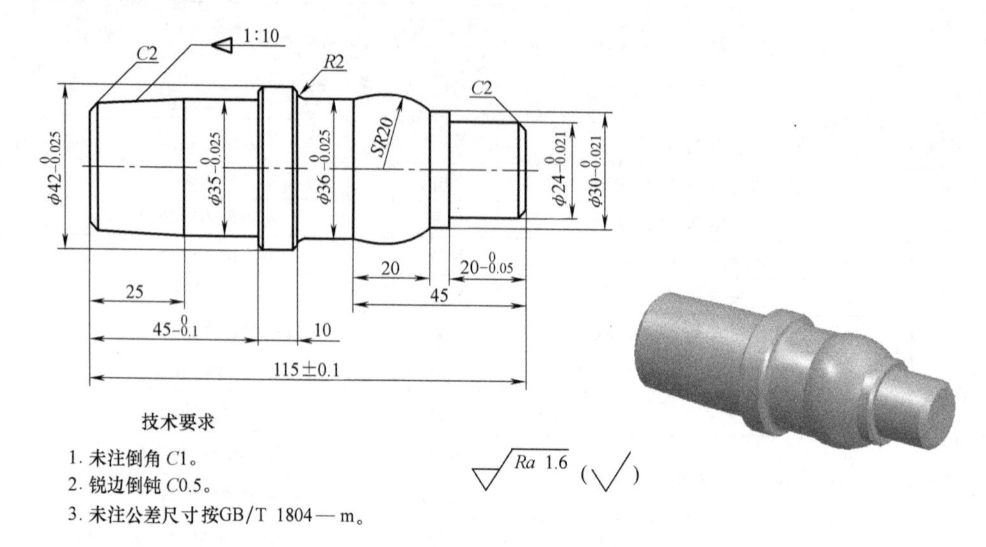

图 2-62　轴类零件及其三维效果

二、任务分析

1）掌握圆弧锥度轴的加工方法。

2）熟练掌握数控车削圆弧锥度轴的编程指令和方法。

3）熟练掌握车削圆弧锥度轴的对刀操作。

4）掌握圆弧锥度轴的测量方法。

三、相关知识

对于较长或必须经多道工序才能完成的轴类零件，为保证每次安装时的精度，可用两顶尖装夹。两顶尖装夹轴类零件定位精度高，操作方便，但装夹前必须在工件两端钻出适宜的中心孔。

1. 中心孔及其加工

（1）中心孔的作用与种类　在进行车削加工时，如果零件的长度与直径比（L/D）>5，为了增加定位的可靠性和提高定位精度，一般采用顶尖进行安装定位。

常见的中心孔类型有 A 型、B 型、C 型、R 型四种结构形式，如图 2-63 所示。

1）A 型中心孔由圆柱部分和圆锥部分组成，圆锥孔的圆锥角最大为 60°，与顶尖锥面配合，因此锥面的表面质量要求较高。圆柱孔用于存储润滑油，并保证顶尖与中心孔贴合时不产生干涉现象。

2）B 型中心孔在 A 型中心孔的端部多一个 120° 的圆锥面，目的是保护 60° 锥面，不让其拉毛碰伤，以确保定位的正确性。一般应用于多次装夹定位的工件。

3）C 型中心孔外端形似 B 型中心孔，里端有一个比圆柱孔还要小的内螺纹，它可以将其他零件的轴向固定在轴上，或将零件吊挂放置。

4）R 型中心孔是将 A 型中心孔的圆锥母线改为圆弧线，以减少中心孔与顶尖的接触面，提高定位精度。它适宜于加工轴线与顶尖轴线有少许不同轴的工件。

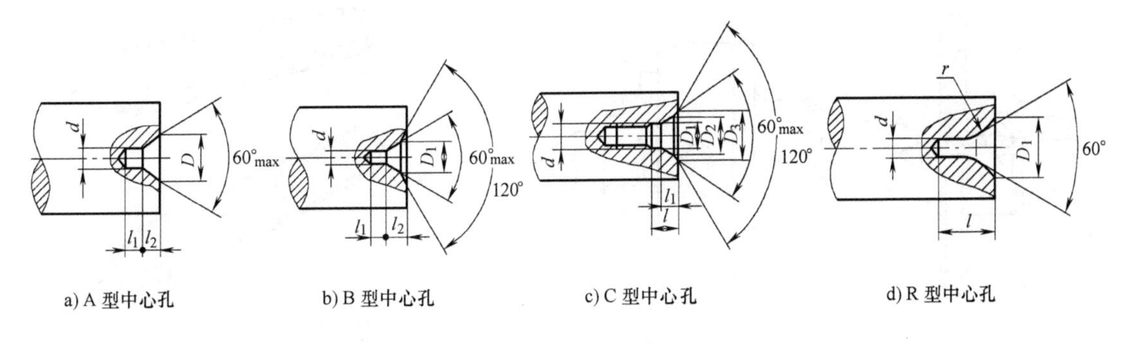

图 2-63 中心孔结构及类型

（2）中心孔的钻削

1）中心钻在钻夹头上的安装。用钻夹头钥匙逆时针旋转钻夹头的外套，使钻夹头的三个爪张开，然后将中心钻插入三个爪中间，再用钻夹头钥匙顺时针方向转动钻夹头外套，通过三个爪将中心钻夹紧。

2）转速的选择和钻削。由于中心孔直径小，钻削时应取较高的转速，进给量取较小值。当中心钻钻入工件后应及时浇注切削液冷却和润滑。钻毕，中心钻在中心孔内稍作停留，然后退出，以修光中心孔，提高中心孔的形状精度和表面质量。

3）钻中心孔时应注意以下问题：

① 中心钻轴线必须与工件旋转中心一致。

② 工件端面必须平整，不允许留有凸台，以免钻孔时中心钻折断。

③ 及时注意中心钻的磨损，磨损后不能强行钻入工件，避免中心钻折断。

④ 及时进退，以便排除切屑，并及时注入切削液。

2. 顶尖

顶尖的作用是定中心，承受工件的重量和切削力。顶尖分为前顶尖和后顶尖两类。

（1）前顶尖 前顶尖随同工件一起旋转，与中心孔无相对运动，不发生摩擦。前顶尖的类型有两种，一种是插入主轴锥孔内的前顶尖（图 2-64a），另一种是夹在卡盘上的前顶尖（图 2-64b）。其中后者在卡盘上拆下后，当需要再用时必须将锥面重新修整，以保证顶尖锥面的轴线与车床主轴旋转中心重合。前顶尖的优点是制作安装方便，定心准确；缺点是硬度低，易磨损，适宜于小批量加工。

（2）后顶尖 插入尾座套筒锥孔中的顶尖称为后顶尖。后顶尖分为固定顶尖（图 2-65）和回转顶尖（图 2-66）。其中，图 2-65b 所示为硬质合金固定顶尖，可用于高速切削。固定顶尖的优点是定心好，刚性好，切削时不易产生振动。缺点是与工件中心孔之间有相对滑动，易磨损，产生高热，适宜于低速切削。回转顶尖将顶尖与中心孔的滑动摩擦变成了顶尖内部轴承的滚动摩擦，而顶尖与中心孔间无相对运动，因此能承受较高转速，克服了固定顶尖的缺点，但是其定心精度和刚度稍差。

（3）两顶尖装夹工件 两顶尖装夹工件如图 2-67 所示。

1）分别安装前、后顶尖并调整主轴轴线与尾座套筒轴线同轴，根据工件长度调整固定位置。

2）用鸡心夹头或哈弗夹头夹紧工件另一端的适当部位，拨杆伸出轴端。

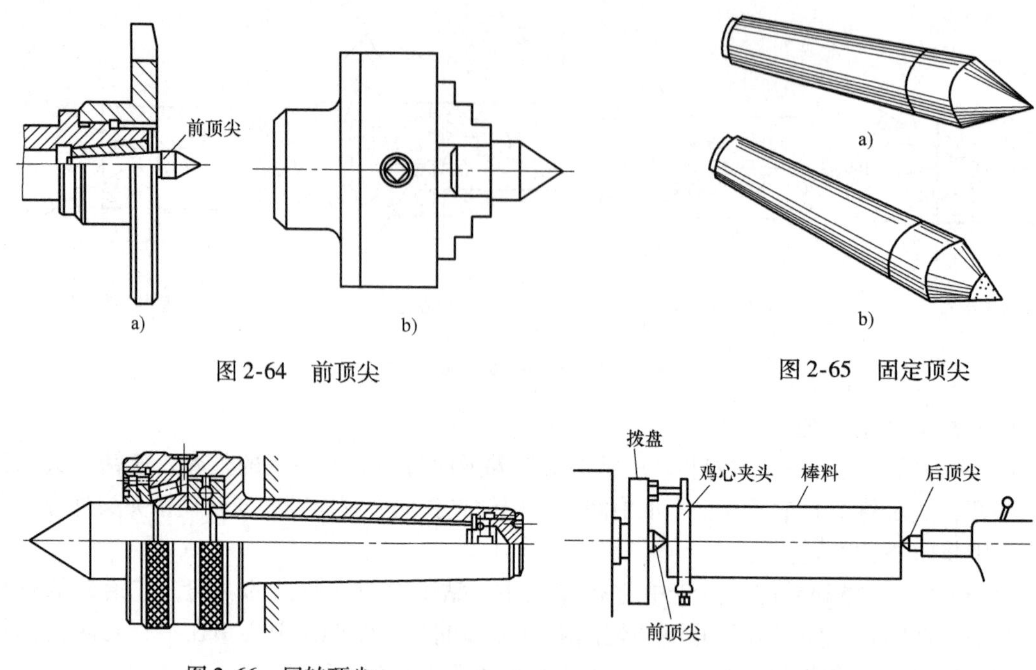

图 2-64　前顶尖

图 2-65　固定顶尖

图 2-66　回转顶尖

图 2-67　两顶尖装夹工件

3）将有鸡心夹头的工件一端中心孔放置在前顶尖上，并使拨杆贴近拨盘的凹槽或卡盘的卡爪，以带动工件旋转。

4）将尾座顶尖顶入工件尾端中心孔中，其松紧程度以工件可以灵活转动且没有轴向窜动为宜；如果后顶尖用固定顶尖支顶，应加润滑油，然后将尾座套筒锁紧。

（4）一夹一顶装夹工件　用两顶尖装夹工件虽然定位精度较高，但是刚性较差，尤其对于粗大笨重的零件，装夹时的稳定性不够，切削用量的选择受到限制，这时可以选择工件一端用卡盘夹持，另一端用顶尖支承的一夹一顶方式（图 2-68）。这种装夹方法安全、可靠，能承受较大的轴向切削力，但是对于相互位置精度要求较高的工件，调头车削时，找正较困难。

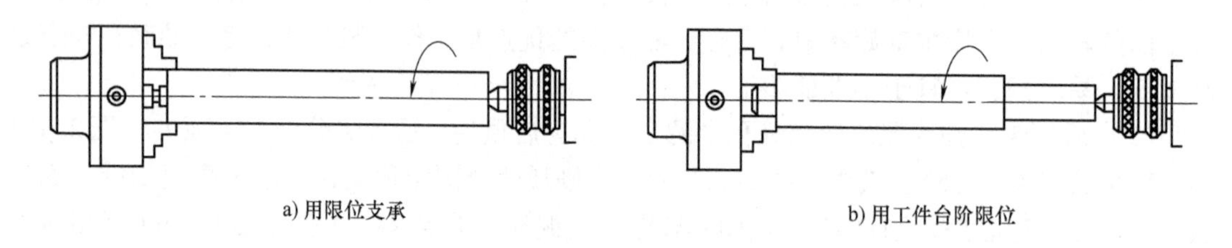

a) 用限位支承

b) 用工件台阶限位

图 2-68　一夹一顶装夹工件

用一夹一顶的方式安装工件时，为了防止工件的轴向窜动，通常在卡盘内装一个轴向支承，或在工件的被夹持部位车削一个 10mm 左右的台阶，作为轴向限位支承。

四、任务准备

1）机床为 CAK5085DI 型数控车床。

2）刀具准备见表 2-32。

表 2-32 刀具准备

序号	刀具种类	刀具型号	刀片型号	图示
1	90°偏刀	DCLNR2525M12	CNMG120404-PM	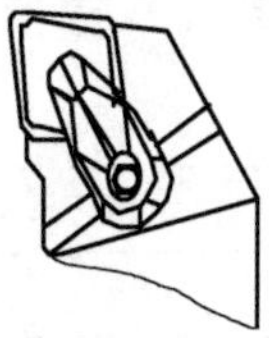
2	90°偏刀	MVJNR2525M16	VNMG160408-PM	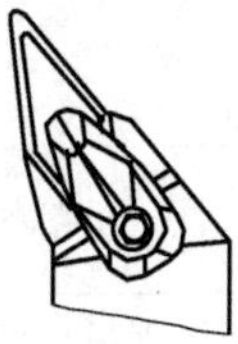

3）量具有游标卡尺、游标深度卡尺、千分尺、320°游标万能角尺和 R20mm 圆弧样板。

4）工具、附件有划线找正盘、卡盘扳手、压刀扳手和垫铁若干。

5）零件毛坯尺寸为 ϕ45mm×120mm，材料为 45 钢。

五、任务实施

1. 加工工艺工艺分析（表 2-33）

表 2-33 圆弧锥度轴工艺分析

序号	工步	加工内容	加工简图
1	工步 1	装夹毛坯，伸出 60mm，车端面，保证总长 116mm，建立工件坐标系	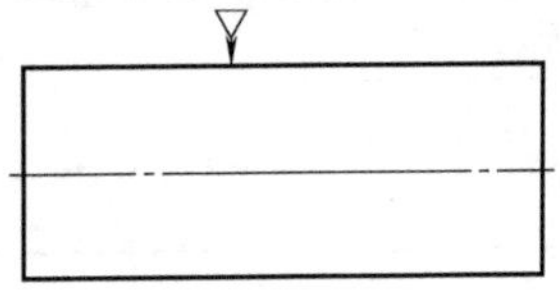
2	工步 2	粗、精车 $\phi42_{-0.025}^{0}$ mm × 57mm、$\phi35_{-0.025}^{0}$ mm × 45mm；及 1:10 锥度至图样尺寸	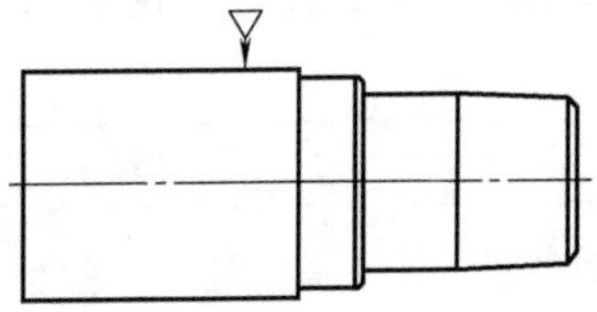
3	工步 3	调头，包铜皮，夹 $\phi35_{-0.025}^{0}$ mm × 45mm 处，车端面，控制总长 115mm 至图样尺寸	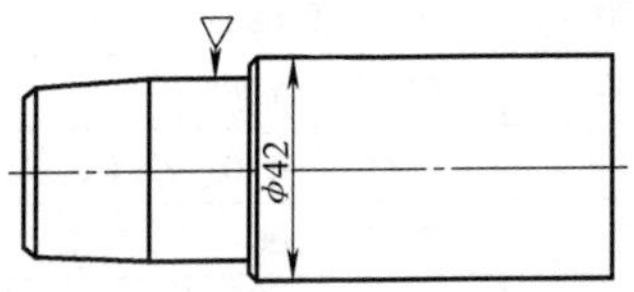 ϕ42
4	工步 4	粗、精车 $\phi24_{-0.021}^{0}$ mm × $20_{-0.05}^{0}$ mm、$\phi30_{-0.021}^{0}$ mm × 5mm、SR20mm、$\phi36_{-0.025}^{0}$ mm × 15mm 及 R2mm 外轮廓，倒角去锐至图样要求	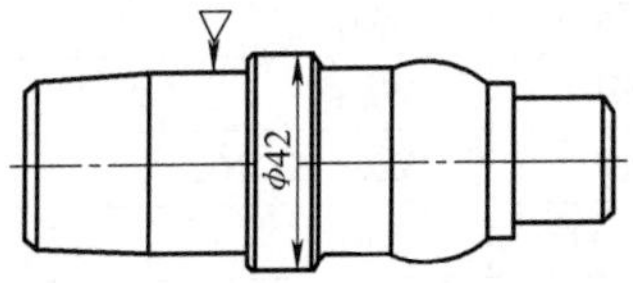 ϕ42
5	工步 5	检测	

2. 确定切削用量

根据零件被加工表面质量要求、刀具材料和工件材料，参考相关资料选取切削速度和进给量。数控加工工序卡见表2-34。

表2-34 数控加工工序卡

班级		姓名	数控加工工序卡		零件名称	材料	零件图号	
					圆弧锥度轴	45钢	—	
工序号		程序编号	夹具编号		使用设备		实训教室	
—		O2059 O2060	—		CAK5085DI		数控车床实习教室	
序号	工步内容	刀具号	刀具规格/mm	主轴转速 n/(r/mm)	进给量 f/(mm/r)	背吃刀量 a_p/mm	刀尖圆弧半径 r_ε/mm	备注
1	装夹毛坯，伸出60mm，车端面；保证总长116mm，建立工件坐标系	T01	25×25	800	0.15	1	0.4	手动
2	粗、精车 $\phi42_{-0.025}^{0}$ mm×57mm、$\phi35_{-0.025}^{0}$ mm×45及1:10锥度至图样尺寸	T01	25×25	粗:1000 精:1400	0.25	2	0.4	自动
3	调头，包铜皮，夹 $\phi35_{-0.025}^{0}$ mm×45处，车端面控制总长115mm至图样尺寸	T01	25×25	800	0.15	0.5	0.4	手动
4	粗、精车 $\phi24_{-0.021}^{0}$ mm×$20_{-0.05}^{0}$ mm、$\phi30_{-0.021}^{0}$ mm、$SR20$mm、$\phi33_{-0.025}^{0}$ mm×15mm及 $R2$ 外轮廓，倒角去锐至图样要求	T02	25×25	粗:1000 精:1400	0.1	0.5	0.4	自动
5	检测							
编制		审核		批准		年 月 日		

3. 编制加工程序（表2-35）

表2-35 圆弧锥度轴加工程序

O2059;		程序名（工步2）
程序段号	程序内容	动作说明
N10	G00 X150.0 Z150.0;	车刀移动到换刀点
N20	M03 S1000;	主轴正转，转速1000r/min
N30	T0101 M08	调用1号刀，切削液开
N40	G00 X46.0 Z2.0;	刀具移动至起刀点
N50	M98 P0006;	调用子程序粗加工外轮廓
N60	G00 X150.0 Z150.0;	车刀移动到换刀点
N70	M05;	主轴停止
N80	M00;	程序暂停，零件测量，调整磨耗
N90	M03 S1400;	主轴正转，转速1400r/min
N100	T0101;	调用1号刀
N110	G00 G42 X46.0;	车刀移动至起刀点
N120	Z2.0;	

（续）

O2059；		程序名(工步2)
程序段号	程序内容	动作说明
N130	M98 P0006；	调用子程序精加工外轮廓
N140	G00　G40　X 150.0　M09；	车刀移动到换刀点，切削液关
N150	Z150.0；	
N160	M30；	程序结束
O0006；		轮廓加工子程序
N10	G00　X 28.5；	车削零件左端外轮廓
N20	G01　X 32.711 Z－2.105　F0.1；0	
N30	X 35.0 Z－25.0；	
N50	Z－45.0；	
N60	G01　X42.0；	
N70	G01　Z－12.0；	
N80	X46.0；	车刀退回至 X 轴起刀点
N90	M99；	
O2060；		程序名　(工步4)
程序段号	程序内容	动作说明
N10	G00　X150.0　Z150.0；	车刀移动到换刀点
N20	M03　S1000；	主轴正转　转速1000r/min
N30	T0202　M08；	调用1号刀，切削液开
N40	G00　X46.0　Z2.0；	刀具移动至起刀点
N50	M98 P0022；	调用子程序粗加工外轮廓
N60	G00　X150.0　Z150.0；	车刀移动到换刀点
N70	M05；	主轴停止
N80	M00；	程序暂停，零件测量，调整磨耗
N90	M03　S1400；	主轴正转　转速1400r/min
N100	T02；	调用1号刀
N110	G00 G42 X46.0；	车刀移动至起刀点
N120	Z2.0；	
N130	M98 P0022；	调用子程序精加工外轮廓
N140	G00 G40　X 150.0　M09；	车刀移动到换刀点，切削液关
N150	Z 150.0；	
N160	M30；	程序结束
O0022		轮廓加工子程序
N10	G00　X 20.0；	刀具移动至X轴精加工起点
N20	G01　X24.0　Z－2.0　F0.10；	刀具移动至Z轴精加工起点
N30	Z－20；	车削零件右端外轮廓
N40	X30.0；	
N50	Z－25.0；	
N60	G03　X36.0　Z－45.0　R20.0；	
N70	G01　W－15.0　R2.0；	
N80	G01　X40.0；	
N90	X42.0　W－1.0；	
N100	G01　X46.0；	车刀退回至 X 轴起刀点
N110	M99；	

4. 加工过程

（1）加工准备

1）检查毛坯尺寸。

2）开机，返回参考点。

3）装夹工件和刀具。工件装夹、找正并夹紧；外圆车刀分别安装在 1 号刀位和 2 号刀位。

4）程序输入。

（2）对刀

（3）程序模拟加工

（4）自动加工及尺寸检测

六、检查评议

1. 零件加工检测评分（表 2-36）

表 2-36 圆弧锥度轴加工检测评分

班级		姓名			学号		
任务四	圆弧锥度轴的编程与加工			零件编号			
项目	序号	检测内容		配分	评分标准	自检	他检
编程	1	工艺方案制订正确		3 分	不正确不得分		
	2	切削用量选择合理、正确		2 分	不正确不得分		
	3	程序正确和规范		2 分	不正确不得分		
操作	4	工件安装和找正规范、正确		2 分	不正确不得分		
	5	刀具选择、安装正确		2 分	不正确不得分		
	6	设备操作规范、正确		2 分	不正确不得分		
	7	安全生产		4 分	违章不得分		
	8	文明生产，符合“5S”标准		3 分	1 处不符合要求扣 2 分		
外圆	9	$\phi 42_{-0.025}^{0}$mm	IT	6 分	超出 0.01mm 扣 2 分		
			Ra	2 分	达不到要求不得分		
	10	$\phi 36_{-0.025}^{0}$mm	IT	6 分	超出 0.01mm 扣 2 分		
			Ra	2 分	达不到要求不得分		
	11	$\phi 35_{-0.025}^{0}$mm	IT	6 分	超出 0.01mm 扣 2 分		
			Ra	2 分	达不到要求不得分		
	12	$\phi 30_{-0.021}^{0}$mm	IT	6 分	超出 0.01mm 扣 2 分		
			Ra	2 分	达不到要求不得分		
	13	$\phi 24_{-0.021}^{0}$mm	IT	6 分	超出 0.01mm 扣 2 分		
			Ra	2 分	达不到要求不得分		
锥度	14	1:10	IT	5 分	按 IT10，精度超差不得分		
			Ra	2 分	达不到要求不得分		
圆弧	15	*SR*20mm	IT	5 分	按 IT10 精度超差不得分		
			Ra	2 分	达不到要求不得分		

（续）

班级		姓名		学号		
任务四	圆弧锥度轴的编程与加工			零件编号		
项目	序号	检测内容	配分	评分标准	自检	他检
长度	16	$45_{-0.10}^{0}$mm	5分	超差不得分		
	17	$20_{-0.05}^{0}$mm	5分	按GB/T 1804—m精度超差不得分		
	18	115mm±0.1mm	4分	按IT10,精度超差不得分		
	19	45mm	2分	按IT10,精度超差不得分		
	20	20mm	2分	按IT10,精度超差不得分		
	21	25mm	2分	按IT10,精度超差不得分		
倒角	22	*C*2(2处)	2分	达不到要求不得分		
	23	*C*1(2处)	2分	达不到要求不得分		
	24	*C*0.5	1分	达不到要求不得分		
圆角	25	*R*2mm	1分	达不到要求不得分		
总分			100分			

2. 完成任务评定（表2-37）

表2-37　完成任务评定

任务名称					
任务准备过程分析记录					
任务完成过程分析记录					
任务完成结果分析记录					
自我分析评价					
小组分析评价					
自我评定成绩		小组评定成绩		教师评定成绩	
个人签名		组长签名		教师签名	
综合成绩				日期	

七、问题及防治

圆弧锥度轴加工产生的问题及解决措施见表2-38。

表2-38　圆弧锥度轴加工产生的问题及解决措施

误差项目	产生原因	解决措施
外圆尺寸超差	(1)尺寸计算或输入错误 (2)刀具*X*轴对刀错误 (3)刀具磨损量设置错误 (4)测量错误	(1)正确尺寸计程序算,修改加工程序 (2)正确建立工件坐标系 (3)正确测量,认真设置刀具磨损值 (4)正确测量工件

（续）

误差项目	产生原因	解决措施
长度尺寸超差	(1)尺寸计算或输入错误 (2)刀具 Z 轴对刀错误 (3)测量错误	(1)正确尺寸计程序算,修改加工程序 (2)正确建立工件坐标系 (3)正确测量工件
锥度误差	(1)刀具副偏角小,产生干涉 (2)坐标值计算或输入错误 (3)刀尖未对准工件回转中心	(1)合理选择车刀几何参数,避免干涉现象出现 (2)正确计算和输入尺寸字 (3)刀尖严格对准工件回转中心
轮廓表面粗糙度达不到要求	(1)刀具磨损 (2)车刀刀片型号选择错误 (3)车刀几何参数选择错误 (4)工艺系统刚性不足 (5)切削用量选择不当 (6)车刀副切削刃产生干涉	(1)及时检查、更换刀片 (2)根据工件形状、材料合理选择刀片型号 (3)合理选择车刀几何参数,选择车刀前角较大的刀片 (4)合理装夹工件,增加工艺系统刚性 (5)合理选择切削用量 (6)合理选择车刀几何参数,避免干涉现象出现

八、扩展知识　数控加工工艺文件

数控加工工艺文件是数控加工的作业指导书，是数控加工工艺内容的具体体现，是数控加工、产品验收的依据，也是需要操作者遵守、执行的规程。企业中常用的数控加工工艺文件包括数控加工工序卡、数控加工刀具调整单、数控机床调整单、数控加工程序单。

1. 数控加工工序卡

数控加工工序卡主要用于反映加工中使用的加工工步、刀具规格、切削参数、切削液、辅具等内容，它是数控加工的主要指导性工艺资料。数控加工工序卡格式见表2-39。

表2-39　数控加工工序卡

××××股份有限公司			数控车床工序卡		零件名称		材料	零件图号
工序		程序编号	夹具编号		使用设备		实训教室	
数车加工		O0001						
序号	工步内容	刀具号	刀具规格/mm	主轴转速 n/(r/mm)	进给量 f/(mm/r)	背吃刀量 a_p/mm	刀尖圆弧半径 r_ε/mm	备注
1								
2								
3								
…	…	…						
编制		审核		批准		年　月　日	共　页　第　页	

2. 数控加工刀具调整单

数控加工刀具调整单主要记录的是每把数控刀具的刀具编号、刀具号、刀尖方位、刀具名称与刀补地址等，它是组装刀具和调整刀具的依据，见表2-40。

表2-40　数控加工刀具调整单

××××股份有限公司				数控刀具调整单		零件名称		材料	零件图号
						台阶轴		40Cr	QZ25. 10. 2—3
工序		程序编号		夹具编号			使用设备		生产单位
数车加工		O0001					CAK5085DI		机加工分厂
刀具编号	刀具号	刀尖方位	刀具名称	刀具			刀补地址		加工部位
				位置		刀尖圆弧半径 r_ε/mm	直径	长度	
				X向	Z向				
1	T01	3	外圆粗车刀	由每把刀的对刀值确定		0.8	T1D1		…
2	T02	3	外圆精车刀			0.2	T1D1		…
3	T03	3	外槽车刀			0.2	T1D1		…
4	T04	8	外螺纹车刀			0.12P	T1D1		…
5	T05	2	内孔粗车刀			0.4	T1D1		…
6	…	…	…	…		…	…		…
编制		审核		批准		年　月　日		共　页　第　页	

3. 数控机床调整单

数控机床调整单是机床操作者在加工前调整机床的依据，主要包括机床功能按键、工件坐标系原点的位置和坐标系方向，使用夹具的名称及编号，见表2-41。

表2-41　数控机床调整单

××××股份有限公司		机床调整单		零件名称	材料	零件图号
				台阶轴	40Cr	QZ25. 10. 2—3
工序	程序编号	夹具编号		使用设备		生产单位
数车加工	O0001			CAK5085DI		机加工分厂
工件坐标系及原点设置图		刀具号	序号	机床功能按键	按键状态	
		T01	1	进给量开关	n%	
			2	倍率开关	n%	
			3	跳段开关	关	
			4	…	…	
			5	…	…	
			6	…	…	
编制		审核		批准	年　月　日	共　页　第　页

4. 数控加工程序单

数控加工程序单是根据零件工艺分析情况，经过数值计算，按照数控系统的编程规则编制的加工程序。它是记录数控加工工艺过程、工艺参数位移数据的清单，以及手动数据输入和进行数控加工的依据。

九、扩展训练

1. 加工任务

根据所学指令编写图 2-69 所示曲面锥度轴数控加工工艺技术文件及加工程序。

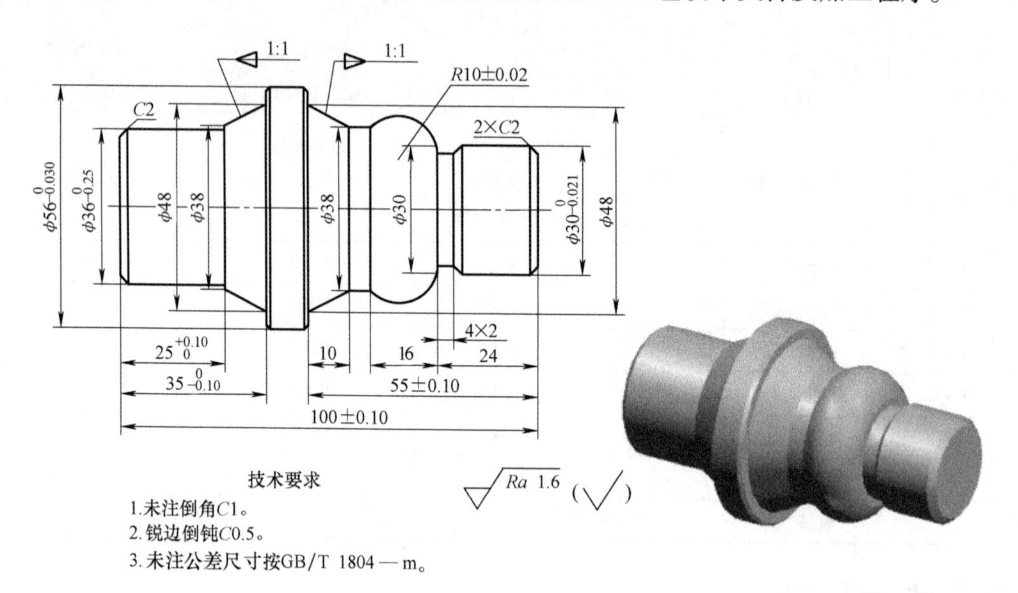

图 2-69　曲面锥度轴及其三维效果

2. 零件加工检测评分（表 2-42）

表 2-42　曲面锥度轴零件评分

班级		姓名			学号		
扩展训练	曲面锥度轴的编程与加工				零件编号		
项目	序号	检测内容		配分	评分标准	自检	他检
编程	1	工艺方案制订正确		2 分	不正确不得分		
	2	切削用量选择合理、正确		2 分	不正确不得分		
	3	程序正确和规范		2 分	不正确不得分		
操作	4	工件安装和找正规范、正确		2 分	不正确不得分		
	5	刀具选择、安装正确		2 分	不正确不得分		
	6	设备操作规范、正确		2 分	不正确不得分		
	7	安全生产		4 分	违章不得分		
	8	文明生产，符合“5S”标准		4 分	1 处不符合要求扣 2 分		
外圆	9	$\phi56_{-0.030}^{0}$mm	IT	6 分	超出 0.01mm 扣 2 分		
			Ra	2 分	达不到要求不得分		
	10	$\phi36_{-0.025}^{0}$mm	IT	6 分	超出 0.01mm 扣 2 分		
			Ra	2 分	达不到要求不得分		

（续）

班级		姓名		学号			
扩展训练	曲面锥度轴的编程与加工			零件编号			
项目	序号	检测内容		配分	评分标准	自检	他检
外圆	11	$\phi30_{-0.021}^{0}$ mm	IT	6分	超出0.01mm扣2分		
			Ra	2分	达不到要求不得分		
锥度	12	1:1(2处)	IT	6分/6分	超出0.01mm扣2分		
			Ra	2分/2分	达不到要求不得分		
圆弧	13	R10mm±0.02mm	IT	6分	超出0.01mm扣2分		
			Ra	2分	达不到要求不得分		
长度	14	$25_{0}^{+0.10}$ mm		6分	超差不得分		
	15	$35_{-0.10}^{0}$ mm		6分	按GB/T 1804—m,精度超差不得分		
	16	55mm±0.10mm		4分	超差不得分		
	17	100mm±0.10mm		4分	超差不得分		
	18	4mm×2mm		4分	按GB/T 1804—m,精度超差不得分		
	19	10mm、16mm、24mm		3分	按GB/T 1804—m,精度超差不得分		
倒角	20	C2(3处)		3分	达不到要求不得分		
	21	C1(2处)		2分	达不到要求不得分		
总分				100分			

项目总结

通过这些加工任务，掌握数控车削外轮廓的基本编程指令、循环编程指令、刀具选用和工艺技术文件制订，基本掌握轴类零件的编程与加工方法、技巧、在加工中应进一步注意细节处理及精度保证的方法，对于疑惑之处应及时和实习指导教师交流沟通。

思考与练习

1. 零件加工工序划分的方法有哪些？
2. 数控车削加工中，确定零件加工方案所依据的原则有哪些？
3. 数控车削加工中常见的粗加工路线有哪几种？
4. 车刀在安装时需要注意的问题有哪些？
5. 标准工具圆锥的种类有几种？它们又各自分为几种？
6. 圆锥零件的检测方法有几种？精密圆锥一般采用什么方法检测？
7. 编程时圆弧插补方向如何判定？
8. 车床刀尖圆弧半径补偿有何意义？如何建立刀尖圆弧半径补偿？在圆弧加工程序段

能建立刀尖圆弧半径补偿吗？

9. 在 G41/G42 有效情况下，拐角过渡有哪两种形式？如何合理进行选择？

10. 子程序与主程序有何区别？何种情况下使用子程序？使用子程序有何意义？

11. 拟订图 2-70 所示零件的数控加工工艺方案，编制数控加工工序卡、加工工艺卡。

12. 拟订图 2-71 所示零件的数控加工工艺方案，编制数控加工工艺卡、数控加工刀具卡及加工程序。

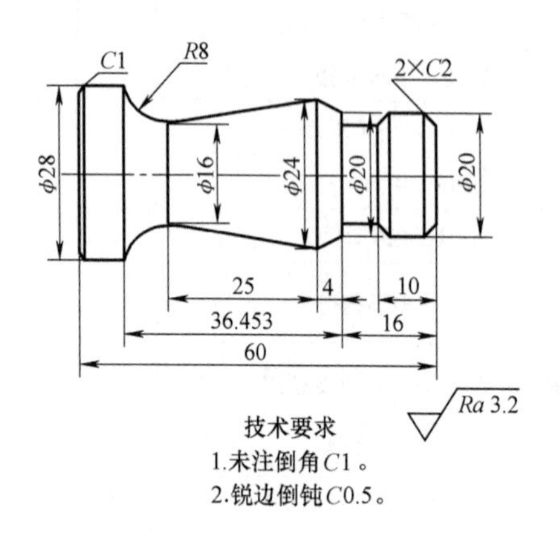

图 2-70 练习零件一

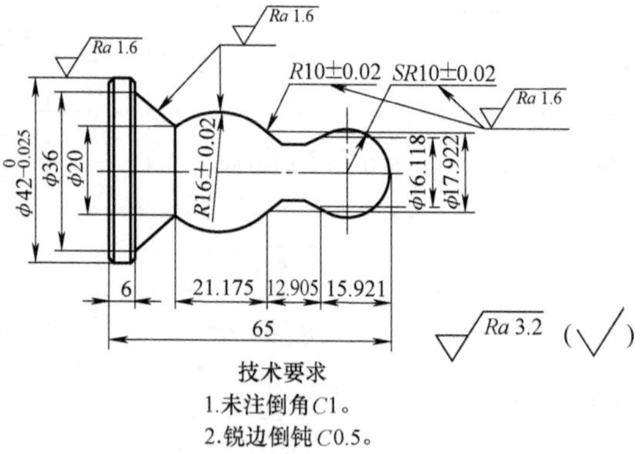

技术要求
1.未注倒角C1。
2.锐边倒钝C0.5。

图 2-71 练习零件二

13. 拟订图 2-72 所示零件的数控加工工艺方案，编制数控加工工艺卡、数控加工刀具卡及加工程序。

14. 拟订图 2-73 所示零件的数控加工工艺方案，编制数控加工工艺卡、数控加工刀具卡及加工程序。

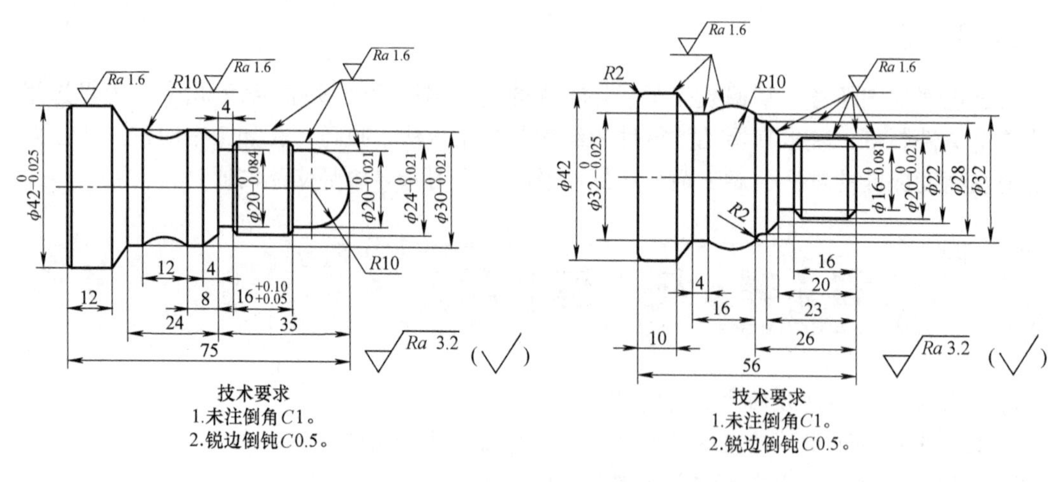

图 2-72 练习零件三

图 2-73 练习零件四

15. 拟订图 2-74 所示零件的数控加工工艺方案，编制数控加工工艺卡、数控加工刀具卡及加工程序。

16. 拟订图 2-75 所示零件的数控加工工艺方案，编制数控加工工艺卡、数控加工刀具卡及加工程序。

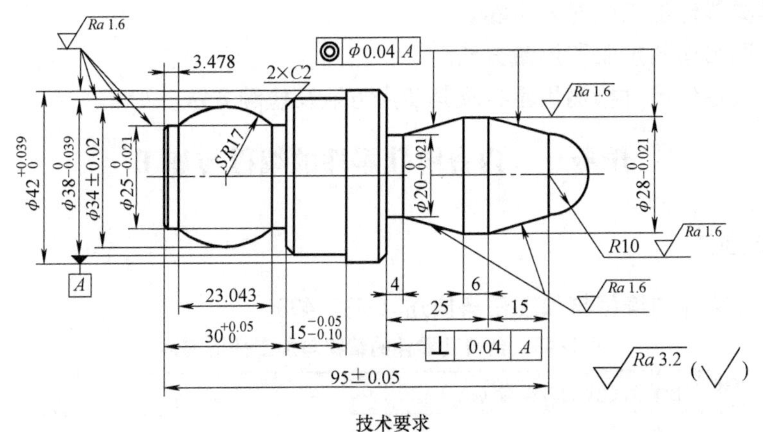

技术要求
1.未注倒角C1。
2.锐边倒钝C0.5。

图2-74　练习零件五

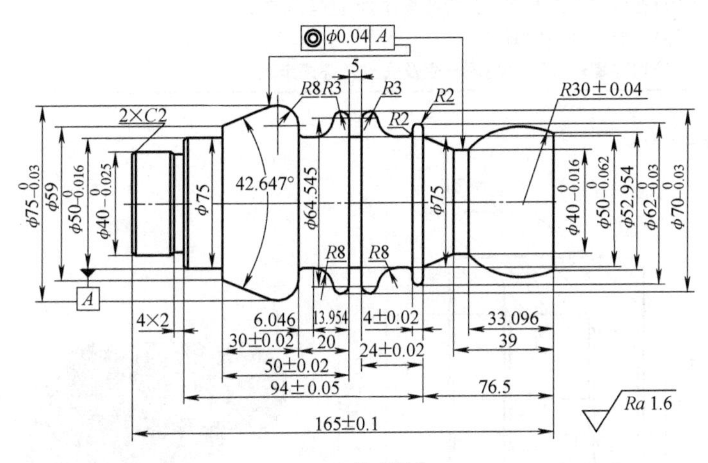

技术要求
1. 未注倒角C1。
2. 锐边倒钝C0.5。
3. 零件表面不得用砂布、锉刀修饰。

图2-75　练习零件六

项目三　套类零件的车削加工

知识目标

1. 掌握套类零件的编程方法。
2. 掌握内圆弧面的编程方法。
3. 掌握套类零件尺寸检测用量具及其使用方法。

技能目标

1. 掌握套类零件的加工和测量方法。

2. 掌握套类零件加工的对刀步骤。
3. 掌握内圆弧面的加工和测量方法。
4. 掌握套类零件尺寸检测用量具及其使用方法及检测方法。

任务一　内台阶孔零件的编程与加工

一、任务描述

1. 内台阶孔零件的编程与加工任务描述（表 2-43）

表 2-43　台阶孔零件的编程与加工任务描述

任务名称	台阶孔零件的编程与加工
零件	台阶孔零件
设备条件	数控仿真软件、CAK5085DI 型数控车床、数控车刀、夹具、量具、材料
任务要求	(1)完成台阶孔零件的数控车削路线及工艺编制 (2)在数控车床上完成台阶孔零件的编程与加工； (3)完成零件的检测 (4)填写零件加工检测评分表及完成任务评定表

2. 零件图（图 2-76）

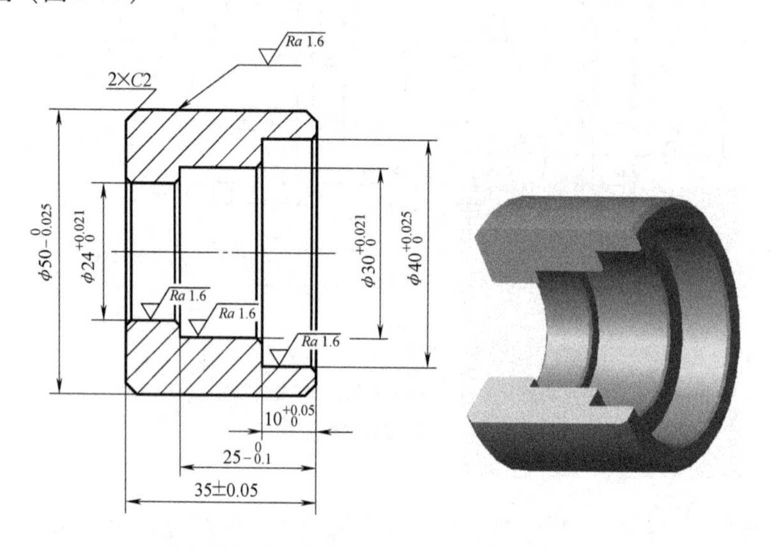

技术要求
1. 未注倒角C1。
2. 未注公差尺寸按GB/T 1804—m。

图 2-76　台阶孔零件及其三维效果

二、任务分析

1）掌握钻头、内孔车刀的安装方法。
2）掌握内孔车刀的对刀的方法。
3）掌握台阶孔加工的工艺路线、方案的制订。
4）掌握台阶孔的测量方法。

三、相关知识

台阶孔加工是在工件内部进行的，观察比较困难；并且刀杆尺寸受孔径的影响，选用时受限制，因此刚性比较差。台阶孔加工时要注意排屑和冷却。工件壁厚较薄时，要注意防止工件变形。数控车床上加工台阶孔常见的刀具有麻花钻、扩孔钻、铰刀、镗孔刀等。

1. 常见孔的加工方法

对于精度要求不高的孔，可以用麻花钻直接钻出；对于精度要求较高的孔，钻孔后还要经过车孔、扩孔、铰孔才能完成。一般钻孔的尺寸公差等级可达 IT11 ~ IT12，表面粗糙度值可达 $Ra12.5 \sim 25\mu m$。

（1）麻花钻

1）麻花钻的组成（图 2-77）。

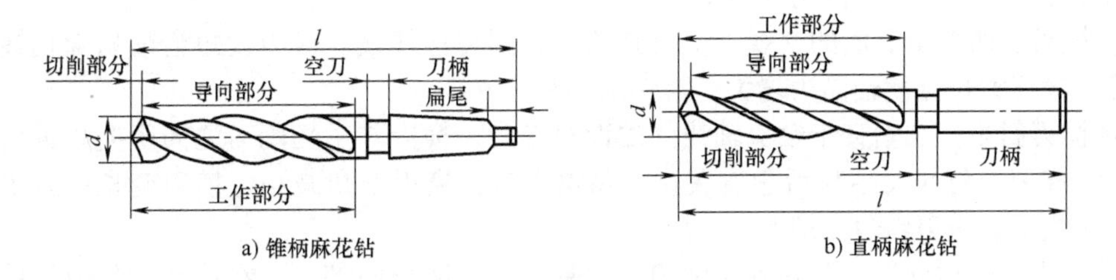

图 2-77　麻花钻的组成

① 柄部。柄部是麻花钻的夹持部分，装夹时起定心作用，切削时起传递转矩的作用。麻花钻的柄部有锥柄（图 2-77a）和直柄（图 2-77b）两种。

② 空刀。较大的钻头在空刀标注商标、钻头直径和材料牌号。

③ 工作部分。工作部分是麻花钻的主要部分，由切削部分和导向部分组成，起切削和导向作用。

2）麻花钻工作部分的几何形状如图 2-78 所示。它有两条对称的主切削刃，两条副切削刃和一条横刃。麻花钻钻孔时，相当于两把反向的车孔刀同时车削，所以它的几何角度的概念与车刀基本相同，但也有其特殊性。

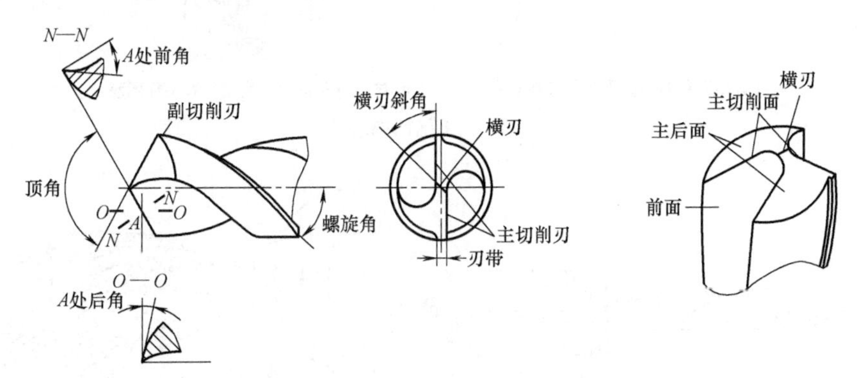

图 2-78　麻花钻工作部分的几何形状

① 螺旋槽。钻头的工作部分有两条螺旋槽，其作用是构成切削刃、排出切屑和通入切削液。

② 螺旋角（β）。位于螺旋槽内不同直径处的螺旋线展开成直线后与钻头轴线都成一定的夹角，此夹角称为螺旋角。越靠近钻芯处，螺旋角越小；越靠近钻头外缘，处螺旋角越大。标准麻花钻的螺旋角为18°～30°。麻花钻的名义螺旋角是指外缘处的螺旋角。

③ 前面。指切削部分的螺旋槽面，切屑从此面排出。

④ 主后面。指钻头的螺旋圆锥面，即与工件过渡表面相对的表面。

⑤ 主切削刃。指前面与主后面的交线，担负着主要的切削工作。

⑥ 顶角。指麻花钻上的两条对称的主切削刃，在与钻头轴线平行平面上的投影呈现的角度。标准麻花钻的主切削刃是直线，顶角为118°。

⑦ 前角。主切削刃上任一点的前角是过该点的基面与前面之间的夹角。麻花钻的前角与多种因素有关，前角从主切削刃边缘处向中心处逐渐变化，由大到小，从30°到-30°。

⑧ 后角。主切削刃上任一点的后角是过该点的切削平面与主后面之间的夹角。麻花钻的后角变化不大，由外向内为8°～14°。

⑨ 横刃。两个主后面的交线，也就是两主切削刃连接线。横刃太短会影响麻花钻的钻尖强度；横刃太长会使轴向力增大，对钻削不利。

⑩ 横刃斜角。在垂直于钻头轴线的端面投影中，横刃与主切削刃之间所夹的锐角为横刃斜角。横刃斜角的大小与后角有关。后角增大时，横刃斜角减小，横刃变长；后角减小时，情况相反。横刃斜角一般为55°。

⑪ 棱边。也称韧带，既是副切削刃，也是麻花钻的导向部分，在钻削过程中保持确定的钻削方向、修光孔壁及作为切削部分的后备部分。

3）麻花钻的装夹。一般情况下，直柄麻花钻用钻夹头装夹，再将钻夹头的锥柄插入尾座锥孔内，如图2-79a所示。锥柄麻花钻可直接或用莫氏过渡锥套插入尾座锥孔中，或用工具安装，如图2-79b所示。如需自动钻孔，可将钻头安装在刀架上，用钻尖建立坐标系，如图2-80所示。

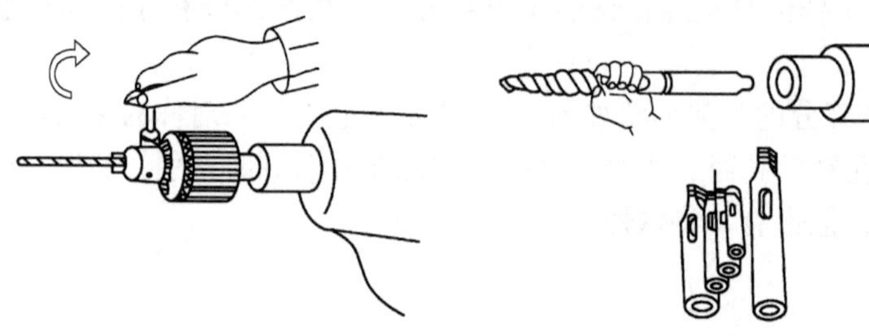

a) 直柄麻花钻用钻夹头装夹在尾座上　　b) 锥柄麻花钻用过渡锥套装夹在尾座上

图2-79　麻花钻的装夹

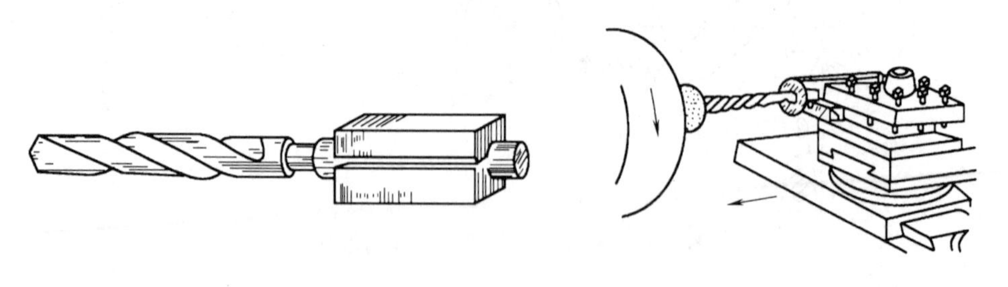

a) 开缝套夹装夹　　b) 镗刀座装夹

图2-80　钻头在刀架上安装

（2）钻孔的步骤

① 钻孔前先将工件端面车平，中心处不得留有凸台，以利于钻头正确定心。

② 找正钻尖对准工件旋转轴线，以免将孔径钻大、钻偏甚至折断钻头。

③ 用细长麻花钻钻孔时，为了防止钻头晃动，可在刀架上夹一铜棒（图2-81），支持钻头头部，帮助钻头定心。

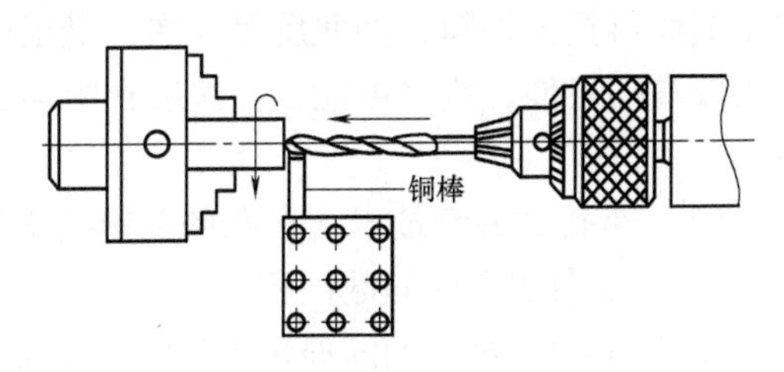

图2-81　防止钻头晃动的方法

④ 在实体上钻孔，小孔可以一次钻出，若孔径超过 ϕ30mm，则可以先用小钻头钻出底孔，再用大钻头钻出所要求的尺寸，一般情况下，第一支钻头的直径为第二次钻孔直径的 0.5～0.7 倍。

⑤ 钻孔后需要铰孔的工件，由于所留铰孔余量较少，因此当钻头钻进 1～2mm 后应将钻头退出，停机检查孔径，以防止孔径扩大而报废。

⑥ 钻不通孔时，为了控制深度，可利用尾座套筒上的刻度，也可利用钢直尺或在钻头上做出标记。

（3）钻孔的注意事项

① 将钻头装入尾座套筒中，找正钻头轴线与工件旋转轴线相重合，否则会使钻头折断。

② 钻孔前，必须将端面车平，中心处不允许有凸台，否则钻头不能自动定心，将会导致钻头折断。

③ 当钻头刚接触工件端面或通孔快要钻穿时，进给量要小，以防钻头折断。

④ 钻小而深的孔时，应先用中心钻钻中心孔，以免将孔钻歪；在钻孔过程中，必须经常退出钻头以清除切屑。

⑤ 用高速钢麻花钻钻钢料时，一般选切削速度为 15～30m/min，进给量一般选 0.15～0.35mm/r；钻铸铁时，一般选切削速度为 75～90m/min，进给量可略大些。

⑥ 钻削钢料时必须浇注充分的切削液，钻铸铁时可不用切削液。

2. 台阶孔的车削

对于铸造孔、锻造孔或用钻头钻出的孔，为达到所要求的尺寸精度、位置精度和表面粗糙度值，可用镗孔的方法。镗孔加工方法一般尺寸公差等级可达 IT7～IT8，表面粗糙度值可达 Ra0.8～3.2μm。

（1）内孔车刀的装夹　内孔车刀安装的是否正确，直接影响到车削情况及孔的精度，所以在安装时一定要注意：

① 刀尖应与工件旋转轴线等高或稍高。如果装的低于工件旋转轴线，由于切削抗力的作用，容易将刀柄压低而产生扎刀现象，并造成孔径扩大，如图2-82所示。

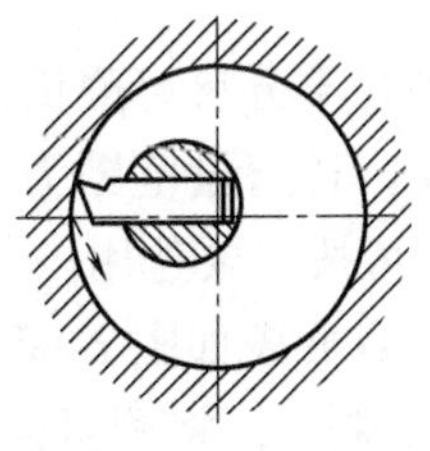

a) 刀尖高于中心

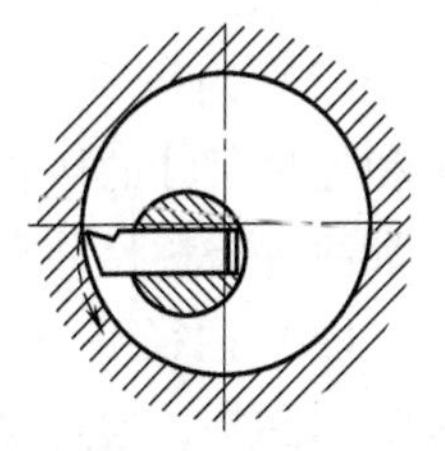

b) 刀尖低于中心

图2-82　内孔车刀安装示意图

② 刀柄伸出刀架不宜过长，一般比被加工孔径长 5～6mm。

③ 刀柄基本平行于工件轴线，否则在车削到一定深度时刀柄后半部分容易碰到工件

孔口。

（2）工件的装夹　内孔车削时，工件一般采用自定心卡盘安装，对于较大和较重的工件可采用单动卡盘安装。加工直径较大、长度较短的工件，必须找正外圆和端面。一般是先找正端面再找正外圆，如此反复几次，直至达到要求为止。对于同轴度、垂直度等几何精度要求较高的工件，应尽可能在一次装夹中加工内、外圆表面和端面，这种方法不产生定位误差。

（3）车孔的关键技术　车孔的关键技术是解决内孔车刀的刚性和排屑问题。

① 尽量增加刀柄的截面积。

② 尽可能缩短刀柄的伸出长度，以增加车刀刀柄的刚性，减少切削过程中的振动。

③ 解决排屑问题的方法是控制切屑的流出方向。精车内孔时要求切屑流向待加工表面。加工不通孔时，要选取副刃倾角的车刀，使切屑从孔口排出。

3. 常见台阶孔的检测工具及其使用方法

台阶孔的测量应根据工件的尺寸、数量及精度要求，采用相应的量具进行。如果孔的精度要求较低，可采用游标卡尺测量。精度要求较高，则可用以下几种量具进行测量。

（1）塞规　塞规由通端、止端和手柄组成，如图 2-83 所示。通端的尺寸等于孔的下极限尺寸，止端的尺寸等于孔上极限尺寸。为了明显区别通端与止端，塞规止端长度比通端长度要短些。测量时，通端通过，止端不能通过，说明尺寸合格。测量不通孔的塞规应在外圆上沿轴向开有排气槽。

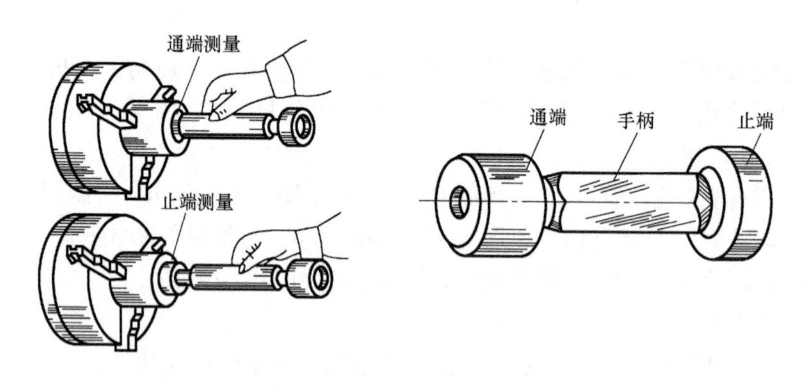

图 2-83　塞规使用方法及结构

（2）内测千分尺　内测千分尺的结构、读数方法与外径千分尺基本相同，只是刻线方向与外径千分尺相反。当顺时针旋转微分筒时，活动量爪向右侧移动，测量值增大，如图 2-84 所示。

（3）内径千分尺　用内径千分尺可测量孔径。内径千分尺外形如图 2-85 所示，由测微头和各种尺寸的接长杆组成。其测量范围为 50～1500mm，分度值为 0.01mm。每根接长杆上都注有公称尺寸和编号，可按需要选用。

（4）内径百分表　内径百分表如图 2-86 所示，是将百分表装夹在测架 1 上，测头 6 又称活动测头，通过摆动块 7、杆 3，将测量值 1:1 传递给百分表。测头 5 可根据孔径大小更换。为了能使测头自动位于被测孔的直径位置，在其旁装有定心器 4。测量前，应使百分表对准零位。测量时，为得到准确的尺寸，应使活动测头在轴向摆动找出最小值，即是孔径的

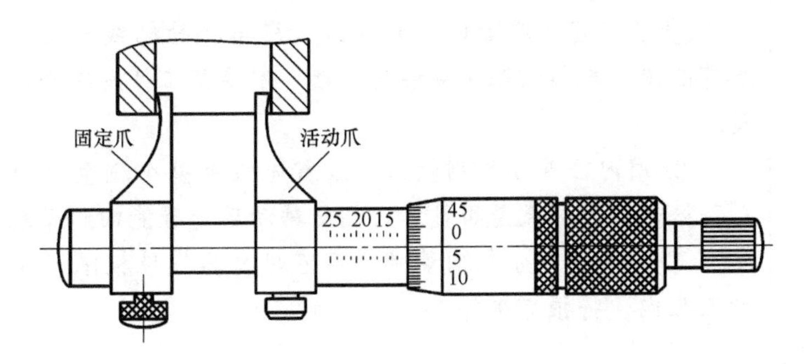

图 2-84　内测千分尺

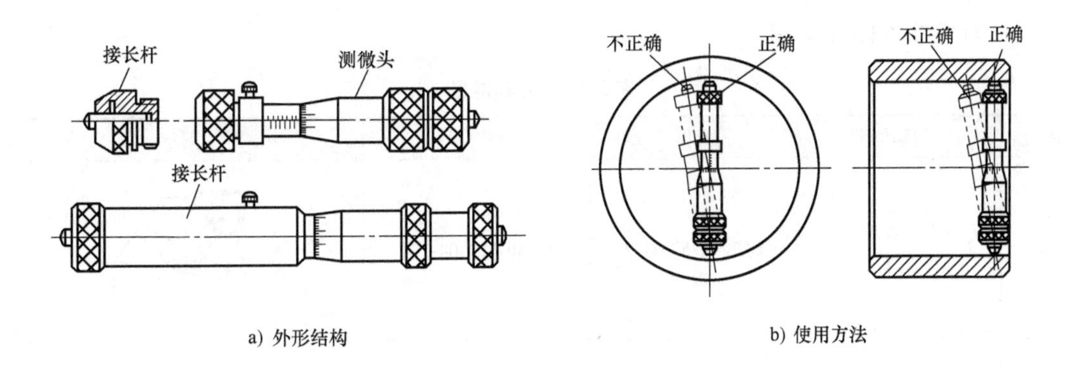

图 2-85　内径千分尺及其使用方法

实际尺寸，如图 2-87 所示。百分表主要用于测量精度要求较高而且又较深的孔。

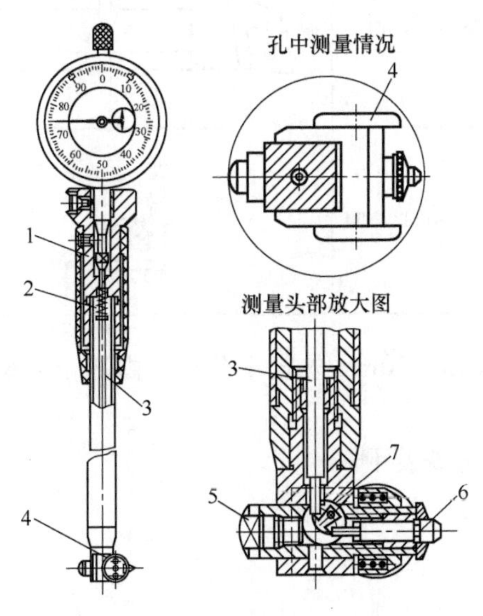

图 2-86　内径百分表
1—测架　2—弹簧　3—杆　4—定心器
5、6—测头　7—摆动块

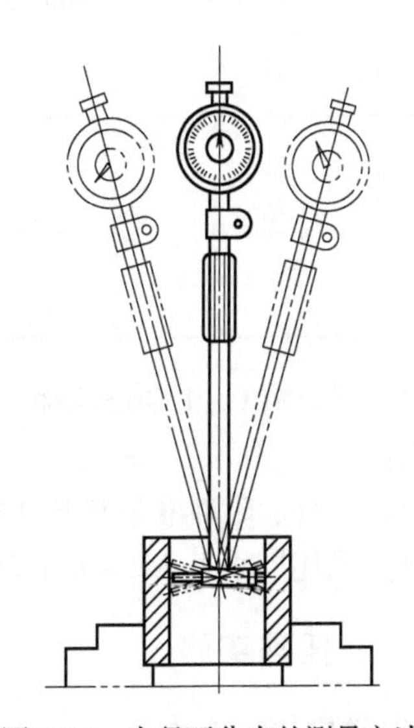

图 2-87　内径百分表的测量方法

>> 提示

① 使用塞规测量时，塞规轴线应与孔的轴线一致，不可歪斜；应尽可能使塞规与被测工件温度一致，不要在工件没有冷却到室温就去测量。

② 用内径百分表测量前，应首先检查整个测量是否正常，如测头是否松动，百分表是否灵活，指针转动后是否能回到原来位置等。

③ 用内径百分表测量时，不可超过其弹性极限，如果强行把测头放入孔内，将损坏机件。

四、任务准备

1）机床为 CAK5085DI 型数控车床。

2）刀具准备见表 2-44。

表 2-44　刀具准备

序号	刀具种类	刀具型号	刀片型号	图示
1	90°偏刀（外圆车刀）	DCLNR2525M12	CNMG120404-PM	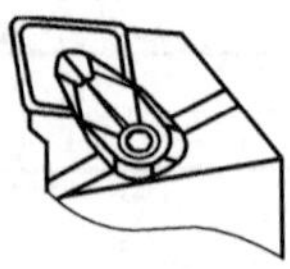
2	麻花钻	ϕ20mm		
3	内孔车刀	S16R-PCLNRL　09	DNMG 05 06 04-MF	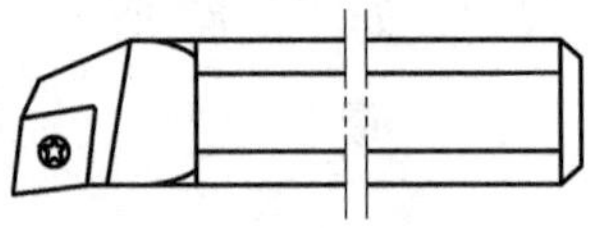
4	切断刀	RF123F202525B	N123H2-0400-0002-CM	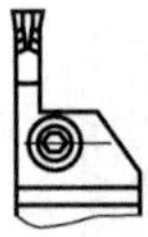

3）量具有 0～150mm 游标卡尺、0～25mm 和 25～50mm 外径千分尺、内测千分尺、内径量表。

4）工具、附件准备有卡盘扳手、压刀扳手和垫铁若干。

5）毛坯尺寸为 ϕ55mm×150mm，材料为 45 钢。

五、任务实施

1. 确定加工工艺

零件特征主要为内孔、内台阶、端面，尺寸如图 2-76 所示，棒料伸出卡盘 50mm。

（1）加工工艺路线（表 2-45）

表 2-45　台阶孔零件图加工路线

序号	工步	加工内容	加工简图
1	工步 1	夹毛坯,伸出 50mm,平端面	
2	工步 2	手动钻孔,孔径为 ϕ20mm × 40mm,建立各把车刀的编程坐标系	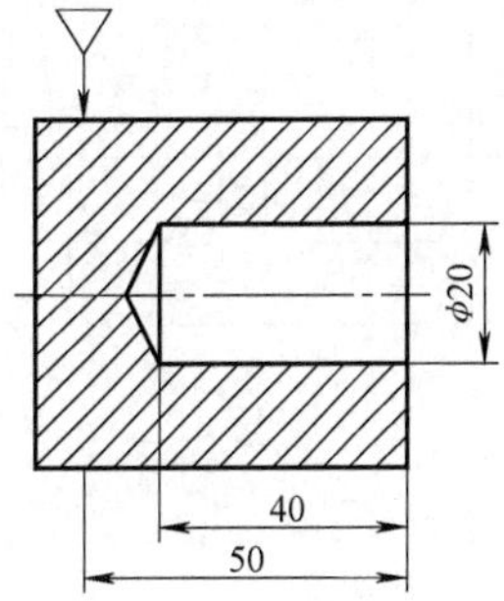
3	工步 3	粗、精车内孔 ϕ40mm × 10mm、ϕ30mm × 25mm、ϕ24mm × 35mm,倒角,至图样尺寸	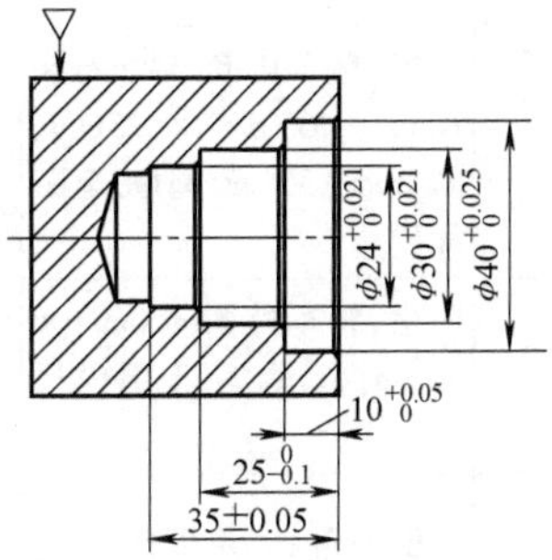
4	工步 4	粗、精车外圆 ϕ50mm × 35mm 及 *C*2 倒角,至图样尺寸	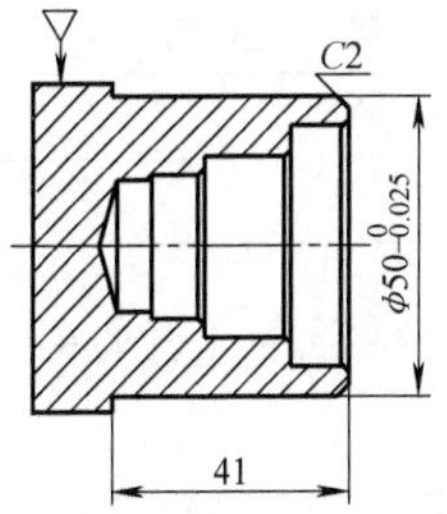
5	工步 5	倒外角 *C*2 并切断,保证零件总长 35mm ± 0.05mm	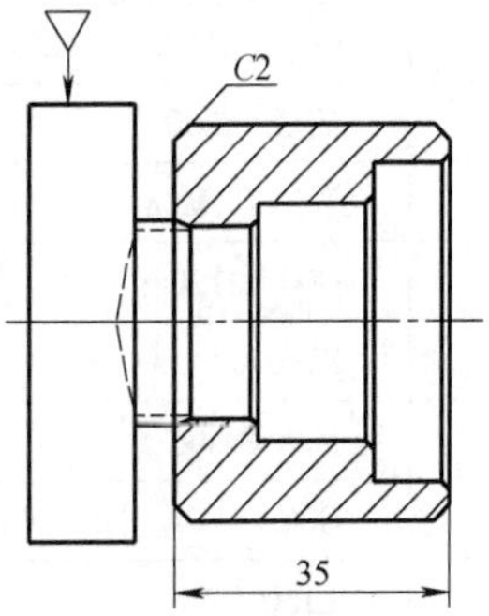
6	工步 6	切断后调头装夹,外包铜皮,ϕ24 内孔倒角	
7	工步 7	检测	

（2）确定切削用量　根据零件被加工表面质量要求、刀具材料和工件材料，参考相关资料选取切削速度和进给量。数控加工工序卡见表 2-46。

表 2-46　数控加工工序卡

班级	姓名			数控加工工序卡	零件名称	材料	零件图号	
					台阶孔	45 钢	—	
工序	程序编号	夹具编号			使用设备		实训教室	
—	O2073	—			CAK5085DI		数控车床编程加工教室	
序号	工步内容	刀具号	刀具规格/mm	主轴转速 n/(r/min)	进给量 f/(mm/r)	背吃刀量 a_p/mm	刀尖圆弧半径 r_ε/mm	备注
1	车端面	T01						
2	钻孔		ϕ20	280	手动控制			手动
3	粗、精车内孔 ϕ40mm × 10mm、ϕ30mm × 25mm、ϕ24mm × 35mm，倒角，至图样尺寸	T03	25 × 25	粗：800 精：1200	粗：0.15 精：0.1	粗：1.5 精：0.3	0.4	自动
4	粗、精车外圆 ϕ50mm × 35mm，$C2$ 倒角，至图样尺寸	T01	25 × 25	粗：1000 精：1400	粗：0.25 精：0.10	粗：2 精：0.5	0.4	自动
5	倒外角 $C2$ 并切断，保证零件总长 35mm ± 0.05mm	T04	25 × 25	600	0.08	5	0.4	自动
6	调头，左端倒内角	T03	25 × 25	800	0.1		0.4	自动
7	检测							
编制		审核		批准		年　月　日		

2. 编制程序（表 2-47）

表 2-47　台阶孔零件加工程序

O2073；		程序名（工步 3～5）
程序段号	程序内容	动作说明
N10	G00　X150.0　Z150.0；	车刀移动到换刀点
N20	M03　S800；	主轴正转，转速 800r/min
N30	T0303　M08	换 3 号刀，切削液开
N40	G00 X21.0 ；	刀具移动至起刀点
N50	Z2.0；	
N60	M98 P0006；	调用子程序粗车内孔
N70	G00　　Z150.0；	车刀移动到换刀点
N80	X150.0；	
N90	M05；	主轴停止
N100	M00；	程序暂停，检测，调整磨耗

（续）

O2073；		程序名（工步3～5）
程序段号	程序内容	动作说明
N110	M03　S1200；	主轴正转，转速1200r/min
N120	T0303；	换3号刀
N130	G00　X21.0；	刀具移动至起刀点
N140	Z2.0；	
N150	M98 P0006；	调用子程序精车内孔
N160	G00　Z150.0；	车刀移动到换刀点
N170	X150.0；	
N180	M05；	主轴停止
N190	M00；	程序暂停
N200	M03　S1000；	主轴正转，转速1000r/min
N210	T0101　M08；	调用1号刀
N220	G00　X57.0　Z2.0；	车刀移动至起刀点
N230	M98 P0007；	毛坯切削循环粗加工外轮廓
N240	G00 X150.0 Z150.0；	车刀移动到换刀点
N250	M05；	主轴停止
N260	M00；	程序暂停
N270	M03 S1400；	主轴正转，转速1400r/min
N290	G00 X57.0 Z2.0；	刀具移动至起刀点
N300	M98 P0007；	调用外轮廓加工子程序，精车外圆
N310	G00　Z2.0；	
N320	G00 X150.0 Z1500；	车刀移动到换刀点
N330	M05；	主轴停止
N340	M00；	程序暂停
N350	T0303 M03 S600；	调用3号刀具，转速600r/min，内切断刀刀宽3mm，左侧面对刀
N360	G00 X55.0　Z－41.0	车刀移动到起刀点
N370	G01 X50.0　F0.08；	车刀移至切断倒角处
N380	X44.0；	倒*C*2角
N390	X50.0；	
N400	Z－38.0；	
N410	X46.0　Z－40.0；	
N420	X21.0；	总长35mm，切断
N430	G00 X150.0；	刀具移动至换刀点，切削液关
N440	Z150.0 M09；	
N450	M30；	程序结束

（续）

O2073；		程序名（工步 3～5）
程序段号	程序内容	动作说明
O0006		内孔加工子程序
N10	G00 X42.0；	内孔精加工程序
N20	G01　Z0 F0.15；	
N30	X40.0　Z－1.0；	
N40	Z－10.025；	
N50	G01 X30.0　C1.0；	
N60	Z－24.95；	
N70	X24.0　C1.0；	
N80	Z－36.0；	
N90	X21.0；	车刀退回至 X 轴起刀点
N100	M99；	子程序结束
O0007		外轮廓加工子程序
N10	G00 X46.0；	精车零件外轮廓
N20	G01　Z0；	
N30	X50.0 Z－2.0　F0.1；	
N40	Z－41.0；	
N50	X57.0；	车刀退回至 X 轴起刀点
N60	M99；	子程序结束

3. 加工过程

（1）加工准备

1）检查毛坯尺寸。

2）开机，返回参考点。

3）装夹工件和刀具。工件装夹并找正、夹紧；麻花钻装在尾座孔内并锁紧；外圆车刀安装在 1 号刀位，内孔车刀安装在 3 号刀位，切断刀安装在 4 号刀位。

4）程序输入。

5）手动预钻孔至深度 40mm。

（2）对刀

1）X 方向对刀。外圆车刀试切，长度 5～8mm，沿 +Z 方向退出车刀，停机检测外圆尺寸，将其值输入到相应的刀具长度补偿中。

2）Z 方向对刀。微量车削端面（a_p = 0.5～1mm）至端面平整，车刀沿 X 方向退出，将刀具位置数据输入到相应的长度补偿中。

3）切断刀的 Z 方向对刀要以上一刀 Z = 0 面为基准；内孔车刀以左侧面为对刀面。

（3）程序模拟加工

（4）自动加工及尺寸检测

六、检查评议

1. 零件加工检测评分（表2-48）

表2-48　台阶孔零件加工检测评分

<table>
<tr><td>班级</td><td colspan="2"></td><td>姓名</td><td colspan="2"></td><td>学号</td><td colspan="2"></td></tr>
<tr><td>任务一</td><td colspan="5">台阶孔零件的编程与加工</td><td>零件编号</td><td colspan="2"></td></tr>
<tr><td>项目</td><td>序号</td><td colspan="2">检测内容</td><td>配分</td><td colspan="2">评分标准</td><td>自检</td><td>他检</td></tr>
<tr><td rowspan="3">编程</td><td>1</td><td colspan="2">工艺方案制订正确</td><td>5分</td><td colspan="2">不正确不得分</td><td></td><td></td></tr>
<tr><td>2</td><td colspan="2">切削用量选择合理、正确</td><td>5分</td><td colspan="2">不正确不得分</td><td></td><td></td></tr>
<tr><td>3</td><td colspan="2">程序正确和规范</td><td>5分</td><td colspan="2">不正确不得分</td><td></td><td></td></tr>
<tr><td rowspan="5">操作</td><td>4</td><td colspan="2">工件安装和找正规范、正确</td><td>5分</td><td colspan="2">不正确不得分</td><td></td><td></td></tr>
<tr><td>5</td><td colspan="2">刀具选择、安装正确</td><td>5分</td><td colspan="2">不正确不得分</td><td></td><td></td></tr>
<tr><td>6</td><td colspan="2">设备操作规范、正确</td><td>5分</td><td colspan="2">不正确不得分</td><td></td><td></td></tr>
<tr><td>7</td><td colspan="2">安全生产</td><td>10分</td><td colspan="2">违章不得分</td><td></td><td></td></tr>
<tr><td>8</td><td colspan="2">文明生产，符合“5S”标准</td><td>10分</td><td colspan="2">1处不符合要求扣4分</td><td></td><td></td></tr>
<tr><td rowspan="2">外圆</td><td rowspan="2">9</td><td rowspan="2">$\phi50_{-0.025}^{\ 0}$mm</td><td>IT</td><td>5分</td><td colspan="2">超出0.01mm扣2分</td><td></td><td></td></tr>
<tr><td>Ra</td><td>2分</td><td colspan="2">达不到要求不得分</td><td></td><td></td></tr>
<tr><td rowspan="6">内台阶孔</td><td rowspan="2">10</td><td rowspan="2">$\phi40_{\ 0}^{+0.025}$mm</td><td>IT</td><td>5分</td><td colspan="2">超出0.01mm扣2分</td><td></td><td></td></tr>
<tr><td>Ra</td><td>2分</td><td colspan="2">达不到要求不得分</td><td></td><td></td></tr>
<tr><td rowspan="2">11</td><td rowspan="2">$\phi30_{\ 0}^{+0.021}$mm</td><td>IT</td><td>5分</td><td colspan="2">按IT10，精度达不到要求不得分</td><td></td><td></td></tr>
<tr><td>Ra</td><td>2分</td><td colspan="2">达不到要求不得分</td><td></td><td></td></tr>
<tr><td rowspan="2">12</td><td rowspan="2">$\phi24_{\ 0}^{+0.021}$mm</td><td>IT</td><td>5分</td><td colspan="2">按IT10，精度达不到要求不得分</td><td></td><td></td></tr>
<tr><td>Ra</td><td>2分</td><td colspan="2">达不到要求不得分</td><td></td><td></td></tr>
<tr><td rowspan="3">长度</td><td>13</td><td colspan="2">$25_{-0.1}^{\ 0}$mm</td><td>5分</td><td colspan="2">超差不得分</td><td></td><td></td></tr>
<tr><td>14</td><td colspan="2">$10_{\ 0}^{+0.05}$mm</td><td>5分</td><td colspan="2">按GB/T 1804—m，精度超差不得分</td><td></td><td></td></tr>
<tr><td>15</td><td colspan="2">35mm±0.05mm</td><td>5分</td><td colspan="2">超差不得分</td><td></td><td></td></tr>
<tr><td rowspan="2">倒角</td><td>16</td><td colspan="2">C2(2处)</td><td>4分</td><td colspan="2">达不到要求不得分</td><td></td><td></td></tr>
<tr><td>17</td><td colspan="2">未注倒角C1</td><td>3分</td><td colspan="2">达不到要求不得分</td><td></td><td></td></tr>
<tr><td colspan="4">总　分</td><td>100分</td><td colspan="2"></td><td></td><td></td></tr>
</table>

2. 完成任务评定（表2-49）

表2-49　完成任务评定

<table>
<tr><td colspan="2">任务名称</td><td colspan="4"></td></tr>
<tr><td colspan="2">任务准备过程分析记录</td><td colspan="4"></td></tr>
<tr><td colspan="2">任务完成过程分析记录</td><td colspan="4"></td></tr>
<tr><td colspan="2">任务完成结果分析记录</td><td colspan="4"></td></tr>
<tr><td colspan="2">自我分析评价</td><td colspan="4"></td></tr>
<tr><td colspan="2">小组分析评价</td><td colspan="4"></td></tr>
<tr><td>自我评定成绩</td><td></td><td>小组评定成绩</td><td></td><td>教师评定成绩</td><td></td></tr>
<tr><td>个人签名</td><td></td><td>组长签名</td><td></td><td>教师签名</td><td></td></tr>
<tr><td>综合成绩</td><td colspan="3"></td><td>日期</td><td></td></tr>
</table>

七、问题及防治

台阶孔零件加工中产生的问题及解决措施见表 2-50。

表 2-50　台阶孔零件加工中产生的问题及解决措施

产生问题	产生原因	解决措施
工件内孔尺寸超差	(1)刀具数据不准确 (2)切削用量选择不当 (3)程序错误 (4)工件尺寸计算错误 (5)测量数据错误	(1)调整或重新设定刀具数据 (2)合理选择切削用量 (3)检查并修改加工程序 (4)正确计算工件尺寸 (5)正确、仔细测量工件
内孔表面粗糙度达不到要求	(1)车刀角度选择不当 (2)刀具中心过高 (3)切屑控制较差 (4)切削用量选择不当,产生积屑瘤 (5)切削液选择不当 (6)刀具加工刚性不足 (7)工件刚度不足	(1)选择合理的车刀角度 (2)调整刀具中心,严格对准中心 (3)选择合理的进刀方式及背吃刀量 (4)合理选择切削速度 (5)选择正确的切削液并浇注充分 (6)换刚性强的内孔车刀,缩短伸出量 (7)增加工件装夹刚度
加工过程中出现扎刀导致工件报废	(1)进给量过大 (2)切屑堵塞 (3)工件安装不牢固 (4)刀具角度选择不合理	(1)降低进给量 (2)采用断屑、退屑方式切入 (3)检查工件安装,增加安装刚度 (4)正确选择刀具角度
内台阶端面与轴线不垂直	(1)程序尺寸字错误 (2)刀具安装不正确 (3)切削用量选择不当	(1)检查并修改加工程序 (2)正确安装刀具 (3)合理调整和选择切削用量
工件圆度超差或产生锥度	(1)机床主轴间隙过大 (2)程序错误 (3)工件安装不合理	(1)调整机床主轴间隙 (2)检查并修改加工程序 (3)检查工件安装,增加安装刚度
端面加工长度尺寸超差	(1)刀具数据不准确 (2)尺寸计算错误 (3)程序错误	(1)调整或重新设定刀具数据 (2)正确进行尺寸计算 (3)检查并修改加工程序
端面表面质量达不到要求	(1)主轴转速过低 (2)刀具中心过高 (3)切屑控制较差 (4)刀尖产生积屑瘤 (5)切削液选择不当	(1)合理选择切削速度 (2)调整刀具中心,严格对准中心 (3)选择合理的进刀方式和背吃刀量 (4)选择合理的切削速度 (5)正确选择切削液并充分浇注
内台阶处不清根	(1)程序错误 (2)刀具选择不当 (3)刀具损坏	(1)检查并修改加工程序 (2)正确选择加工刀具 (3)及时更换刀片

八、扩展知识　切削液的作用、种类及选择

切削液是在车削过程中为了改善切削效果而使用的液体。在车削过程中，金属切削层发生了变形，在切屑与刀具之间、刀具与加工表面之间存在着剧烈的摩擦，这些都会产生很大

的切削力和大量的切削热。若在车削过程中合理地使用切削液，不仅能改善表面质量，减少15%～30%的切削力，而且还会使切削温度降低100～150℃，从而提高刀具的使用寿命和产品质量。

1. 切削液的作用

(1) 冷却作用　切削液能吸收并带走切削区域大量的的切削热，能有效地改善散热条件、降低刀具和工件温度，从而延长刀具的使用寿命，防止工件因热变形而产生误差，为提高加工质量和生产率创造了极为有利的条件。

(2) 润滑作用　由于切削液能渗透到切屑、刀具与工件的接触面之间，并粘附在金属表面上，而形成一层极薄的润滑液，因此可减小切屑、刀具与工件间的摩擦，降低切削力和切削热，减缓刀具的磨损，有利于保持车刀的锋利，提高工件表面加工质量。对应精加工，加注切削液显得尤为重要。

(3) 冲洗作用　在车削过程中，加注有一定压力和充足流量的切削液，能有效地冲走粘附在加工表面和刀具上的微小切屑和杂质，减少刀具磨损，提高工件表面质量。

2. 切削液的种类

车削常用的切削液有乳化液和切削油两大类，见表2-51。

表2-51　车削中常用的切削液

种类	主要成分	冷却性	润滑性	应用
水溶液	水+防锈剂+添加剂	↑	↓	磨削常用
乳化液	矿物油+乳化剂+添加剂			粗加工常用
切削油	矿物油+添加剂			精加工常用

(1) 乳化液　乳化液是用乳化油加15～20倍的水稀释而成的，主要起冷却作用。其特点是黏度小、流动性好，比热容大，能吸收大量的切削热，但因其中水分较多，故润滑、防锈能力差。若加入一定量的硫、氯等添加剂和防锈剂，可提高润滑效果和防锈能力。

(2) 切削油　切削油的主要成分是矿物油，少数采用动物油或植物油。这类切削液的比热容小，黏度大，散热效果稍差，但润滑效果比乳化液好，主要起润滑作用。

常用的切削油是黏度较低的矿物油，如L-AN15、L-AN32全损耗系统用油和轻柴油、煤油等。由于纯矿物油的润滑效果不理想，通常在其中加入一定量的添加剂和防锈剂，以提高润滑性能和防锈性能。

3. 切削液的选用

切削油的种类繁多，性能各异，在车削过程中应根据价格性质、工艺特点、工件材料、刀具材料、加工方法和加工要求等具体条件合理选用。

(1) 根据加工性质选用

1) 粗加工。为降低切削温度、延长刀具寿命，在粗加工中应选择以冷却作用为主的切削液。

2) 精加工。为减少切屑、工件与刀具之间的摩擦，保障工件加工精度和表面粗糙度值，应选用润滑性好的极压切削油或高浓度的极压乳化液。

3) 半封闭式加工。如钻孔、铰孔和深孔加工时，刀具处于半封闭状态，排屑、散热条件均非常差。这不仅使刀具、切削刃硬度下降、切削刃磨损严重，而且会严重拉毛加工表面。为此，须选用黏度极小的极压乳化液或极压切削油，并加大切削液的压力和流量，这样一方面进行冷却、润滑，另一方面可将部分切屑冲刷出来。

（2）根据工件材料选用

1）一般钢件，粗车时选用乳化液，精车时选用硫化油。

2）车削铸铁、铸铝等脆性金属，为了避免细小切屑堵塞冷却系统或粘附在机床上难以清除，一般不用切削液。但在精车时，为了提高工件表面加工质量，可选用润滑性能好、黏度小的煤油或体积百分比为 7% ~10% 的乳化液。

3）车削有色金属或铜合金时，不宜采用含硫的切削液，以免腐蚀工件。

4）车削镁合金时，不用切削液，以免燃烧起火。必要时，可以压缩空气冷却。

5）车削难加工材料，如不锈钢、耐热钢等，应选用极压切削油或极压乳化液。

（3）根据刀具材料选用

1）高速钢刀具。粗加工选用乳化液；精加工钢件时，选用极压切削油或浓度高的极压乳化液。

2）硬质合金刀具。为避免刀片因骤冷或骤热而产生崩裂，一般不使用切削液。如有必要加注切削液，就要连续使用。

>> 提示

① 加注切削液的流量应充分，平均流量为 10 ~20L/min。

② 切削液应浇注在过渡表面、切屑和前刀面接触区域，因为此处产生的热量最多，最需要冷却。

九、扩展训练

1. 加工任务

根据所学指令编写图 2-88 所示台阶孔零件工艺技术文件及加工程序。

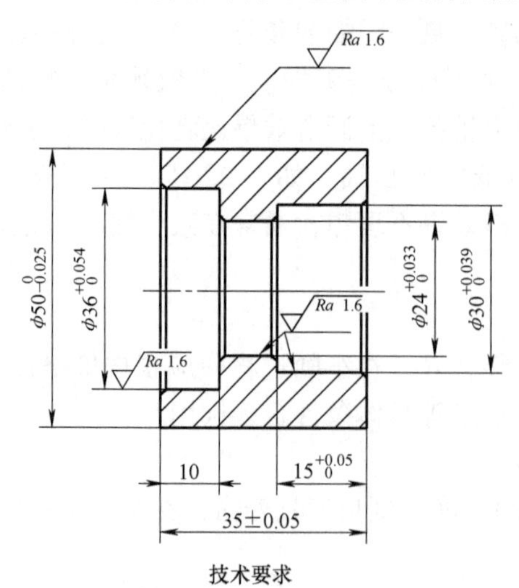

技术要求

1. 未注倒角C1。
2. 倒钝C0.5。
3. 未注公差尺寸按GB/J 1804—m。

图 2-88　台阶孔零件及其三维效果

2. 零件加工检测评分（表2-52）

表2-52 台阶孔零件加工检测评分

班级		姓名			学号		
扩展训练	台阶孔零件的编程与加工				零件编号		
项目	序号	检测内容		配分	评分标准	自检	他检
编程	1	工艺方案制订正确		5分	不正确不得分		
	2	切削用量选择合理、正确		5分	不正确不得分		
	3	程序正确和规范		5分	不正确不得分		
操作	4	工件安装和找正规范、正确		5分	不正确不得分		
	5	刀具安装、选择正确		5分	不正确不得分		
	6	设备操作规范、正确		5分	不正确不得分		
	7	安全生产		5分	违章不得分		
	8	文明生产，符合“5S”标准		5分	1处不符合要求扣2分		
外圆	9	$\phi50_{-0.025}^{0}$mm	IT	7分	超出0.01mm扣2分		
			Ra	3分	达不到要求不得分		
内孔	10	$\phi36_{0}^{+0.054}$mm	IT	7分	超出0.01mm扣2分		
			Ra	3分	达不到要求不得分		
	11	$\phi30_{0}^{+0.039}$mm	IT	7分	超出0.01mm扣2分		
			Ra	3分	达不到要求不得分		
	12	$\phi24_{0}^{+0.033}$mm	IT	7分	超出0.01mm扣2分		
			Ra	3分	达不到要求不得分		
长度	13	10mm		2分	按GB/T 1804—m，精度超差不得分		
	14	$15_{0}^{+0.05}$mm		4分	按GB/T 1804—m，精度超差不得分		
	15	35mm ±0.05mm		4分	超差不得分		
倒角	16	*C*1(4处)		8分	达不到要求不得分		
	17	*C*0.5(2处)		2分	达不到要求不得分		
总分				100分			

任务二 圆锥孔零件的编程与加工

一、任务描述

1. 圆锥孔的编程与加工任务描述（表2-53）

表2-53 圆锥孔零件的编程与加工任务描述

任务名称	圆锥孔零件的编程与加工
零件	圆锥孔零件
设备条件	数控仿真软件、CAK5085DI型数控车床、数控车刀、夹具、量具、材料
任务要求	(1)完成圆锥孔数控车削路线及工艺编制 (2)在数控车床上完成圆锥孔零件的编程与加工 (3)完成零件的检测 (4)填写零件加工检测评分表及完成任务评定表

2. 零件图（图 2-89）

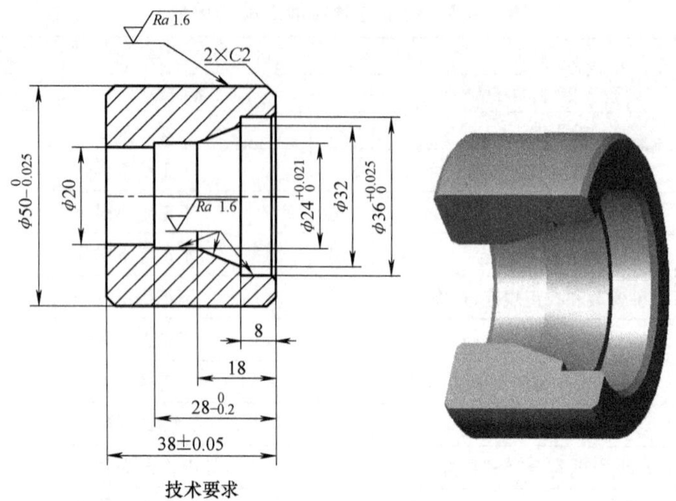

技术要求
1. 未注倒角C1。
2. 锐边倒钝C0.5。
3. 未注公差尺寸按GB/T 1804—m。

图 2-89　零件及三维效果

二、任务分析

1）掌握数控车床上圆锥孔的加工方法。

2）熟练掌握内孔车刀的对刀方法。

3）掌握圆锥孔零件加工工艺路线、方案的制订方法。

4）掌握圆锥孔零件的测量方法。

三、相关知识

1. 圆锥孔锥度的相关计算

锥度计算公式为

$$C = \frac{D_2 - D_1}{L}$$

式中　D_1——圆锥孔小端直径；
D_2——圆锥孔大端直径；
L——圆锥孔轴向长度；
C——圆锥孔锥度。

2. 圆锥孔零件的检测方法

与外圆锥的检测一样，圆锥孔的检测主要指圆锥角度与尺寸精度的检测。

（1）角度或锥度的检测　检测内圆锥面的角度或锥度主要是使用圆锥塞规，如图 2-90 所示。用圆锥塞规检测内圆锥时，也采用涂色法，具体做法是将红丹或蓝油均匀涂抹相隔 120°的三条线在塞规上，然后将塞规插入内锥孔对研转动 60°～120°，抽出圆锥塞规看表面涂料的擦拭痕迹，来判断内圆锥的大小。若小端擦着，大端未擦着，说明圆锥角度大了；若检测结果相反，则说明圆锥角度小了。接触面积越大，则锥度精度越高。一般用标准量规检验锥度时，接触面在75%以上，而且靠近大端。

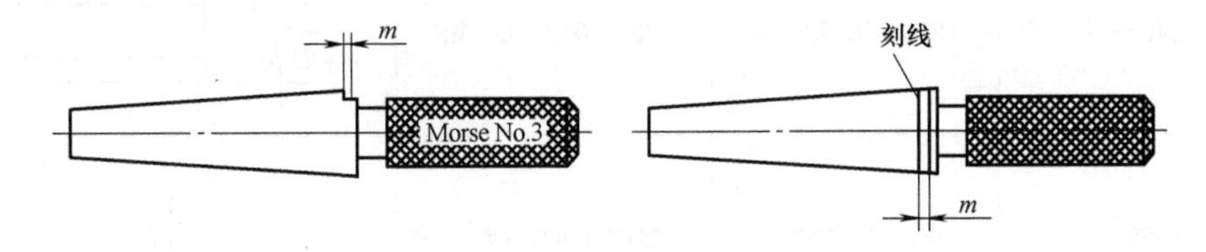

图2-90　圆锥塞规

（2）圆锥尺寸的检测　圆锥尺寸的检测主要也使用圆锥塞规，如图2-91所示。根据工件的直径及公差，在圆锥塞规大端有一个轴向距离为 m 的台阶（刻线），分别表示过端和止端。测量锥孔时，若锥孔的大端平面在台阶两刻线之间，说明锥孔尺寸合格，如图2-91a所示；若锥孔的大端平面超过了止端刻线，说明锥孔尺寸大了，如图2-91b所示；若两刻线都没有进入锥孔，说明锥孔尺寸小了，如图2-91c所示。

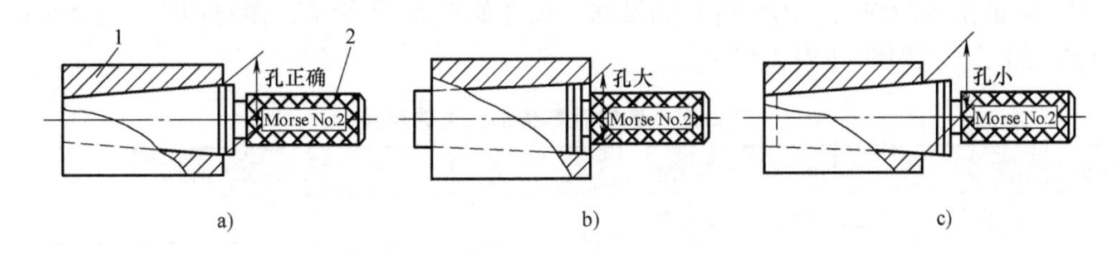

图2-91　圆锥塞规检测内圆锥尺寸

>> 提示

① 用圆锥塞规涂色检查时，必须注意孔内清洁，显示剂必须涂在圆锥塞规表面，转动量在半圈之内且只可沿一个方向转动。

② 取出圆锥塞规时注意安全，不能敲击，以防工件移位。

四、任务准备

1）机床为CAK5085DI型数控车床。

2）刀具准备见表2-54。

表2-54　刀具准备

序号	刀具种类	刀具型号	刀片型号	图示
1	90°偏刀 （外圆车刀）	DCLNR2525M12	CNMG120404-PM	
2	麻花钻	ϕ20mm		

（续）

序号	刀具种类	刀具型号	刀片型号	图示
3	内孔车刀	S16R-PCLNRL 09	DNMG 05 06 04-MF	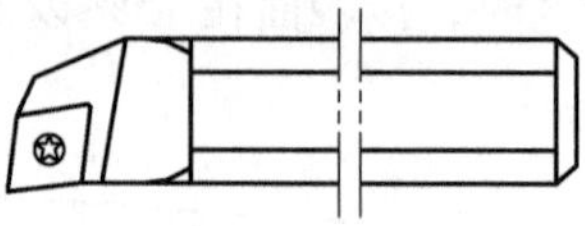
4	切断刀	RF123F202525B	N123H2-0400-0002-CM	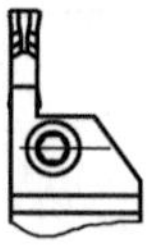

3）量具有游标卡尺、内测千分尺、内径百分表、圆锥量规。

4）毛坯材料为直径 ϕ50mm 圆钢或塑料棒。

五、任务实施

1. 加工工艺分析

零件特征主要为内孔、内台阶及圆锥面，尺寸如图 2-89 所示，棒料伸出卡盘 50mm。

（1）加工工艺路线（表 2-55）。

表 2-55 圆锥孔零件加工工艺路线

序号	工步	加工内容	加工简图
1	工步 1	车端面，建立工件坐标系	
2	工步 2	钻孔，孔径 ϕ20mm × 40mm	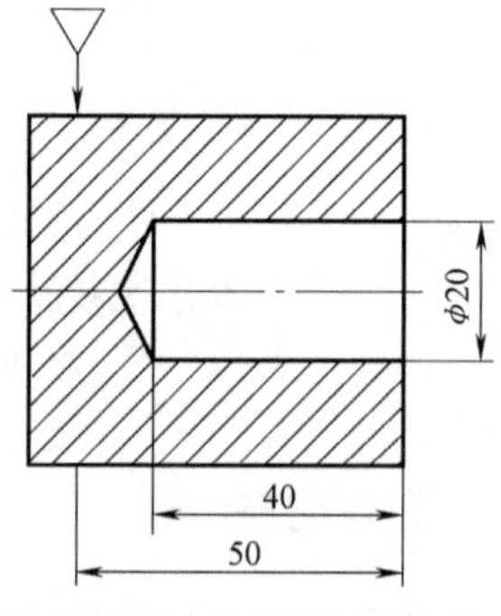 ϕ20 40 50
3	工步 3	粗、精车内孔 ϕ36mm × 8mm、ϕ24mm × 10mm 及 ϕ32mm ~ ϕ24mm × 10mm 内锥孔并倒角	8 $\phi24^{+0.021}_{0}$ ϕ32 $\phi36^{+0.025}_{0}$ 18 28

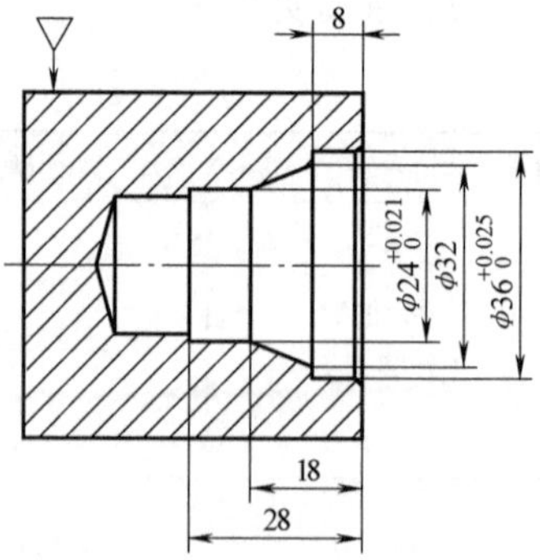

（续）

序号	工步	加工内容	加工简图
4	工步 4	粗、精车外圆、倒角到零件图样尺寸	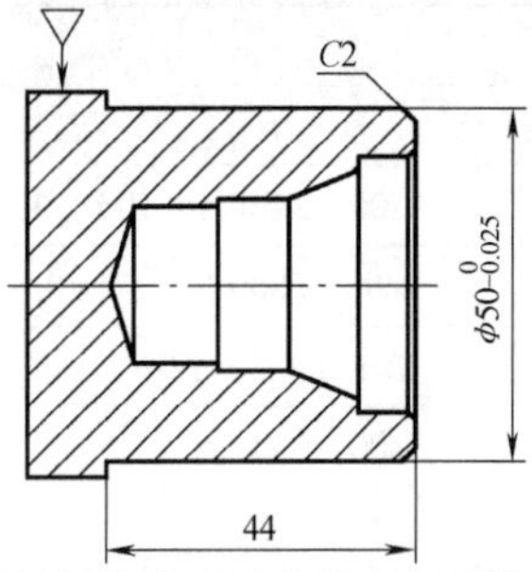
5	工步 5	倒角、切断至图样尺寸	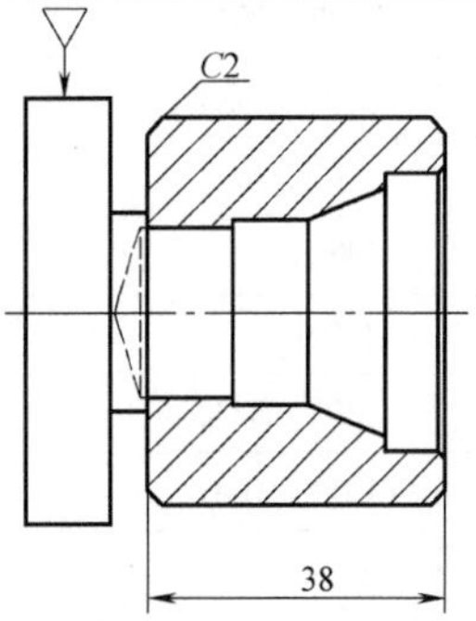
6	工步 6	调头装夹，包铜皮，ϕ20mm 内孔倒角	
7	工步 7	检测	

（2）确定切削用量　根据零件被加工表面质量要求、刀具材料和工件材料，参考相关资料选取切削速度和进给量。数控加工工序卡见表 2-56。

表 2-56　数控加工工序卡

班级	姓名		数控加工工序卡		零件名称	材料	零件图号	
					内锥孔	塑料棒或 45 钢	—	
工序	程序编号	夹具编号		使用设备		实训教室		
—	O2086	—		CAK5085DI		数控车床编程加工教室		
序号	工步内容	刀具号	刀具规格/mm	主轴转速 n/(r/min)	进给量 f/(mm/r)	背吃刀量 a_p/mm	刀尖圆弧半径 r_ε/mm	备注
1	车端面	T01			手动控制		0.4	手动
2	钻孔		ϕ20	280				
3	粗、精车内孔 ϕ36mm×8mm、ϕ24mm×10mm 及 ϕ32～ϕ24mm×10mm 内锥孔并倒角	T03	20×20	粗:800 精:1200	粗:0.15 精:0.1	粗:1.5 精 0.3	0.4	自动
4	粗、精车外圆、倒角到零件图样尺寸	T01	20×20	粗:1000 精:1400	粗:0.25 精:0.1	粗:2 精:0.5	0.4	自动
5	倒角、切断，保证零件总长 38mm±0.05mm	T02	20×20	600	0.08	5		自动
6	调头，左端内孔倒角	T03	20×20	800	0.1		0.4	自动
7	检测							
编制		审核		批准		年　月　日		

2. 编制程序（表2-57）

表2-57　圆锥孔零件加工程序

O2086;		程序名(工步3~5)
程序段号	程序内容	动作说明
N10	G00　X150.0　Z150.0;	车刀移动到换刀点
N20	M03　S800;	主轴正转,转速800r/min
N30	T0303　M08;	换3号刀,切削液开
N40	G00　X21.0;	刀具移动至起刀点
N50	Z2.0;	
N60	M98　P0111;	毛坯切削粗加工内轮廓
N70	G00 Z150.0;	车刀移动到换刀点
N80	X150.0;	
N90	M05;	主轴停止
N100	M00;	程序暂停,检测,调整磨耗
N110	M03　S1200;	主轴正转,转速1200r/min
N130	G00 X21.0;	刀具移动至起刀点
N140	Z2.0;	
N150	M98 P0111;	调用内孔精车子程序,精车内孔
N160	G00　Z150.0;	车刀移动到换刀点
N170	X150.0;	
N180	M05　M09;	主轴停止,切削液关
N190	M00;	程序暂停
N200	M03　S1000;	主轴正转;转速1000r/min
N210	T0101　M08;	调用1号刀,切削液开
N220	G00　X57.0　Z2.0;	车刀移动至起刀点
N230	M98　P0112;	毛坯切精加工外轮廓
N240	G00　X150.0　Z150.0;	车刀移动到换刀点
N250	M05　M09;	主轴停止,切削液关
N260	M00;	程序暂停
N270	M03　S1400;	主轴正转,转速1400r/min
N290	G00　X57.0　Z2.0;	刀具移动至起刀点
N300	M98　P0112;	调用外圆子程序,精车外圆
N310	G00　Z2.0;	
N320	G00　X150.0　Z150.0;	车刀移动到换刀点
N330	M05　M09;	主轴停止
N340	M00;	程序暂停

（续）

O2086；		程序名(工步3~5)
程序段号	程序内容	动作说明
N350	T0404　S600　M08；	调用4号刀，转速600r/min，切断刀刀宽3mm，左侧面对刀，切削液开
N360	G00　X55.0　Z-41.0；	车刀移动到起刀点
N370	G01　X50.0　F0.08；	车刀移至切断倒角处
N400	Z-36.0；	
N410	X46.0　Z-38.0；	
N420	X21.0	总长38mm±0.05mm，切断
N430	G00 X150.0；	刀具移动至换刀点，切削液关
N440	Z150.0 M09；	
N450	M30；	程序结束
O0111；		内孔加工子程序
N10	G00 X38.0；	内孔精加工程序
N20	G01　Z0　F0.1；	
N30	X36.0　Z-1.0；	
N40	Z-8.00；	
N50	G01 X32.0；	
N60	X24　Z-18	
N70	Z-28	
N80	X21；	车刀退回至X轴起刀点
N90	M99；	子程序结束
O0112		外轮廓加工子程序
N10	G00 X46.0；	精车零件外轮廓
N20	G01　Z0　F0.1；	
N30	X50.0　Z-2.0；	
N40	Z-44.0；	
N50	X57.0；	车刀退回至X轴起刀点
N60	M99；	子程序结束

3. 加工过程

（1）加工准备

1）检查毛坯尺寸。

2）开机，返回参考点。

3）装夹工件和刀具。工件装夹并找正、夹紧；麻花钻装在尾座孔内，手动锁紧，外圆车刀安装在1号刀位，内孔车刀安装在3号刀位，切断刀安装在4号刀位。

4）程序输入。

5）手动预钻孔至深度 45mm。

（2）对刀

1）X 方向对刀。内孔车刀试切长度 5 ~ 8mm，沿 +Z 方向退出车刀，停机检测内孔尺寸，将其值输入到相应的刀具长度补偿中。

2）Z 方向对刀。微量车削端面（约 a_p =0.5 ~ 1mm）至端面平整，车刀沿 X 方向退出，将刀具位置数据输入到相应的长度补偿中。

3）对于中心钻、麻花钻，只需 Z 方向对刀，即分别将中心钻、麻花钻钻尖与工件右端面对齐，再将其值输入到相应的长度补偿中；若手动钻中心孔、钻孔，则不需对刀。

（3）程序模拟加工

（4）自动加工及尺寸检测

六、检查评议

1. 零件加工检测评分（表 2-58）

表 2-58　圆锥孔零件加工检测评分

班级		姓名			学号		
任务二	圆锥孔零件的编程与加工			零件编号			
项目	序号	检测内容		配分	评分标准	自检	他检
编程	1	工艺方案制定正确		5 分	不正确不得分		
	2	切削用量选择合理、正确		5 分	不正确不得分		
	3	程序正确和规范		5 分	不正确不得分		
操作	4	工件安装和找正规范、正确		5 分	不正确不得分		
	5	刀具安装、选择正确		5 分	不正确不得分		
	6	设备操作规范		5 分	不正确不得分		
	7	安全生产		5 分	违章不得分		
	8	文明生产，符合“5S”标准		5 分	1 处不符合要求扣 4 分		
圆锥孔	9		IT	15 分	达不到要求不得分		
			Ra	2 分	达不到要求不得分		
台阶孔	10	$\phi36^{+0.025}_{0}$mm	IT	5 分	超出 0.01mm 扣 2 分		
			Ra	2 分	达不到要求不得分		
	11	$\phi24^{+0.021}_{0}$mm	IT	5 分	按 IT10，精度达不到要求不得分		
			Ra	2 分	达不到要求不得分		
	12	ϕ32mm	IT	5 分	按 IT10，精度达不到要求不得分		
			Ra	2 分	达不到要求不得分		

（续）

班级		姓名		学号		
任务二	圆锥孔零件的编程与加工			零件编号		
项目	序号	检测内容	配分	评分标准	自检	他检
长度	13	$28_{-0.2}^{0}$mm	5分	超差不得分		
	14	8mm	5分	按GB/T 1804—m，精度超差不得分		
	15	18mm、38mm±0.05mm分	5分	超差不得分		
倒角	16	C1（5处）	2分	达不到要求不得分		
	17	C2	2分	达不到要求不得分		
		C0.5	3分	达不到要求不得分		
总　分			100分			

2. 完成任务评定（表2-59）

表2-59　完成任务评定

任务名称					
任务准备过程分析记录					
任务完成过程分析记录					
任务完成结果分析记录					
自我分析评价					
小组分析评价					
自我评定成绩		小组评定成绩		教师评定成绩	
个人签名		组长签名		教师签名	
综合成绩				日期	

七、问题及防治

圆锥孔加工中产生的问题及解决措施见表2-60。

表2-60　圆锥孔加工中产生的问题及解决措施

产生问题	产生原因	解决措施
内圆锥面大小端直径超差	（1）圆锥体尺寸计算或编程输入错误 （2）刀具X轴对刀错误 （3）刀尖圆弧半径没有补偿 （4）测量错误	（1）正确计算，检查并修改加工程序 （2）检查、修正工件坐标系 （3）编程时考虑刀尖圆弧半径补偿 （4）正确进行工件测量
内锥长度超差	（1）内锥尺寸计算或编程输入错误 （2）刀具Z轴对刀错误 （3）测量错误	（1）正确计算，检查并修改加工程序 （2）检查、修正工件坐标系 （3）正确进行工件测量
内锥角度不正确	（1）圆锥尺寸计算或编程输入错误 （2）刀具磨损而没有及时更换刀片 （3）工艺系统刚性差，产生让刀现象	（1）正确计算，检查并修改加工程序 （2）及时检查、更换刀片 （3）增强工艺系统刚性，减小刀片刀尖圆弧半径

（续）

产生问题	产生原因	解决措施
内圆锥母线双曲线误差	车刀刀尖没有对准工件回转轴线	正确安装车刀，刀尖严格对准工件回转轴线
表面粗糙度达不到要求	(1)工艺系统刚性差，产生振动 (2)刀具磨损而没有及时更换刀片 (3)切削用量选择不当	(1)增强工艺系统刚性，减小刀片刀尖圆弧半径 (2)及时检查、更换刀片 (3)合理选择切削用量

八、扩展知识

1. 套类零件的装夹方式

（1）套类零件的结构特点　套类零件属于内外回转面，有较高的尺寸及几何精度要求，主要结构有槽、螺纹、圆柱面或圆锥面、台阶结构。

（2）套类零件的车削加工特点

1）结构刚性差，装夹、加工易产生变形，从而影响加工精度。因此薄壁套筒常采用套筒夹具或心轴类夹具装夹，并采用较小的切削速度和较小的背吃刀量。

2）内孔加工中，受结构限制，刀具结构刚性差，加工中易产生让刀现象，影响加工精度。

3）内腔结构尺寸不易测量。

4）对机床精度要求高。

（3）套类零件的装夹方式　套类零件常采用自定心卡盘或单动卡盘装夹。当套类零件的同轴度和垂直度要求较高时可采用心轴来装夹，这种以内孔为基准的装夹方式可以很好地保证位置精度。

2. 保证套类零件技术要求的方法

套类零件是机械产品中精度要求较高的重要零件之一。套类零件主要加工表面是内孔、外圆和端面。这些表面不仅有形状精度、尺寸精度和表面粗糙度值要求，而且彼此间还有较高的位置精度要求，车削套类零件必须高度重视如何保证这些技术要求。因此应选择合理的装夹方法和车削工艺。

（1）在一次装夹中完成加工　单件小批量车削套类零件，可以在一次装夹中尽可能把工件全部或大部分表面加工完成，如图 2-92 所示。这种方法不存在因安装而产生的定位误差，如果车床精度较高，可获得较高的几何精度。

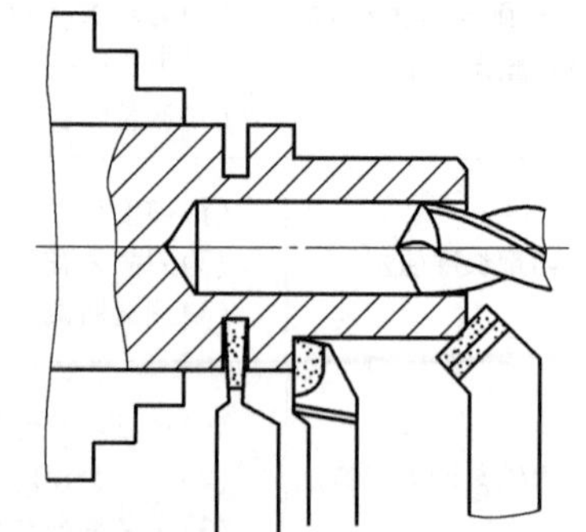
图 2-92　在一次装夹中完成加工

（2）以外圆为基准保证位置精度　数控车床上以外圆为基准保证工件位置精度时，一般应用软卡爪装夹工件，如图 2-93 所示。软卡爪用未经淬火的 45 钢制成，这种软卡爪是在数控车床本身上车削成形的，如图 2-94 所示，因此可确保装夹精度。其次，当装夹已加工表面或软金属时，用软卡爪装夹不易夹伤工件表面。

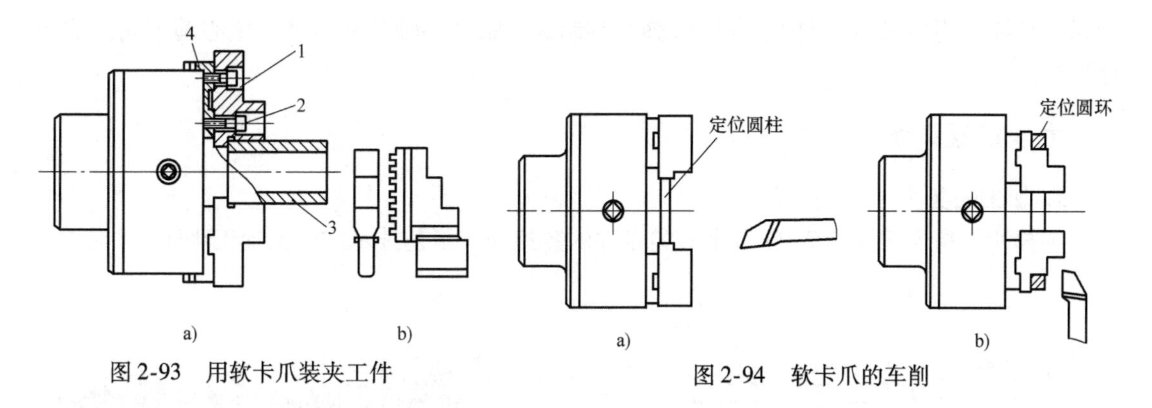

图 2-93 用软卡爪装夹工件　　图 2-94 软卡爪的车削

提示

① 软卡爪的底面和定位台阶应与卡爪底座正确配合，以保证正确定位。

② 车削软卡爪时，为了消除卡爪间隙，须在卡爪内或卡爪外夹持一适当直径的定位圆柱或圆环，且与装夹工件时夹紧方向一致，如图2-91所示。

③ 车削卡爪的直径与被装夹工件的直径基本相同，允许有±0.1mm的间隙，车出相应的定位台阶，使工件能正确定位。

④ 车削软卡爪时，由于是断续切削，切削用量应选得小一些。

⑤ 在车削软卡爪和每次装拆工件时，都要固定使用同一扳手孔，且松开量不宜过大，夹紧力要均匀一致。

（3）以内孔为基准保证位置精度　车削中、小型的轴套类、带轮、齿轮等工件时，一般可用已加工好的内孔为定位基准，并根据内孔配置一根合适的心轴，再将装上套类工件的心轴支顶在数控车床上，精加工套类工件的外圆、端面等。

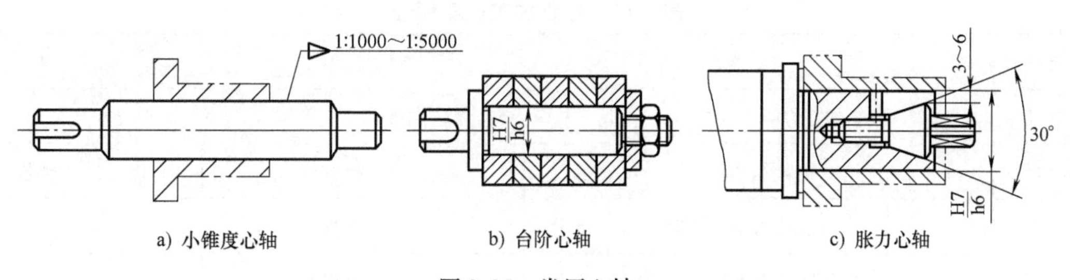

图 2-95 常用心轴

1）实体心轴。实体心轴分小锥度心轴和台阶心轴两种。小锥度心轴如图 2-95a 所示，有 1:1000～1:5000 的锥度，其优点是制造容易，由于配合无间隙，所以加工精度较高；缺点是长度方向上无法定位，承受的切削力较小，装卸不太方便。带台阶的圆柱心轴如图2-95b所示，其配合圆柱面与工件孔保持较小的间隙配合，工件靠螺母压紧，可同时装夹多个工件。若装上快换垫圈，装卸工件就更方便，但由于心轴与孔配合间隙的存在，其定心精度较低，只能保证 ϕ0.02mm 左右的同轴度。

2）胀力心轴。胀力心轴（图 2-95c）依靠材料弹性变形所产生的胀力来固定工件，胀力心轴的圆锥角最好是30°左右，最薄部分壁厚为 3～6mm。为了使胀力均匀，槽可做成三等份。长期使用的胀力心轴可用65Mn 弹簧钢制成。胀力心轴装卸方便，定心精度高，故应用广泛。

九、扩展训练

1. 加工任务

根据所学指令编写图 2-96 所示套类零件的数控加工工艺技术文件及加工程序。

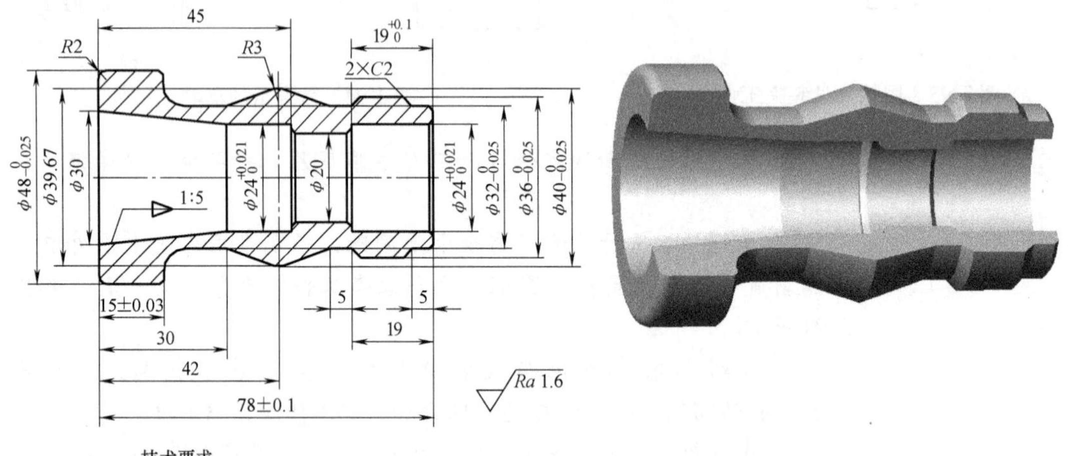

技术要求

1. 未注倒角C1。
2. 锐边倒钝C0.5。
3. 未注公差尺寸按GB/T 1804—m。

图 2-96　套类零件及其三维效果

2. 零件加工检测评分（表 2-61）

表 2-61　零件加工检测评分

班级		姓名		学号		
扩展训练	套类零件的编程与加工			零件编号		
项目	序号	检测内容	配分	评分标准	自检	他检
编程	1	工艺方案制订正确	5 分	不正确不得分		
	2	切削用量选择合理、正确	5 分	不正确不得分		
	3	程序正确和规范	5 分	不正确不得分		
操作	4	工件安装和找正规范、正确	5 分	不正确不得分		
	5	刀具选择、安装正确	5 分	不正确不得分		
	6	设备操作规范	5 分	不正确不得分		
	7	安全生产	5 分	违章不得分		
	8	文明生产，符合“5S”标准	5 分	1 处不符合要求扣 4 分		

（续）

班级		姓名		学号			
扩展训练	套类零件的编程与加工			零件编号			
项目	序号	检测内容		配分	评分标准	自检	他检
外圆	9	$\phi48_{-0.025}^{\ 0}$ mm	IT	4 分	超差不得分		
			Ra	2 分	达不到要求不得分		
	10	$\phi40_{-0.025}^{\ 0}$ mm	IT	4 分	超差不得分		
			Ra	2 分	达不到要求不得分		
	11	$\phi36_{-0.025}^{\ 0}$ mm	IT	4 分	超差不得分		
			Ra	2 分	达不到要求不得分		
	12	$\phi32_{-0.025}^{\ 0}$ mm	IT	4 分	超差不得分		
			Ra	2 分	达不到要求不得分		
内孔	13	$\phi24_{\ 0}^{+0.021}$ mm（2 处）	IT	4 分/4 分	1 处超差扣 4 分		
			Ra	2 分	达不到要求不得分		
内锥度	14	1:5	IT	5 分	按 IT10，精度达不到要求不得分		
			Ra	2 分	达不到要求不得分		
长度	15	15mm ±0.03mm		5 分	按 IT10，精度达不到要求不得分		
	16	$19_{\ 0}^{+0.10}$ mm		5 分	超差不得分		
	17	78 ±0.1，42，30，19，5（2 处）		5 分	按 GB/T 1804—m，精度超差不得分		
倒角	18	*C*2（2 处）		2 分	达不到要求不得分		
	19	锐边倒钝		2 分	达不到要求不得分		
总　分				100 分			

任务三　内圆弧面零件的编程与加工

一、任务描述

1. 内圆弧面零件的编程与加工任务描述（表 2-62）

表 2-62　内圆弧面零件的编程与加工任务描述

任务名称	内圆弧面零件的编程与加工
零件	内圆弧面零件
设备条件	数控仿真软件、CAK5085DI 型数控车床、数控车刀、夹具、量具、材料
任务要求	（1）完成内圆弧面零件的数控车削路线及工艺编制 （2）在数控车床上完成内圆弧面零件的编程与加工 （3）完成零件的检测 （4）填写零件加工检测评分表及完成任务报告评定表

2. 零件图（图 2-97）

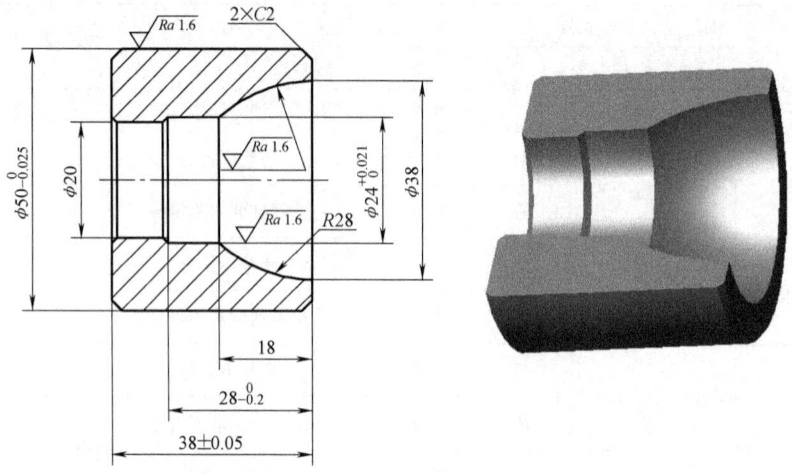

技术要求

1. 未注倒角C1。
2. 锐边倒钝C0.5。
3. 未注公差尺寸按GB/T 1804—m。

图 2-97　内圆弧面零件及其三维效果

二、任务分析

1）掌握数控车床上内圆弧面零件的加工方法。
2）熟练掌握内孔车刀的对刀方法。
3）掌握内圆弧面零件加工工艺路线、方案的制订方法。
4）掌握内圆弧面零件的测量方法。

三、相关知识

1. 加工内圆弧面车刀的选择

选择加工内圆弧的车刀时要注意主、副偏角的选择，主偏角一般选择 90°～93°，副偏角则根据内圆弧面轮廓选择 5°～50°。加工内圆弧面的车刀如图 2-98 所示。

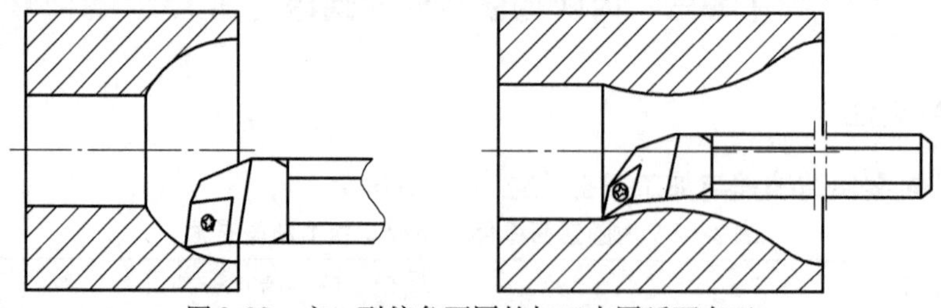

图 2-98　主、副偏角不同的加工内圆弧面车刀

2. 内圆弧面加工的编程指令

格式：　G02/G03　X__　Z__　R__　F__；

　　　　G02/G03　X__　Z__　I__　K__　F__；

说明：

① X、Z 指定圆弧的终点坐标值。

② R 指定圆弧半径。

③ I、K 指定圆心坐标相对于圆弧起点坐标的增量值，且在直径、半径编程时 I 都是半径值。

四、任务准备

1）机床为 CAK5085DI 型数控车床。

2）刀具装备见表 2-63。

表 2-63　刀具准备

序号	刀具种类	刀具型号	刀片型号	图示
1	90°偏刀（外圆车刀）	DCLNR2525M12	CNMG120404-PM	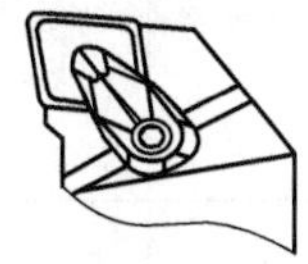
2	麻花钻	ϕ20mm		
3	内孔车刀	S16R-PCLNRL　09	DNMG 05 06 04-MF	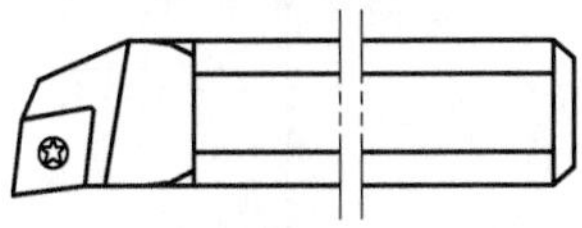
4	切断刀	RF123F202525B	N123H2-0400-0002-CM	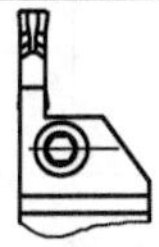

3）量具：包括游标卡尺、内测千分尺、内径百分表。

4）零件毛坯材料为 ϕ50mm 的圆钢或塑料棒。

五、任务实施

1. 确定数控车削加工工艺

零件特征主要为内孔、内台阶、内圆弧面，尺寸如图 2-94 所示，棒料伸出卡盘 50mm。

（1）加工工艺路线（表 2-64）

表 2-64　内圆弧面零件加工工艺路线

序号	工步	加工内容	加工简图
1	工步 1	车端面，建立工件坐标系	
2	工步 2	钻孔，孔径 ϕ20mm×40mm	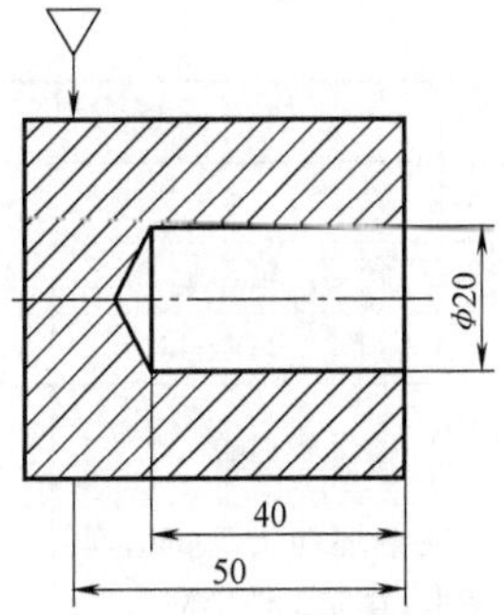 ϕ20　40　50

（续）

序号	工步	加工内容	加工简图
3	工步 2	粗、精车内圆弧面 $R28$mm、内孔 $\phi24$mm × 10mm 并倒角	
4	工步 3	粗、精车外圆、倒角到零件图样尺寸	
5	工步 4	倒角、切断至图样尺寸	
6	工步 5	调头装夹，外包铜皮，车 $\phi22$ 倒角	
7	工步 6	检测	

（2）确定切削用量　根据零件被加工表面质量要求、刀具材料和工件材料，参考相关资料选取切削速度和进给量。数控加工工序卡见表 2-65。

表 2-65　数控加工工序卡

<table>
<tr><td colspan="2">班级</td><td colspan="2">姓名</td><td colspan="3" rowspan="2">数控加工工序卡</td><td>零件名称</td><td>材料</td><td>零件图号</td></tr>
<tr><td colspan="2"></td><td colspan="2"></td><td>内圆弧面零件</td><td>塑料棒或 45 钢</td><td>—</td></tr>
<tr><td colspan="2">工序</td><td>程序编号</td><td colspan="2">夹具编号</td><td colspan="2">使用设备</td><td colspan="3">实训教室</td></tr>
<tr><td colspan="2">—</td><td>O2094</td><td colspan="2">—</td><td colspan="2">CAK5085DI</td><td colspan="3">数控车床编程加工教室</td></tr>
<tr><td>序号</td><td>工步内容</td><td>刀具号</td><td>刀具规格 /mm</td><td>主轴转速 n /(r/min)</td><td>进给量 f /(mm/r)</td><td>背吃刀量 a_p/(mm)</td><td>刀尖圆弧半径 r_ε/mm</td><td colspan="2">备注</td></tr>
<tr><td>1</td><td>夹毛坯伸出 50mm，车端面，建立工件坐标系</td><td>T01</td><td></td><td></td><td></td><td></td><td></td><td colspan="2"></td></tr>
</table>

（续）

班级	姓名	数控加工工序卡	零件名称	材料	零件图号
			内圆弧孔	塑料棒或45钢	—

工序	程序编号	夹具编号	使用设备	实训教室
—	O2094	—	CAK5085DI	数控车床编程加工教室

工序	工步内容	刀具号	刀具规格/mm	主轴转速 n/(r/min)	进给量 f/(mm/r)	背吃刀量 a_p/mm	刀尖圆弧半径 r_ε/mm	备注
2	钻孔		ϕ20	280	手动控制			手动
3	粗、精车内圆弧面 R28mm、内孔 ϕ24mm × 10mm 并倒角	T03	25×25	粗:800 精:1200	粗:0.15 精:0.1	粗:1.5 精:0.3	0.4	自动
4	粗、精车外圆、倒角到零件图样尺寸	T01	25×25	粗:1000 精:1400	粗:0.25 精:0.10	粗:2 精:0.5	0.4	自动
5	倒角、切断至图样尺寸	T04	25×25	600	0.08	5	0.4	自动
6	调头,包铜皮,ϕ20 倒角	T03	25×25	800	0.1			手动
7	检测							
编制		审核		批准		年　月　日		

2. 编制程序

编制内圆弧面零件加工程序。表2-66只列出了内轮廓部分加工程序。

表2-66　内圆弧面零件内轮廓加工程序

O2094;		程序名
程序段号	程序内容	动作说明
N10	G00　X150.0　Z150.0;	车刀移动到换刀点
N20	M03　S800;	主轴正转,转速800r/min
N30	T0303　M08;	换3号刀,切削液开
N40	G00 X18.0 Z2.0;	刀具移动至起刀点
N50	M98 P0200;	毛坯切削粗加工内锥轮廓
N60	G00 X150.0 Z150.0	车刀移动到换刀点
N70	M05;	主轴停止
N80	M00　M09;	程序暂停,零件测量,调整磨耗,切削液关
N90	M03　S1200	主轴正转转速1200r/min
N110	G00　X20.0　Z2.0;	车刀移动至起刀点
N120	M98　P0200;	精加工内轮廓
N130	G00　X150.0　Z150.0　M09;	刀具移动至换刀点,切削液关
N140	M30;	程序结束
O0200;		内轮廓加工子程序
N10	G00　X38.0;	精车零件内轮廓
N20	G01　Z0　F0.25	
N30	G03　X24.0　Z-18.0　R28;	
N40	G01　Z-28.0;	
N50	X20.0　C1.0;	
N60	Z-40.0;	
N70	X18.0;	车刀退回至X轴起刀点
N80	M99;	子程序结束

3. 加工过程

（1）加工准备

1）检查毛坯尺寸。

2）开机，返回参考点。

3）装夹工件和刀具。工件装夹并找正、夹紧；麻花钻装在尾座孔内，手动锁紧，90°偏刀安装在1号刀位，内孔车刀安装在3号刀位，切断刀安装在4号刀位。

4）程序输入。

5）手动预钻孔至深度40mm。

（2）对刀

（3）程序模拟加工

（4）自动加工及尺寸检测

六、检查评议

1. 零件加工检测评分（表2-67）

表2-67　内圆弧面零件加工检测评分

班级		姓名			学号		
任务三	内圆弧面零件的编程与加工				零件编号		
项目	序号	检测内容		配分	评分标准	自检	他检
编程	1	工艺方案制订正确		5分	不正确不得分		
	2	切削用量选择合理、正确		5分	不正确不得分		
	3	程序正确和规范		5分	不正确不得分		
操作	4	工件安装和找正规范、正确		5分	不正确不得分		
	5	刀具安装、选择正确		5分	不正确不得分		
	6	设备操作规范、正确		5分	不正确不得分		
	7	安全生产		5分	违章不得分		
	8	文明生产，符合“5S”标准		5分	1处不符合要求扣4分		
内圆弧	9	$R28$mm	IT	10分	超出0.01mm扣2分		
			Ra	2分	达不到要求不得分		
内孔	10	$\phi24^{+0.021}_{0}$mm	IT	8分	超出0.01mm扣2分		
			Ra	2分	达不到要求不得分		
外圆	11	$\phi50^{0}_{-0.025}$mm	IT	8分	按IT10，精度达不到要求不得分		
			Ra	2分	达不到要求不得分		
长度	12	$28^{0}_{-0.20}$mm		5分	按IT10，精度达不到要求不得分		
	13	38mm ±0.05mm		5分	达不到要求不得分		
外圆	14	$\phi38$mm，$\phi20$mm		2分/2分	超差不得分		
长度	15	18mm		2分	按GB/T 1804—m，精度超差不得分		
	16	38mm ±0.05mm		2分	超差不得分		
倒角	17	$C2$（2处）		4分	达不到要求不得分		
	18	$C1$（2处）		4分	达不到要求不得分		
	19	锐边倒钝		2分	达不到要求不得分		
总　分				100分			

2. 完成任务评定（表2-68）

表2-68 完成任务评定

<table>
<tr><th>任务名称</th><th colspan="5"></th></tr>
<tr><td>任务准备过程分析记录</td><td colspan="5"></td></tr>
<tr><td>任务完成过程分析记录</td><td colspan="5"></td></tr>
<tr><td>任务完成结果分析记录</td><td colspan="5"></td></tr>
<tr><td>自我分析评价</td><td colspan="5"></td></tr>
<tr><td>小组分析评价</td><td colspan="5"></td></tr>
<tr><td>自我评定成绩</td><td></td><td>小组评定成绩</td><td></td><td>教师评定成绩</td><td></td></tr>
<tr><td>个人签名</td><td></td><td>组长签名</td><td></td><td>教师签名</td><td></td></tr>
<tr><td>综合成绩</td><td colspan="3"></td><td>日期</td><td></td></tr>
</table>

七、问题及防治

内圆弧面零件加工中产生的问题及解决措施见表2-69。

表2-69 内圆弧面零件加工中产生的问题及解决措施

误差项目	产生原因	解决措施
加工中出现干涉现象	(1)刀具几何参数选择不正确 (2)车刀安装不正确	(1)正确选择刀具几何参数 (2)正确安装车刀
内圆弧几何尺寸与图样不符	(1)刀尖圆弧半径没有补偿 (2)加工程序错误 (3)车刀磨损	(1)编程时使用刀尖圆弧半径补偿功能 (2)检查、修改加工程序 (3)及时更换刀片
内圆弧顺、逆时针方向错误	加工程序错误	正确编写加工程序
内圆弧表面粗糙度达不到要求	(1)工艺系统刚性不足 (2)车刀几何参数选择不合理 (3)切削用量选择不合理。	(1)提高车刀刚度及工艺系统刚性 (2)正确选择车刀几何参数，适当增大前角，合理选择后角 (3)合理选择切削用量，精加工时使用恒线速功能

八、扩展知识　套类零件几何误差的检测

1. 形状误差的测量

在数控车床上加工圆柱孔时，其形状精度一般只测量圆度和圆柱度误差。

（1）孔的圆度误差测量　孔的圆度误差可用内径百分表或内径千分表测量。测量前应先用环规或外径千分尺将内径百分表调整到零位，将测头放入孔内，在各个方向上测量，在测量截面内取最大值与最小值之差的一半即为单个截面上的圆度误差。按照上述方法测量若干个截面，取其中最大的误差作为该圆柱孔的圆度误差。

（2）孔的圆柱度误差测量　可用内径百分表在孔的全长上前、中、后各测量几个截面，比较各个截面测量出的最大值与最小值，然后取其最大值与最小值误差的一半为孔全长的圆柱度误差。

2. 位置误差和跳动误差的测量

套类零件位置精度和跳动要求有端面对轴线的垂直度和同轴度、径向圆跳动、轴向圆跳动等。

（1）径向圆跳动误差的测量　一般的套类零件用内孔作为测量基准（图 2-99），把零件套在精度很高的心轴上，再将心轴安装在两顶尖之间，用百分表检测零件外圆柱面，如图 2-100 所示。在零件上转一周后百分表所得的最大读数即为该测量面上的径向圆跳动误差，取各截面上测量的跳动量中最大值，即为该零件的径向圆跳动误差。

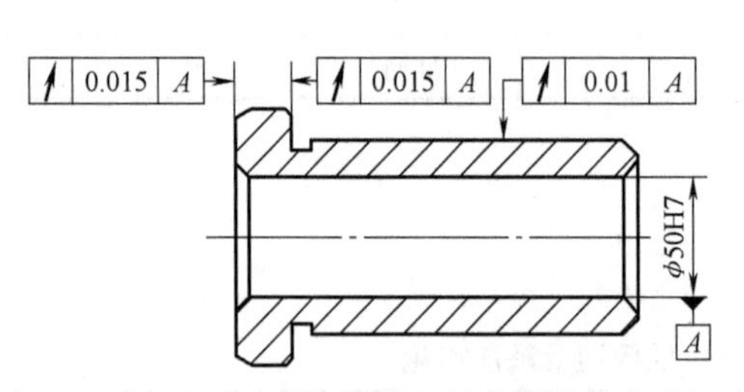

图 2-99　径向跳动与轴向圆跳动

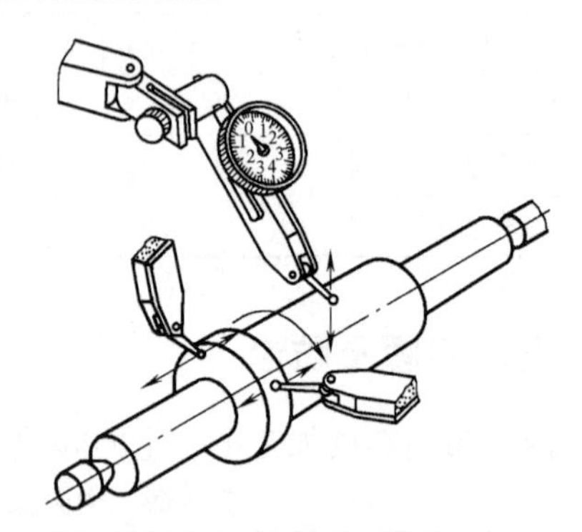

图 2-100　用百分表测量径向圆跳动误差和轴向圆跳动误差

对于外形简单而内部形状复杂的套类零件（图 2-101a），不便安装在心轴上测量径向圆跳动时，可以把零件放在 V 形架上并轴向限位（图 2-101b），零件以外圆作为测量基准。测量时，用杠杆百分表的测头与工件内孔表面接触，工件转一周，百分表的最大读数就是工件的径向圆跳动误差。

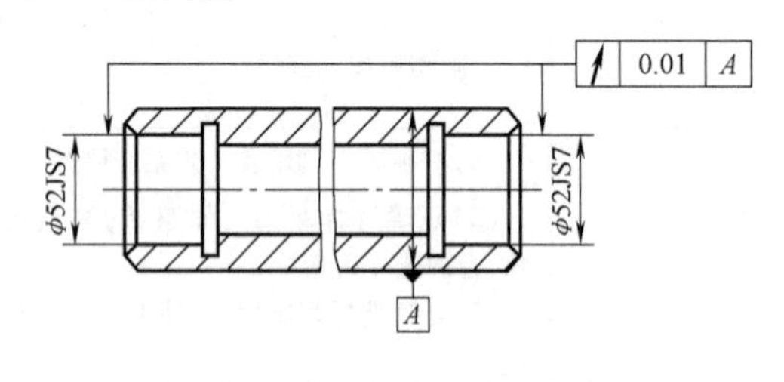

a) 工件图

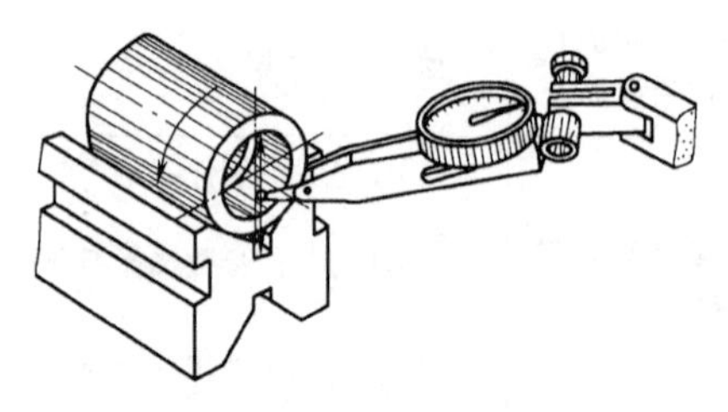

b) 测量方法

图 2-101　工件放在 V 形架上测量径向圆跳动误差

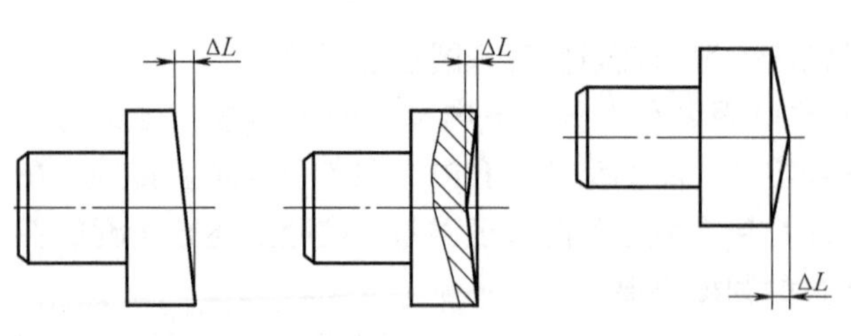

a) 圆跳动等于垂直度　b) 圆跳动大于垂直度　c) 圆跳动等于零

图 2-102　轴向圆跳动和端面对轴线垂直度的区别

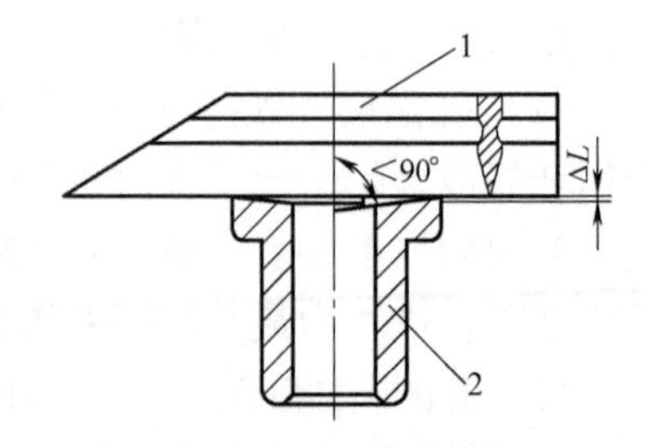

图 2-103　刀口形直尺检查端面对轴线的垂直度

（2）轴向圆跳动误差的测量　套类零件轴向圆跳动误差的测量方法如图 2-100 所示，将杠杆百分表的测量头靠在所需测量的端面上，工件转一周，百分表的最大读数即为该测量面上的轴向圆跳动误差。按照上述方法在若干个直径处进行测量，其最大值为该工件的轴向圆跳动误差。

（3）端面对轴线垂直度的测量　轴向圆跳动与端面对轴线的垂直度是两个不同的概念，不能简单地用轴向圆跳动来评定端面对轴线的垂直度，两者区别如图 2-102 所示。因此，测量端面双轴线的垂直度时，首先要测量轴向圆跳动是否合格，如合格再测量端面对轴线的垂直度。对于精度要求较低的零件，可用刀口形直尺的边进行端面对轴线的垂直度，如图 2-103所示；也可用游标卡尺侧面透光检查。对于精度要求较高的零件，当轴向圆跳动合格后，再把工件安装在 V 形架 1 的小锥度心轴 3 上，并一同放在精度很高的平板上，测量时，将杠杆百分表 4 的测头从端面的最内一点沿径向向外拉出，如图 2-104 所示，百分表的读数就是端面对内孔轴线的垂直度误差。

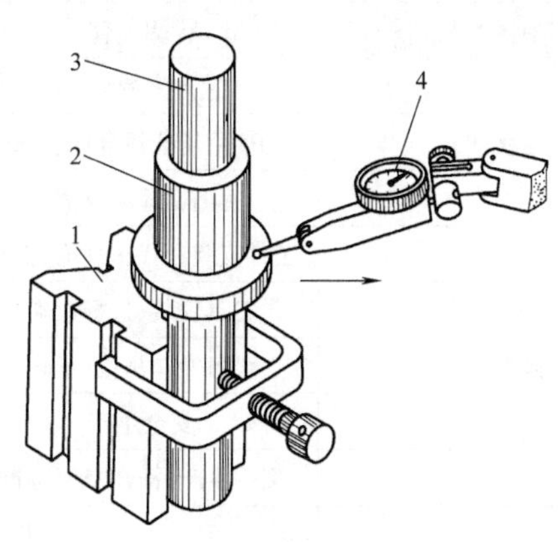

图 2-104　零件端面对轴线垂直度的检测
1—V 形架　2—零件
3—小锥度心轴　4—杠杆百分表

九、扩展训练

1. 加工任务

根据所学指令编写图 2-105 所示内圆弧面零件的数控加工工艺技术文件及加工程序。

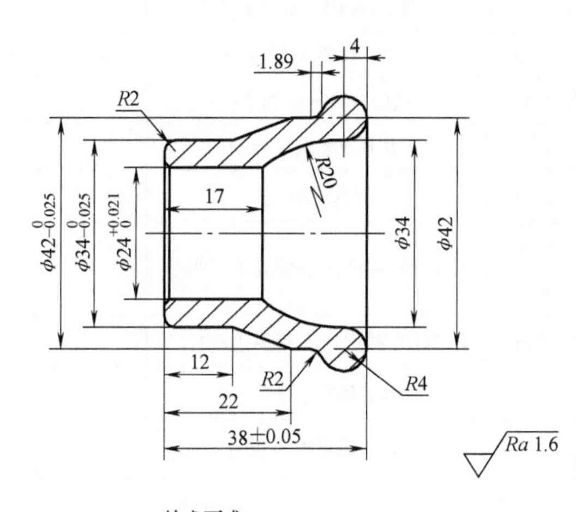

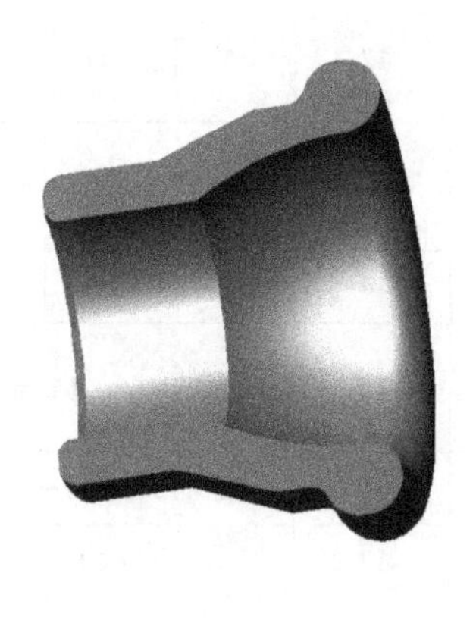

技术要求
1. 未注倒角C1。
2. 锐边倒钝C0.5。
3. 未注公差尺寸按GB/T 1804—m。

图 2-105　内圆弧面零件及其三维效果

2. 加工检测评分（有2-70）

表2-70　内圆弧面零件加工检测评分

班级			姓名		学号		
扩展训练	内圆弧面零件的编程与加工				零件编号		
项目	序号	检测内容		配分	评分标准	自检	他检
编程	1	工艺方案制订正确		5分	不正确不得分		
	2	切削用量选择合理、正确		5分	不正确不得分		
	3	程序正确和规范		5分	不正确不得分		
操作	4	工件安装和找正规范、正确		5分	不正确不得分		
	5	刀具安装、选择正确		5分	不正确不得分		
	6	设备操作规范、正确		5分	不正确不得分		
	7	安全生产		5分	违章不得分		
	8	文明生产，符合“5S”标准		5分	1处不符合要求扣4分		
圆弧	9	*R*20mm	IT	10分	按IT10，精度达不到要求不得分		
			Ra	2分	达不到要求不得分		
	10	*R*4mm、*R*2mm	IT	2分/2分	按IT10，精度达不到要求不得分		
			Ra	2分/2分	达不到要求不得分		
内孔	11	$\phi24^{+0.021}_{0}$ mm	IT	7分	超出0.01mm扣2分		
			Ra	2分	达不到要求不得分		
外圆	12	$\phi42^{0}_{-0.025}$ mm	IT	6分	超出0.01mm扣2分		
			Ra	2分	达不到要求不得分		
	13	$\phi34^{0}_{-0.025}$ mm	IT	6分	超出0.01mm扣2分		
			Ra	2分	达不到要求不得分		
长度	14	35mm ±0.05mm	IT	5分	超差不得分		
外圆	15	ϕ34mm，ϕ42mm		2分/2分	按IT10，精度达不到要求不得分		
长度	16	4mm，12mm，17mm，22mm		4分	按IT10，精度达不到要求不得分		
	17	*C*1		1分	达不到要求不得分		
	18	锐边倒钝		1分	达不到要求不得分		
总　分				100分			

项目总结

通过本项目内容的学习，掌握数控车削内台阶的基本编程指令、刀具选用和工艺技术文件编制，基本掌握套类零件的编程与加工方法、技巧。在加工中应进一步注意细节处理及精度保证的方法，对于疑惑之处应及时和实习指导教师交流沟通。

思考与练习

1. 麻花钻由哪几部分组成？
2. 麻花钻的顶角通常为多少？怎样根据麻花钻的切削刃来判别顶角的大小？
3. 钻孔时需要注意什么问题？
4. 车孔的关键技术是什么？怎样改善内孔车刀的刚性？
5. 切削液的作用、种类及选择原则是什么？
6. 常用的心轴有哪几种？各用于什么场合？
7. 利用内径百分表检测内孔时，要注意什么问题？
8. 车内锥时，装夹车刀的刀尖没有对准工件轴线，对工件质量有什么影响？
9. 怎样检测内锥锥度的正确性？
10. 数控车削中常用的减小表面粗糙度值的措施有哪些？你用过哪些措施？效果如何？
11. 用毛坯为 ϕ55mm×55mm 的 45 钢棒料，编制图 2-106 所示阶梯孔零件的加工程序。
12. 用毛坯为 ϕ55mm×55mm 的 45 钢棒料，编制图 2-107 所示内锥孔零件的加工程序。

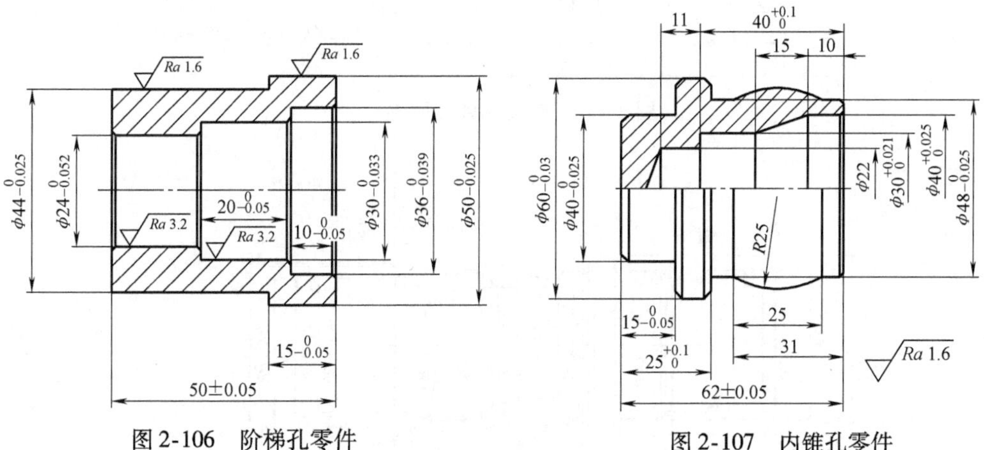

图 2-106　阶梯孔零件　　图 2-107　内锥孔零件

13. 拟订图 2-108 所示轴套零件的数控加工工艺方案，编制数控加工工艺卡、数控加工刀具卡及加工程序。

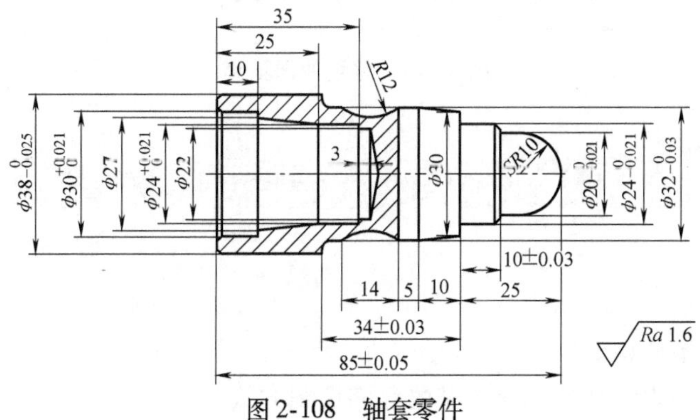

图 2-108　轴套零件

14. 拟订图 2-109 所示零件的数控加工工艺方案，编制数控加工工艺卡、数控加工刀具卡及加工程序。

15. 拟订图 2-110 所示零件的数控加工工艺方案，编制数控加工工艺卡、数控加工刀具卡及加工程序。

16. 拟订图 2-111 所示零件的数控加工工艺方案，编制数控加工工艺卡、数控加工刀具卡及加工程序。

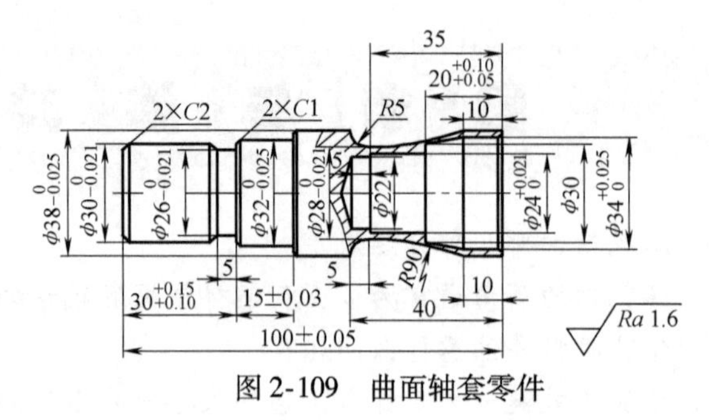

图 2-109　曲面轴套零件

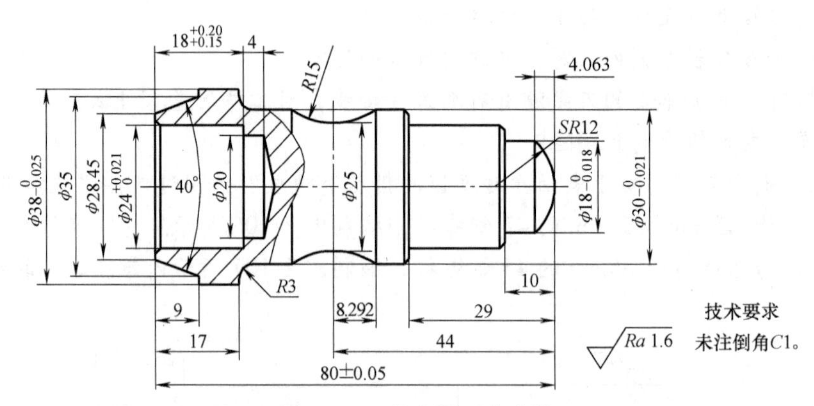

图 2-110　锥度圆弧台阶轴

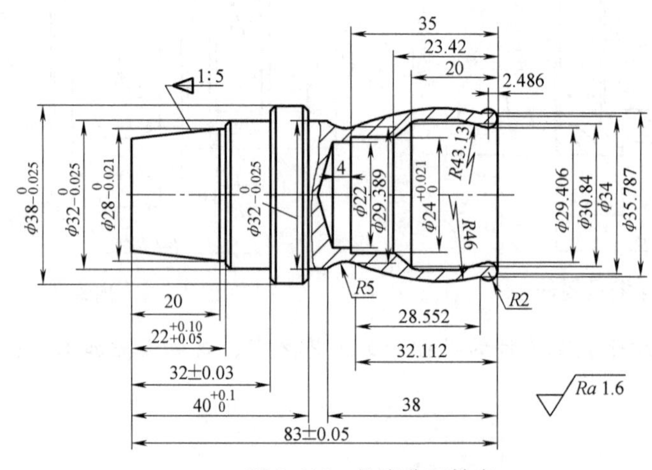

图 2-111　锥度曲面轴套

项目四　沟槽零件的车削加工

知识目标

1. 了解常见沟槽的种类。
2. 掌握外沟槽、内沟槽和端面沟槽的程序编制方法。

3. 掌握沟槽加工的刀具、检测用量具的选择方法和切削用量的选择原则。
4. 掌握沟槽加工工艺方案、加工路线制订方法及加工方法。
5. 掌握沟槽零件的检测方法。

技能目标

1. 掌握外沟槽、内沟槽和端面沟槽的加工方法。
2. 掌握切槽和切断的操作要领。
3. 掌握沟槽加工的对刀方法和步骤。
4. 掌握沟槽零件的检测方法。

任务一　外沟槽零件的编程与加工

一、任务描述

1. 外沟槽零件的编程与加工任务描述（表 2-71）

表 2-71　外沟槽零件的编程与加工任务描述

任务名称	外沟槽零件的编程与加工
零件	外沟槽零件
设备条件	数控仿真软件、CAK5085DI 型数控车床、数控车刀、夹具、量具、材料
任务要求	(1)完成外沟槽零件的数控车削路线及工艺编制 (2)在数控车床上完成外沟槽零件的编程与加工 (3)完成零件的检测 (4)填写零件加工检测评分表及完成任务评定表

2. 零件图（图 2-112）

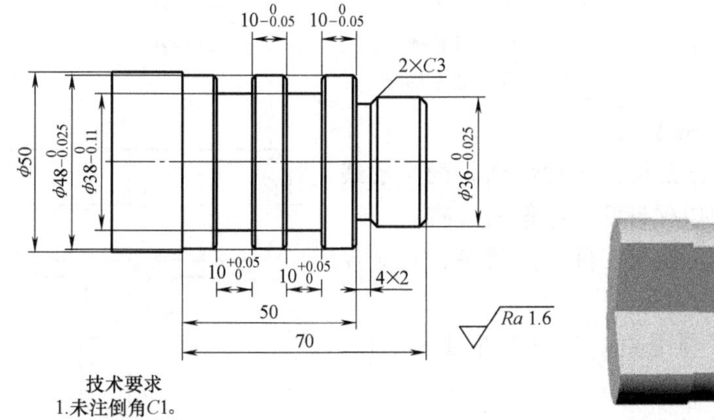

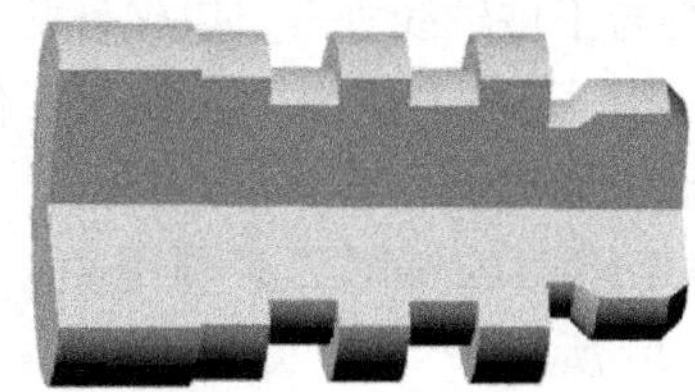

图 2-112　外沟槽零件及其三维效果

二、任务分析

1）了解外沟槽的种类和作用，掌握外沟槽加工的基本方法。

2）熟练掌握数控车床上加工外沟槽和切断的编程方法。

3）掌握外沟槽加工的工艺路线、方案的制订方法。

4）掌握切槽刀的对刀操作方法。

5）掌握暂停指令的应用方法。

6）掌握子程序的编写及应用方法。

7）掌握外沟槽的测量方法。

三、相关知识

1. 沟槽相关知识

在零件上车出各种形状的槽称为车沟槽。其中，在外圆和平面上车出的沟槽称为外沟槽，在内圆上车出的沟槽称为内沟槽。

（1）沟槽的种类和作用　沟槽的形状和种类较多，常见的外沟槽有矩形沟槽、圆弧形沟槽、梯形沟槽等。其中，矩形沟槽的作用通常是使所装配的零件有正确的轴向位置，在磨削、车螺纹、插齿等加工过程中便于退刀；圆弧形沟槽一般用于滑轮和圆形带传动；梯形沟槽是安装 V 带的沟槽，如图 2-113 所示。

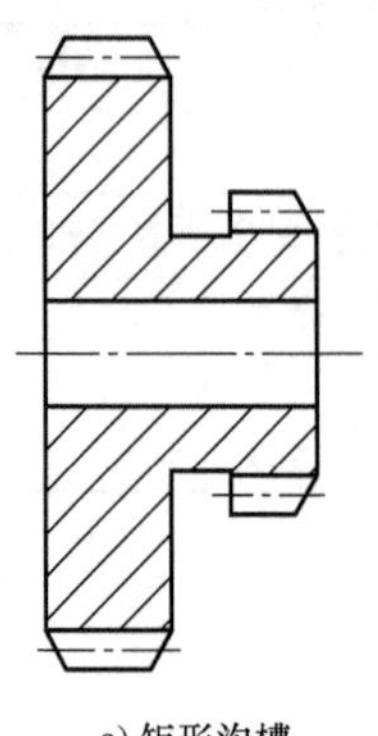
a) 矩形沟槽

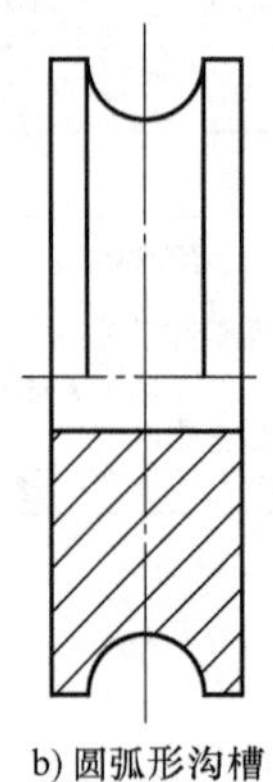
b) 圆弧形沟槽

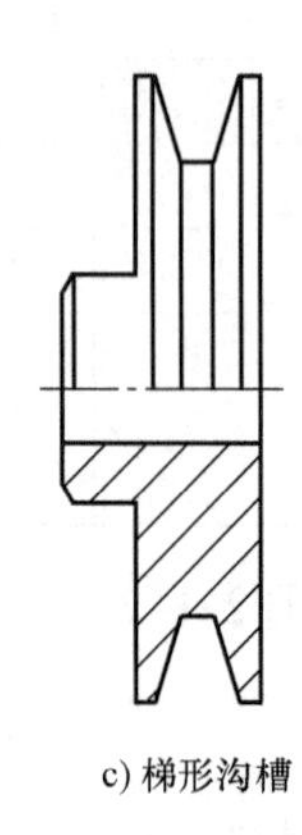
c) 梯形沟槽

图 2-113　常见沟槽

（2）切槽刀的安装注意事项

1）安装时刀具不宜伸出太长，同时切槽刀的中心线必须装得与工件轴线垂直，以保证两个副偏角对称。

2）切槽刀的主切削刃必须与工件轴线等高，否则易引起振动、崩刃。

3）切槽刀的切削刃必须平直，并与工件轴线平行，如图 2-114 所示。

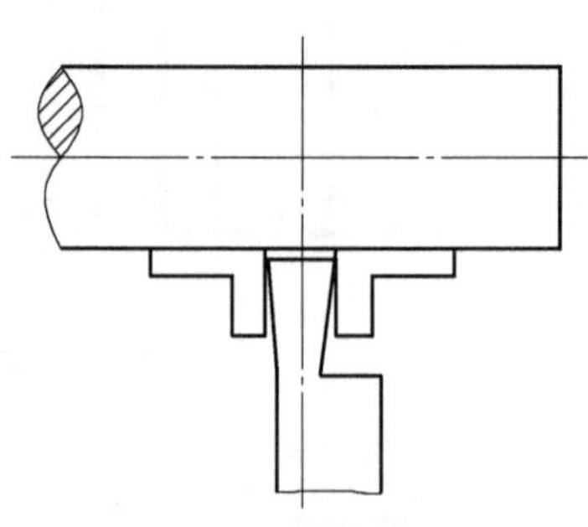
图 2-114　切槽刀的安装

（3）切槽刀刀头长度的确定

1）切槽刀刀头长度

$$L = \text{槽深} + (2 \sim 3)\,\text{mm}$$

2）切断刀刀头长度

切断实心材料　$$L = \frac{D}{2} + (2 \sim 3)\,\text{mm}$$

切断空心材料　$$L = h + (2 \sim 3)\,\text{mm}$$

式中 L——切槽刀刀头长度（mm）；

D——被切断工件直径（mm）；

h——被切断的工件壁厚（mm）。

（4）外沟槽的车削方法

1）车削精度不高和宽度较窄的矩形沟槽时，可以用刀宽等于槽宽的切槽刀，采用直进法（G01 指令）一次进给至槽底后，用 G04 暂停进给指令进行修光，然后再用 G01 指令退回至加工起点，如图 2-115 所示。

2）车削较宽的沟槽时，可以采用多次直进法加工，如图 2-116a 所示；并在沟槽壁两侧及槽底留一定的精车余量，然后根据槽深、槽宽进行精车，如图 2-116b 所示。

3）车削较小的圆弧形槽时，一般用圆弧成形刀车削。对于较大的圆弧形槽，一般用圆弧成形车刀配合 G02 指令或 G03 指令车削。

4）车削较小的梯形槽时，一般以成形刀车削完成。车削较大的梯形槽时，用梯形刀采用直进法（G01 及 G04）或采用多次直进法切削完成。

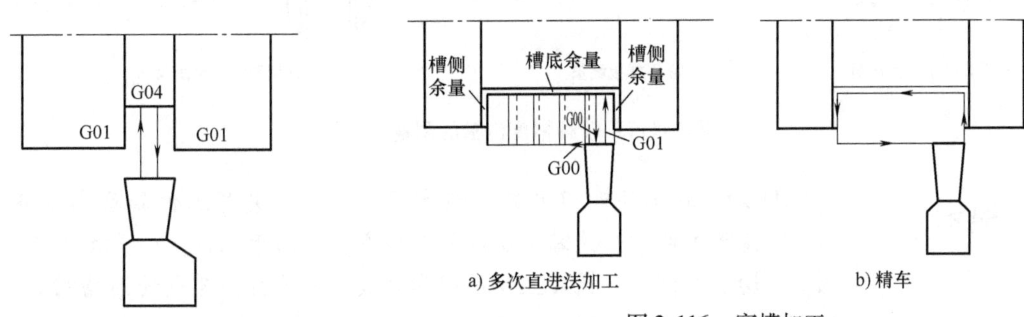

图 2-115 窄槽加工

图 2-116 宽槽加工

2. 车槽指令

（1）直线插补指令 G01 刀具沿直线移动。

格式：G01 X__ Z__ F__；

说明：

① X、Z 指定终点坐标尺寸

② F 指定进给量。

（2）进给暂停指令 G04 刀具进给暂停移动。

格式：G04 D__；

或 G04 X__；

说明：

① P 后跟整数值，单位为 ms。

② X 后跟带小数点的值，单位为 s。

编程举例：

N10 G01 F0.15 Z－50 S300 M03；	进给率为 0.15mm/r，主轴转速为 300r/min
N20 G04 X2.5；	暂停 2.5s
N30 G01 Z70；	
N40 G04 S300；	相当于在 n＝300r/min 和转速修调 100% 时，

暂停 0. 1min

N40 G01 X70；

…

3. 沟槽的检查和测量

对于精度要求低的沟槽，一般采用钢直尺和卡尺测量。对于精度要求较高的沟槽，可用外径千分尺、样板、游标卡尺等检查测量，如图 2-117 所示。

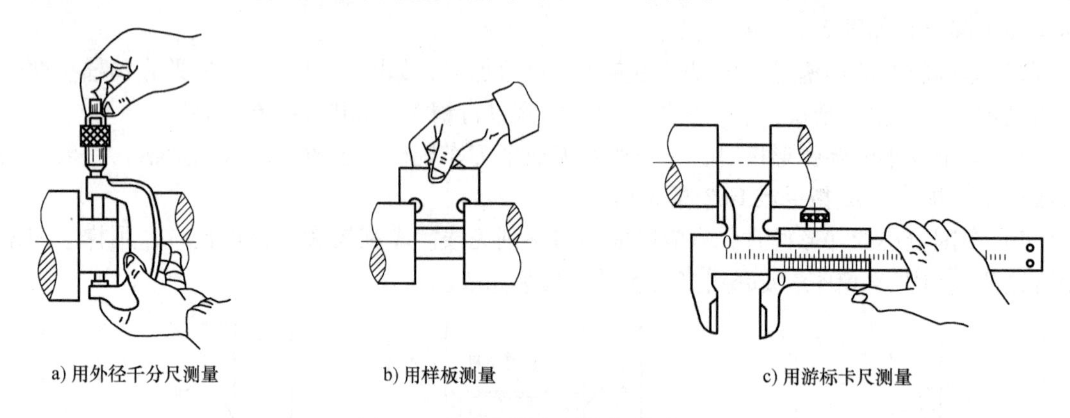

a) 用外径千分尺测量　　b) 用样板测量　　c) 用游标卡尺测量

图 2-117　较高精度沟槽的测量方法

>> 提示

① 切槽时工件和刀具装夹应牢固，刀具刀尖与工件轴线高平齐。如刀尖低于工件中心，容量造成扎刀现象；如高于工件中心，车刀将不能正常切削工件。切槽刀主切削刃和轴线如不平行，车成的沟槽槽底一侧直径大，另一侧直径小，呈竹节状。

② 对刀时，用切槽刀左刀尖作为刀位点。

③ 要正确使用游标卡尺测量沟槽。

④ 合理选择转速和进给量，正确使用切削液。

四、任务准备

1）机床为 CAK5085DI 型数控车床。

2）刀具准备见表 2-72

表 2-72　切槽刀具

序号	刀具种类	刀具型号	刀片型号	图示
1	90°偏刀 （外圆车刀）	DCLNR2525M12	CNMG120404-PM	
2	外切槽刀	RF123F202525B	N123H2-0400-0002-CM	

3）量具包括游标卡尺、外径千分尺。

4）工具、附件包括卡盘扳手、压刀扳手和垫铁若干。

5）零件毛坯材料为 $\phi>70$mm 圆钢或塑料棒。

五、任务实施

1. 加工工艺工艺分析

零件特征主要为外圆面、沟槽、端面，其中加工重点是沟槽，尺寸如图 2-109 所示，棒料伸出卡盘 85mm。

（1）确定加工工艺路线（表 2-73）

表 2-73　切槽零件加工工艺路线

序号	工步	加工内容	加工简图
1	工步 1	车端面，建立各把车刀的编程坐标系	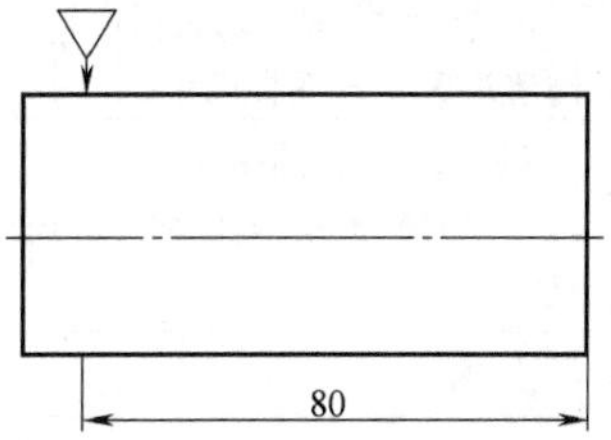 80
2	工步 2	粗、精加工零件外圆、倒角，至图样尺寸	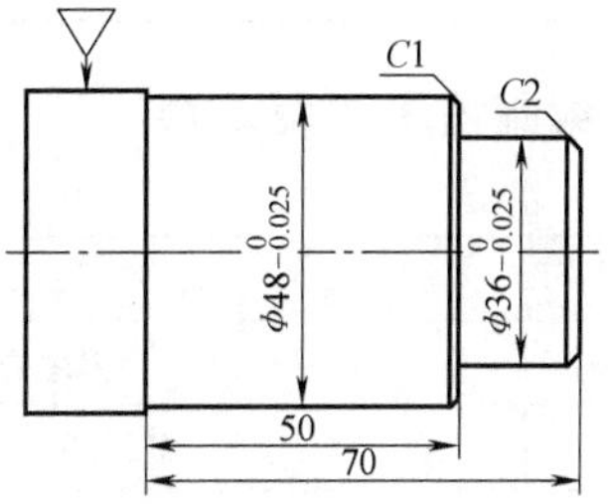 C1；C2；$\phi48_{-0.025}^{0}$；$\phi36_{-0.025}^{0}$；50；70
3	工步 3	粗、精加工 4mm × 2mm 沟槽并倒角，至图样尺寸	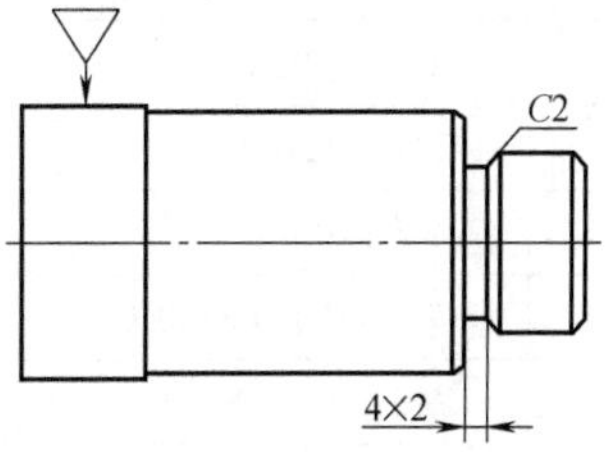 C2；4×2
4	工步 4	粗、精加工 $\phi38$mm × 10mm 沟槽、倒角，至图样尺寸	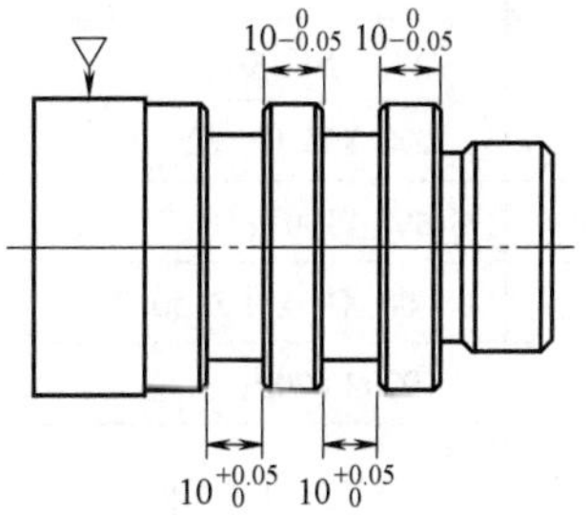 $10_{-0.05}^{0}$；$10_{-0.05}^{0}$；$10_{0}^{+0.05}$；$10_{0}^{+0.05}$
5	工步 5	检 测	

（2）确定切削用量　根据零件被加工表面质量要求、刀具材料和工件材料，参考相关资料选取切削速度和进给量。数控加工工序卡见表 2-74。

表 2-74　数控加工工序卡

班级	姓名		数控加工工序卡		零件名称	材料	零件图号	
					外沟槽零件	塑料棒	—	
工序		程序编号	夹具编号		使用设备	实训教室		
—		O2109	—		CAK5085DI	数控车床编程加工教室		
序号	工步内容	刀具号	刀具规格/mm	主轴转速 n/(r/min)	进给量 f/(mm/r)	背吃刀量 a_p/mm	刀尖圆弧半径/r_ε/mm	备注
1	车端面，建立编程坐标系	T01	25×25	1000	手动控制		0.4	手动
2	粗、精加工零件外圆、倒角，至图样尺寸	T01	25×25	粗:1000 精:1200	粗:0.25 精:0.2	粗:2 精:0.5	0.4	自动
3	粗、精加工 4mm×2mm 沟槽并倒角，至图样尺寸	T02	25×25	700	0.07	4		自动
4	粗、精加工 ϕ38mm×10mm 沟槽、倒角，至图样尺寸	T02	25×25	700	0.07	4		自动
5	检测							
编制		审核		批准		年　月　日		

2. 编制程序（表 2-75）

表 2-75　外沟槽零件加工程序

O2109;		程序名
程序段号	程序内容	动作说明
N10	G00　X150.0　Z150.0;	车刀移动到换刀点
N20	M03　S1000;	主轴正转，转速 1000r/min
N30	T0101　M08;	换 1 号刀，切削液开
N40	G00 X55.0 Z2.0;	刀具移动至起刀点
N50	M98 P1001;	毛坯切削，粗加工外轮廓
N60	G00 X150.0 Z150.0;	车刀移动到换刀点
N70	M05;	主轴停止
N80	M00;	程序暂停，零件测量，调整磨耗
N90	M03　S1200;	主轴正转，转速 1200r/min
N110	G00 X55.0　Z2.0;	车刀移动至起刀点
N120	M98 P1001;	毛坯切削精加工外轮廓
N130	G00 X150.0 Z150.0;	车刀移动到换刀点
N140	T0202 S700;	换 2 号刀
N150	G00 X52.0 Z-20.0;	刀具移动至切槽起刀点，切槽刀刀宽 4mm，左侧面对刀
N160	G01 X29.5 F0.07;	切槽至槽底，留余量
N170	G01 X40.0 F0.2;	退刀
N180	Z-17.0;	车刀移动到起刀点

（续）

O2109;		程序名
程序段号	程序内容	动作说明
N190	G01 X36.0;	
N200	X30.0 Z-20.0	倒 *C*3 角
N210	G04 F1.5;	在槽低暂停 1.5s,精切槽
N220	X40.0;	
N230	G00 X52.0 Z-15.0;	
N230	Z-34.0;	移至第一槽宽 10mm,注意刀宽
N240	M98 P31002;	调用子程序,调用 3 次切槽
N250	G00 Z-54.0;	移动第二个切槽处
N260	M98 P31002;	调用子程序,调用 3 次切第二个 10mm 槽
N270	G00 X150.0 Z150.0 M09;	刀具移动至换刀点,切削液关
N280	M30;	程序结束
O1001;		外轮廓加工子程序
N10	G00 X32.0;	精车零件右端外轮廓,包括倒角
N20	G01 Z0　F0.25	
N30	X36.0 Z-2.0;	
N40	Z-20.0;	
N50	X48.0 C1.0;	
N60	Z-70;	
N70	X55;	车刀退回至 X 轴起刀点
N80	M99;	子程序停,返回主程序
O1002;		切 10mm 槽子程序
N10	G90 G01 X38.0 F0.07;	切槽
N20	G04 X1.5;	
N30	X50.0 F0.2;	
N40	G91 G00 Z-2.0;	
N50	M99;	子程序结束

3. 加工过程

（1）加工准备

1）检查毛坯尺寸，长度和直径要符合零件要求。

2）开机，返回参考点。

3）装夹工件和刀具。工件装夹并找正、夹紧，外圆车刀安装在 1 号刀位，外切槽刀安装在 2 号刀位。

4）程序输入。

（2）对刀

1）X 方向对刀。外圆车刀试切，长度 5~8mm，沿 +Z 方向退出车刀，停机检测外圆尺寸，将其值输入到相应的刀具长度补偿中，如图 2-118 所示。

2）Z 方向对刀。微量车削端面（约 a_p = 0.5 ~ 1mm）至端面平整，车刀沿 + X 方向退出，将刀具位置数据输入到相应的长度补偿中，如图 2-119 所示。

3）切槽刀的 Z 方向对刀以外圆车刀车削过的端面 Z = 0 面为基准轻轻触及端面，以左刀尖为刀位点对刀。

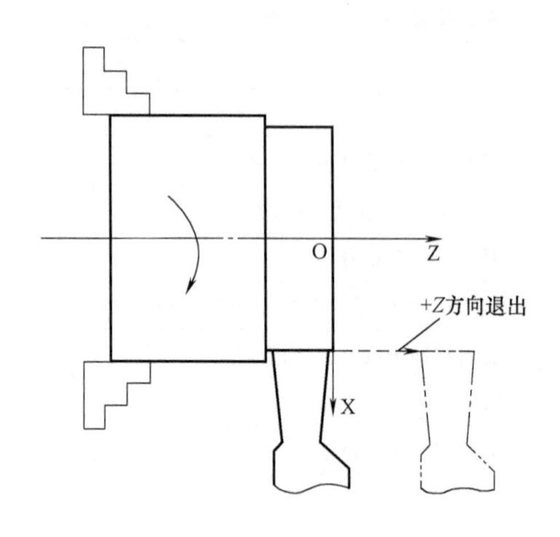

图 2-118　外圆车刀的 *X* 向对刀

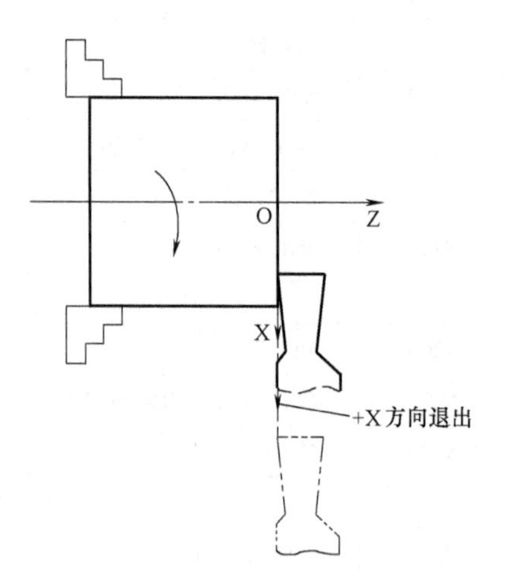

图 2-119　外圆车刀的 *Z* 向对刀

（3）程序模拟加工

（4）自动加工及尺寸检测

六、检查评议

1. 加工检测评分（表 2-76）

2. 完成任务评定（表 2-77）

表 2-76　零件加工检测评分

班级			姓名		学号		
任务一	外沟槽零件编程与加工			零件编号			
项目	序号	检测内容		配分	评分标准	自检	他检
编程	1	工艺方案制订正确		5 分	不正确不得分		
	2	切削用量选择合理、正确		5 分	不正确不得分		
	3	程序正确和规范		5 分	不正确不得分		
操作	4	工件安装和找正规范、正确		5 分	不正确不得分		
	5	刀具安装、选择正确		5 分	不正确不得分		
	6	设备操作规范、正确		5 分	不正确不得分		
	7	安全生产		5 分	违章不得分		
	8	文明生产，符合“5S”标准		5 分	1 处不符合要求扣 4 分		
外圆	9	$\phi48_{-0.025}^{\ 0}$mm	IT	5 分	超出 0.01mm 扣 2 分		
			Ra	2 分	达不到要求不得分		

（续）

班级			姓名		学号		
任务一	外沟槽零件编程与加工				零件编号		
项目	序号	检测内容		配分	评分标准	自检	他检
外圆	10	$\phi 38_{-0.11}^{\ 0}$ mm	IT	5 分	超出 0.01mm 扣 2 分		
			Ra	2 分	达不到要求不得分		
	11	$\phi 36_{-0.025}^{\ 0}$ mm	IT	5 分	按 IT10，精度达不到要求不得分		
			Ra	2 分	达不到要求不得分		
长度	12	$10_{-0.05}^{\ 0}$ mm（2 处）		10 分	按 IT10，精度达不到要求不得分		
	13	$10_{\ 0}^{+0.05}$ mm（2 处）		10 分	超差不得分		
	14	50mm、70mm		6 分	按 GB/T 1804—m，精度超差不得分		
	15	4mm		5 分	超差不得分		
倒角	16	2 × *C*3		5 分	达不到要求不得分		
	17	*C*1		3 分	达不到要求不得分		
总　分				100 分			

表 2-77　完成任务评定

任务名称					
任务准备过程分析记录					
任务完成过程分析记录					
任务完成结果分析记录					
自我分析评价					
小组分析评价					
自我评定成绩		小组评定成绩		教师评定成绩	
个人签名		组长签名		教师签名	
综合成绩				日期	

七、问题及防治

外沟槽加工中产生的问题及解决措施见表 2-78。

表 2-78　外沟槽加工中产生的问题及解决措施

产生问题	产生原因	解决措施
槽尺寸超差	（1）刀具数据不准确 （2）切削用量选择不当 （3）程序错误 （4）工件尺寸计算错误 （5）测量数据错误	（1）调整或重新设定刀具数据 （2）合理选择切削用量 （3）检查并修改加工程序 （4）正确计算工件尺寸 （5）正确、仔细测量工件

（续）

产生问题	产生原因	解决措施
槽底及外圆表面粗糙度达不到要求	(1)车刀角度选择不当 (2)刀具中心过高 (3)切屑控制较差 (4)切削用量选择不当,产生积屑瘤 (5)切削液选择不当 (6)刀具加工刚性不足 (7)工件刚度不足 (8)是否用 G04 暂停指令	(1)选择合理的车刀角度 (2)调整刀具中心,严格对准工件中心 (3)选择合理的进刀方式及背吃刀量 (4)合理选择切削速度 (5)选择正确的切削液并浇注充分 (6)换刚性强的内孔刀,缩短伸出量 (7)增加工件装夹刚度 (8)在切槽底处用 G04 暂停指令
加工过程中出现扎刀导致工件报废	(1)进给量过大 (2)切屑堵塞 (3)工件安装不牢固 (4)刀具角度选择不合理	(1)降低进给量 (2)采用断屑、退屑方式切入 (3)检查工件安装,增加安装刚度 (4)正确选择刀具角度
槽表面不垂直	(1)程序尺寸字错误 (2)刀具安装不正确 (3)切削用量选择不当	(1)检查、修改加工程序 (2)正确安装刀具 (3)合理调整和选择切削用量
工件圆度超差或产生锥度	(1)机床主轴间隙过大 (2)程序错误 (3)工件安装不合理	(1)调整机床主轴间隙 (2)检查并修改加工程序 (3)检查工件安装,增加安装刚度
槽底面处不清根	(1)程序错误 (2)刀具选择不当 (3)刀具损坏 (4)是否用 G04 暂停指令	(1)检查并修改加工程序 (2)正确选择加工刀具 (3)及时更换刀片 (4)在切槽底处用 G04 暂停指令

八、扩展知识　刀具的磨损及磨钝标准

1. 刀具磨损

刀具的磨损分为三种形式，即前面磨损、后面磨损、前后面同时磨损，如图2-120所示。

（1）前面磨损　磨损部位主要分布在刀具前面上。当切削速度较高、切削厚度较大及加工塑性金属时，切屑会在前面上刃口后方磨出一个月牙洼，当月牙洼逐渐加深加宽，接近刃口时，会因切削刃强度极大削弱而使刃口突然崩裂。

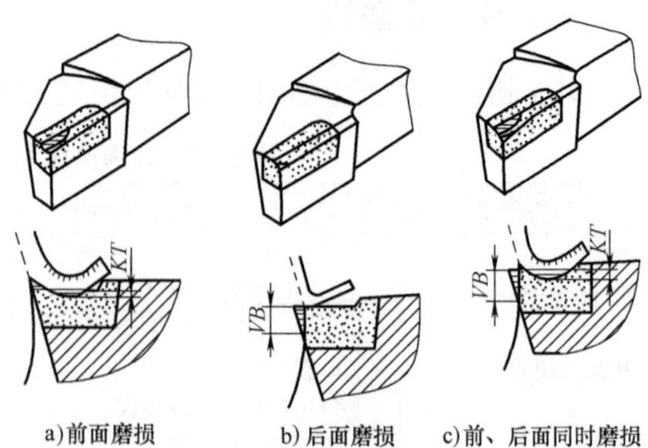

图 2-120　刀具磨损方式

（2）后面磨损　磨损的部位主要发生在刀具后面。这种磨损一般发生在切削脆性金属或以较小的背吃刀具（$a_p<0.1$mm）切削塑性金属的条件下。此时前面上的机械磨损较小，温度较低，而后面上与加工表面之间存在着强烈的磨损，在后面上与切削刃毗

邻的地方很快磨出后角 $\alpha_o \leqslant 0$ 的棱面，其磨损值用 *VB* 表示。

（3）前、后面同时磨损　前面的月牙洼和后面的棱面同时形成。在切削塑性金属时，单纯的前面磨损是很少发生的，一般都是前后面同时磨损。

2. 刀具的磨损过程

刀具的磨损过程一般可分为三个阶段，如图 2-121 所示。

通常情况下刀具磨损主要指后面的磨损，因为大多数情况下后面都有磨损，它的 *VB* 值大小对加工精度和表面粗糙度值影响较大，而且测量也较为方便，故末期一般都用后面上的磨损量来反映刀具磨损的程度。

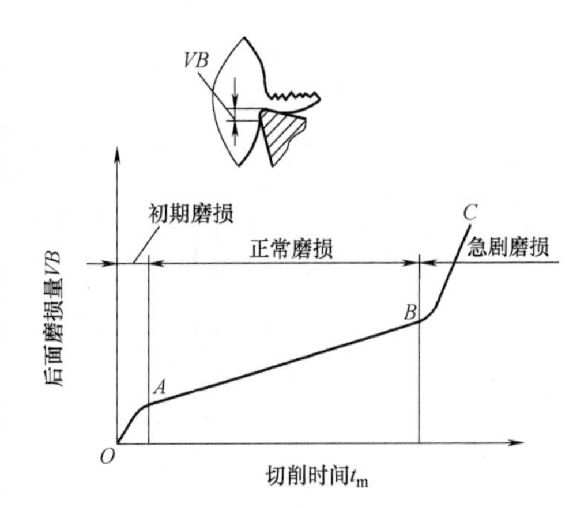

图 2-121　刀具磨损过程曲线

（1）初期磨损阶段（*OA* 段）　新刀具使用初期，其后面与加工表面间的实际接触面积很小，压力较大，故磨损快，其曲线较为陡峭。

（2）正常磨损阶段（*AB* 段）　经过初期磨损阶段，后面上被磨出一条狭窄的棱面，压强减小，故磨损速度减缓，且较为稳定，进入刀具的正常磨损阶段。此阶段磨损值随时间的增加而逐渐增加，曲线较为平坦，上升缓慢。

（3）急剧磨损阶段（*BC* 段）　当刀具的磨损量增大到某一数值后，刀具会显著变钝，刀具与工件的摩擦急剧变化，切削阻力和切削温度急剧上升，还伴随着振动和异常响声的现象发生，此时刀具失去了切削能力。使用刀具时，应避免刀具在这个阶段下工作，要及时换刀，否则不能保证加工质量。

3. 刀具的磨钝标准

刀具磨损后将影响切削力、切削温度和加工质量，所以刀具不可能无限度地使用，必须根据加工情况，规定一个最大的允许值，这就是刀具的磨钝标准。一般刀具的后面上都要磨损，它对加工精度和切削阻力的影响比前面磨损时显著，同时后面磨损值 *VB* 容易测量，所以目前常以 *VB* 确定刀具的磨钝标准。一般情况下涂层硬质合金粗车碳钢时，*VB* =0.6～0.8mm；粗车铸铁时，*VB* =0.8～1.2mm；精车时，*VB* =0.1～0.3mm 为磨钝标准。

4. 刀具寿命

实际生产中不可能经常测量刀具的磨损量，但可以根据后面磨损量和切削时间的关系，用实际时间来表示磨钝标准。

一般新刀从开始切削到磨损量达到磨钝标准为止的切削时间称为刀具寿命，以 *T* 表示。刀具寿命指的是纯切削时间。

在一定的切削条件下，并不是刀具的寿命越高越好。若片面追求刀具寿命而减少切削用量。势必会降低生产率，增加加工成本；反之，若刀具寿命太短，则说明切削用量选得过大，刀具磨损速度加快，增加了刀具材料消耗和换刀、对刀等辅助时间，同样也会影响生产率，增加生产成本。

九、扩展训练

1. 加工任务

根据所学指令编写图 2-122 所示带轮零件的数控车削工艺技术文件及加工程序。

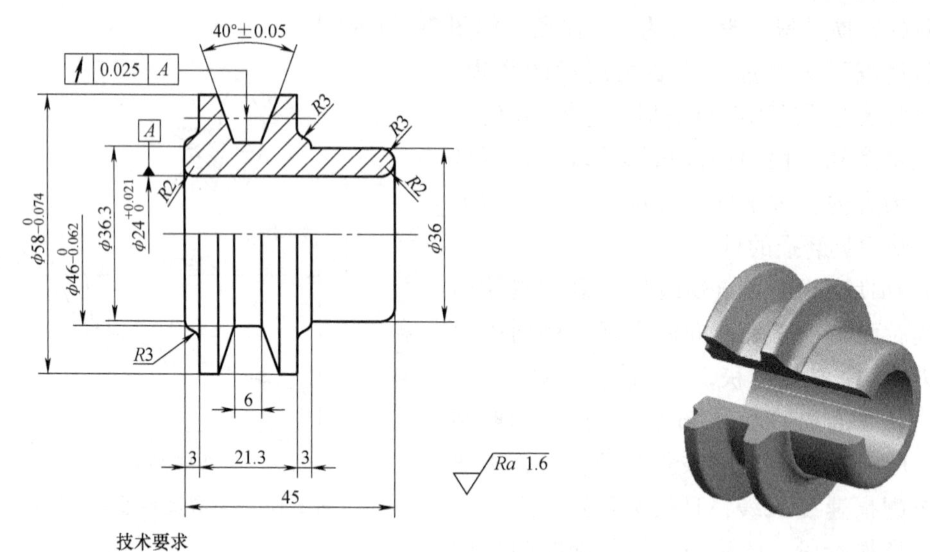

技术要求

1. 未注倒角C1。
2. 锐边倒钝C0.5。
3. 未注公差尺寸按GB/T 1804—m。

图 2-122 带轮零件

2. 加工检测评分（表 2-79）

表 2-79 带轮加工检测评分

班级			姓名		学号		
任务一	带轮零件编程与加工				零件编号		
项目	序号	检测内容		配分	评分标准	自检	他检
编程	1	工艺方案制订正确		5 分	不正确不得分		
	2	切削用量选择合理、正确		5 分	不正确不得分		
	3	程序正确和规范		5 分	不正确不得分		
操作	4	工件安装和找正规范、正确		5 分	不正确不得分		
	5	刀具选择、安装正确		5 分	不正确不得分		
	6	设备操作规范、正确		5 分	不正确不得分		
	7	安全生产		5 分	违章不得分		
	8	文明生产，符合“5S”标准		5 分	1 处不符合要求扣 4 分		
外圆	9	$\phi58^{\ 0}_{-0.074}$mm	IT	6 分	超出 0.01mm 扣 2 分		
			Ra	2 分	达不到要求不得分		
	10	$\phi46^{\ 0}_{-0.062}$mm	IT	6 分	超出 0.01mm 扣 2 分		
			Ra	2 分	达不到要求不得分		
	11	$\phi36.3$mm，$\phi36$mm	IT	4 分	按 IT10，精度达不到要求不得分		
	12	$\phi24^{+0.021}_{\ 0}$mm	IT	6 分	超出 0.01mm 扣 2 分		
			Ra	2 分	达不到要求不得分		

（续）

班级		姓名		学号			
任务一	带轮零件编程与加工			零件编号			
项目	序号	检测内容		配分	评分标准	自检	他检
梯形槽	13	40° ±5′	IT	10 分	超差 2′扣 5 分		
			Ra	4 分	达不到要求不得分		
圆弧	14	R2mm、R3mm		6 分	按 IT10，精度达不到要求不得分		
长度	15	45mm、21.3mm、6mm、3mm		4 分	按 IT10，精度达不到要求不得分		
倒角	16	2×C3		4 分	达不到要求不得分		
	17	C1、C0.5		4 分	达不到要求不得分		
总　分				100 分			

任务二　内沟槽零件的编程与加工

一、任务描述

1. 内沟槽零件的编程与加工任务描述（表 2-80）

表 2-80　内沟槽零件的编程与加工任务描述

任务名称	内沟槽零件的编程与加工
零件	内沟槽零件
设备条件	数控仿真软件、CAK5085DI 型数控车床、数控车刀、夹具、量具、材料
任务要求	(1)完成内沟槽零件的数控车削路线及工艺编制 (2)在数控车床上完成内沟槽零件的编程与加工 (3)完成零件的检测 (4)填写零件加工检测评分表及完成任务评定表

2. 零件图（图 2-123）

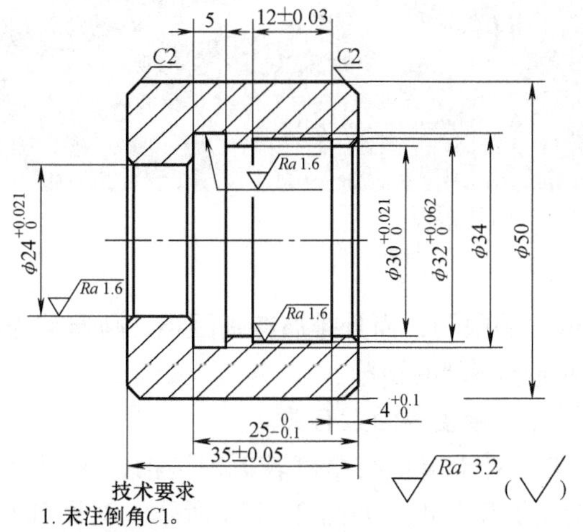

技术要求
1. 未注倒角C1。
2. 锐边倒钝C0.5。
3. 未注公差尺寸按GB/T 1804—m。

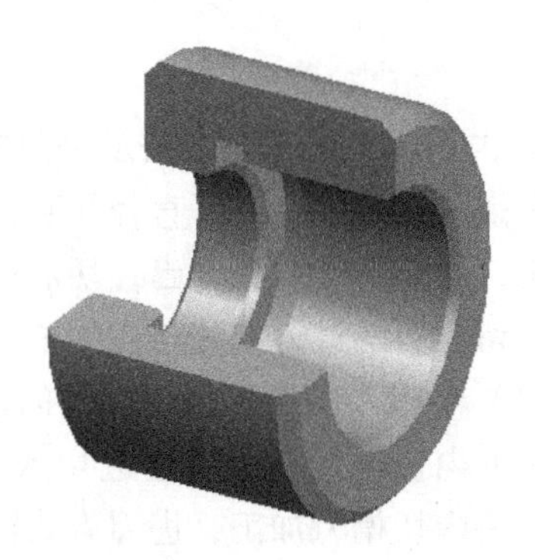

图 2-123　内沟槽零件及其三维效果

二、任务分析

1）了解内切槽车刀的特点，掌握内沟槽加工的基本方法。
2）熟练掌握数控车床上加工内沟槽的编程方法。
3）掌握内沟槽加工的工艺路线、方案的制订方法。
4）掌握内切槽车刀的对刀操作方法。
5）掌握子程序的编写及应用方法。
6）掌握内沟槽的测量方法。

三、相关知识

零件的内沟槽位于内孔表面，常见形状有矩形槽、梯形槽、圆弧槽等，主要作为内螺纹退刀槽、磨内孔砂轮越程槽、密封槽、润滑槽等，精度要求一般不高。在数控车床上加工内沟槽时，主要考虑如何选择内切槽刀、进刀方式、切削用量等加工工艺及编程知识。

1. 内切槽刀及其选用

内切槽刀的结构主要有整体式、焊接式、可转位式三种，如图 2-124 所示。整体式内切槽刀由高速钢刀坯刃磨而成。在数控车床上为了提高切削效率常采用可转位式内切槽刀。

选择内切槽刀尺寸应遵循以下原则：刀头长度的选择主要考虑切槽的深度，刀头宽度的选择主要考虑槽的宽度；切削刃至刀背距离应小于内孔直径，保证车槽时不会发生干涉。

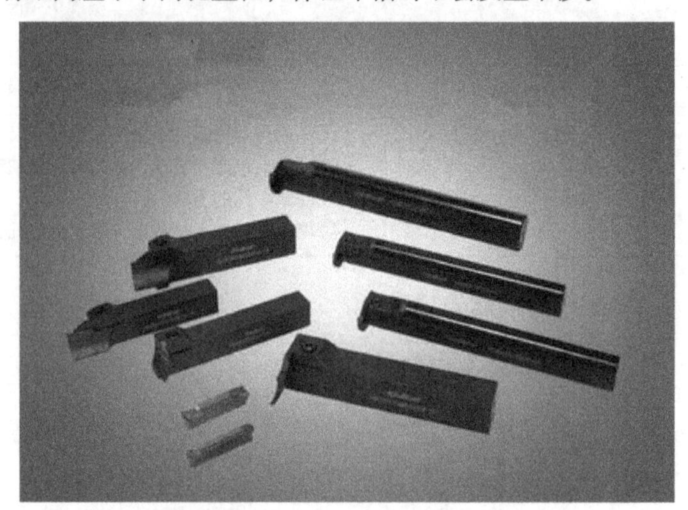

图 2-124　内切槽刀

2. 内切槽刀的车削方法及进刀方式

车削内沟槽时，刀杆直径受到孔径和槽深的限制，而且排屑特别困难，断屑首先从沟槽内出来，然后再从内孔排出，切屑的排出要经过 90°的转弯。

内切槽刀的进刀方式与内沟槽形状、尺寸、精度等因素有关。

（1）窄槽与精度较低内沟槽的进刀方式　对于窄槽与精度较低内沟槽，采用刀头与槽宽相等的内切槽刀一次性直进切入、切出的进刀方式，如图 2-125a 所示。对圆弧形内槽，采用圆头内切槽刀加工，进刀方式同窄的内矩形槽。

（2）宽内沟槽与精度较高内沟槽的进刀方式　加工宽内沟槽与精度较高的内沟槽时，

采用先分次粗车，槽侧、槽底留余量，最后再精车的进刀方式，如图 2-125b 所示。如果内沟槽深度较浅，宽度很大，可用内孔粗车刀先车出凹槽，再用内切槽刀车沟槽两垂直面。

（3）梯形内沟槽的进刀方式　当梯形内槽尺寸较小时，用梯形内切槽刀一次直进切入、切出。当梯形内沟槽尺寸较大时，采用内直槽刀分三次进给切出，第一次用直进法切直槽至槽底；第二次，刀具移至梯形槽右侧面，斜进法切右侧面至槽底；第三次，刀具移至梯形槽左侧面，斜进法切左侧面至槽底。

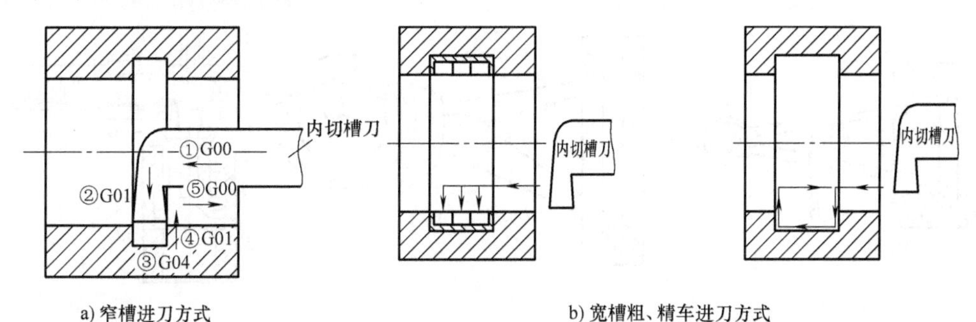

a) 窄槽进刀方式　　b) 宽槽粗、精车进刀方式

图 2-125　内切槽刀的进刀方式

3. 车内沟槽的切削用量

在车内沟槽时，切削用量的选择主要考虑表面精度、刀具性能、工艺系统刚性等因素，因内切槽刀窄而长，刀具强度低，易折断，故切削用量应相对较小。

（1）背吃刀量的选择　当槽的宽度小于 5mm，切槽刀的刀头宽度要等于槽宽，背吃刀量为刀头宽度；切宽槽时，用小于 5mm 的切槽刀分次车削加工，若切槽刀宽度较大，切削力大，刀具易折断；精车槽侧及槽底，余量取 0.1 ~0.5mm。

（2）进给量的选择　切槽的进给量应较小，因为当切槽刀越切入槽底，排屑就越困难，切屑易堵在槽内，增大切削力。建议粗车进给量为 0.08 ~0.1mm/r，精车进给量为 0.05 ~0.08mm/r。

（3）切削速度的选择　切槽切削速度不宜太低，切削速度太低，切削力就增大。此外，切削速度选择还应考虑刀具的材质和结构，高速钢切槽刀及焊接式切槽刀切削速度为 200 ~300r/min，可转位式切槽刀转速为 300 ~400r/min。

4. 内沟槽加工编程指令

内沟槽的加工可以用直线插补指令 G01 进行编辑。

编程举例（图 2-126）：

```
…
N60 G00 X38.0 Z-22.0;
N70  G01  X46  F0.07;
N80  G04  F2.5;
N90 G00 X38.0 Z-36;
N100 G01 X 50.0  F0.07;
N110 G04 X2.5;
N120 G01 X38.0;
N130 G00       Z10;
```

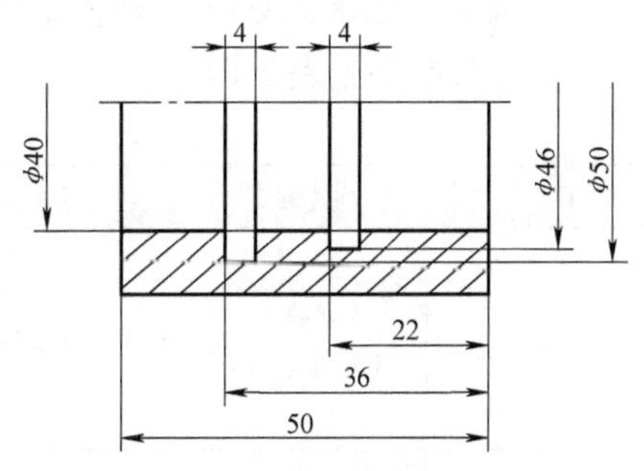

图 2-126　内沟槽编程举例

…

5. 内沟槽的测量

内沟槽尺寸的测量主要有内沟槽直径、内沟槽宽度及轴向位置尺寸的测量。

（1）内沟槽直径的测量方法　内沟槽直径的测量方法如图 2-127 所示。对于精度要求不高的内沟槽，可以用弹簧内卡钳测量其直径；对于精度要求高的内沟槽，可用带表内径量规和带特殊弯头的游标卡尺测量其直径。

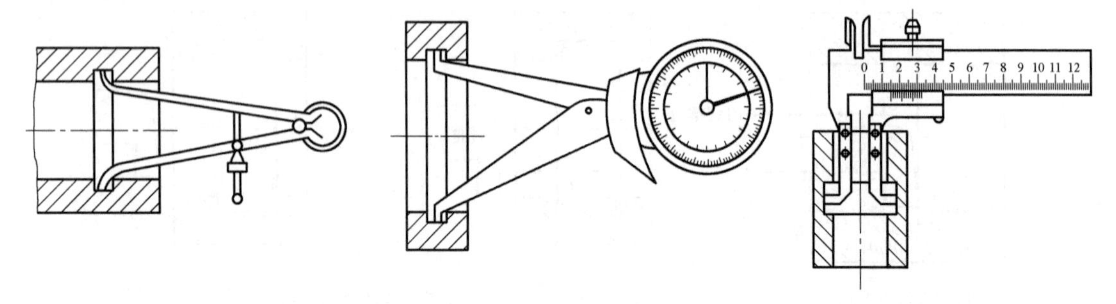

a) 用弹簧内卡钳测量　　b) 用带千分表内径量规测量　　c) 用带特殊弯头游标卡尺测量

图 2-127　内沟槽直径的测量方法

（2）内沟槽宽度和轴向位置的测量方法　内沟槽的宽度可用样板或游标卡尺测量，如图 2-128a、b 所示。其轴向位置则用钩形游标卡尺测量，如图 2-128c 所示。

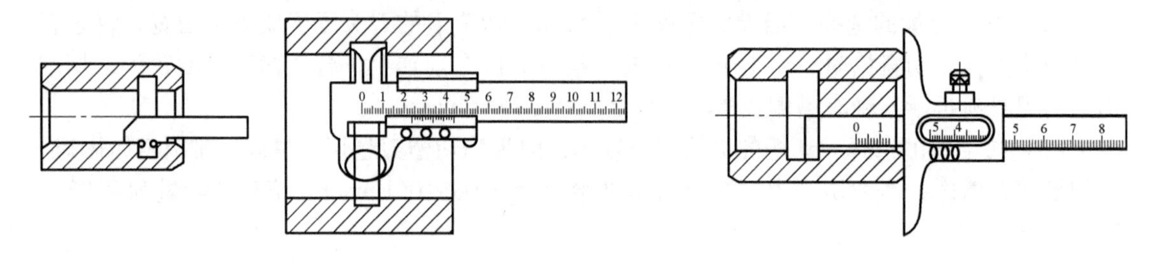

a) 用样板测量　　b) 用游标卡尺测量　　c) 用钩形游标卡尺测量

图 2-128　内沟槽宽度和轴向位置的测量方法

四、任务准备

1）机床为 CAK5085DI 型数控车床。

2）刀具准备见表 2-81。

表 2-81　刀具准备

序号	刀具种类	刀具型号	刀片型号	图示
1	90°偏刀 （外圆车刀）	DCLNR2525M12	CNMG120404-PM	
2	麻花钻	ϕ20mm		

（续）

序号	刀具种类	刀具型号	刀片型号	图示
3	内孔车刀	S16R-PCLNRL　09	DNMG 05 06 04-MF	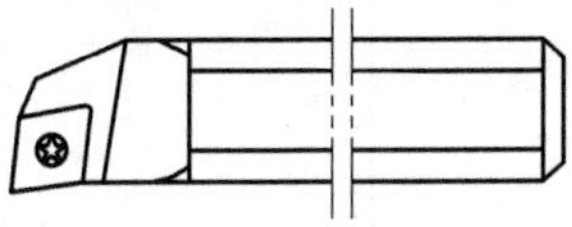
4	内切槽刀	RAG123H 0725B	N123H2-0400-GM	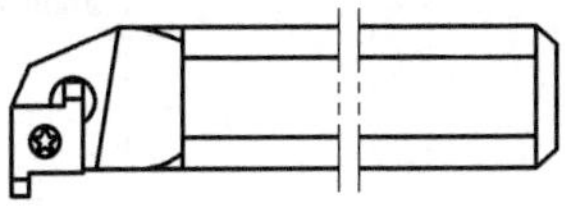
5	切断刀	RF123F202525B	N123H2-0400-0002-CM	

3）量具有游标卡尺、内径千分尺、内沟槽游标卡尺。

4）工具、附件准备有卡盘扳手、压刀扳手和垫铁若干。

5）零件毛坯材料为45钢。

五、任务实施

1. 确定数控车削加工工艺

零件特征主要为内圆面、内沟槽、端面，其中重点为内沟槽。尺寸如图2-120所示。

（1）加工工艺路线（表2-82）

表2-82　内沟槽零件加工工艺路线

序号	工步	加工内容	加工简图
1	工步1	车端面，建立工件坐标系	
2	工步2	钻孔	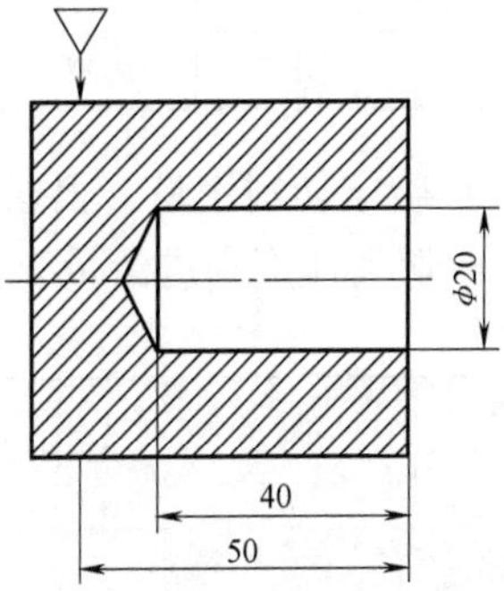 $\phi20$　40　50
3	工步3	粗、精加工 $\phi30$mm × 25mm、$\phi24$mm × 10mm，倒角 $C1$，至图样尺寸	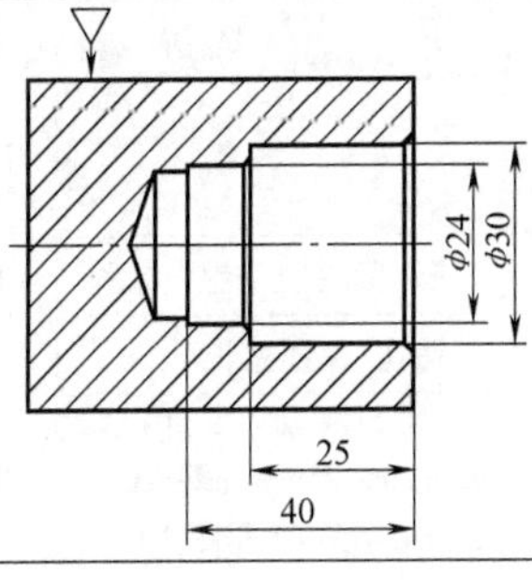 $\phi24$　$\phi30$　25　40

（续）

序号	工步	加工内容	加工简图
4	工步 4	车削内沟槽 ϕ32mm × 12mm、ϕ34mm × 5mm 及去锐，至图样尺寸	
5	工步 5	粗、精加工外圆 ϕ50mm × 40mm，倒角 *C*2 至图样尺寸	
6	工步 6	切断，保证总长 35mm ± 0.05mm 倒角 *C*2，至图样尺寸	
7	工步 7	检测	

（2）确定切削用量　根据零件被加工表面质量要求、刀具材料和工件材料，参考相关资料选取切削速度和进给量。数控加工工序卡见表 2-83。

表 2-83　数控加工工序卡

<table>
<tr><td>班级</td><td colspan="2">姓名</td><td colspan="2" rowspan="2">数控加工工序卡</td><td>零件名称</td><td>材料</td><td colspan="2">零件图号</td></tr>
<tr><td></td><td colspan="2"></td><td>内沟槽零件</td><td>45 钢</td><td colspan="2">—</td></tr>
<tr><td>工序</td><td>程序编号</td><td colspan="2">夹具编号</td><td colspan="2">使用设备</td><td colspan="3">实训教室</td></tr>
<tr><td>—</td><td>O2120</td><td colspan="2">—</td><td colspan="2">CAK5085DI</td><td colspan="3">数控车床编程加工教室</td></tr>
<tr><td>序号</td><td>工步内容</td><td>刀具号</td><td>刀具规格 /mm</td><td>主轴转速 n /(r/min)</td><td>进给量 f /(mm/r)</td><td>背吃刀量 a_p/mm</td><td>刀尖圆弧半径 r_ε/mm</td><td>备注</td></tr>
<tr><td>1</td><td>车端面建立编程坐标系</td><td>T01</td><td>25 × 25</td><td>800</td><td colspan="2" rowspan="2">手动控制</td><td>0.4</td><td rowspan="2">手动</td></tr>
<tr><td>2</td><td>钻孔，保证总长</td><td></td><td></td><td></td><td></td></tr>
<tr><td>3</td><td>粗、精加工内孔 ϕ30mm × 25mm、ϕ24mm × 10mm，倒角 C1 至图样尺寸</td><td>T03</td><td>25 × 25</td><td>粗：800
精：1200</td><td>粗：0.20
精：0.1</td><td>精：1.5
精：0.3</td><td>0.4</td><td>自动</td></tr>
</table>

（续）

班级	姓名	数控加工工序卡	零件名称	材料	零件图号	
			内沟槽零件	45 钢	—	
工序	程序编号	夹具编号	使用设备	实训教室		
—	O2120	—	CAK5085DI	数控车床编程加工教室		

序号	工步内容	刀具号	刀具规格/mm	主轴转速 n /(r/min)	进给量 f /(mm/r)	背吃刀量 a_p/mm	刀尖圆弧半径 r_ε/mm	备注
4	车削内沟槽 ϕ32mm×12mm、ϕ34mm×5mm 及去锐，至图样尺寸	T04	25×25	700	0.06	4	0.4	自动
5	粗、精加工外圆 ϕ50mm×40mm，倒角 $C2$，至图样尺寸	T01	25×25	粗:1000 精:1500	粗:0.25 精:0.1	粗:2 精:0.50	0.4	自动
6	切断保证总长 35mm±0.05mm，倒角 $C2$，至图样尺寸	T05	25×25	600	0.07	5		自动
7	检测							
编制		审核		批准		年　月　日		

2. 编制程序

根据零件加工工序卡编程加工程序。表 2-84 列出了工步 3 ~4 的加工程序。

表 2-84　内沟槽零件加工程序

O2120；		程序名（工步 3 ~4）
程序段号	程序内容	动作说明
N10	G00　X150.0　Z150.0；	车刀移动到换刀点
N20	M03　S800；	主轴正转，转速 800r/min
N30	T0303　M08；	换 3 号刀，切削液开
N40	G00 X20.0 Z2.0；	刀具移动至起刀点
N50	M98 P0201；	毛坯切削粗加工内轮廓
N60	G00 X150.0 Z150.0；	车刀移动到换刀点
N70	M05；	主轴停止
N80	M00；	程序暂停，零件测量，调整磨耗
N90	M03　S1200；	主轴正转，转速 1200r/min
N110	G00 X20.0　Z2.0；	车刀移动至起刀点
N120	M98 P0201；	毛坯切削精加工内轮廓
N130	G00 X150.0 Z150.0；	车刀移动到换刀点
N140	T0404 S700；	换 4 号刀
N150	G00 X28.0 Z2.0	车刀移动至起刀点
N160	G00 Z－8.1；	切槽刀刀宽 4mm，左侧面对刀
N170	M98 P40202；	调用子程序 O0202，调用 4 次，粗切 12mm 的槽，Z 向留 0.1mm 精车余量

（续）

O2120；		程序名（工步 3 ~4）
程序段号	程序内容	动作说明
N180	G00 Z-8.0；	G01 指令精加工 12mm 的宽槽
N190	G01 X32.0 F0.06；	
N200	Z-16.0；	
N210	X28.0；	
N220	G00 X22.0；	车刀移动到起刀点
N230	Z-25.0；	开始切 5mm 槽
N240	G01 X34.0 F0.06；	
N250	G04 X1.5；	在槽低暂停 1.5s，精切槽
N260	G01 Z-24.0；	保证槽宽
N270	G04 X1.5；	在槽低暂停 1.5s，精切槽
N280	X28.0；	刀具退回至起刀点
N290	G00 Z2.0；	
N300	G00 X150.0 Z150.0 M09；	刀具移动至换刀点，切削液关
N310	M30；	程序结束
O0201；		内轮廓加工子程序
N10	G00 X32.0；	精车零件内轮廓，包括倒角
N20	G01 Z0 F0.1；	
N30	X30.0 Z-1.0 F0.06	
N40	Z-25.0；	
N50	X24.0 C1.414；	
N60	Z-40.0；	
N70	X20.0；	
N80	M99；	
O0202；		粗切 12mm 的内槽子程序
N10	G90 G01 X31.8 F0.06；	切内槽，X 向留余量 0.1mm
N20	G04 X1.5；	
N30	X28.0；	
N40	G91 G00 Z-1.95；	
N50	M99；	子程序结束

3. 加工过程

（1）加工准备

1）检查毛坯尺寸。

2）开机，返回参考点。

3）装夹工件和刀具。工件装夹并找正、夹紧；麻花钻装在尾座孔内并锁紧，外圆车刀安装在 1 号刀位，内孔车刀安装在 3 号刀位，内切槽刀安装在 4 号刀位，切断刀安装在 5 号刀位。

4）程序输入。

5）手动预钻孔至深度 40mm。

（2）对刀

1）X 方向对刀。内槽车刀试切，长度 5～8mm，沿 +Z 方向退出车刀，停机检测内沟槽尺寸，将其值输入到相应的刀具长度补偿中，如图 2-129a 所示。

2）Z 方向对刀。内沟槽车刀刀位点轻轻触及工件端面，车刀沿 +X 方向退出，将数据输入到相应的长度补偿中，如图 2-125b 所示。

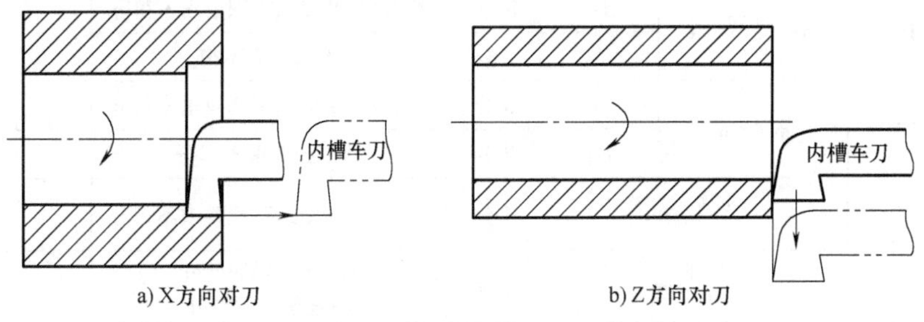

图 2-129　内沟槽车刀对刀示意图

（3）程序模拟加工

（4）自动加工及尺寸检测

六、检查评议

1. 零件加工检测评分（表 2-85）

表 2-85　内沟槽零件加工检测评分

班级		姓名			学号		
任务二	内沟槽零件的编程与加工				零件编号		
项目	序号	检测内容		配分	评分标准	自检	他检
编程	1	工艺方案制订正确		5 分	不正确不得分		
	2	切削用量选择合理、正确		5 分	不正确不得分		
	3	程序正确和规范		5	不正确不得分		
操作	4	工件安装和找正规范、正确		5 分	不正确不得分		
	5	刀具安装、选择正确		5 分	不正确不得分		
	6	设备操作规范、正确		5 分	不正确不得分		
	7	安全生产		5 分	违章不得分		
	8	文明生产，符合“5S”标准		5 分	1 处不符合要求扣 4 分		
外圆	9	$\phi50_{-0.025}^{0}$ mm	IT	5 分	超出 0.01mm 扣 2 分		
			Ra	2 分	达不到要求不得分		

（续）

班级			姓名			学号		
任务二	内沟槽零件的编程与加工				零件编号			
项目	序号	检测内容		配分	评分标准	自检	他检	
内孔	10	$\phi24^{+0.021}_{0}$mm	IT	5分	超出0.01mm扣2分			
			Ra	2分	达不到要求不得分			
	11	$\phi30^{+0.021}_{0}$mm	IT	5分	超出0.01mm扣2分			
			Ra	2分	达不到要求不得分			
内沟槽	12	$\phi32^{+0.062}_{0}$mm	IT	10分	按IT10，精度达不到要求不得分			
			Ra	2分	达不到要求不得分			
	13	$\phi34$mm	IT	5分	按IT10，精度达不到要求不得分			
			Ra	2分	达不到要求不得分			
长度	14	$25^{0}_{-0.1}$mm		4分	按IT10，精度达不到要求不得分			
	15	$4^{+0.1}_{0}$mm		4分	按GB/T 1804—m，精度超差不得分			
	16	35mm ±0.05mm		4分	按GB/T 1804—m，精度超差不得分			
	17	5mm		2分	按GB/T 1804—m，精度超差不得分			
	18	12mm ±0.03mm		3分	按GB/T 1804—m，精度超差不得分			
倒角	19			3分	达不到要求不得分			
总分				100分				

2. 完成任务评定（表2-86）

表2-86 完成任务评定

任务名称					
任务准备过程分析记录					
任务完成过程分析记录					
任务完成结果分析记录					
自我分析评价					
小组分析评价					
自我评定成绩		小组评定成绩		教师评定成绩	
个人签名		组长签名		教师签名	
综合成绩				日期	

七、问题及防治

内沟槽加工中产生的问题及解决措施见表2-87。

表 2-87　内沟槽加工中产生的问题及解决措施

产生问题	产生原因	解决措施
内槽尺寸超差	(1)刀具数据不准确 (2)切削用量选择不当 (3)程序错误 (4)工件尺寸计算错误 (5)测量数据错误	(1)调整或重新设定刀具数据 (2)合理选择切削用量 (3)检查并修改加工程序 (4)正确计算工件尺寸 (5)正确、仔细测量工件
槽底及外圆表面粗糙度达不到要求	(1)车刀角度选择不当 (2)刀具中心过高 (3)切屑控制较差 (4)切削用量选择不当,产生积屑瘤 (5)切削液选择不当 (6)刀具加工刚性不足 (7)工件刚度不足 (8)是否用 G04 暂停指令	(1)选择合理的车刀角度 (2)调整刀具中心,严格对准中心 (3)选择合理的进刀方式及背吃刀量 (4)合理选择切削速度 (5)选择正确的切削液并浇注充分 (6)换刚性强的内孔刀,缩短伸出量 (7)增加工件装夹刚度 (8)在切槽底处用 G04 暂停指令
加工过程中出现扎刀导致工件报废	(1)进给量过大 (2)切屑堵塞 (3)工件安装不牢固 (4)刀具角度选择不合理	(1)降低进给量 (2)采用断屑、退屑方式切入 (3)检查工件安装,增加安装刚度 (4)正确选择刀具角度
槽表面不垂直	(1)程序尺寸字错误 (2)刀具安装不正确 (3)切削用量选择不当	(1)检查并修改加工程序 (2)正确安装刀具 (3)合理调整和选择切削用量
工件圆度超差或产生锥度	(1)机床主轴间隙过大 (2)程序错误 (3)工件安装不合理	(1)调整机床主轴间隙 (2)检查并修改加工程序 (3)检查工件安装,增加安装刚度
槽底面处不清根	(1)程序错误 (2)刀具选择不当 (3)刀具损坏 (4)是否用 G04 暂停指令	(1)检查并修改加工程序 (2)正确选择加工刀具 (3)及时更换刀片 (4)在切槽底处用 G04 暂停指令
车内孔、切内槽有不正常尖叫声	(1)刀具角度不正确 (2)刀具安装不正确 (3)刀具磨损严重 (4)刀具刚性不足 (5)切屑阻塞	(1)选择合理的车刀角度 (2)正确校调、安装刀具 (3)调整切削三要素,正确选择刀具 (4)换刚性强的内孔刀,缩短伸出量 (5)采用断屑、退屑方式切入

八、扩展知识　减小表面粗糙度值的方法

在机械加工过程中，由于切屑分离时的塑性变形、工艺系统的振动、刀具与已加工表面间的摩擦等因素的影响，加工后的工件表面总会存在许多高低不平的微小峰谷。这些零件被加工表面上的微观几何形状误差称为表面粗糙度。

表面粗糙度用于描述工件表面上微小的间距和微小的峰谷所形成的微观几何不平度，因而能反映工件表面微观几何形状的质量。表面粗糙度对零件的耐磨性、耐蚀性、疲劳强度和配合性质都有很大的影响。

1. 影响工件表面粗糙度的因素

(1) 残留面积　工件上的已加工表面是由刀具主、副切削刃切削后形成的，在已加工表面上遗留下来未被切去部分的截面积称为残留面积。

残留面积越大，高度越高，表面粗糙度值越大。此外，切削刃不光洁也会影响工件表面加工质量。切削刃越光洁、越锋利，已加工表面粗糙度值就越大；反之越小。切削时，刀尖圆弧及后面的挤压与摩擦使工件材料发生塑性变形，还会使残留面积挤歪或使沟纹加深，因而增大了工件已加工表面的表面粗糙度值。

（2）鳞刺　当以很低的切削速度、很小的前角切削塑性金属时，在工件上会产生近似与切削速度方向垂直的横向裂纹和呈鳞片状的毛刺简称鳞刺。

鳞刺是很严重的表面缺陷，可增大表面粗糙度值。

（3）积屑瘤　当用中等速度切削塑性金属产生积屑瘤后，因积屑瘤既不规则又不稳定，一方面其不规则部分代替切削刃切削，在工件表面上划出一些与切削速度方向一致的纵向忽深忽浅的沟纹，另一方面一部分脱落的积屑瘤嵌入已加工表面，使之形成硬点和毛刺，使工件表面粗糙度值增大。

（4）振动　刀具、工件或机床部件周期性的跳动称为振动。切削过程中若发生振动，就会使工件已加工表面出现条纹或布纹状痕迹，使表面粗糙度值显著增大。

振动常发生在工件、刀具、机床工艺系统刚性不足的情况下。

2. 减小工件表面粗糙度值的方法

在切削过程中，若发现工件表面粗糙度值达不到图样要求时，应先仔细观察和分析影响工件表面粗糙度值的表现形式并找出主要影响因素，从而有针对性地提出解决办法。

（1）减小残留面积高度　车刀减小主偏角、副偏角和进给量及增大刀尖圆弧半径，都可以减小残留面积高度，具体实施时应注意以下事项：

1）一般减小副偏角效果明显。但减小主偏角 κ_r 会使径向阻力 Fy'及作用在工件上的径向切削力增大，若工艺系统刚性差，会引起振动。

2）适当增大刀尖圆弧半径。但如果机床刚性不足，刀尖圆弧半径过大，会使径向阻力 Fy'增大而产生振动，反而使表面粗糙度值变大。

3）减小进给量，提高切削速度也可减小残留面积高度。

（2）避免积屑瘤、鳞刺的产生　可用改变切削速度的方法，来抑制积屑瘤的产生。如果用高速钢车刀，应降低切削速度（$v_c < 5\text{m/min}$），并加注切削液；用硬质合金车刀时，应提高切削速度（避开最容易产生积屑瘤的中速范围，$v_c = 15 \sim 30\text{m/min}$）。在保证切削刃强度的前提下，增大车刀前角能有效地抑制积屑瘤的产生。另外应尽量减小前、后刀面的表面粗糙度值，经常保持切削刃锋利。

（3）避免磨损亮斑　工件在车削时，已加工表面出现亮斑或亮点，切削时又有噪声，说明刀具已严重磨损。磨钝的切削刃将工件表面挤压出亮痕，使表面粗糙度值变大，这时应及时重磨或换刀。

（4）防止和消除振动　表面切屑会拉毛工件，在已加工表面出现不规则的较浅划痕，为此应选用正刃倾角的车刀，使切屑流向工件的待加工表面，并采取合适的断屑措施。

（5）合理选用切削液，保证充分冷却润滑　采用合适的切削液是消除积屑瘤、鳞刺和减小表面粗糙度值的有效方法。车削时，合理选用切削液并保证充分冷却润滑，可以改善切削条件，减小切削力和切削抗力，增加切削稳定性，减少刀具磨损。尤其是在半精加工和精加工时更应注意。

车削时，由于工艺系统的振动，工件表面出现周期性的横向或纵向的振纹。为此应从以

下几个方面加以防止：

1）机床方面。调整主轴间隙，提高轴承精度；调整中、小滑板镶条，使间隙小于0.04mm，并保证移动平稳、轻便；选用功率适宜的机床，增强车床安装的稳固性。

2）刀具方面。合理选择刀具几何参数，经常保持切削刃光洁、锋利。增大刀柄的截面积，减小刀柄的伸出长度，以提高刚性。

3）工件方面。增加工件的安装刚性，如将装夹工件悬伸长度尽量缩短，只要满足加工需求即可。细长轴应采用中心架或跟刀架支承。

4）切削用量方面。选用较小的背吃刀量和进给量，改变或降低切削速度。

九、扩展训练

1）加工图2-130所示内沟槽零件。

2）扩展训练提示：该零件由内孔及3个圆弧内沟槽组成，外圆不加工。内孔加工同前面的训练，圆弧内沟槽加工时因凹槽宽度较小，深度较深，宜采用圆头内沟槽刀进行加工，所用圆头内槽刀圆头半径等于沟槽半径 $R3$mm，采用一次直进的加工方法切至槽底。

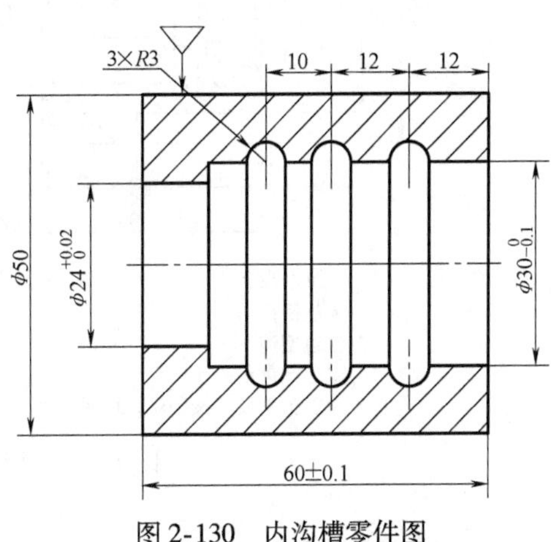

图2-130　内沟槽零件图

任务三　端面槽零件的编程与加工

一、任务描述

1. 端面槽零件的编程与加工任务描述（表2-88）

表2-88　端面槽零件的编程与加工任务描述

任务名称	端面槽零件的编程与加工
零件	端面槽零件
设备条件	数控仿真软件、CAK5085DI型数控车床、数控车刀、夹具、量具、材料
任务要求	(1)完成端面槽零件的数控车削路线及工艺编制 (2)在数控车床上完成端面槽零件的编程与加工 (3)完成零件的检测 (4)填写零件评分表及任务报告

2. 零件图（图2-131）

二、任务分析

1）了解端面槽的种类和端面槽车刀的特点，掌握端面槽加工的基本方法。

2）熟练掌握数控车床上加工端面槽的编程方法。

3）掌握端面槽加工的工艺路线、方案的制订方法。

4）掌握端面切槽刀的对刀操作方法。

5）掌握端面槽的测量方法。

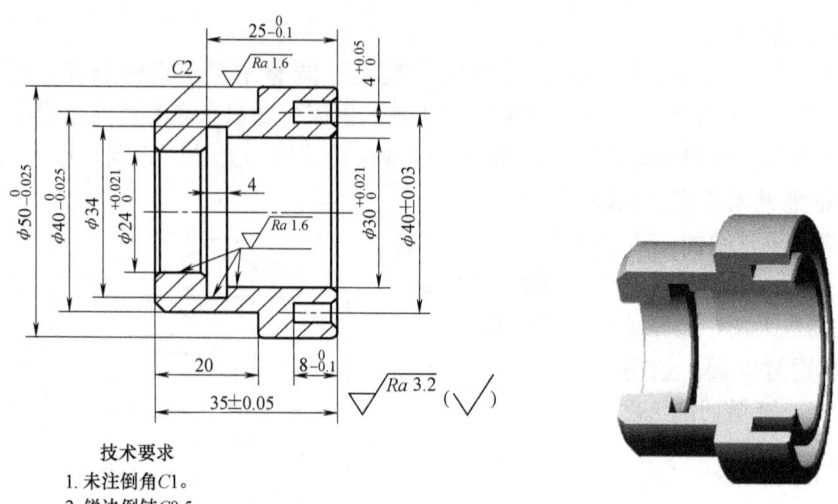

图 2-131　端面槽零件及其三维效果

三、相关知识

1. 端面槽的种类

机械零件的端面槽处于回转零件端面，常见的形状有端面直槽（图 2-132a）、T 形槽（图 2-132b）、燕尾槽（图 2-132c）、外圆台阶斜槽（图 2-132d）等，常用于零件的密封、连接。有的位于零件外圆与端面间的外圆阶台斜槽，用于要求较高的磨削外圆和端面零件。端面槽精度要求一般不高。在数控车床上加工端面槽，主要考虑如何选择端面切槽刀、进刀方式、切削用量等加工工艺及编程知识。

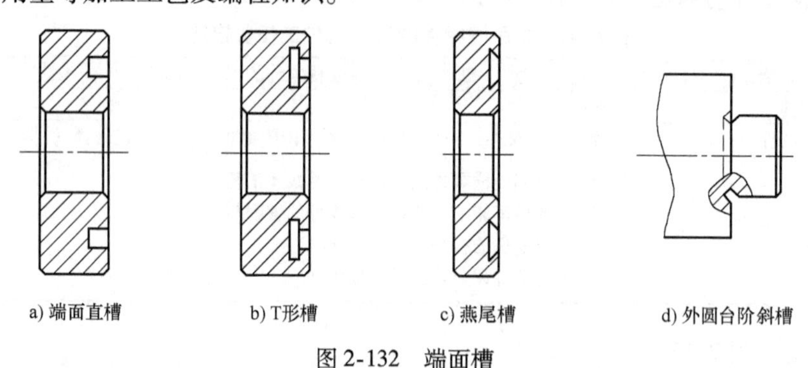

图 2-132　端面槽

2. 端面切槽刀及进刀方式

选用端面切槽刀以实现圆形切槽，要分多步进行，并保持低的轴向进给率，以避免切屑堵塞。切削时从最大直径开始，向内切削以获取最佳切屑控制。端面切槽刀因槽形状不同而不同，进刀方式一般采用直进法切削。

（1）端面直槽切槽刀形状及进刀方式　图 2-133 所示为端面直槽切槽刀及其进刀方式。为避免刀具副后刀面与工件表面干涉，应将刀具外侧刀面磨成圆弧形，且圆弧半径小于被切端面槽外侧圆弧半径，如图 2-134 所示。切槽时将切槽刀移近至进刀点，且直进法切削。当

直槽深度尺寸较大时，也可分几次进给切削，以便于排屑。

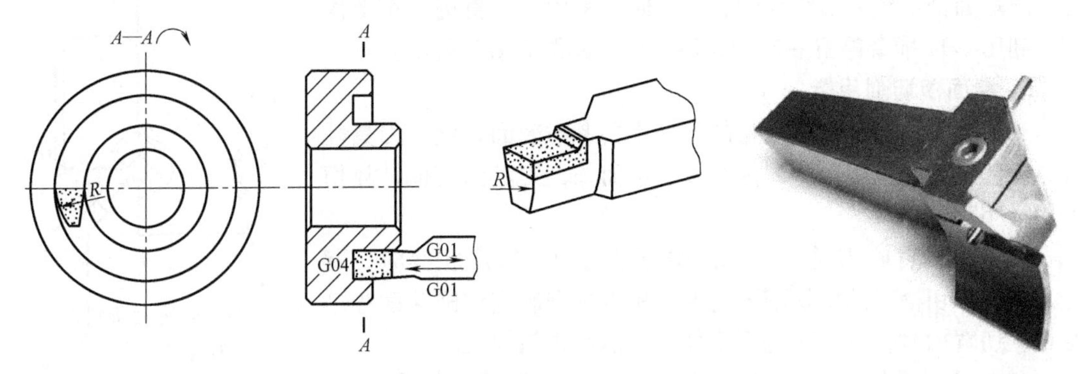

图 2-133　端面直槽切槽刀及进刀方式　　　　图 2-134　端面直槽切槽刀实物

（2）端面 T 形槽切槽刀形状及进刀方式　端面 T 形槽切槽刀由 1 组（3 把）刀组成，包括直槽刀、外侧沟槽刀、内侧沟槽刀等。切槽进刀方式分 3 步，先用直槽刀车直槽，然后用外沟槽刀车 T 形槽外侧，最后用内侧沟槽刀车 T 形槽内侧。为保证不发生干涉，刀具相关侧面需磨成圆弧形，且圆弧半径小于 T 形槽所在圆弧半径。此外，内、外侧沟槽刀切削刃至刀背距离还应小于 T 形槽直槽部分宽度，如图 2-135 所示。

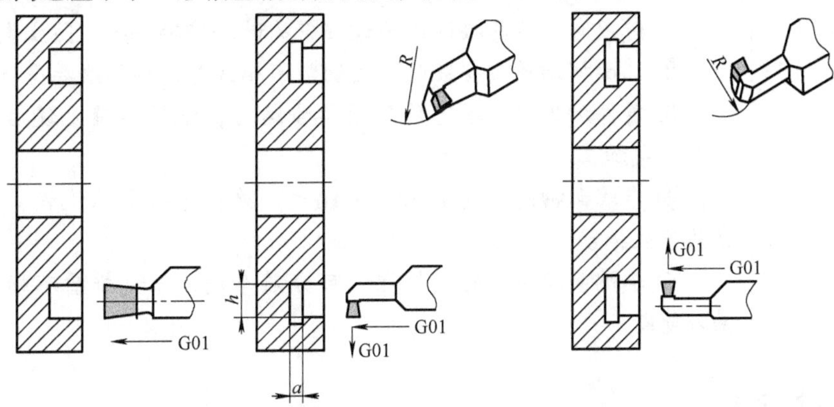

图 2-135　端面 T 形槽切槽刀形状及进刀方式

（3）端面燕尾槽切槽刀形状及进刀方式　端面燕尾槽切槽刀也是由 1 组（3 把）刀组成，包括直槽刀、内侧燕尾槽刀、外侧燕尾槽刀等。加工燕尾槽时先用直槽刀加工直槽，然后用外燕尾槽刀加工外侧燕尾，最后用内燕尾槽刀加工内侧燕尾，相关刀具侧面仍需磨成圆弧形，且圆弧半径小于燕尾槽所在圆弧半径，内、外燕尾槽刀尖至刀背距离小于直槽部分宽度，如图 2-136 所示。

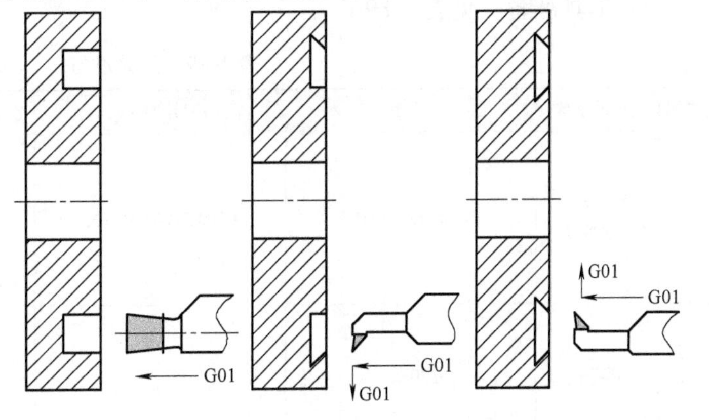

图 2-136　燕尾槽切槽刀刀形状及进刀方式

（4）外圆台阶斜槽切槽刀及进刀方式　外圆台阶斜槽切槽刀与外圆端面槽切槽刀形状相似，进刀时也采用一次直进法车至槽底，利用 G04 指令停留一定时间后退出，如图 2-137 所示。

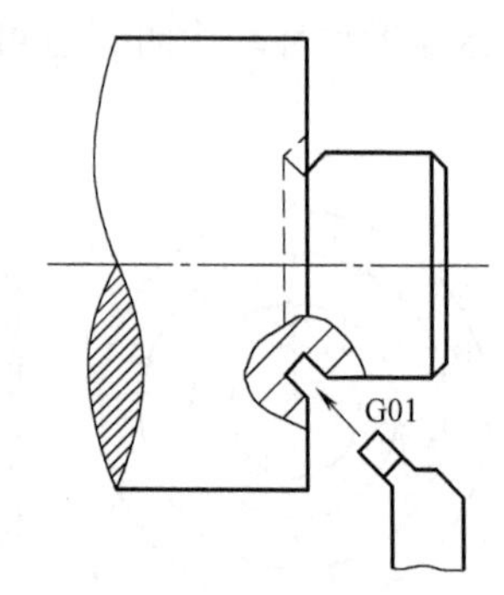

图 2-137　外圆台阶斜槽切槽刀及进刀方式

3. 端面槽切削用量

车削端面槽时，切削用量的选择主要考虑表面精度、刀具性能、工艺系统刚性等因素，因切槽刀窄而长，刀具强度低，故切削用量相对较小。

（1）选择背吃刀量　当端面槽宽度与刀头宽度相等时，背吃刀量等于切槽刀的主切削刃宽度，所以只需确定切削速度和进给量。切宽槽时，分几次进行粗加工，然后再精加工。

（2）选择进给量 f　由于刀具刚性、强度及散热条件较差，所以应适当地减少进给量。进给量太大，容易使刀折断；进给量太小，刀具与工件产生强烈摩擦会引起振动。一般粗车进给量为 0.08mm/r 左右，精车进给量为 0.05mm/r 左右。

（3）选择切削速度 v_c　端面切槽切削速度不宜太低，切削速度太低，切削力增大。此外，切削速度选择还应考虑刀具性质、工件材料等因素，高速钢切槽刀及焊接式切槽刀切削速度为 200～300r/min，机夹式可转位切槽刀转速为 300～400r/min。

>> 提示

① 对刀时，刀具接近工件过程中的进给倍率要小，防止发生撞刀。

② 端面槽切槽刀安装时，主切削刃轴线与工件轴线要平行。

③ 首件加工时，尽可能采用单步运行，程序准确无误后，再采用自动方式加工。

④ 车端面槽时，切削用量不能大，要注意排屑的流畅，否则加工时易产生振动。

⑤ 车端面槽时，若槽较深，可分层车削，以免排屑不畅而导致切槽刀斩断。

四、任务准备

1）机床准备 CAK5085DI 型数控车床。

2）刀具准备　见表 2-89。

表 2-89　刀具准备

序号	刀具种类	刀具型号	刀片型号	图　示
1	90°偏刀（外圆车刀）	DCLNR2525M12	CNMG120404-PM	
2	麻花钻	ϕ20mm		

（续）

序号	刀具种类	刀具型号	刀片型号	图　示
3	内孔车刀	S16R—PCLNRL　09	DNMG 05 06 04—mF	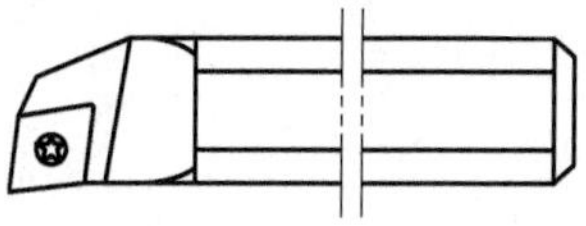
4	内切槽刀	RAG123H 0725B	N123H2-0400-GM	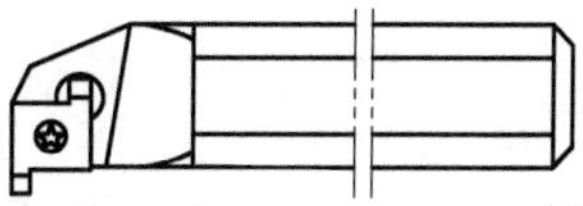
5	端面槽切槽刀	RF123H202525B-040BM	N123H2-0400-TF	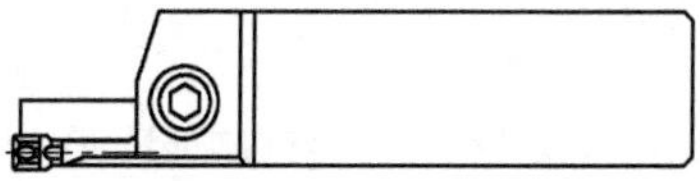

3）量具有游标卡尺、内径千分尺。

4）工具、附件准备有卡盘扳手、压刀扳手和垫铁若干。

5）零件毛坯尺寸为 ϕ55mm × 100mm，材料为 45 钢。

五、任务实施

1. 确定数控车削加工工艺

零件特征主要为外圆台阶面、内圆台阶面、内沟槽、端面及端面槽，重点是端面槽。尺寸如图 2-131 所示。

（1）加工工艺路线（表 2-90）

表 2-90　端面槽零件加工工艺路线

序号	工步	加工内容	加工简图
1	工步 1	夹持毛坯伸出 50mm 长，车端面，钻孔 ϕ20mm × 40mm，建立工件坐标系	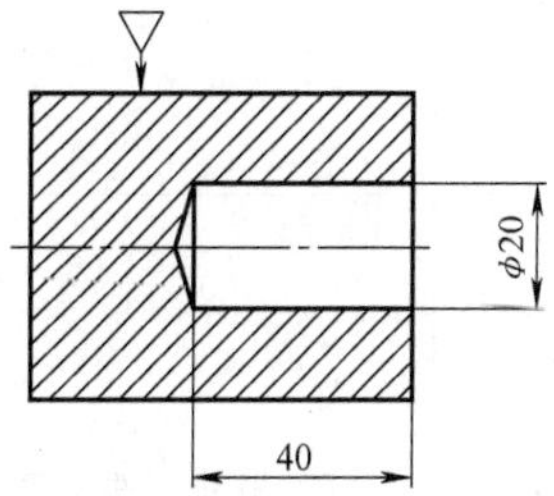 ϕ20　40

（续）

序号	工步	加工内容	加工简图
2	工步 2	粗、精加工零件右端内孔 ϕ24mm×38mm、ϕ30mm×25mm，倒角，至图样尺寸	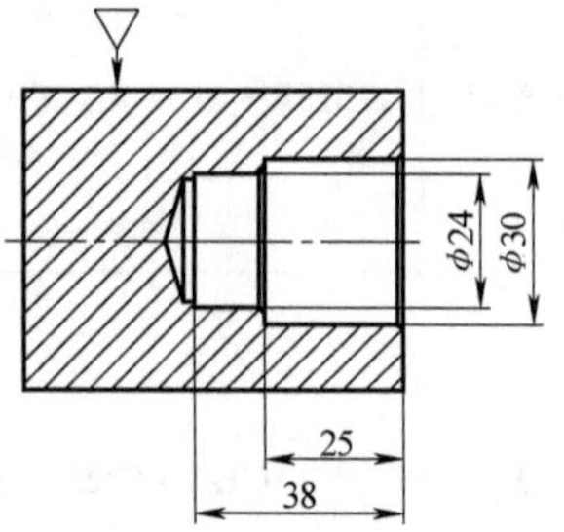
3	工步 3	车内沟槽 ϕ34mm×4mm 至图样尺寸	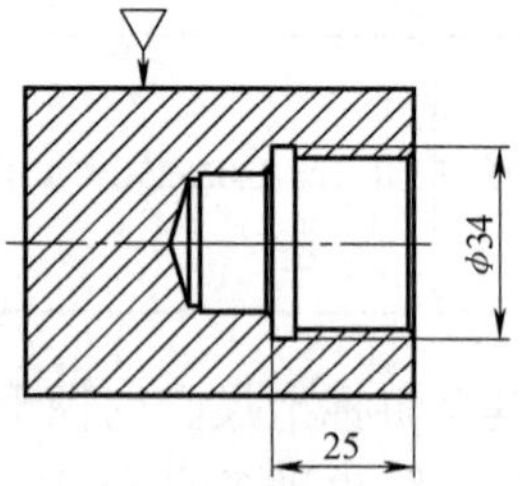
4	工步 4	车端面槽 ϕ40mm×8mm 并倒角，至图样尺寸	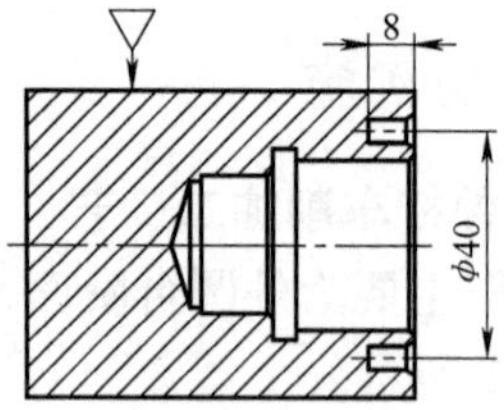
5	工步 5	粗、精车外圆 ϕ50mm×40mm 并倒角，至图样尺寸	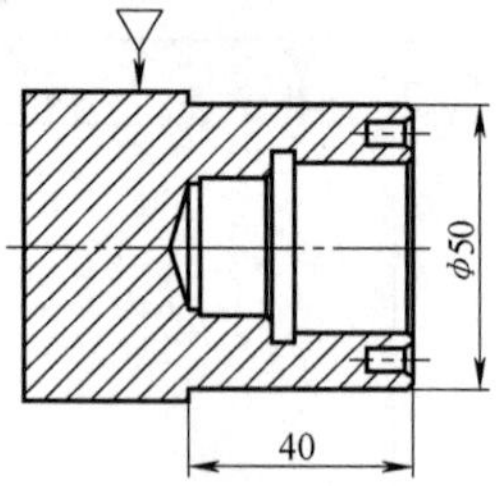
6	工步 6	切断，保证工件长度 36mm	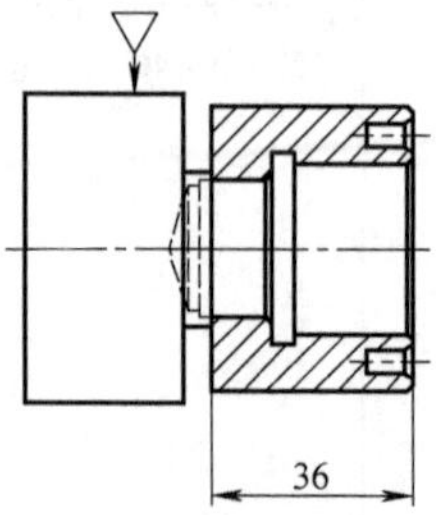

(续)

序号	工步	加工内容	加工简图
7	工步 7	调头,包铜皮,夹 ϕ50mm 处,伸出 25mm,车端面,控制工件总长 35mm ± 0.05mm;内孔倒角 $C1$,车外圆 ϕ40mm × 20mm	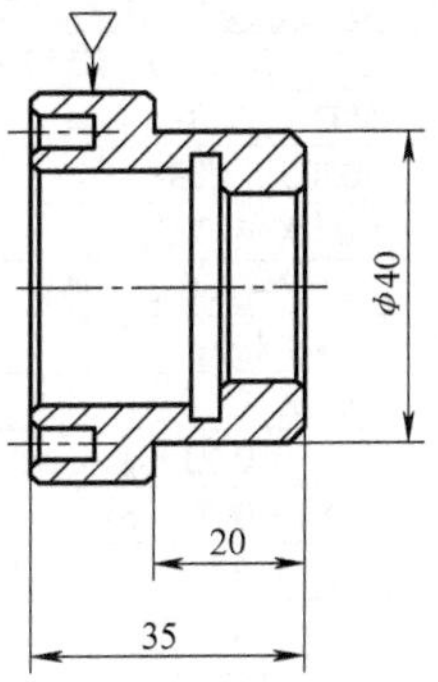 ϕ40 20 35
8	工步 8	检测	

(2) 确定切削用量　根据零件被加工表面质量要求、刀具材料和工件材料，参考相关资料选取切削速度和进给量。数控加工工序卡见表 2-91。

表 2-91　数控加工工序卡

班级	姓名	数控加工工序卡	零件名称	材料	零件图号
			端面槽零件	45 钢	—

工序	程序编号	夹具编号	使用设备	实训教室
—	O2128	—	CAK5085DI	数控车床编程加工教室

序号	工步内容	刀具号	刀具规格 /mm	主轴转速 n/(r/min)	进给量 f/(mm/r)	背吃刀量 a_p /mm	刀尖圆弧半径 r_ε /mm	备注
1	夹持毛坯伸出 50mm 长,车端面,钻孔 ϕ21mm × 40mm,建立工件坐标系		ϕ22	300	手动控制			手动
2	粗、精加工零件右端内孔 ϕ24mm × 38mm、ϕ30mm × 25mm,倒角,至图样尺寸	T03	25 × 25	粗:800 精:1200	粗:0.20 精:0.1	粗:1.5 精:0.3	0.4	自动
3	车内沟槽 ϕ34mm × 4mm 至图样尺寸	T04	25 × 25	800	0.06	4	0.4	自动
4	车端面槽 ϕ40mm × 8mm 并倒角,至图样尺寸	T05	25 × 25	600	0.06	4	0.4	自动
5	粗、精车外圆 ϕ50mm × 40mm 并倒角,至图样尺寸	T01	25 × 25	粗:1000 精:1500	粗:0.25 精:0.1	粗:2 精:0.50	0.4	自动
6	切断保证工件长度 36mm	T05	25 × 25	600	0.07	5		自动
7	调头,包铜皮,夹 ϕ50mm 处,伸出 25mm,车端面,控制工件总长 35mm ± 0.05mm;内孔倒角 $C1$;车外圆 ϕ40mm × 20mm	T01	25 × 25	粗:1000 精:1500	粗:0.25 精:0.1	粗:2 精:0.50	0.4	自动
8	检测							手动

编制		审核		批准		年　月　日

2. 编制程序（表 2-92）

表 2-92 端面槽零件加工程序表（仅端面槽部分）

O2126；		程序名
程序段号	程序内容	动作说明
N10	G00 X150.0 Z150.0；	车刀移动到换刀点
N20	M03 S600；	主轴正转，转速 600r/min
N30	T0505 M08；	换 5 号端面切槽刀，切削液开
N40	G00 X44.0 Z2.0；	刀具移至起刀点
N50	G01 Z－8.0 F0.06；	切端面槽
N60	G04 X2.0；	暂停 2s
N70	G01 Z－1.0；	退至倒角处
N80	X46.0 Z1.0；	倒端面槽外角
N90	X42.0 F0.06；	倒至端面槽内角外
N100	X44.0 Z－1.0 F0.06；	倒端面槽内角
N110	Z1.0 F2.0；	离开材料
N120	G00 X150.0 Z150.0 M09；	刀具移动至换刀点，切削液关
N130；	M30；	程序结束

3. 加工过程

（1）加工准备

1）检查毛坯尺寸。

2）开机，返回参考点。

3）装夹工件和刀具。工件装夹并找正、夹紧；麻花钻装在尾座孔内并锁紧，外圆车刀装在 1 号刀位，切断刀、端面槽切槽刀装在 2 号刀位，内孔车刀安装在 3 号刀位，内切槽刀安装在 4 号刀位。

4）程序输入。

（2）对刀 端面槽切槽刀对刀选内侧刀尖点为刀位点，步骤如下：

1）Z 向对刀。在 MDI 方式下输入程序“M03 S600;”，使主轴正转；切换成手动（JOG）方式，将端面槽切槽刀切削刃轻触工件端面，沿＋X 方向退出刀具，如图 2-138 所示。然后进行面板操作，计算出 Z 向对刀数据。

2）X 向对刀。用端面槽切槽刀内侧刀尖试切工件外圆面，沿＋Z 方向退出刀具，如图 2-139 所示。停机并测量外圆直径，然后进行面板操作，生成 X 向的对刀数据，操作方法与外圆车刀一样。

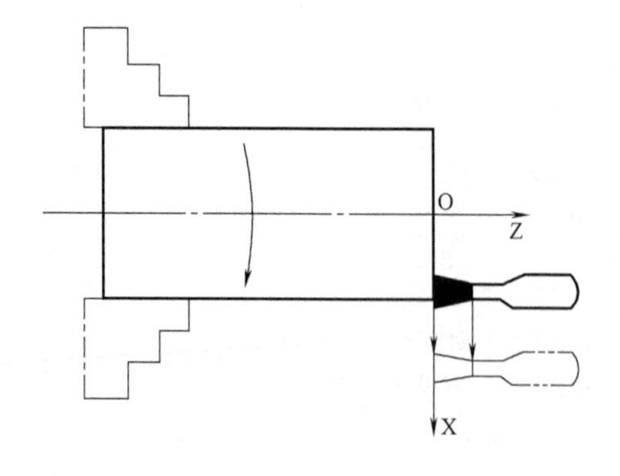

图 2-138 Z 向对刀操作

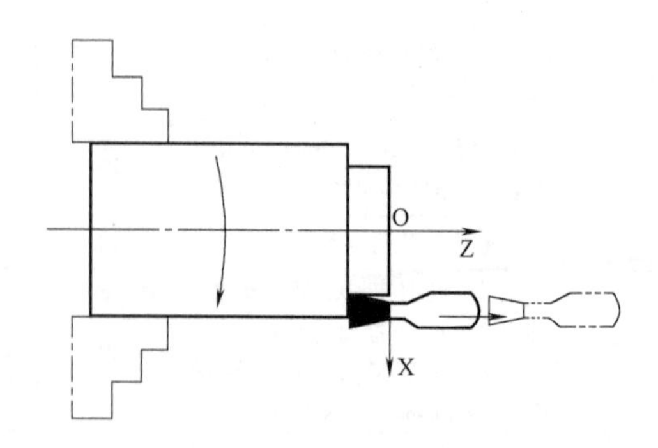

图 2-139 X 向对刀操作

（3）程序模拟加工

（4）自动加工及尺寸检测

六、检查评议

1. 零件加工检测评分（表2-93）

表2-93 端面槽零件加工检测评分

班级			姓名		学号		
任务三	端面槽零件的编程与加工			零件编号			
序号	项目	检测内容		配分	评分标准	自检	他检
编程	1	工艺方案制订正确		4分	不正确不得分		
	2	切削用量选择合理、正确		4分	不正确不得分		
	3	程序正确和规范		4分	不正确不得分		
操作	4	工件安装和找正规范、正确		4分	不正确不得分		
	5	刀具安装、选择正确		4分	不正确不得分		
	6	设备操作规范、正确		4分	不正确不得分		
	7	安全生产		6分	违章不得分		
	8	文明生产，符合“5S”标准		6分	1处不符合要求扣4分		
外圆	9	$\phi50_{-0.025}^{\ 0}$mm	IT	5分	超出0.01mm扣2分		
			Ra	2分	达不到要求不得分		
	10	$\phi40_{-0.025}^{\ 0}$mm	IT	5分	超出0.01mm扣2分		
			Ra	2分	达不到要求不得分		
	11	$\phi40$mm ±0.03mm	IT	5分	超出0.01mm扣2分		
			Ra	2分	达不到要求不得分		
	12	$\phi30_{\ 0}^{+0.021}$mm	IT	5分	按IT10，精度达不到要求不得分		
			Ra	2分	达不到要求不得分		
	13	$\phi24_{\ 0}^{+0.021}$mm	IT	5分	按IT10，精度达不到要求不得分		
			Ra	2分	达不到要求不得分		
	14	$\phi34$mm	IT	5分	按IT10，精度达不到要求不得分		
			Ra	2分	达不到要求不得分		
长度	15	$25_{-0.1}^{\ 0}$mm		4分	按IT10级达不到要求不得分		
	16	$4_{\ 0}^{+0.05}$mm		4分	按GB/T 1804—m，精度超差不得分		
	17	35mm ±0.05mm		4分	按GB/T 1804—m，精度超差不得分		
	18	$8_{-0.1}^{\ 0}$mm		4分	按GB/T 1804—m，精度超差不得分		
	19	20mm、4mm		3分	按GB/T 1804—m，精度超差不得分		
	20	倒角		3分	达不到要求不得分		
总　分				100分			

2. 完成任务评定（表2-94）

表2-94 完成任务评定

任务名称	
任务准备过程分析记录	
任务完成过程分析记录	
任务完成结果分析记录	

（续）

任务名称					
自我分析评价					
小组分析评价					
自我评定成绩		小组评定成绩		教师评定成绩	
个人签名		组长签名		教师签名	
综合成绩				日期	

七、问题及防治

端面槽零件加工中，产生的问题及解决措施，见表 2-95。

表 2-95　端面槽加工中产生的问题及解决措施

产生问题	产生原因	解决措施
端面槽宽度尺寸不正确	(1)刀具刀头宽度不正确 (2)编程坐标不正确 (3)刀具磨损严重	(1)重新调换刀具 (2)修改程序 (3)调整刀具补偿或更换刀具
端面槽深度尺寸不正确	(1)刀具磨损严重 (2)编程坐标不正确 (3)测量错误	(1)调整刀具补偿或更换刀具 (2)修改程序 (3)重新正确测量
端面槽表面粗糙度超差	(1)工艺系统刚性不足 (2)刀具角度不正确 (3)切削用量不正确 (4)切槽刀安装不正确	(1)重新强化工艺系统刚性 (2)修磨刀角度或更换刀具 (3)调整切削用量 (4)重新正确安装切槽刀
内圆槽尺寸超差	(1)刀具数据不准确 (2)切削用量选择不当 (3)程序错误 (4)工件尺寸计算错误 (5)测量数据错误	(1)调整或重新设定刀具数据 (2)合理选择切削用量 (3)检查并修改加工程序 (4)正确计算工件尺寸 (5)正确、仔细测量工件
内圆槽底及外圆表面粗糙度达不到要求	(1)车刀角度选择不当 (2)刀具中心过高 (3)切屑控制较差 (4)切削用量选择不当，产生积屑瘤 (5)切削液选择不当 (6)刀具加工刚性不足 (7)工件刚度不足 (8)是否用 G04 暂停指令	(1)选择合理的车刀角度 (2)调整刀具中心，严格对准中心 (3)选择合理的进刀方式及背吃刀量 (4)合理选择切削速度 (5)选择正确的切削液并浇注充分 (6)换刚性强的内孔刀，缩短伸出量 (7)增加工件装夹刚度 (8)在切槽底处用 G04 暂停指令
加工过程中出现扎刀导致工件报废	(1)进给量过大 (2)切屑堵塞 (3)工件安装不牢固 (4)刀具角度选择不合理	(1)降低进给量 (2)采用断屑、退屑方式切入 (3)检查工件安装，增加安装刚度 (4)正确选择刀具角度
槽表面不垂直	(1)程序尺寸字错误 (2)刀具安装不正确 (3)切削用量选择不当	(1)检查并修改加工程序 (2)正确安装刀具 (3)合理调整和选择切削用量
工件圆度超差或产生锥度	(1)机床主轴间隙过大 (2)程序错误 (3)工件装夹不合理	(1)调整机床主轴间隙 (2)检查、修改加工程序 (3)检查工件装夹增加装夹刚度

（续）

产生问题	产生原因	解决措施
槽底面处不清根	(1)程序错误 (2)刀具选择不当 (3)刀具损坏 (4)是否用 G04 暂停指令	(1)检查并修改加工程序 (2)正确选择加工刀具 (3)及时更换刀片 (4)在切槽底处用 G04 暂停指令
车内孔、切内槽时有异响声	(1)刀具角度不正确 (2)刀具安装不正确 (3)刀具磨损严重 (4)刀具刚性不足 (5)切屑阻塞	(1)选择合理的车刀角度 (2)正确校调、安装刀具 (3)调整切削三要素，正确选择刀具 (4)换刚性强的内孔刀，缩短伸出量 (5)采用断屑、退屑方式切入

八、扩展知识　工艺尺寸链概念及解算

1. 工艺尺寸链的概念

当工序基准、测量基准、定位基准或编程基准与设计基准不重合时，工序尺寸及其公差的确定需要借助工艺尺寸链的基本知识和计算方法，通过解工艺尺寸链才能获得。

（1）工艺尺寸链的定义　在机器装配或零件加工过程中，互相联系且按一定顺序排列的封闭尺寸组合，称为尺寸链。其中，由单个零件在加工过程中的各有关工艺尺寸所组成的尺寸链，称为工艺尺寸链，如图 2-140 所示。其中 A_1 和 A_Σ 为设计尺寸，在加工过程中 A_Σ 不便直接测量，若以 A_1 右端面为测量基准，按容易加工的尺寸 A_2 加工，就能间接保证 A_Σ。这样 A_1——A_2——A_Σ 就构成了一个图 2-141 所示的封闭尺寸组合，即工艺尺寸链。

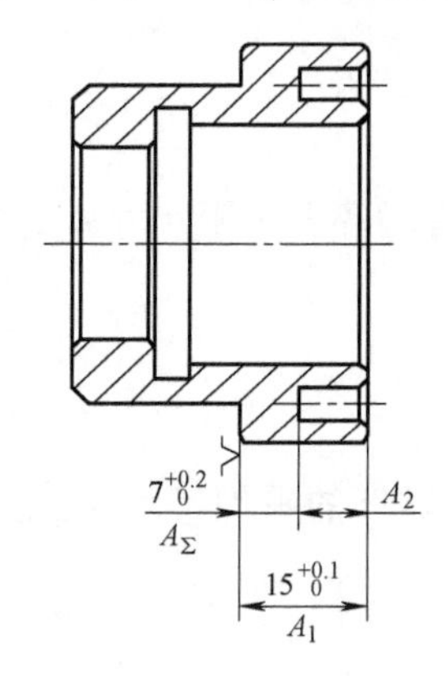

图 2-140　零件工艺尺寸链

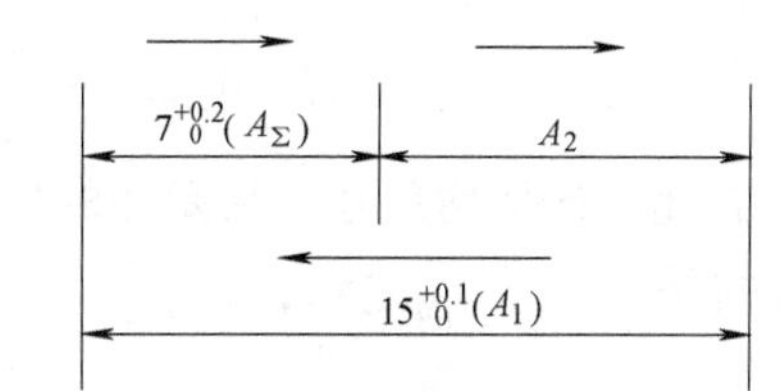

图 2-141　尺寸链图

（2）工艺尺寸链的特征　通过以上分析可知，工艺尺寸链具有以下两个特征：

1）关联性。任何一个直接保证的尺寸及其精度变化，必将影响间接保证的尺寸及其精度。如图 2-141 所示，尺寸 A_1 和 A_2 的变化都将导致尺寸 A_Σ 的变化。

2）封闭性。尺寸链中各个尺寸的排列呈封闭性，如图 2-141 所示，A_1——A_2——A_Σ，首尾相接组成封闭的尺寸组合。

（3）工艺尺寸链的组成　组成工艺尺寸链的各个尺寸称为环。如图 2-141 中的 A_1、A_2、A_Σ 都是工艺尺寸链的环，它们分为两种：

1）封闭环。工艺尺寸链中间接得到的尺寸，称为封闭环。它的尺寸随着别的环的变化而变化，如图 2-140 中 A_Σ（$7^{+0.2}_{0}$）尺寸。一个工艺尺寸链中只有一个封闭环。

2）组成环。工艺尺寸链中除封闭环以外的其他环，称为组成环。根据其对封闭环的影响不同，组成环可分为增环和减环。

增环是当其他组成环不变，该环的增大（或减小）而使封闭环随之增大（或减小）的组成环，如图 2-141 的 A_1（$15^{+0.1}_{0}$）为增环。

减环是当其他组成环不变，该环的增大（或减小）使封闭环随之减小（或增大）的组成环，如图 2-141 的 A_2 为减环。

3）增环、减环的判定方法。尺寸链图中各环（包括封闭环与组成环）尺寸线标注单箭头，箭头方向沿着封闭图形的一个方向流动，各组成环尺寸线箭头方向与封闭环尺寸线箭头方向相反的为增环，相同的，为减环。如图 2-141 中尺寸 A_2 为减环，尺寸 A_1（$15^{+0.1}_{0}$）为增环。

2. 工艺尺寸链计算的基本公式

工艺尺寸链的计算，关键是正确地确定封闭环。封闭环的确定取决于加工方法和测量方法。

（1）封闭环的基本尺寸　封闭环的基本尺寸 A_Σ 等于所有增环的基本尺寸 A_i 之和减去所有减环的基本尺寸 A_j 之和，即

$$A_\Sigma = \sum_{i=1}^{m} A_i - \sum_{j=m+1}^{n-1} A_j$$

式中　m——增环的环数；

n——包括封闭环在内的总环数。

（2）封闭环的极限尺寸　封闭环上极限尺寸 $A_{\Sigma\max}$ 等于所有增环上极限尺寸 $A_{i\max}$ 之和减去所有减环下极限尺寸 $A_{j\min}$ 之和，即

$$A_{\Sigma\max} = \sum_{i=1}^{m} A_{i\max} - \sum_{j=m+1}^{n-1} A_{j\min}$$

（3）封闭环的平均尺寸　封闭环的平均尺寸 $A_{\Sigma M}$ 等于所有增环的平均尺寸 A_{iM} 之和减去所有减环的平均尺寸 A_{jM} 之和，即

$$A_{\Sigma M} = \sum_{i=1}^{m} A_{iM} - \sum_{j=m+1}^{n-1} A_{jM}$$

（4）封闭环的上、下极限偏差　封闭环的上极限偏差 $ES_{A\Sigma}$ 等于所有增环上极限偏差 ES_{Ai} 之和减去所有减环下极限偏差 EI_{Aj} 之和，即

$$ES_{A\Sigma} = \sum_{i=1}^{m} ES_{Ai} - \sum_{j=m+1}^{n-1} EI_{Aj}$$

封闭环下极限偏差 $EI_{A\Sigma}$ 等于所有增环下极限偏差 EI_{Ai} 之和减去所有减环上极限偏差 ES_{Aj} 之和，即

$$EI_{A\Sigma} = \sum_{i=1}^{m} EI_{Ai} - \sum_{j=m+1}^{n-1} ES_{Aj}$$

（5）封闭环的公差　封闭环的公差 $T_{A\Sigma}$ 等于各组成环公差 T_{Ai} 之和，即

$$T_{A\Sigma} = \sum_{i=1}^{n-1} T_{Ai}$$

3. 尺寸链的计算

尺寸链的计算方法有两种：极大极小法和概率法。生产中一般多采用极大极小法。

（1）正方向计算　根据已知的各组成环尺寸计算封闭环的方法，称为正方向计算。这种计算的结果是唯一的。

（2）反向计算　已知封闭环尺寸，求组成环尺寸。计算的目的是将组成环的公差值合理地分配给各个组成环。它的计算结果是不唯一的只有最佳的结果。

（3）中间计算　已知封闭环和部分组成环尺寸，求其余未知尺寸环的各种尺寸。其结果存在合理分配公差值的多方案择优问题。

计算图 2-140 中 A_2 尺寸，即端面槽的槽深。

根据尺寸链图 2-141 可判断 $7^{+0.2}_{0}$ 为封闭环，A_2 为减环，尺寸 $15^{+0.1}_{0}$ 为增环。

A_2 基本尺寸：$A_2 = A_1 - A_\Sigma = 15\text{mm} - 7\text{mm} = 8\text{mm}$

A_2 的上极限偏差：$ES_{A2} = EI_{A1} - EI_A = 0 - 0 = 0$

A_2 的下极限偏差：$EI_{A2} = ES_{A1} - ES_A = 0.1\text{mm} - 0.2\text{mm} = -0.1\text{mm}$

A_2 尺寸为 $8^{\ 0}_{-0.1}$mm。

九、扩展训练

1. 加工任务

根据所学指令编写图 2-142 所示端面零件的数控加工工艺技术文件及加工程序。

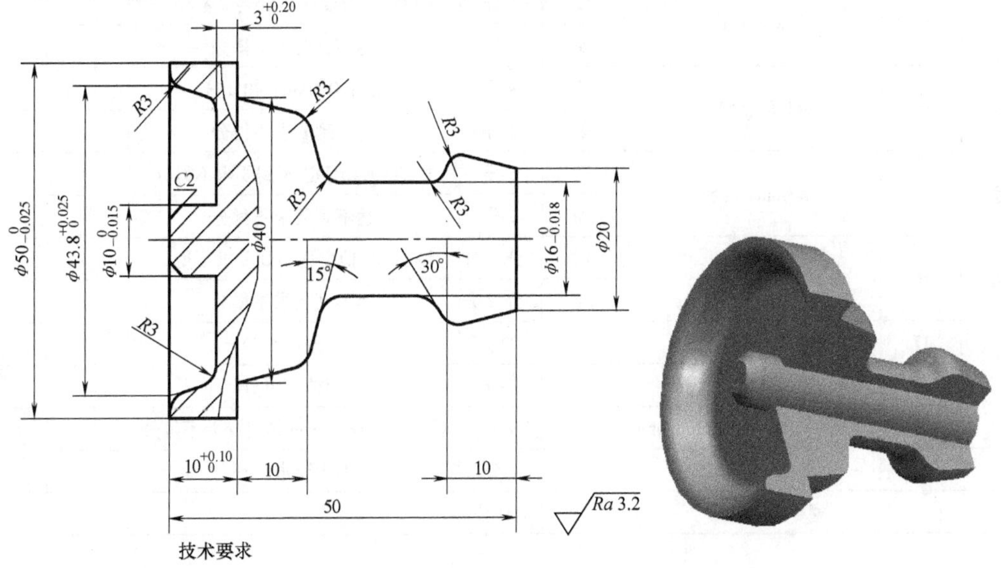

技术要求

1. 未注倒角C1。
2. 锐边倒钝C0.5。
3. 未注公差尺寸按GB/T 1804—m。

图 2-142　端面槽零件及其三维效果

2. 零件加工检测评分（表 2-96）

表 2-96　端面槽零件加工检测评分

班级			姓名		学号		
扩展训练	端面槽零件的编程与加工				零件编号		
项目	序号	检测内容		配分	评分标准	自检	他检
编程	1	工艺方案制订正确		5 分	不正确不得分		
	2	切削用量选择合理、正确		5 分	不正确不得分		
	3	程序正确和规范		5 分	不正确不得分		
操作	4	工件安装和找正规范、正确		5 分	不正确不得分		
	5	刀具安装、选择正确		5 分	不正确不得分		
	6	设备操作规范		5 分	不正确不得分		
	7	安全生产		5 分	违章不得分		
	8	文明生产，符合“5S”标准		5 分	1 处不符合要求扣 4 分		
外圆	9	$\phi50_{-0.025}^{0}$mm	IT	4 分	超出 0.01mm 扣 2 分		
			Ra	2 分	达不到要求不得分		
	10	$\phi16_{-0.018}^{0}$mm	IT	4 分	超出 0.01mm 扣 2 分		
			Ra	2 分	达不到要求不得分		
	11	$\phi10_{-0.015}^{0}$mm	IT	4 分	超出 0.01mm 扣 2 分		
			Ra	2 分	达不到要求不得分		
	12	ϕ20mm	IT	4 分	按 IT10，精度达不到要求不得分		
			Ra	2 分	达不到要求不得分		
	13	ϕ40mm	IT	4 分	按 IT10，精度达不到要求不得分		
			Ra	2 分	达不到要求不得分		
内孔	14	$\phi43.8_{0}^{+0.025}$mm	IT	4 分	超出 0.01mm 扣 2 分		
			Ra	2 分	达不到要求不得分		
圆弧	15	*R*3mm（6 处）	IT	6 分	按 IT10，精度达不到要求不得分		
			Ra	2 分	达不到要求不得分		
角度	16	15°、30°	IT	2 分/2 分	按 IT10，精度达不到要求不得分		
			Ra	2 分/2 分	达不到要求不得分		
长度	17	$3_{0}^{+0.20}$mm		2 分	超差不得分		
	18	$10_{0}^{+0.10}$mm		2 分	超差不得分		
	19	10mm、10mm、50mm		3 分	按 GB/T 1804—m 精度超差不得分		
	20	*C*2		1 分	达不到要求不得分		
总　分				100 分			

项目总结

通过本模块的学习掌握了零件上外沟槽、内沟槽和端面槽的加工方案制定、程序编制方法。沟槽类零件的加工，要注意合理的切削用量选择、零件的装夹牢固、车刀的安装正确，以防出现安全事故。课后总结本项目所学内容，及时解决疑惑问题。

思考与练习

1. 简述沟槽的种类及其作用。
2. G04 指令中的地址符 X 与 P 表示什么？G04 指令与 M01 指令有什么区别？
3. 切槽刀在安装时需要注意什么问题？
4. 内沟槽车刀如何对刀？
5. 拟订图 2-143 所示沟槽轴的加工程序。

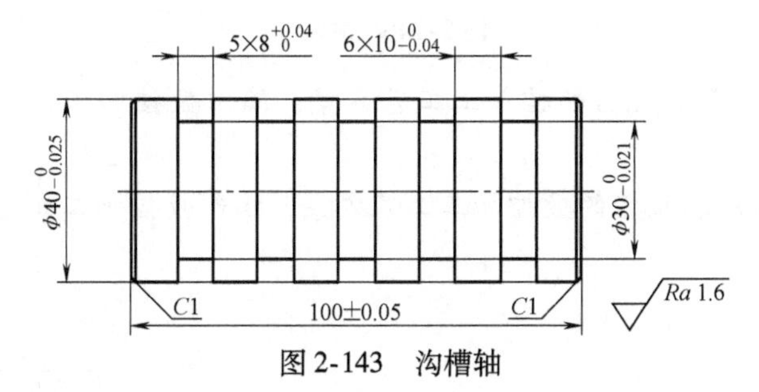

图 2-143　沟槽轴

6　拟订图 2-144 所示带轮的数控加工工艺方案，编制数控加工工艺卡、数控加工刀具卡及加工程序。

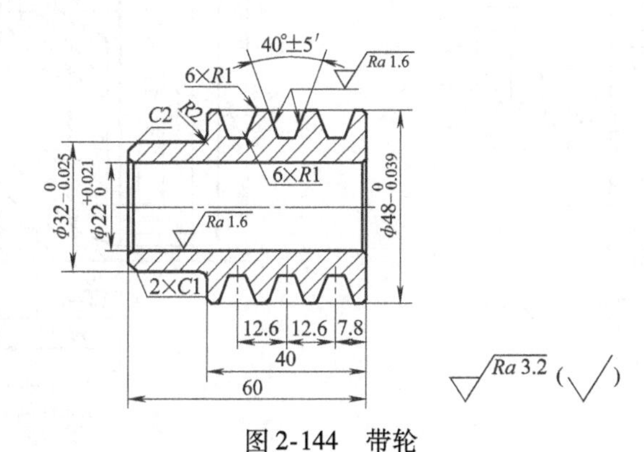

图 2-144　带轮

7　拟订图 2-145 所示轴承套的数控加工工艺方案，编制数控加工工艺卡、数控加工刀具卡及加工程序。

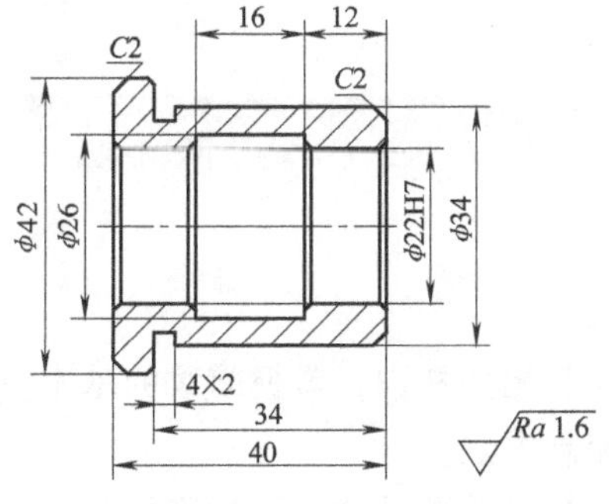

图 2-145　轴承套

8 拟订图 2-146 所示轴套的加工工艺方案，编制数控加工工艺卡、数控加工刀具卡及加工程序。

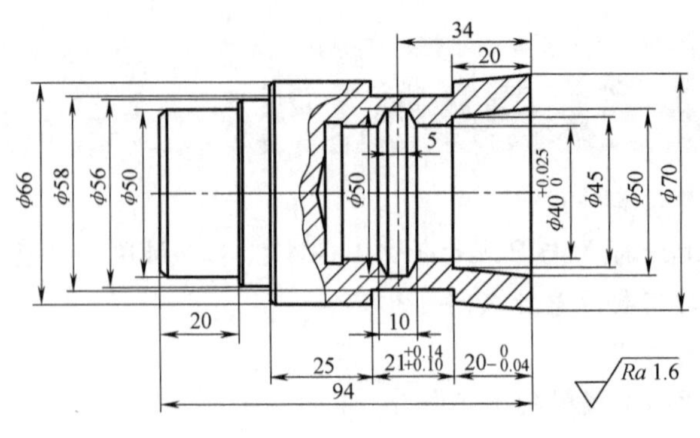

图 2-146 轴套

9. 拟订图 2-147 所示端盖的数控加工工艺方案，编制数控加工工艺卡、数控加工刀具卡及加工程序。

10. 拟订图 2-148 所示端盖的数控加工工艺方案，编制数控加工工艺卡、数控加工刀具卡及加工程序。

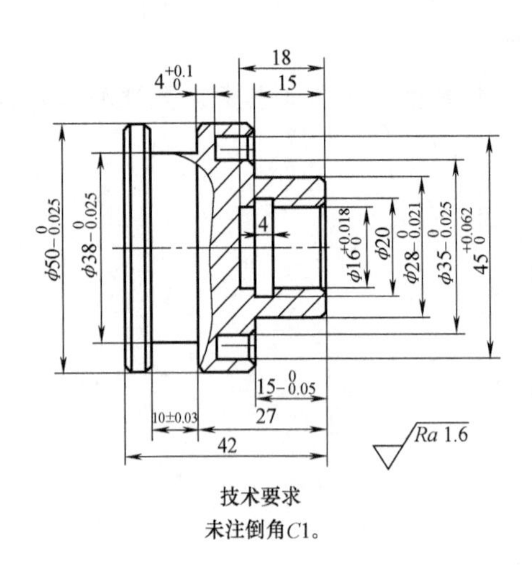

图 2-147 端盖

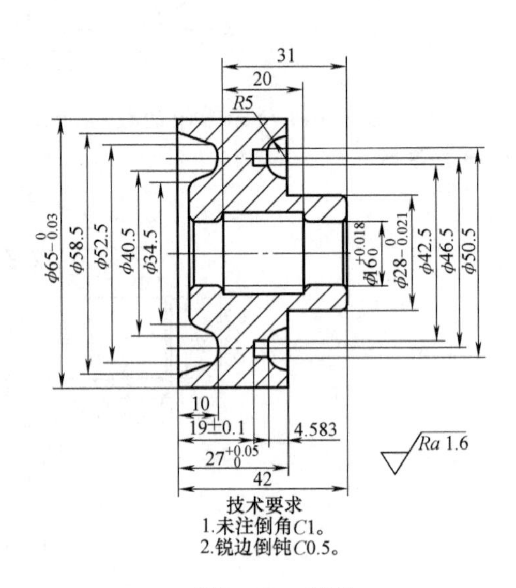

图 2-148 端盖

项目五 螺纹零件的车削加工

知识目标

1. 了解螺纹的种类、作用及相关知识，掌握螺纹的基本参数计算。
2. 掌握螺纹加工程序的编制方法。
3. 掌握螺纹加工的刀具、量具的选择方法和切削用量的选择原则。

技能目标

1. 掌握螺纹的加工方法。
2. 掌握螺纹车刀对刀的操作要领。
3. 掌握螺纹的测量方法。

任务一　普通外螺纹零件的编程与加工

一、任务描述

1. 普通外螺纹零件的编程与加工任务描述（表2-97）

表2-97　普通外螺纹零件的编程与加工任务描述

任务名称	普通外螺纹零件的编程与加工
零件	普通外螺纹零件
设备条件	数控仿真软件、CAK5085DI型数控车床、数控车刀、夹具、量具、材料
任务要求	(1)完成普通外螺纹零件的数控车削路线及工艺编制 (2)在数控车床上完成普通外螺纹零件的编程与加工 (3)完成零件的检测 (4)填写零件加工检测评分表及完成任务评定表

2. 零件图（图2-149）

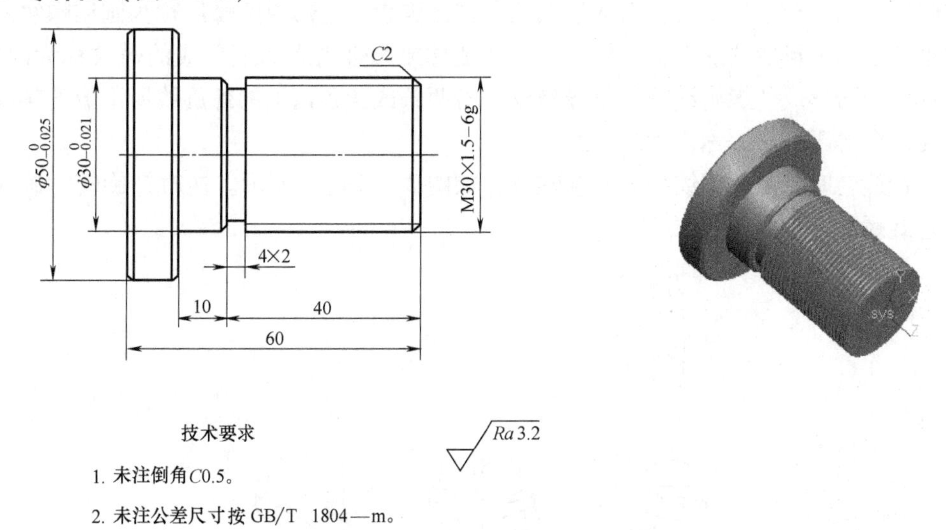

图2-149　普通外螺纹零件及其三维效果

二、任务分析

1）掌握普通外螺纹零件的加工工艺分析方法。
2）掌握数控车床常用螺纹加工指令。
3）掌握典型外螺纹零件的加工方法。
4）掌握数控车床加工螺纹程序的编制方法。

5）掌握普通外螺纹的测量方法。

三、相关知识

1. 螺纹概述

（1）螺旋线与螺纹

1）螺旋线。螺旋线是沿着圆柱或圆锥表面运动的点的轨迹，该点的轴向位移和相应的角位移成定比。它可以看作是底边等于圆柱周长为（πd）的直角三角形 ABC 绕圆柱面旋转一周，斜边 AC 在该表面形成的曲线，如图 2-150 所示。

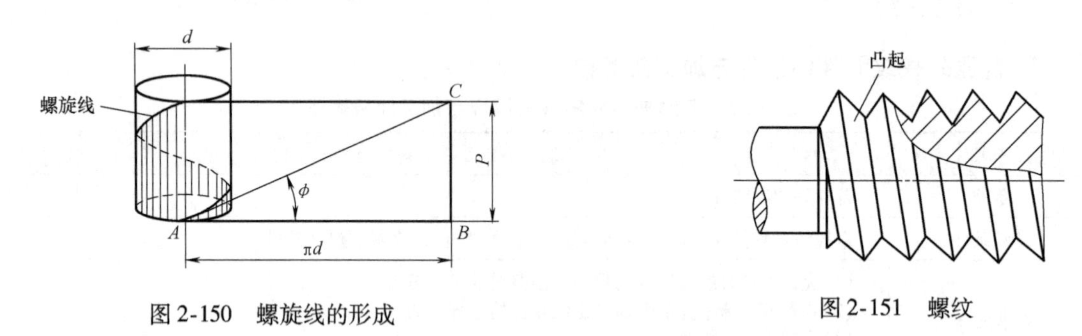

图 2-150　螺旋线的形成

图 2-151　螺纹

2）螺纹。在圆柱或圆锥表面上，沿着螺旋线所形成的具有规定牙型的连续凸起，如图 2-151 所示。

在圆柱表面上形成的螺纹称为圆柱螺纹。在圆锥表面上形成的螺纹称为圆锥螺纹。在圆柱或圆锥外表面上形成的螺纹称为外螺纹。在圆柱或圆锥内表面上形成的螺纹称为内螺纹。沿一条螺旋线所形成的螺旋线称为单线螺纹。沿两条或两条以上的螺旋线所形成的螺纹，该螺旋线在周向等距分布，称为多线螺纹。

顺时针旋转时旋入的螺纹称为右旋螺纹，如图 2-152a、c 所示。逆时针旋转时旋入的螺纹称为左旋螺纹，如图 2-152b 所示。

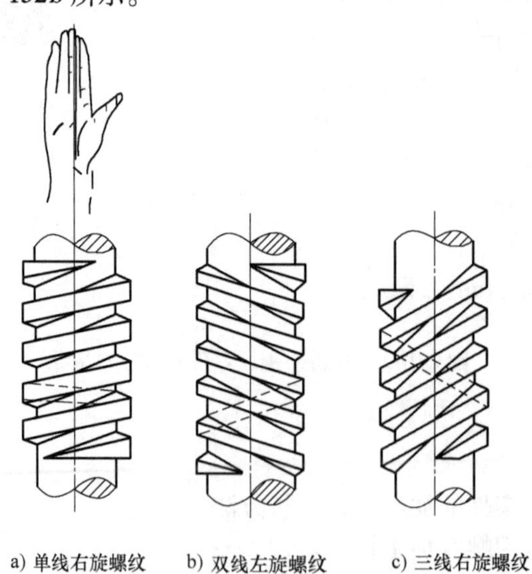

a) 单线右旋螺纹　b) 双线左旋螺纹　c) 三线右旋螺纹

图 2-152　螺纹的旋向和线数

（2）普通螺纹的主要参数　螺纹要素主要包括螺纹牙型、公称直径、螺距（或导程）、线数、旋向和精度。螺纹的形成、尺寸和配合性能取决于螺纹要素，只有当内、外螺纹的各要素相同时才能相互配合。

螺纹的各部分名称如图2-153所示。

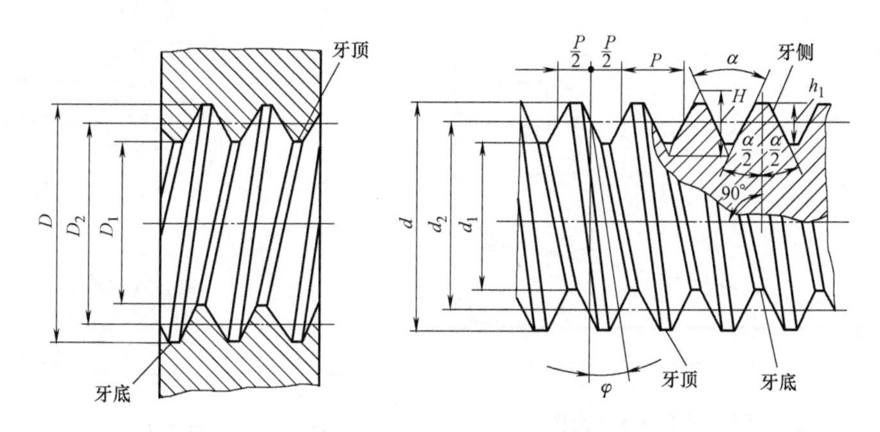

图2-153　螺纹各部分名称

1）螺纹大径（D、d）。指与外螺纹牙顶或内螺纹牙底相切的假想圆柱或圆锥直径。内螺纹大径用D表示，外螺纹大径用d表示。国家标准规定，螺纹大径的基本尺寸称为螺纹公称直径，它是代表螺纹尺寸的直径。

2）螺纹小径（D_1、d_1）。指与外螺纹牙底或内螺纹牙顶相切的假想圆柱或圆锥的直径。内螺纹小径用D_1表示，外螺纹小径用d_1表示。

3）螺纹中径（D_2、d_2）。是一个假想的圆柱或圆锥直径，该圆柱或圆锥的母线通过牙型上沟槽和凸起宽度相等的地方。此假想圆柱或圆锥直径称为中径圆柱或中径圆锥。内螺纹中径用D_2表示，外螺纹中径用d_2表示。

4）螺距（P）。指相邻两牙在中径线上对应两点间的轴向距离。

5）线数（n）。指一个螺纹零件的螺旋线数目。

6）导程（Ph）。指同一条螺旋线上的相邻两牙在中径上对应两点间的轴向距离。显然，单线螺纹的导程就等于螺距，即$Ph=P$，多线螺纹的导程$Ph=nP$

7）牙型角和牙型半角（α、$\frac{\alpha}{2}$）。牙型角是指在螺纹牙型上两相邻牙侧间的夹角。用α表示，普通螺纹的牙型角$\alpha=60°$。牙型半角是牙型角的一半。

8）原始三角形高度（H）。指原始三角形顶点到底边的距离，如图2-154所示。

9）螺纹升角（ϕ）。指在中径圆柱或中径圆锥上，螺旋线的切线与

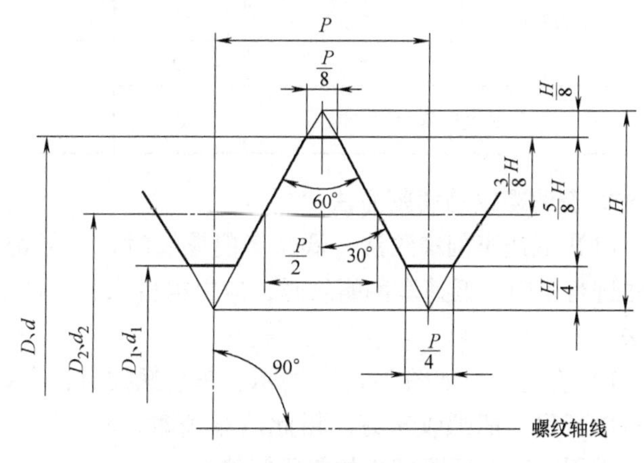

图2-154　普通螺纹的基本牙型

垂直于螺纹轴线的平面的夹角，如图 2-155 所示。

10）螺纹旋合长度。指两个相互配合的螺纹沿螺纹轴线方向相互旋合部分的长度，如图 2-156 所示。根据不同直径和螺距，国家标准规定把旋合长度分为三组，短旋合长度用 S 表示，中等旋合长度用 N 表示，长旋合长度用 L 表示。

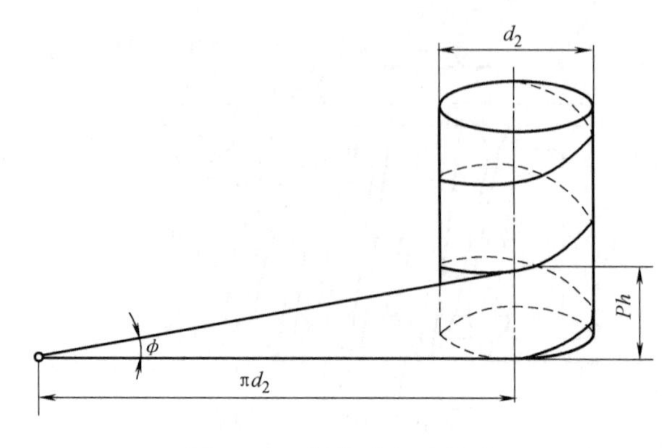

图 2-155　螺纹升角示意图

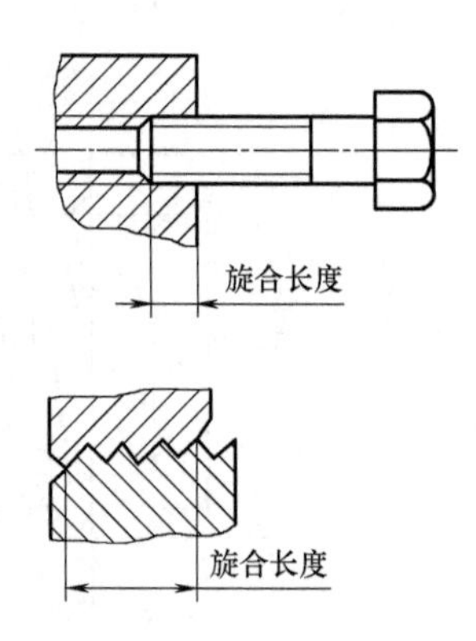

图 2-156　旋合长度示意图

2. 普通螺纹的尺寸计算

普通螺纹尺寸计算公式见表 2-98。

表 2-98　普通螺纹的尺寸计算公式

名称		代号	计算公式
外螺纹	牙型角	α	60°
	原始三角形高度	H	$H=\frac{\sqrt{3}}{2}P=0.866P$
	牙型高	h	$h=\frac{5}{8}H=\frac{5}{8}\times0.866P=0.5413P$
	中径	d_2	$d_2=d-2\times\frac{3}{8}H=d-0.6495P$
	小径	d_1	$d_1=d-2h=d-1.0825P$
内螺纹	中径	D_2	$D=d_2$
	小径	D_1	$D_1=d_1$
	大径	D	$D=d=$ 公称直径
螺纹升角		ϕ	$\tan\phi=\frac{nP}{\pi d_2}$

3. 普通螺纹的切削方法

（1）低速车削螺纹法　低速车削螺纹时，一般都选用高速钢车刀，并且采用粗、精车方法进行车削。低速车削螺纹时，应根据机床和工件的刚性、螺距的大小，选择不同的进刀方法。

1）直进法。如图 2-157a 所示，车削螺纹时，在每次往复行程后，车刀沿横向进刀，通过多次行程，把螺纹车好。用此法车削时，车刀双面切削（图 2-154e），容易产生扎刀现象，常用于车削螺距较小的普通螺纹。

2）左右切削法。如图 2-157b 所示，车削过程中，在每次往复行程后，除了横向进刀外，同时车刀向左或向右作微量进给，这样重复几次行程，直至把螺纹车好。

3）斜进法。如图 2-157c 所示，在粗车螺纹时，为了操作方便，在每次往复行程后，除横向进给外，车刀只向一个方向作微量进给。但在精车时，必须用左右切削法才能使螺纹的两侧面都获得较小的表面粗糙度值。

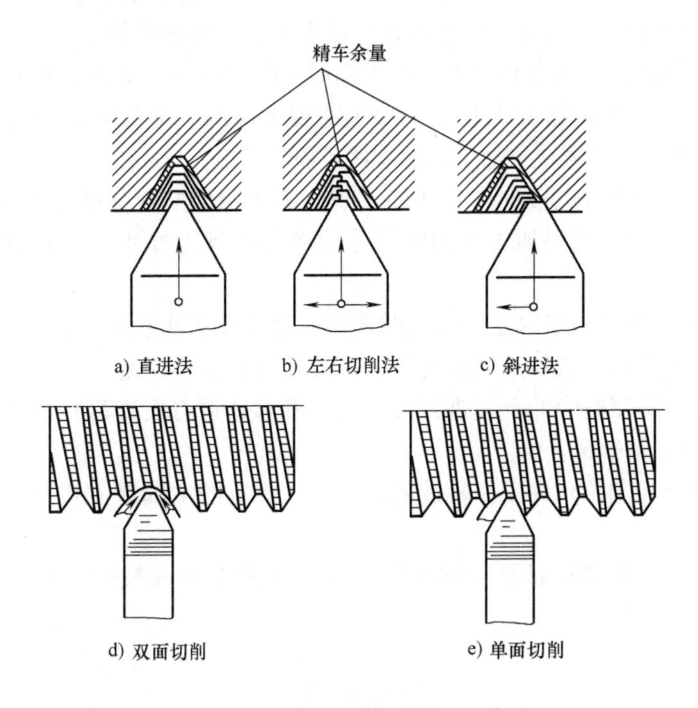

图 2-157 低速车削螺纹的进刀方法

左右切削法和斜进法，由于车刀单面切削（图 2-157e），不易产生扎刀现象，常在车削较大螺距的螺纹时使用。用左右切削法精车螺纹时，左右移动量不宜过大，否则会造成牙底过宽及凹凸不平。

（2）高速车削螺纹法　用硬质合金车刀高速车螺纹时，切削速度可比低速车削螺纹提高 10～15 倍，且进给次数可以减少 2/3 以上，生产率大大提高，已被广泛采用。高速切削螺纹时，为了防止切屑拉毛牙侧，不宜采用左右切削法。

4. 螺纹加工切削用量的选择

（1）背吃刀量的选择　在螺纹加工中，背吃刀量 a_p 等于螺纹车刀切入工件表面的深度，如果其他切削刃同时参与切削，应为各切削刃切入深度之和。由此可以看到随着螺纹车刀的每次切入，背吃刀量在逐步增加。受螺纹牙型截面大小和深度的影响，螺纹切削的背吃刀量可能是非常大的，而这一点不是操作者和编程人员能够轻易改变的。要使螺纹加工切削用量的选择比较合理，必须合理的选择切削速度和进给量。

螺纹加工的进给量相当于加工中的每次背吃刀量，要根据工件材料、工件刚度、刀具材料和刀具强度等诸多因素，并依据经验，通过试切来决定。每次背吃刀量过小会增加走刀次数，影响切削效率，同时加剧刀具磨损；过大又容易出现扎刀、崩尖及螺纹乱牙现象。为避免上述现象发生，螺纹加工的每次背吃刀量一般都是选择递减方式，即随着螺纹深度的加深，要相应地减小进给量。在螺纹切削复合循环指令当中，也同样经常采用递减方式，如第一刀的背吃刀量为1，那么第二刀的背吃刀量则为$1/\sqrt{2}$，第三刀背吃刀量为$1/\sqrt{3}$，第n刀背吃刀量为$1/\sqrt{n}$。这一点可以在螺纹加工程序编制中灵活运用。

（2）主轴转速的选择　在螺纹切削加工中，主轴转速的选择受到下面几个因素的影响。

1）螺纹加工程序段中指令的螺距值，即F指定的以进给量f（mm/r）表示的进给速度。如果主轴转速过高，其换算后的进给速度必定大大超过正常值。

2）刀具在位移过程的起点和终点，都受到伺服驱动系统升降速度和数控装置插补运算速度的约束，由于升、降频特性满足不了加工需要等原因，则可能引起进给运动产生“超前”和“滞后”现象，从而导致加工出的螺距不符合要求。

3）螺纹车削必须通过主轴的同步功能实现，需要用到主轴脉冲发生器（编码器）。当主轴速度选择过高，通过编码器发出的定位脉冲将可能因“过冲”而导致工件螺纹产生乱牙现象。

根据上述现象，螺纹加工时主轴转速的确定应遵循以下几条原则：

1）在保证生产率和正常切削的情况下，选择较低的主轴转速。

2）当螺纹加工程序段中的升速进刀段（L_1）和降速退刀段（L_2）的长度值较大时，可选择适当高一些的主轴转速。

3）当编码器所规定的允许工作转速超过车床所规定的主轴最大转速时，可选择较高一些的主轴转速。

4）通常情况下，螺纹车削的主轴转速（$n_{螺}$）可按车床或数控系统说明书中规定的计算式确定，即

$$n_{螺} \leqslant \frac{n_{允}}{P}$$

式中　$n_{允}$——编码器允许的最高工作转速（r/min）；

P——加工螺纹的螺距或导程。

当螺纹螺距较大、牙型较深时，可分数次加工，每次进给的背吃刀量用螺纹深度减去精加工背吃刀量所得的差按递减规律分配，如图2-158所示。

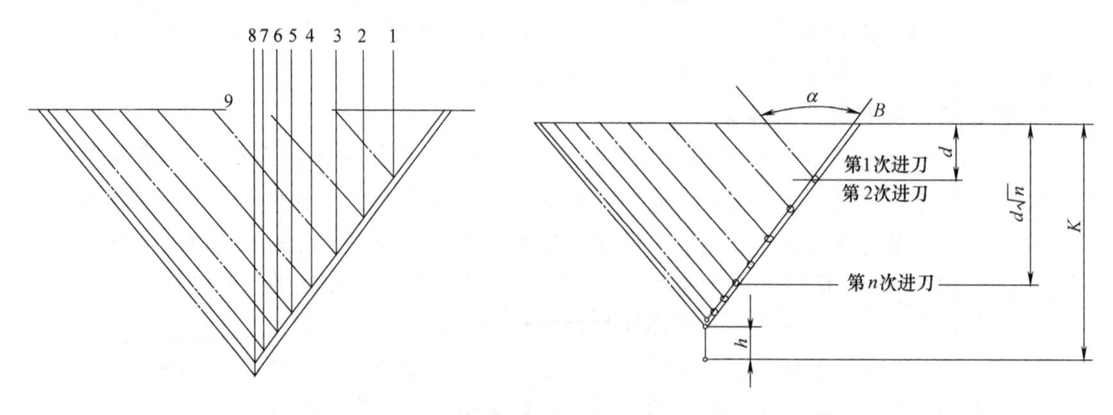

图2-158　螺纹加工进刀方法

（3）常用螺纹切削的进给次数与背吃刀量（表2-99）

表 2-99　常用螺纹切削的进给次数与背吃刀量

米制螺纹								
螺距/mm		1.0	1.5	2.0	2.5	3.0	3.5	4.0
牙型高/mm		0.649	0.974	1.299	1.624	1.949	2.273	2.598
背吃刀量/mm								
切削次数	1 次	0.7	0.8	0.9	1.0	1.2	1.5	1.5
	2 次	0.4	0.6	0.6	0.7	0.7	0.7	0.8
	3 次	0.2	0.4	0.6	0.6	0.6	0.6	0.6
	4 次		0.16	0.4	0.4	0.4	0.6	0.6
	5 次			0.1	0.4	0.4	0.4	0.4
	6 次				0.15	0.4	0.4	0.4
	7 次					0.15	0.2	0.4
	8 次						0.15	0.3
	9 次							0.2
寸制螺纹								
牙/in		24	18	16	14	12	10	8
牙型高/mm		0.678	0.904	1.016	1.162	1.355	1.626	2.033
背吃刀量/mm								
切削次数	1 次	0.8	0.8	0.8	0.8	0.9	1.0	1.2
	2 次	0.4	0.6	0.6	0.6	0.6	0.7	0.7
	3 次	0.16	0.3	0.5	0.5	0.6	0.6	0.6
	4 次		0.11	0.14	0.3	0.4	0.4	0.5
	5 次				0.13	0.21	0.4	0.5
	6 次						0.16	0.4
	7 次							0.17

5. 刀具安装方法

螺纹车刀在安装时，刀尖必须与工件轴线等高，且它的齿形要求对称并垂直于工件轴线。调整时可用对刀样板保证刀尖角的等分线严格地垂直于工件的轴线，如图 2-159 所示。

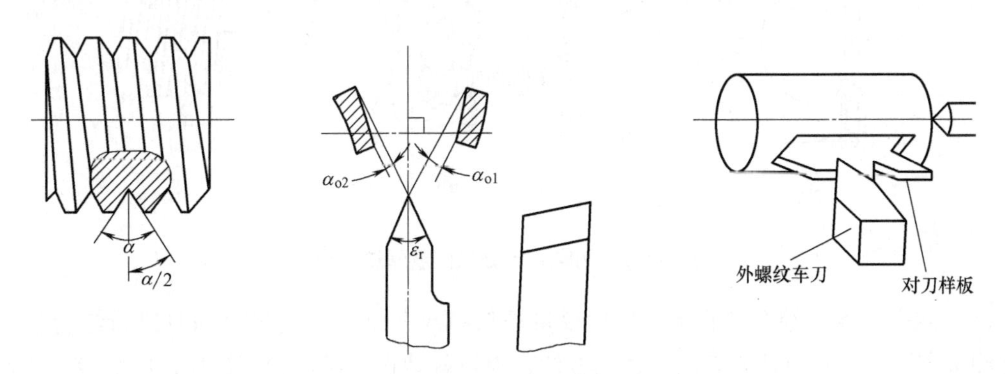

图 2-159　螺纹车刀安装方法示意图

6. 螺纹的检测方法

螺纹的主要测量参数有螺距、大径、小径和中径等尺寸。测量的方法有综合检验和单项测量两类。

（1）大径的测量　螺纹大径的公差较大，一般可用游标卡尺或千分尺测量。

（2）螺距的测量　对一般精度要求的螺纹，常用钢直尺和螺纹样板测量其螺距，如图 2-160 所示。

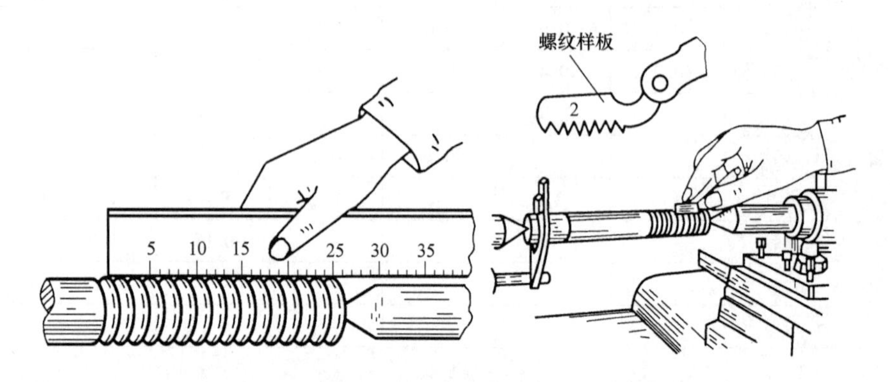

图 2-160　螺距测量示意图

（3）中径的测量　普通螺纹的中径可用螺纹千分尺测量，如图 2-161 所示。螺纹千分尺的刻线原理和读数方法与千分尺相同，所不同的是螺纹千分尺附有两套（60°和 55°）适用于不同牙型角和不同螺距的测量头。测量前，可根据测量的需要选择测量头，然后将其分别插入千分尺的侧杆和砧座的孔内。但必须注意，在更换测量头之后，必须调整砧座的位置，使千分尺对准零位。

测量时，和螺纹牙型角相同的上、下两个测量头，正好卡在螺纹的牙侧上。

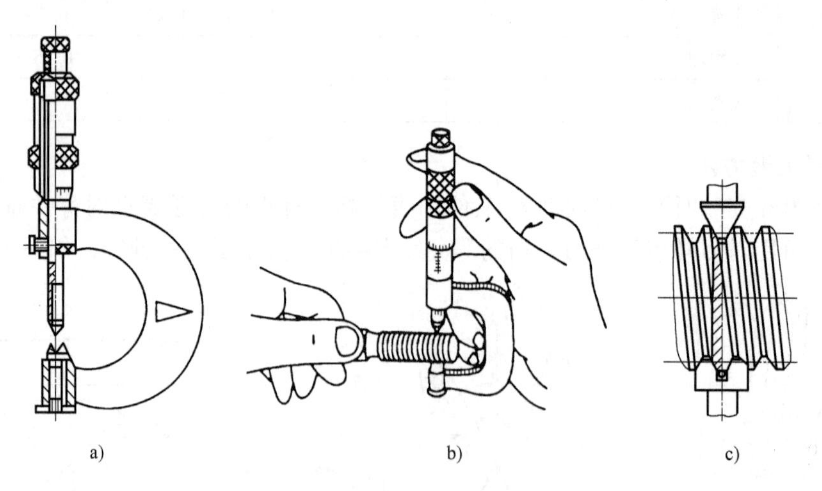

图 2-161　用螺纹千分尺测量螺纹中径

（4）综合检验　综合检验是采用螺纹量规对螺纹各部分主要尺寸同时进行综合检验的一种测量方法。这种方法效率高，使用方便，能较好地保证零件的互换性，广泛应用于对标准螺纹或大批量生产的螺纹工件的测量。

螺纹量规包括螺纹环规和螺纹塞规两种，而每种又有通规和止规之分，如图 2-162 所示。螺纹环规用来测量外螺纹，螺纹塞规用来测量内螺纹。测量时，如果通规刚好能旋入，而止规不能旋入，则说明螺纹精度合格。如果测量时发现通过难以旋入，应对螺纹的直径，牙型、螺距和表面粗糙度进行检查，修正后再用量规检验，切不可强拧量规，以免引起量规的严重磨损，降低量规的精度。

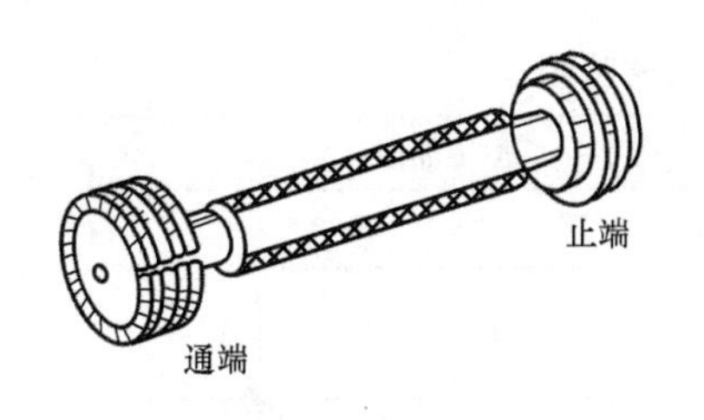

a) 螺纹塞规

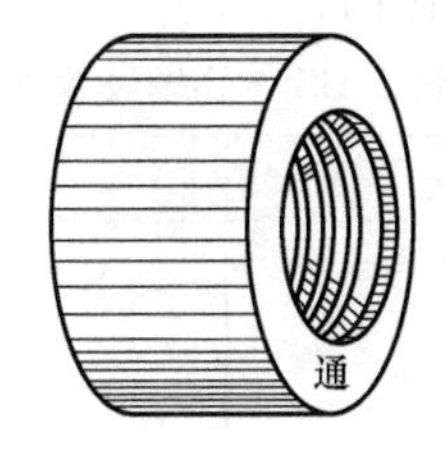

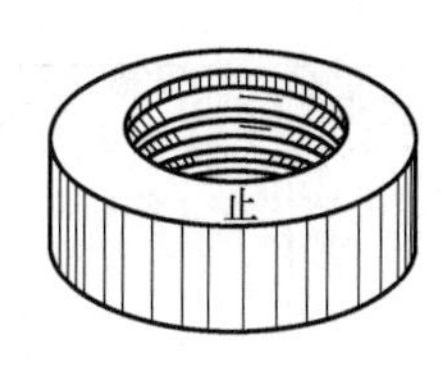

b) 螺纹环规

图 2-162　螺纹量规

四、任务准备

1）机床为　CAK5085DI 型数控车床。

2）刀具准备　见表 2-100。

表 2-100　刀具准备

序号	刀具种类	刀具型号	刀片型号	图示
1	90°偏刀（外圆车刀）	DCLNR2525M12	CNMG120404-PM	
2	60°螺纹车刀	R166. 4FG-2525-16	R166. 0-16MM01-150	
3	切槽刀	RF123F202525B	N123H2-0400-0002-CM	

3）量具有游标卡尺、千分尺、螺纹千分尺。

4）工具、附件准备有卡盘扳手、压刀扳手和垫铁若干。

5）零件毛坯尺寸为 ϕ55mm×80mm，材料为塑料棒。

五、任务实施

1. 确定数控车削加工工艺

零件特征主要为外圆、退刀槽、螺纹，尺寸如图 2-149 所示，棒料伸出卡盘 60mm。

（1）加工工艺路线（表 2-101）

表 2-101　外螺纹零件加工工艺路线

序号	工步	加工内容	加工简图
1	工步 1	车端面、外圆，建立工件坐标系	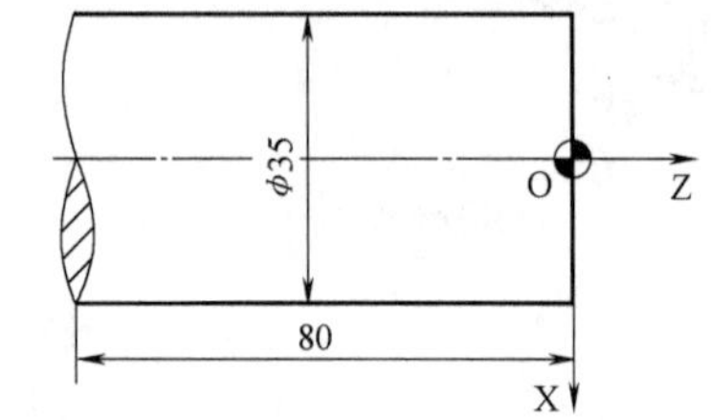 ϕ35　O　Z　80　X
2	工步 2	粗车 ϕ30mm × 50mm 处至 ϕ30.5mm × 50mm	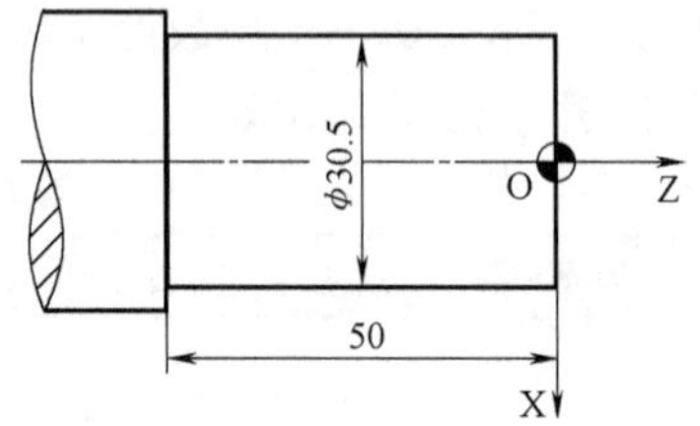 ϕ30.5　O　Z　50　X
3	工步 3	精车 ϕ30mm × 50mm；ϕ29.7mm × 40mm 并倒角去锐，至图样	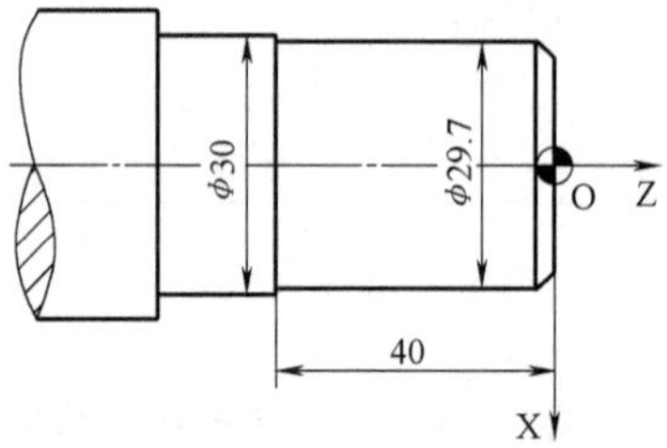 ϕ30　ϕ29.7　O　Z　40　X
4	工步 4	车槽 4mm × 2mm 至图样尺寸	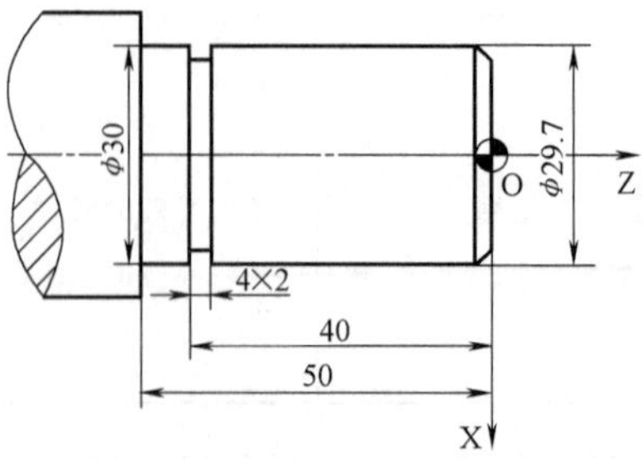 ϕ30　O　ϕ29.7　Z　4×2　40　50　X

（续）

序号	工步	加工内容	加工简图
5	工步5	车螺纹 M30×1.5mm 至图样尺寸	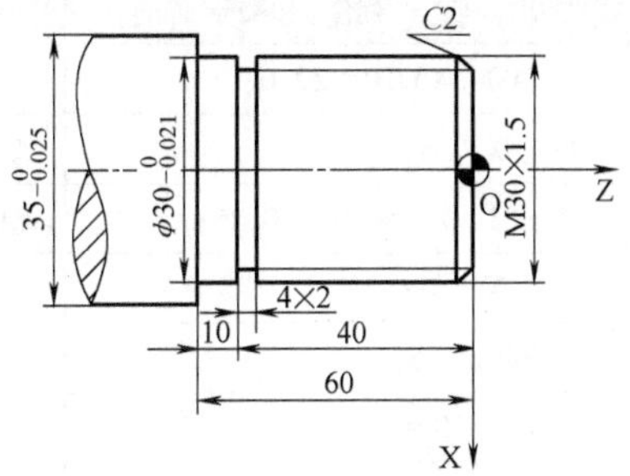
6	工步6	检测	

（2）确定切削用量　根据零件被加工表面质量要求，刀具材料和工件材料，参考相关资料选取切削速度和进给量。数控加工工序卡见表2-102。

表2-102　数控加工工序卡

班级	姓名	数控加工工序卡		零件名称	材料	零件图号		
				普通外螺纹零件	塑料棒	—		
工序	程序编号	夹具编号		使用设备	实训教室			
—	O2146	—		CAK5085DI	数控车床编程加工教室			
工序号	工步内容	刀具号	刀具规格/mm	主轴转速 n/(r/min)	进给量 f/(mm/r)	背吃刀量 a_p/mm	刀尖圆弧半径 $r_ε$/mm	备注
1	车端面	T01	25×25	1000	0.15	0.5	0.4	手动
2	粗车外圆及阶台φ30.5mm×50mm	T01	25×25	1000	0.25	2	0.4	自动
3	精车外圆及阶台 φ30mm×50mm；φ29.7mm×40mm	T01	25×25	1400	0.1	0.5	0.4	自动
4	车槽 4mm×2mm	T03	25×25	500	0.1			自动
5	车螺纹 M30×1.5	T02	25×25	400				自动
6	检测							
编制		审核		批准		年　月　日		

2. 编制程序（表2-103）

表2-103　普通外螺纹零件加工程序

O2146		程序名
程序段号	程序内容	动作说明
N10	G00　X150.0　Z150.0；	车刀移动到换刀点
N20	M03　S1000；	主轴正转，转速 1000r/min
N30	T0101　M08；	换 1 号刀，切削液开

（续）

O2146		程序名
程序段号	程序内容	动作说明
N40	G00 X37.0 Z2.0;	刀具移动至起刀点
N50	X30.5;	车刀进给一个背吃刀量,2.25mm
N60	G01 Z-50.0 F0.25;	粗车外圆
N70	X37.0;	X 向退刀
N80	G00 X150;	车刀回到换刀点
N90	G00 Z150.0;	
N100	M05;	主轴停止
N110	M00;	暂停,检查工件,调整磨耗参数
N120	M03 S1400;	主轴正转,转速 1400r/min,精加工
N130	G00 X37.0 Z2.0;	车刀移动到起刀点
N140	G00 X26.0;	车刀进给至 X 方向精加工起点
N150	G01 Z0 F0.1;	车刀进给至 Z 方向精加工起点
N160	X29.7 Z-2.0	倒角
N170	Z-40.0;	
N180	X30.0;	精车外圆
N190	Z-50.0;	
N200	X34.0;	
N210	X35.0 Z-50.5	倒角
N220	X37.0	
N230	X50	X 向退刀
N240	G00 X150.0 Z150.0;	车刀回到换刀点
N250	T0303;	换切槽刀
N260	M03 S500;	主轴转速调至 500r/min
N270	G00 X37.0 Z2.0;	车刀移动到起刀点
N280	X32.0 Z-40.0;	车刀移动到切槽位置
N290	G01 X26.0 F0.1;	车刀切刀槽深位置
N300	X37.0;	车刀 X 向退刀
N310	G00 X150. Z150.0;	车刀回到换刀点
N320	T0202;	换螺纹车刀
N330	M03 S600;	主轴转速调至 600r/min
N340	G00 X37.0 Z2.0;	车刀移动到起刀点
N350	X29.1;	车刀到达螺纹第一刀背吃刀量
N360	G32 Z-38.0 F1.5;	螺纹加工,螺距为 1.5mm
N370	G00 X37.0;	X 向退刀
N380	Z2.0;	Z 向退刀

（续）

O2146		程序名
程序段号	程序内容	动作说明
N390	X28.5；	车刀到达螺纹第二刀背吃刀量
N400	G32 Z－38.0 F1.5；	螺纹加工，螺距为1.5mm
N410	G00　X37.0；	X向退刀
N420	Z2.0；	Z向退刀
N430	X27.9；	车刀到达螺纹第三刀背吃刀量
N440	G32 Z－38.0 F1.5；	螺纹加工，螺距为1.5mm
N450	G00　X37.0；	X向退刀
N460	Z2.0；	Z向退刀
N470	X27.5；	车刀到达螺纹第四刀背吃刀量
N480	G32 Z－38.0　F1.5；	螺纹加工，螺距为1.5mm
N490	G00　X37.0；	X向退刀
N500	Z2.0；	Z向退刀
N510	X27.4；	车刀到达螺纹精车背吃刀量
N520	G32 Z－38.0　F1.5；	螺纹加工，螺距为1.5mm
N530	G00　X37.0；	X向退刀
N540	X150.0　M09；	车刀退回换刀点　切削液关
N550	Z150.0；	
N560	M05；	主轴停止
N570	M30；	程序结束并返回程序开始

提示

①螺纹加工分粗加工和精加工两个阶段进行，每刀背吃刀量的确定应遵循递减规律。

②螺纹加工过程中，进给旋钮倍率开关无效，主轴转速倍率开关达到100%。

③加工螺纹过程中，应给出合适的空刀导入量和退刀量，螺纹车刀从退刀槽中间退刀。。

④高速车削三角形螺纹时，受车刀挤压后，螺纹大径尺寸胀大，因此，车螺纹前的外圆直径应比螺纹大径小。当螺距为1.5～3.5mm时，外径一般可小0.2～0.4mm。

3. 加工过程

（1）加工准备

1）检查毛坯尺寸。

2）开机，返回参考点。

3）装夹工件和刀具。工件装夹并找正、夹紧；外圆车刀安装在1号刀位，螺纹车刀安装在2号刀位，切槽刀安装在3号刀位。

4）程序输入。

（2）对刀

1）X 方向对刀。螺纹车刀试切，长度 3～4mm，沿 +Z 方向退出车刀，停机检测外圆尺寸，将其值输入到相应的刀具长度补偿中，如图 2-163a 所示。

2）Z 方向对刀。移动螺纹车刀使刀尖与工件右端面平齐，采用目测法或借助钢直尺对齐，将刀具位置数据输入到相应刀具长度补偿中，如图 2-163b 所示。

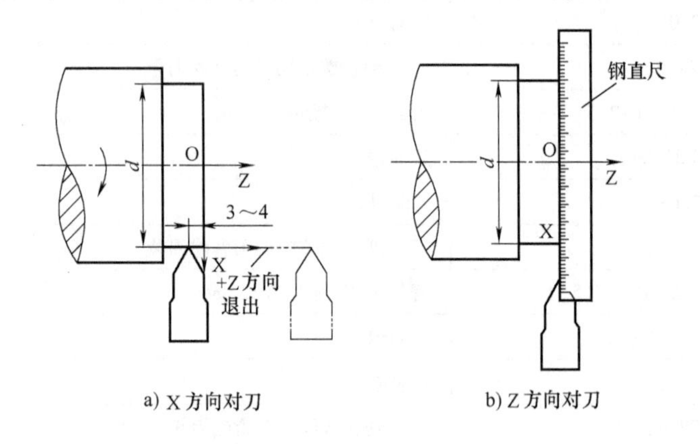

图 2-163　螺纹车刀对刀示意图

（3）程序模拟加工

（4）自动加工及尺寸检测

六、检查评议

1. 零件加工检测评分（表 2-104）

表 2-104　普通外螺纹零件的加工检测评分

班级		姓名			学号		
任务一	外三角形螺纹零件的编程与加工			零件编号			
项目	序号	检测内容		配分	评分标准	自检	他检
编程	1	工艺方案制订正确		5 分	不正确不得分		
	2	切削用量选择合理、正确		5 分	不正确不得分		
	3	程序正确和规范		5 分	不正确不得分		
操作	4	工件安装和找正规范、正确		5 分	不正确不得分		
	5	刀具安装、选择正确		5 分	不正确不得分		
	6	设备操作规范、正确		5 分	不正确不得分		
	7	安全生产		10 分	违章不得分		
	8	文明生产，符合“5S”标准		10 分	1 处不符合要求扣 2 分		
外圆	9	$\phi30_{-0.021}^{0}$ mm	IT	10 分	超出 0.01mm 扣 2 分		
			Ra	5 分	达不到要求不得分		
长度	10	50mm、40mm	IT	10 分	超出 0.01mm 扣 2 分		
			Ra	5 分	达不到要求不得分		
槽	11	4mm×2mm		5 分	超差不得分		
螺纹	12	M30×1.5		5 分	按 GB/T 1804—m，精度超差不得分		
倒角	13	*C*2		5 分	达不到要求不得分		
	14	*C*0.5		5 分	达不到要求不得分		
总分				100 分			

2. 完成任务评定（表2-105）

表2-105　螺纹加工完成任务评定

<table>
<tr><th colspan="2">任务名称</th><th colspan="4"></th></tr>
<tr><td colspan="2">任务准备过程分析记录</td><td colspan="4"></td></tr>
<tr><td colspan="2">任务完成过程分析记录</td><td colspan="4"></td></tr>
<tr><td colspan="2">任务完成结果分析记录</td><td colspan="4"></td></tr>
<tr><td colspan="2">自我分析评价</td><td colspan="4"></td></tr>
<tr><td colspan="2">小组分析评价</td><td colspan="4"></td></tr>
<tr><td>自我评定成绩</td><td></td><td>小组评定成绩</td><td></td><td>教师评定成绩</td><td></td></tr>
<tr><td>个人签名</td><td></td><td>组长签名</td><td></td><td>教师签名</td><td></td></tr>
<tr><td>综合成绩</td><td colspan="3"></td><td>日期</td><td></td></tr>
</table>

七、问题及防治

螺纹加工中产生的问题及解决措施见表2-106。

表2-106　螺纹加工产生的问题及解决措施

问题现象	产生原因	解决措施
切削过程中产生振动	(1)工件装夹不正确 (2)刀具安装不正确 (3)切削参数不正确	(1)检查工件安装，增加安装刚性 (2)调整刀具安装位置 (3)提高或降低切削速度
螺纹牙顶呈刀口状	(1)车刀角度选择不当 (2)螺纹外径尺寸过大 (3)螺纹切削过深	(1)选择正确的刀具 (2)检查并选择合适的工件外径尺寸 (3)减小螺纹切削背吃刀量
螺纹牙型过平	(1)刀具安装不正确 (2)螺纹背吃刀量不够 (3)刀具牙型角过小 (4)螺纹外径尺寸过小	(1)选择合适刀具并调整刀具中心高度 (2)计算并增加背吃刀量 (3)适当增大刀具牙型角 (4)检查并选择合适的工件外径尺寸
螺纹牙型底部圆弧过大	(1)刀具选择错误 (2)刀具磨损严重	(1)选择正确刀具 (2)重新刃磨或更换刀片
螺纹牙型底部过宽	(1)刀具选择错误 (2)刀具磨损严重 (3)螺纹有乱牙现象	(1)选择正确刀具 (2)重新刃磨或更换刀片 (3)检查加工程序中有无导致乱牙的原因 (4)检查主轴脉冲编码器是否松动、损坏 (5)检查Z轴丝杠是否有窜动现象
螺纹牙型半角不正确	刀具安装角度不正确	调整刀具安装角度
螺纹表面质量差	(1)切削速度过低 (2)刀具中心过高 (3)切削控制较差 (4)刀尖产生积屑瘤 (5)切削液选择不当	(1)调高主轴转速 (2)调整刀具中心，严格对准工件轴线 (3)选择合理的进刀方式和背吃刀量 (4)避免中等切削速度 (5)正确选择切削液并充分浇注
螺距错误	(1)伺服系统滞后效应 (2)加工程序不正确	(1)增加螺纹切削升、降速段的长度 (2)检查、修改加工程序

八、扩展知识

1. 螺纹联接的互换性

零部件的互换性是指在同一规格的一批零件或部件中任取其一，不需任何挑选或附加修配（如钳工修配）就能装在机器上，达到规定的性能要求。

在机械和仪器制造工业中，遵循互换性原则，不仅能显著提高劳动生产率，而且能有效保证产品质量和降低成本。互换性对螺纹的要求包括可旋合性、联接的可靠性。影响螺纹互换性的主要几何参数有大径、中径、小径、螺距和牙型半角。

（1）螺距误差的影响　单个螺距有误差，导致螺距累积误差，影响配合性能。

（2）牙型半角误差的影响。

1）左、右牙型半角不相等。

2）左、右牙型半角相等，但不等于30°。

（3）大径、中径误差的影响　当外螺纹大径、小径、中径略小于内螺纹大径、小径、中径时，就能保证内、外螺纹的旋合性，反之就不能旋合。但如果螺纹大径、小径、中径太小，内螺纹中径尺寸过大，则会降低联接强度，故必须对它们进行控制。

（4）螺纹作用中径和中径合格性判断原则

1）作用中径（D_{2m}、d_{2m}）。在规定的旋合长度内，恰好包容实际螺纹的一个假想螺纹的中径为螺纹中径。使相互结合的内、外螺纹能自由旋合条件为 $D_{2m} \geqslant d_{2m}$，D_{2m}为内螺纹的作用中径，d_{2m}为外螺纹的作用中径。

2）螺纹中径合格性的判断原则（泰勒原则）。

① 外螺纹：$d_{2m} \leqslant d_2$ 最大，$d_{2a} \geqslant d_2$ 最小，即外螺纹的作用中径不大于中径的上极限尺寸，且任意位置的实际中径不小于中径的下极限尺寸。

② 内螺纹：$D_{2m} \geqslant D_2$ 最小，$D_{2a} \leqslant D_2$ 最大，即内螺纹的作用中径不小于中径的上极限尺寸，且任意位置的实际中径不大于中径的下极限尺寸。

2. 普通螺纹的公差带

1）普通螺纹的公差带是由基本偏差决定其位置，公差等级决定其大小。

2）外螺纹的小径处有刀具圆弧过渡，则可提高螺纹受力时的抗疲劳强度。

3）公差带的范围表示螺纹中径尺寸的允许变动量。

3. 基本偏差

基本偏差为上、下极限偏差中离零线最近的那个偏差。

1）内螺纹的基本偏差包括 G、H 两种，特点是公差带均在公称尺寸之上。

2）外螺纹的基本偏差包括 e、f、g、h，特点是公差带均在基本尺寸之下。

4. 螺纹的旋合长度与配合精度

（1）旋合长度　螺纹的旋合长度分为短旋合长度（S）、中等旋合长度（N）、长旋合长度（L）三种。旋合长度越长，加工越困难，一般选用中等旋合长度（N）。

（2）配合精度

精密级：用于配合性质稳定的精密螺纹。

中等级：广泛用于一般联接螺纹。

粗糙级：用于要求不高或制造困难的螺纹。

（3）配合的选用

H/h：最小间隙为零，较常用。

H/g、G/h：具有间隙，拆装方便，符合具有高温及镀层要求的螺纹配合。

5. 螺纹代号与标记

1）普通螺纹。其代号由螺纹特征代号、尺寸代号、公差带代号及其他有必要做进一步说明的个别信息（包括螺纹的旋合长度和旋向）组成。单线、粗牙普通螺纹用字母 M 与公称直径表示；单线、细牙普通螺纹用字母 M 与公称直径×螺距表示。当螺纹为左旋时，在代号之后加“左”字。例如：

M24 表示公称直径为 24mm 的粗牙普通螺纹。

M24×1.5 公称直径为 24mm、螺距为 1.5mm 的细牙普通螺纹。

M24×1.5LH 公称直径为 24mm、螺距为 1.5mm 的左旋细牙普通螺纹。

螺纹公差带代号包括中径公差带代号与顶径（指外螺纹大径和内螺纹小径）公差带代号。公差带代号是由表示其位置的字母和表示其大小的公差等级数字所组成的。例如 6H、6g 等，其中“6”为公差等级数字，“H”或“g”为基本偏差代号。公差带代号标注在螺纹代号之后，中间用“-”分开。如果螺纹的中径公差带代号与顶径公差带代号不同，则分别标注，前者表示中径公差带，后者表示顶径公差带。如果中径与顶径的公差带代号相同，则只要标注一个代号即可。例如：

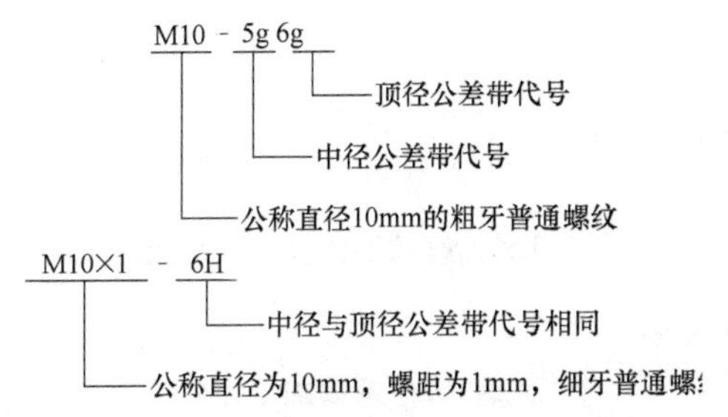

对于一般性使用的螺纹，不标注螺纹旋合长度及其代号，使用时按中等旋合长度确定，必要时在螺纹公差带代号之后，可加注旋合长度代号（S 或 L），中间用“-”分开，如“M10-5g6g-S”、“M10-7H-L”。

2）管螺纹　55°密封管螺纹的标记由螺纹特征代号和尺寸代号组成。特征代号为：Rc 表示圆锥内螺纹，Rp 表示圆柱内螺纹，R_1 表示与圆柱内螺纹相配合圆锥外螺纹，R_2 表示与圆锥内螺纹配合的圆锥外螺纹。例如尺寸代号 $1_{1/2}$ 的管螺纹标记为：圆锥内螺纹，$Rc1_{1/2}$；圆柱内螺纹，$Rp1_{1/2}$；圆锥外螺纹：$R_1\ 1_{1/2}$ 或 $R_2\ 1_{1/2}$；左旋圆锥外螺纹，$R_1\ 1_{1/2}$LH 或 $R_2\ 1_{1/2}$ LH。装配时，内、外螺纹的标记用斜线分开，左边表示内螺纹，右边表示外螺纹，如圆柱内螺纹与圆锥外螺纹配合“$Rp1_{1/2}/\ R_1 1_{1/2}$”。

55°非螺纹密封管螺纹的标记由螺纹特征代号、尺寸代号和公差等级代号组成。特征代号用字母 G 表示。内螺纹的标记为特征代号 G 与尺寸代号两项，外螺纹的标记为特征代号 G 与尺寸代号和公差等级代号 A 或 B 三项。例如尺寸代号 1/2 的管螺纹的标记为：内螺纹，G1/2；外螺纹，G1/2A，G1/2B；左旋内螺纹，G1/2-LH。配合时标记表示螺纹副时，仅需标记外螺纹的标记代号，如内螺纹与 A 级外螺纹配合，则 G1/2A。

九、扩展训练

1. 加工任务

根据所学指令编写图 2-164 所示螺纹零件工艺技术文件及数控加工程序。

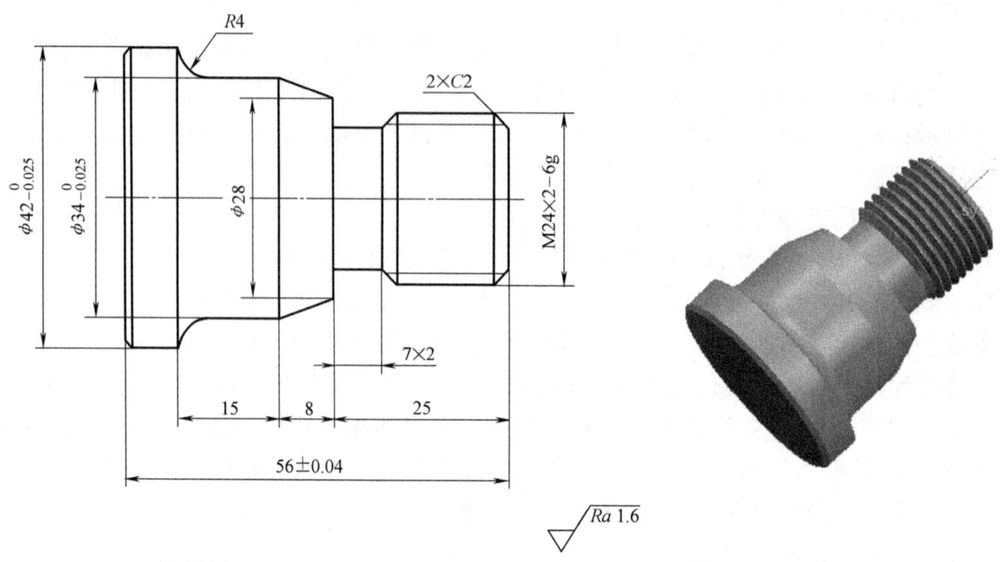

技术要求

1. 未注倒角 C1。
2. 倒钝 C0.5。
3. 未注公差尺寸按 GB/T 1804—m。

图 2-164　螺纹零件及其三维效果

2. 零件加工检测评分（表 2-107）

表 2-107　螺纹加工评分

班级		姓名		学号			
扩展训练	螺纹零件的编程与加工			零件编号			
项目	序号	检测内容		配分	评分标准	自检	他检
编程	1	工艺方案制订正确		5 分	不正确不得分		
	2	切削用量选择合理		5 分	不正确不得分		
	3	程序正确和规范		5 分	不正确不得分		
操作	4	工件安装和找正规范、正确		5 分	不正确不得分		
	5	刀具安装、选择正确		5 分	不正确不得分		
	6	设备操作规范		5 分	不正确不得分		
	7	安全生产		5 分	违章不得分		
	8	文明生产，符合“5S”标准		5 分	1 处不符合要求扣 2 分		
外圆	9	$\phi42_{-0.025}^{0}$mm	IT	5 分	超出 0.01mm 扣 2 分		
			Ra	4 分	达不到要求不得分		
	10	$\phi34_{-0.025}^{0}$mm	IT	5 分	超出 0.01mm 扣 2 分		
			Ra	4 分	达不到要求不得分		
螺纹	11	M24×2-6g	IT	15 分	超差不得分		
			Ra	5 分	达不到要求不得分		
槽	12	7mm×2mm		5 分	按 GB/T 1804—m，精度超差不得分		
长度	13	56mm±0.04mm		5 分	超差不得分		
	14	R4mm		4 分	按 GB/T 1804—m，精度超差不得分		
	15	8mm、15mm、25mm		6 分	按 GB/T 1804—m，精度超差不得分		
倒角	16	C2		2 分	达不到要求不得分		
总分				100 分			

任务二　普通内螺纹零件的编程与加工

一、任务描述

1. 普通内螺纹零件的编程与加工任务描述（表 2-108）

表 2-108　普通内螺纹零件的编程与加工任务描述

任务名称	普通内螺纹零件的编程与加工
零件	普通内螺纹零件
设备条件	数控仿真软件、CAK5085DI 型数控车床、数控车刀、夹具、量具、材料
任务要求	(1)完成普通内螺纹零件的数控车削路线及工艺编制。 (2)在数控车床上完成普通内螺纹零件的编程与加工。 (3)完成零件的检测。 (4)填写零件加工检测评分表及完成任务评定表

2. 零件图（图 2-165）

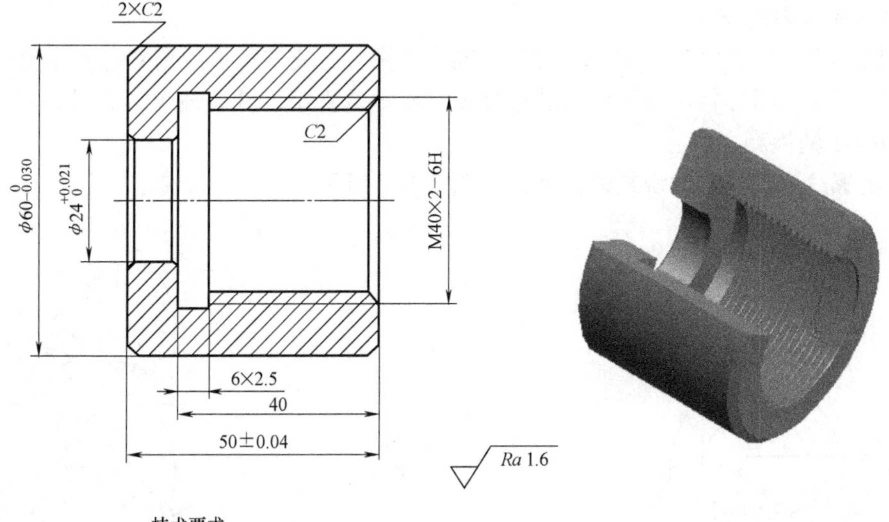

图 2-165　普通内螺纹零件及其三维效果

二、任务分析

1）掌握普通内螺纹零件的加工工艺分析方法。
2）掌握数控车床常用螺纹加工指令。
3）掌握数控车床典型内螺纹零件的加工方法。
4）熟练掌握数控车床加工内螺纹零件时的程序编制方法。

5）掌握普通内螺纹的测量方法。

三、相关知识

1. 普通内螺纹孔径计算和螺纹深度计算

（1）车削螺纹前孔径的计算　因为车刀切削时的挤压作用，内孔直径会缩小（车削塑性金属时较明显），所以车削内螺纹前孔径（$D_孔$）应比内螺纹小径（D_1）略大些；又由于内螺纹加工后的实际顶径允许大于 D_1 的基本尺寸，所以实际生产中，在车普通内螺纹前的孔径尺寸可用下列近似公式计算。

车削塑性金属的内螺纹时

$$D_孔 \approx D - P$$

车削脆性金属的内螺纹时

$$D_孔 \approx D - 1.05P$$

（2）车削螺纹前孔深的计算　当车削不通孔螺纹时，由于车刀不能车出完整牙型，所以孔深要大于所需的螺纹孔深度。一般取钻孔深度 = 所需螺孔深度 + 0.7D（D 为螺纹大径）。

2. 内螺纹车刀的安装

内螺纹车刀在安装时，刀尖必须与工件轴线等高，且它的齿形要求对称和垂直于工件轴线。调整时可用对刀样板保证刀尖角的等分线严格地垂直于工件的轴线，如图 2-166 所示。

3. 内螺纹的检测方法

通常用螺纹塞规检测内螺纹的精度，如图 2-167 所示。

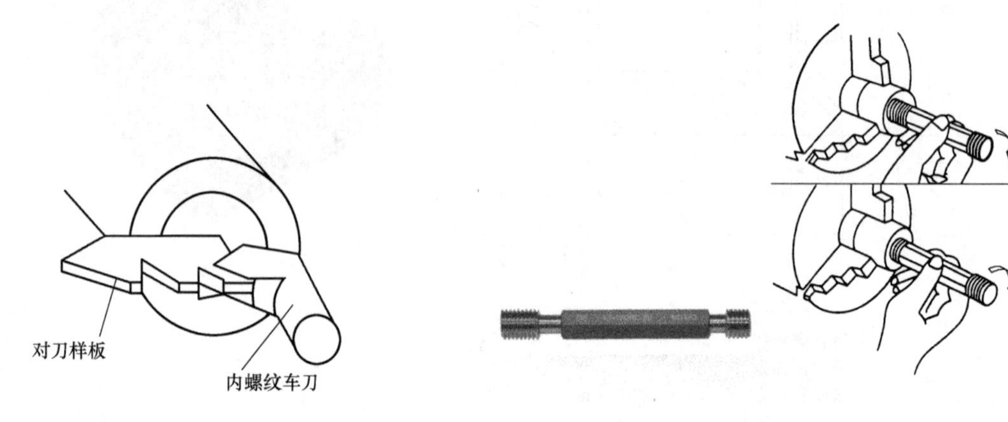

图 2-166　内螺纹车刀的安装

图 2-167　螺纹塞规及检测示意图

四、任务准备

1）机床为 CAK5085DI 型数控车床。

2）刀具准备见表 2-109。

3）量具有游标卡尺、游标深度卡尺、内径千分尺、内沟槽游标卡尺、螺纹塞规。

4）工具、附件准备有卡盘扳手、压刀扳手和垫铁若干。

5）零件毛坯尺寸为 ϕ65mm × 80mm，材料为塑料棒。

表 2-109 刀具准备

序号	刀具种类	刀具型号	刀片型号	图示
1	90°偏刀（外圆车刀）	DCLNR2525M12	CNMG120404-PM	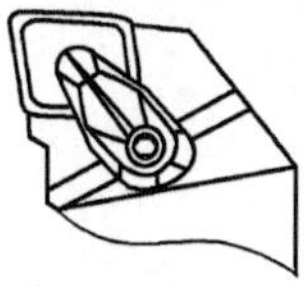
2	麻花钻	ϕ20mm		
3	内孔车刀	S16R-PCLNRL 09	DNMG 05 06 04—mF	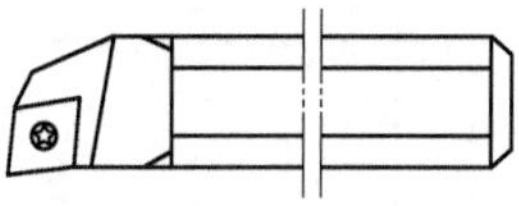
4	内切槽刀	RAG123H 0725B	N123H2-0400-GM	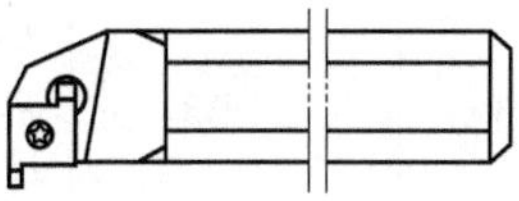
5	内螺纹车刀	R166. 4. KF-16-16	R166. 0L-16MM01-150	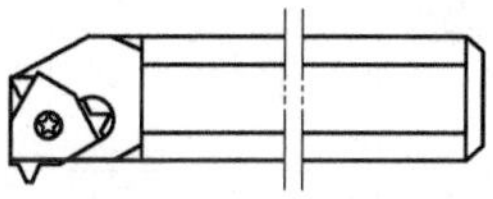

五、任务实施

1. 确定数控车削工艺

零件特征主要为外圆、内孔、内沟槽、内螺纹，尺寸如图 2-165 所示，棒料伸出卡盘 35mm。

（1）加工工艺路线 （表 2-110）。

表 2-110 内螺纹零件加工工艺路线

序号	工步	加工内容	加工简图
1	工步 1	车端面、外圆，建立工件坐标系	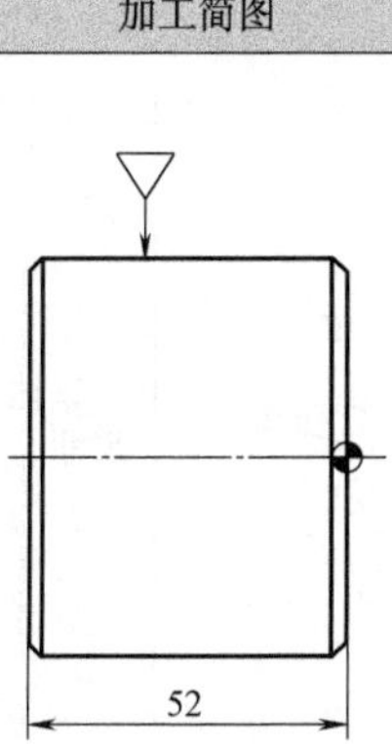 52

（续）

序号	工步	加工内容	加工简图
2	工步2	钻孔 φ20mm×50mm	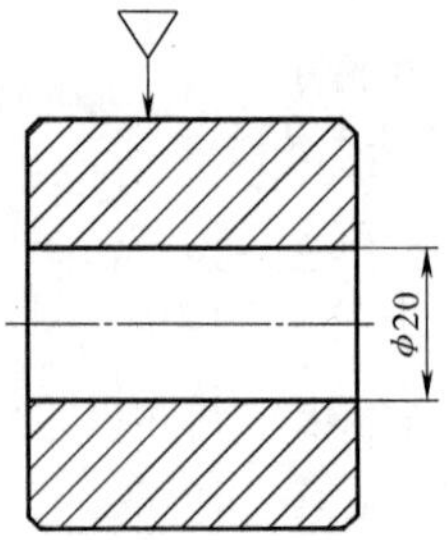
3	工步3	车内孔尺寸至 φ24mm×50mm、φ37.4mm×40mm 并倒角，至图样尺寸	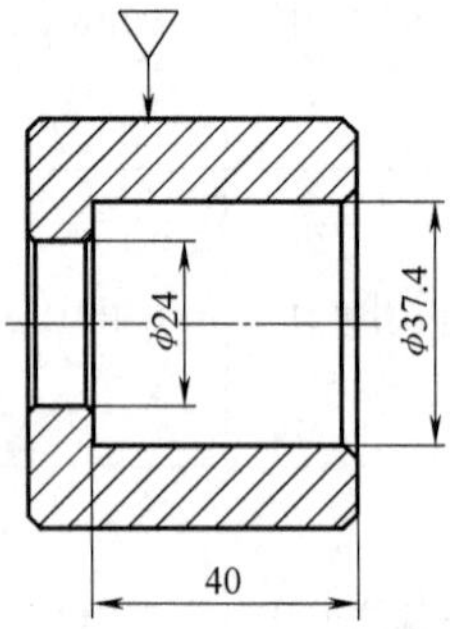
4	工步4	车内沟槽 6mm×2.5mm，至图样尺寸	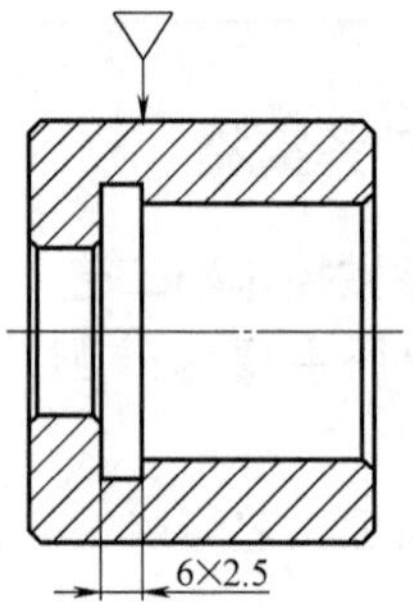
5	工步2	车内螺纹 M40×2-6g 至图样尺寸	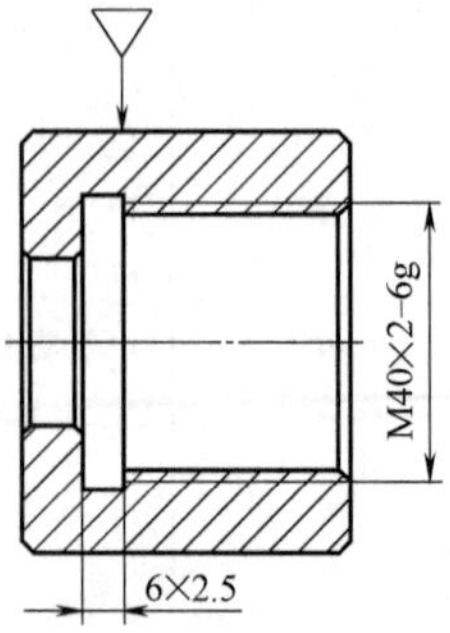

（续）

序号	工步	加工内容	加工简图
6	工步6	调头，车端面，保证工件总长	
7	工步7	倒角	
8	工步8	检测	

（2）确定切削用量　根据零件被加工表面质量要求、刀具材料和工件材料，参考相关资料选取切削速度和进给量。数控加工工序卡见表2-111。

表2-111　数控加工工序卡

班级	姓名	数控加工工序卡		零件名称	材料	零件图号	
				普通内螺纹零件	塑料棒	—	
工序	程序编号	夹具编号		使用设备	实训教室		
—	O2162	—		CAK5085DI	数控车床编程加工教室		
工序号	工步内容	刀具号	刀具规格/mm	主轴转速 n/(r/min)	进给量 f/(mm/r)	背吃刀量 a_p/mm	刀尖圆弧半径 r_ε/mm	备注
1	车端面、外圆，建立工件坐标系	T01	25×25	1000	0.15	0.5	0.4	手动
2	钻孔 ϕ20mm×50mm	T03	25×25	300	0.1	0.5	0.4	自动
3	粗、精车内孔尺寸至 ϕ24mm×50mm、ϕ36mm×40mm 并倒角，至图样尺寸	T03	25×25	粗:1000 精:1400	1.5 0.1	0.2 0.1	0.4	自动
4	车内沟槽 6mm×2.5mm 至图样尺寸	T04	ϕ16	600	0.07	4		自动
5	车内螺纹 M40×2-6g 至图样尺寸	T04	ϕ16	600	1.5			自动
6	调头，车端面保证工件总长	T01	25×25	1000				手动
7	倒角	T03	25×25	1000				自动
8	检测							
编制		审核		批准		年　月　日		

2. 编制程序（表 2-112）

根据数控加工工序长编制数控程序，表 2-112 列出了内螺纹部分的加工程序。

表 2-112 内螺纹加工程序

O2162；		程序名
程序段号	程序内容	动作说明
N10	G00 X150.0 Z150.0；	车刀移动到换刀点
N20	M03 400；	主轴正转，转速 400r/min
N30	T04 M08；	换 4 号刀，切削液开
N40	G00 X37.5 Z2.0；	刀具移动至起刀点
N50	G76 P021160 Q100 R0.05；	车削螺纹，螺距为 2.0mm
N60	G76 X40.0 Z－36.0 P1300 Q200 F2.0；	
N70	G00 Z150.0 M09；	车刀退回换刀点 切削液关
N80	X50.0；	
N90	M05；	主轴停止
N100	M30；	程序结束并返回程序开始

3. 加工过程

（1）加工准备

1）检查毛坯尺寸。

2）开机，返回参考点。

3）装夹工件和刀具。工件装夹并找正、夹紧；内螺纹刀安装在 4 号刀位。

4）程序输入。

（2）对刀

1）X 方向对刀。内螺纹车刀试切内孔表面，长度 5～8mm，沿＋Z 方向退出车刀，停机检测内孔尺寸，将其值输入到相应的刀具长度补偿中，如图 2-168a 所示。

2）Z 方向对刀。移动内螺纹车刀使刀尖与工件右端面对齐，用目测或借用钢直尺，如图 2-168b 所示，将刀具位置数据输入到相应的长度补偿中。

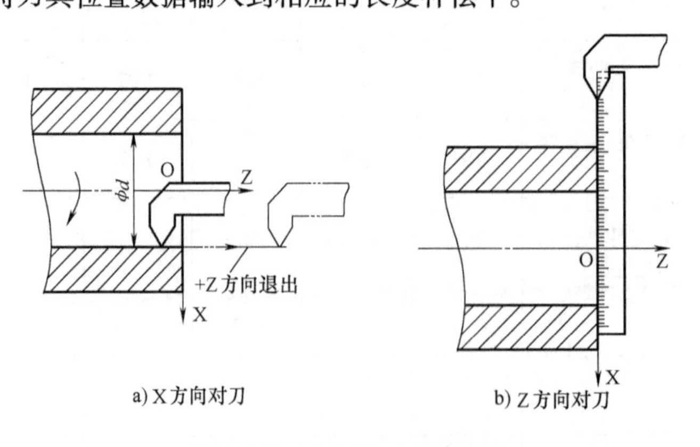

图 2-168 内螺纹对刀示意图

（3）程序模拟加工

（4）自动加工及尺寸检测

六、检查评议

1. 零件加工检测评分（表 2-113）

表 2-113　内螺纹零件加工检测评分

班级				姓名		学号		
任务二	内螺纹零件的编程与加工					零件编号		
项目	序号	检测内容		配分	评分标准		自检	他检
编程	1	工艺方案制订正确		5 分	不正确不得分			
	2	切削用量选择合理、正确		5 分	不正确不得分			
	3	程序正确和规范		5 分	不正确不得分			
操作	4	工件安装和找正规范、正确		5 分	不正确不得分			
	5	刀具安装、选择正确		5 分	不正确不得分			
	6	设备操作规范、正确		5 分	不正确不得分			
	7	安全生产		5 分	违章不得分			
	8	文明生产，符合“5S”标准		5 分	1 处不符合要求扣 2 分			
内螺纹	9	M40×2-6g	IT	15 分	超差不得分			
			Ra	5 分	达不到要求不得分			
内孔	10	$\phi24^{+0.021}_{0}$ mm	IT	10 分	超出 0.01mm 扣 2 分			
			Ra	5 分	达不到要求不得分			
长度	11	50mm±0.04mm	IT	10 分	超出 0.01mm 扣 2 分			
	12		*Ra*	5 分	达不到要求不得分			
内沟槽	13	6mm×2.5mm		5 分	按 GB/T 1804—m，精度超差不得分			
倒角	14	*C*2		5 分	达不到要求不得分			
总分				100 分				

2. 完成任务评定（表 2-114）

表 2-114　内螺纹加工完成任务评定

任务名称					
任务准备过程分析记录					
任务完成过程分析记录					
任务完成结果分析记录					
自我分析评价					
小组分析评价					
自我评定成绩		小组评定成绩		教师评定成绩	
个人签名		组长签名		教师签名	
综合成绩				日期	

七、扩展知识　车削薄壁零件

1. 薄壁零件的加工特点

车削薄壁零件时，由于工件的刚性差，在车削过程中，可能产生以下现象：

1）工件因壁薄，在夹紧力的作用下容易产生变形，其尺寸精度和形状精度受到影响。工件夹紧后，在夹紧力的作用下，会略微变成三边形，但车孔后得到的是一个圆柱孔。当松开卡爪，取下工件后，由于弹性恢复，外圆恢复成圆柱形，而内孔则变成圆弧三边形。当用内径千分尺测量工件时，其各个方向直径 D 相等，但已变形（不是内圆柱面），这种变形称为等直径变形。

2）因工件较薄，切削热会引起工件热变形，使工件尺寸难以控制。对于线膨胀系数较大的金属薄壁工件，在半精车和精车的一次安装中连续车削，所产生的切削热引起工件的热变形，对其尺寸精度影响极大，有时甚至会使工件卡死在夹具上。

3）在切削力（特别是径向切削力）的作用下，容易产生振动和变形，影响工件的尺寸精度、形状精度、位置精度和表面粗糙度值。

2. 防止和减少薄壁工件变形的方法

（1）工件分粗、精车　粗车时，由于切削余量较大，夹紧力稍大些，变形也相应大些；精车时，夹紧力可稍小些，一方面夹紧变形小，另一方面精车时还可以消除粗车时因切削力过大而产生的变形。

（2）合理选用刀具的几何参数　精车薄壁工件时，刀柄的刚度要求高，车刀的修光刃不宜过长，刃口要锋利。数控车刀的几何参数可参考以下要求：

1）外圆精车刀，$\kappa_r=90°\sim93°$，$\kappa_r'=15°$，$\alpha_o=14°\sim16°$，$\alpha_{o1}=15°$，γ_o 可适当增大。

2）内孔精车刀，$\kappa_r=60°$，$\kappa_r'=30°$，$\alpha_o=14°\sim16°$，$\alpha_{o1}=6°\sim8°$，$\gamma_o=5°\sim6°$。

（3）增加装夹接触面　采用开缝套筒和特制的软卡爪，使接触面增大，夹紧力均布在工件上，因而夹紧时工件不易变形，如图 2-169 所示。

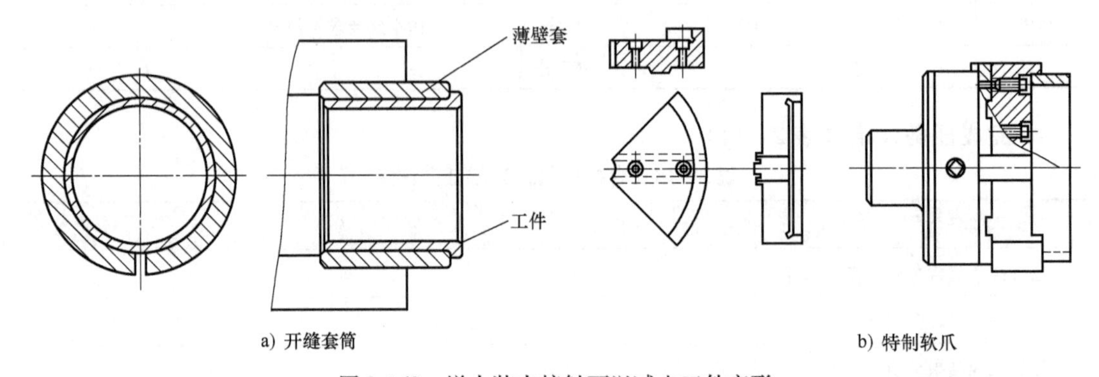

图 2-169　增大装夹接触面以减少工件变形

（4）使用轴向夹紧夹具　车薄壁工件时，尽量不使用径向夹紧，而优先选用轴向夹紧的方法，如图 2-170 所示，工件 1 靠螺纹 2 的端面实现轴向夹紧，由于夹紧力沿工件轴向分布，而工件轴向刚度大，不易产生夹紧变形。

（5）增加工艺肋　有些薄壁工件在其装夹部位特制几根工艺肋，以增强此处刚性，使夹紧力作用在工艺肋上，以减少工件的变形，加工完毕后，再去掉工艺肋，如图 2-171 所示。

（6）充分浇注切削液　通过在加工过程中充分浇注切削液，可以降低切削温度，减少工件变形。

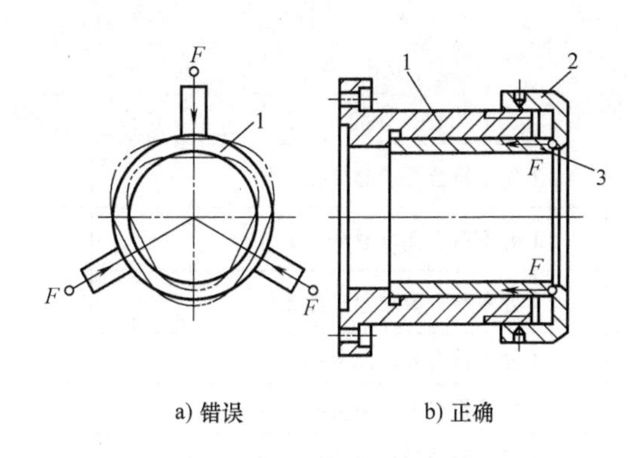

图 2-170　薄壁套的夹紧

1—工件　2—螺母　3—套筒

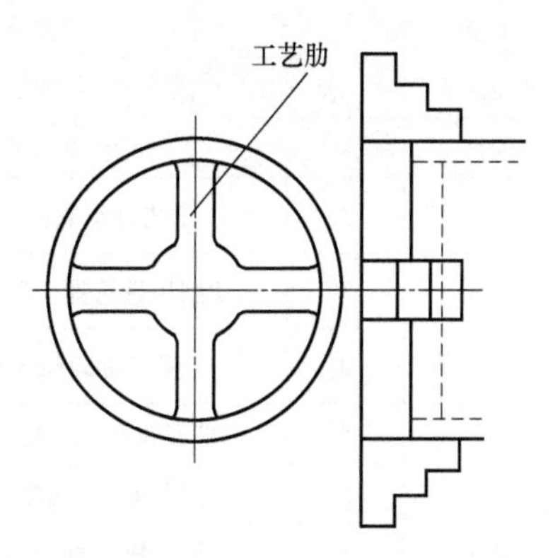

图 2-171　增加工艺肋减少变形

八、扩展训练

1. 加工任务

根据所学指令编写图 2-172 所示螺纹套的数控加工工艺技术文件及加工程序。

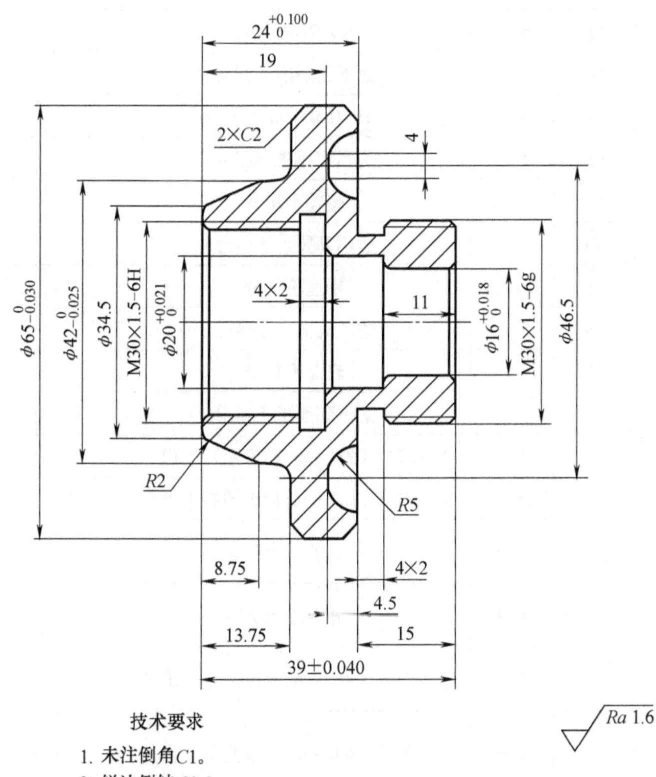

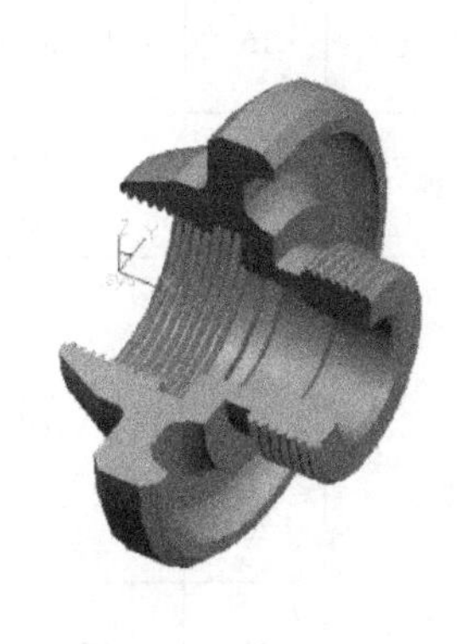

图 2-172　螺纹套及其三维效果

2. 零件加工检测评分（表 2-115）

表 2-115　螺纹套加工检测评分

班级		姓名			学号		
扩展训练	螺纹套零件的编程与加工				零件编号		
项目	序号	检测内容		配分	评分标准	自检	他检
编程	1	工艺方案制订正确		—	1 处不符合要求总分扣 2 分		
	2	切削用量选择合理、正确		—	1 处不符合要求总分扣 2 分		
	3	程序正确和规范		—	1 处不符合要求总分扣 2 分		
操作	4	工件安装和找正规范、正确		—	1 处不符合要求总分扣 2 分		
	5	刀具安装、选择正确		—	1 处不符合要求总分扣 2 分		
	6	设备操作规范、正确		—	1 处不符合要求总分扣 2 分		
	7	安全生产		—	1 处不符合要求总分扣 2 分		
	8	文明生产，符合“5S”标准		—	1 处不符合要求总分扣 2 分		
外圆	9	$\phi65_{-0.030}^{0}$mm	IT	6 分	超出 0.01mm 扣 2 分		
			Ra	4 分	达不到要求不得分		
	10	$\phi42_{-0.025}^{0}$mm	IT	6 分	超出 0.01mm 扣 2 分		
			Ra	4 分	达不到要求不得分		
内孔	11	$\phi16_{0}^{+0.018}$mm	IT	6 分	超出 0.01mm 扣 2 分		
			Ra	4 分	达不到要求不得分		
	12	$\phi20_{0}^{+0.021}$mm	IT	6 分	超出 0.01mm 扣 2 分		
			Ra	4 分	达不到要求不得分		
螺纹	13	M30×1.5-6g	IT	10 分	超差不得分		
			Ra	5 分	达不到要求不得分		
	14	M30×1.5-6H	IT	10 分	超差不得分		
			Ra	5 分	达不到要求不得分		
锥度	15	$\phi34.5$mm×8.75mm	IT	4 分	超差不得分		
			Ra	4 分	达不到要求不得分		
槽	16	4mm×2mm（2 处）		2 分	按 GB/T 1804—m，精度超差不得分		
	17	$R5$mm×4.5mm		2 分/2 分	按 GB/T 1804—m，精度超差不得分		
长度	18	$24_{0}^{+0.10}$mm		4 分	超差不得分		
	19	39mm±0.04mm		4 分	超差不得分		
	20	$R2$mm		2 分	按 GB/T 1804—m，精度超差不得分		
	21	13.75mm、15mm、19mm		4 分	按 GB/T 1804—m，精度超差不得分		
倒角	22	$C2$（2 处）		2 分	达不到要求不得分		
总分				100 分			

任务三　内外管螺纹零件的编程与加工

一、任务描述

1. 内外管螺纹零件的编程与加工任务描述（表2-116）

表2-116　内外管螺纹零件的编程与加工任务描述

任务名称	内外管螺纹零件的编程与加工
零件	内外管螺纹零件
设备条件	数控仿真软件、CAK5085DI型数控车床、数控车刀、夹具、量具、材料
任务要求	(1)完成内外管螺纹零件的数控车削路线及工艺编制 (2)在数控车床上完成内、外管螺纹零件的编程与加工 (3)完成零件的检测 (4)填写零件加工检测评分表及完成任务评定表

2. 零件图（图2-173）

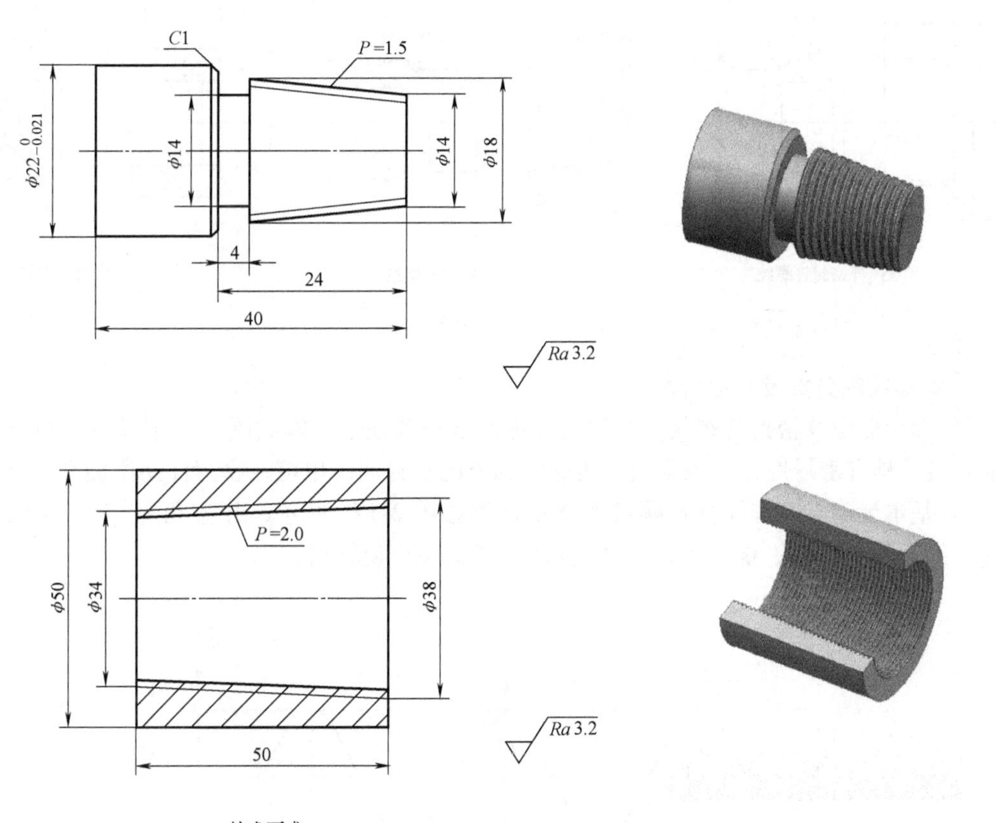

技术要求
1. 未注倒角C1。
2. 锐边倒钝C0.5。
3. 未注公差尺寸按 GB/T 1804—m。

图2-173　内外管螺纹零件图

二、任务分析

1）掌握典型内外管螺纹零件加工工艺分析方法。
2）熟练掌握数控车床常用螺纹加工指令。
3）掌握用数控车床加工典型内外管螺纹零件的方法。
4）掌握数控车床加工内外管螺纹零件的程序编制方法。
5）掌握内外管三角螺纹的测量方法。

三、相关知识

1. 管螺纹的用途

管螺纹时一种特殊的寸制细牙螺纹，其牙型角有55°和60°两种。管螺纹分为55°非密封管螺纹、55°密封管螺纹和60°密封管螺纹等。常用于流通气体或液体的管子接头、旋塞、阀门及其附件上，如图2-174所示。

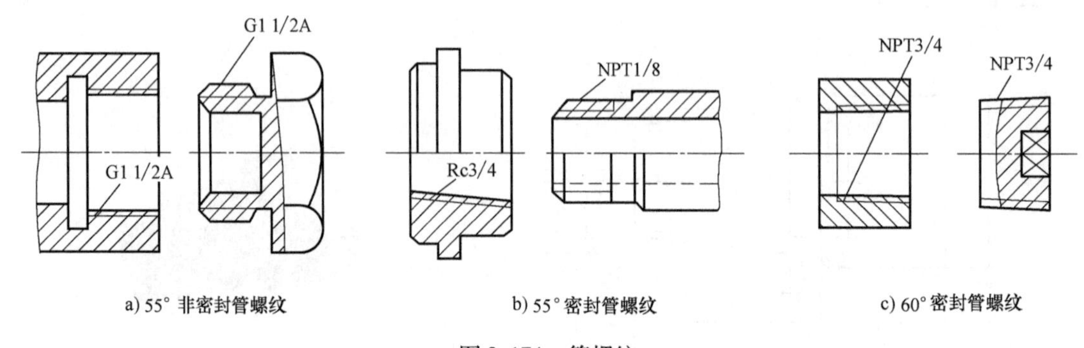

图 2-174　管螺纹

2. 管螺纹的分类及尺寸计算

（1）55°非螺纹密封管螺纹　螺纹的母体形状是圆柱形，螺纹副本身不具有密封性，若要求联接后具有密封性，可压紧被联接螺纹副外的密封面，也可在密封面间添加密封物。

1）基本牙型。非螺纹密封螺纹的基本牙型如图2-175所示，牙型角为55°，螺纹的顶部和底部$H/6$处倒圆，螺距由每英寸（in）牙数（n）换算出。

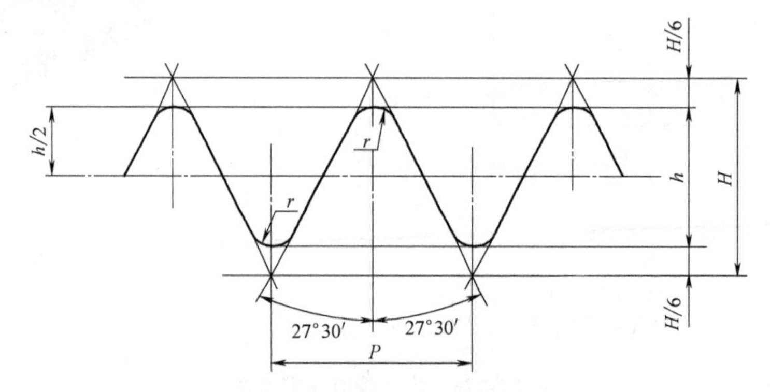

图 2-175　55°非密封管螺纹的基本牙型

2）尺寸计算 各部分尺寸计算公式见表2-117。

表2-117 55°非密封管螺纹的尺寸计算

名称	代号	计算公式	示例
牙型角	α	55°	例：$\frac{3}{4}$in(14牙)
螺距	P	$P=\frac{25.4}{n}$	$P=\frac{25.4}{14}$mm=1.814mm
原始三角形高度	H	$H=0.96049P$	$H=0.96049\times1.814$mm=1.742mm
牙型高度	h	$h=0.6433P$	$h=0.6433\times1.814$mm=1.16mm
圆弧半径	r	$r=0.13733P$	$r=0.13733\times1.814$mm=0.249mm

3）螺纹标记。55°非密封管螺纹的标记由螺纹特征代号、尺寸代号和公差等级代号组成。螺纹的特征代号用字母G表示。螺纹的尺寸代号指管子孔径的公称直径英寸的数值。螺纹公差等级代号：对外螺纹分A、B两级标记；对内螺纹则不标记。例如3/4非密封管螺纹的标记示例：

内螺纹　　　　G3/4

A级外螺纹　　G3/4A

B级外螺纹　　G3/4B

当螺纹为左旋时，在标记末尾加注“LH”，即G3/4 LH；G3/4A LH。

螺纹副的标记方法为：G3/4/G3/4A，表示右旋螺纹副；G3/4/G3/4A LH，表示左旋螺纹副。

（2）55°密封管螺纹 它是螺纹副本身具有密封性的管螺纹，包括圆锥内螺纹与圆锥外螺纹、圆柱内螺纹与圆锥外螺纹两种联接形式。必要时，允许在螺纹副内添加密封物，以保证联接的密封性。

1）螺纹的基本牙型 55°密封管螺纹的基本牙型如图2-176a所示。螺纹的母体为圆锥形，其锥度为1:16，在螺纹顶部和底部$H/6$处倒圆，螺距P由每英寸（in）内的牙数（n）换算出。

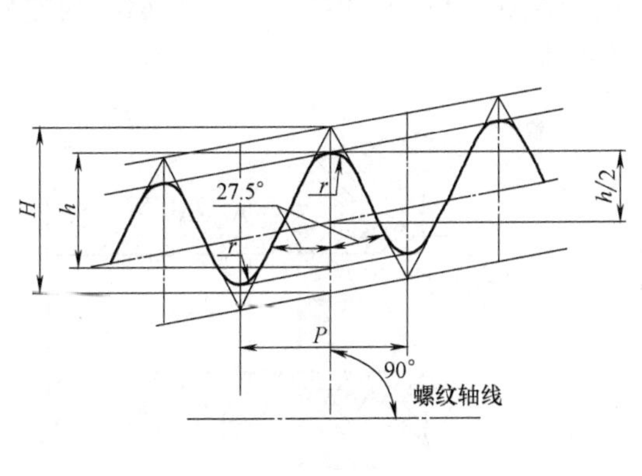

a）基本牙型

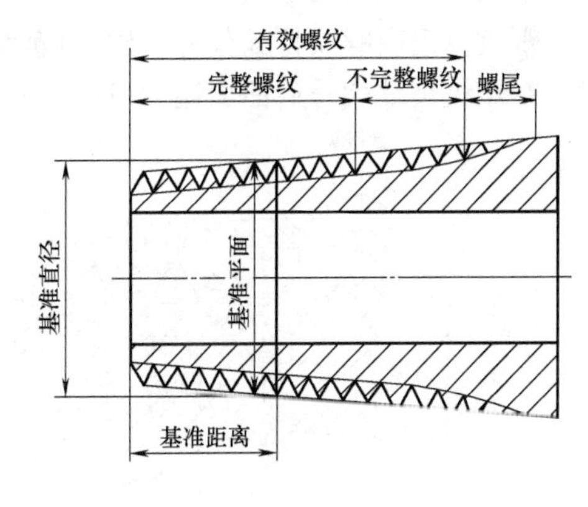

b）55°密封管螺纹术语

图2-176 55°密封管螺纹基本牙型和术语

2）基本术语如图2-176b所示。

① 基准直径：设计给定的内螺纹或外螺纹的基本大径。

② 基准平面：垂直于管螺纹轴线，具有基准直径的平面。

③ 基准距离：从基准平面到螺纹小端的距离。

④ 完整螺纹：牙顶和牙底均具有完整性的螺纹。

⑤ 不完整螺纹：牙底完整而牙顶不完整的螺纹。

⑥ 螺尾：向光滑表面过渡的牙底不完整的螺纹。

⑦ 有效螺纹：由完整螺纹和不完整螺纹组成的螺纹，不包括螺尾。

3）基本尺寸计算见表 2-118。

表 2-118　55°密封管螺纹的尺寸计算

名称	代号	计算公式	示例
牙型角	α	55°	例：$\frac{3}{4}$in(14 牙)
螺距	P	$P=\frac{25.4}{n}$	$P=\frac{25.4}{14}\text{mm}=1.814\text{mm}$
原始三角形高度	H	$H=0.96049P$	$H=0.96049\times1.814\text{mm}=1.742\text{mm}$
牙型高度	h	$h=0.6433P$	$h=0.6433\times1.814\text{mm}=1.16\text{mm}$
圆弧半径	r	$r=0.13733P$	$r=0.13733\times1.814\text{mm}=0.249\text{mm}$

4）螺纹标记。55°密封管螺纹由螺纹特征代号和尺寸代号组成。

螺纹特征代号用 Rc 表示圆锥内螺纹，Rp 表示圆柱内螺纹，R_1 表示与圆柱内螺纹相配合的圆锥外螺纹 R_2 表示与圆锥内螺纹相配合的圆锥内螺纹。例如尺寸代号为 3/4 的螺纹标记如下：

圆锥内螺纹 Rc3/4；圆柱内螺纹 Rp3/4；与圆柱内螺纹相配合的圆锥外螺纹 $R_1$3/4，与圆锥内螺纹相配合的圆锥外螺纹 $R_2$3/4；左旋螺加注 LH。螺纹副标记中，内、外螺纹的标记用斜线分开，左边表示内螺纹，右边表示外螺纹，如：Rc3/4/$R_1$3/4；左旋螺纹副为 Rc3/4/$R_1$3/4 LH。

（3）60°密封管螺纹　其基本牙型如图 2-177 所示。螺纹母体有 1:16 的锥度。螺纹大径、中径、小径的尺寸应在基面内测量。螺距以每 25.4mm 内螺纹牙数（n）表示。

螺纹标记由螺纹特征代号 NPT 和螺纹尺寸代号组成。例如 NPT1/8 等。当螺纹为左旋时，在螺纹尺寸代号后面加注“LH”，如 NPT3/8-LH。

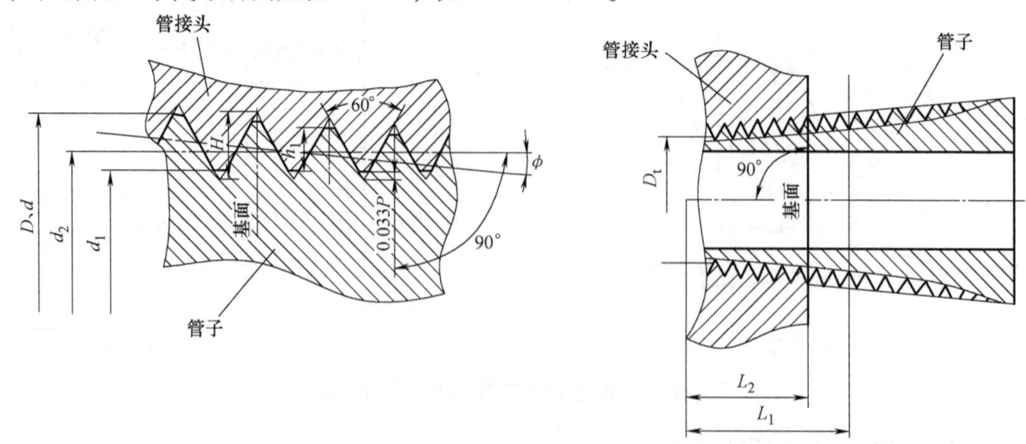

图 2-177　60°密封管螺纹基本牙型

60°密封管螺纹的尺寸计算公式见表2-119。

表2-119　60°密封管螺纹的尺寸计算

名称	代号	计算公式	示例
牙型角	α	60°	例:3/4in(14牙)
螺距	P	$P=\frac{25.4}{n}$	$P=\frac{25.4}{14}\text{mm}=1.814\text{mm}$
原始三角形高度	H	$H=0.866P$	$H=0.866\times1.814\text{mm}=1.571\text{mm}$
牙型高度	h	$h=0.8P$	$h=0.8\times1.814\text{mm}=1.45\text{mm}$
$C=1:16$　　$\phi=1°47'24''$			

3. 圆锥外螺纹的检测

首先应对螺纹的直径、螺距、牙型和表面粗糙度值进行检查，然后用螺纹环规（塞规）测量外（内）螺纹尺寸精度。如果环规通规能进去，而止规不能进去，如图2-178a所示，或者塞规通端能进去，而止端不能进去，如图2-178b所示，说明螺纹精度合格。

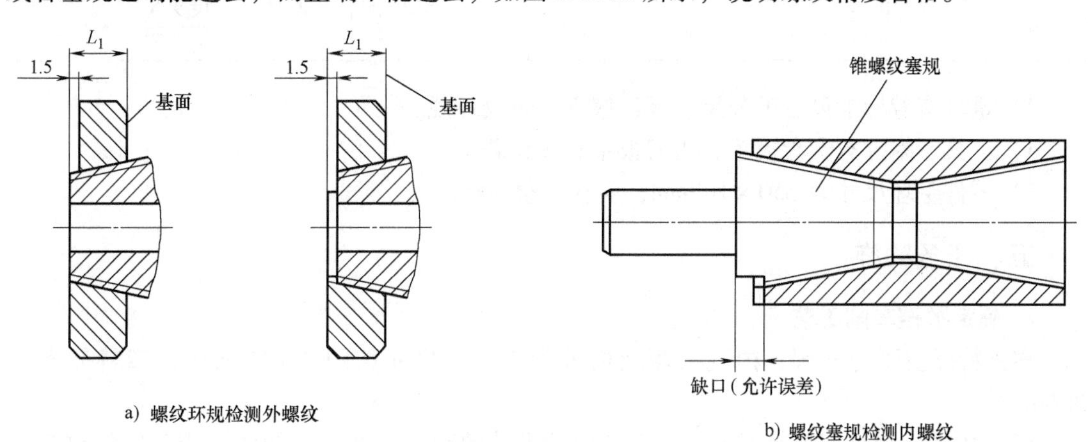

a）螺纹环规检测外螺纹　　b）螺纹塞规检测内螺纹

图2-178　内、外管螺纹检测示意图

四、任务准备

1）机床有CAK5085DI型数控车床。

2）刀具准备见表2-120。

表2-120　刀具准备

序号	刀具种类	刀具型号	刀片型号	图示
1	90°偏刀（外圆车刀）	DCLNR2525M12	CNMG120404-PM	
2	55°螺纹车刀	R166.4.FG-2525-16	R1.66.OG-WH01-140	

（续）

序号	刀具种类	刀具型号	刀片型号	图示
3	麻花钻	ϕ20mm		
4	内孔车刀	S16R—PCLNRL 09	DNMG 05 06 04-MF	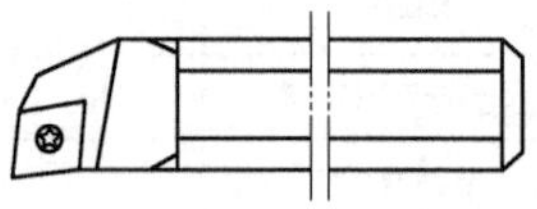
6	内螺纹车刀	R1. 664KF-16-16	R1. 66. OL-WH01-140	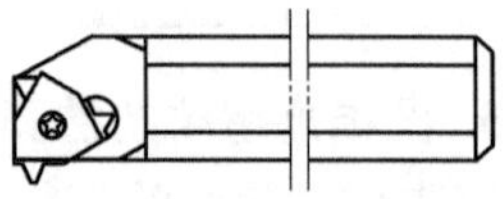
7	切断刀	RF123F202525B	N123H2-0400-0002-CM	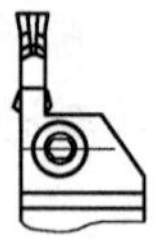

3）量具有游标卡尺、千分尺、螺纹塞规、螺纹环规。

4）工具、附件有卡盘扳手、压刀扳手和垫铁若干。

5）零件毛坯尺寸为 $\phi50\times100$mm，材料为塑料棒。

五、任务实施

1. 确定数控车削工艺

零件特征主要为外圆、内孔、槽及内外管螺纹，尺寸如图 2-173 所示，棒料伸出卡盘 60mm。

（1）内外管螺纹车削起刀点，退刀点坐标尺寸的确定　通过作图法得出外管螺纹起刀点坐标值为（13，5），退刀点坐标值为（18.4，2）；内管螺纹起刀点坐标值为（36.038，8），退刀点坐标值为（31.238，2）。

（2）加工工艺路线（表 2-121）

表 2-121　内外管螺纹零件加工工艺路线

序号	工步	加工内容	加工简图
1	工步 1	装夹毛坯，工件伸出 60mm，车端面、外圆，建立工件坐标系	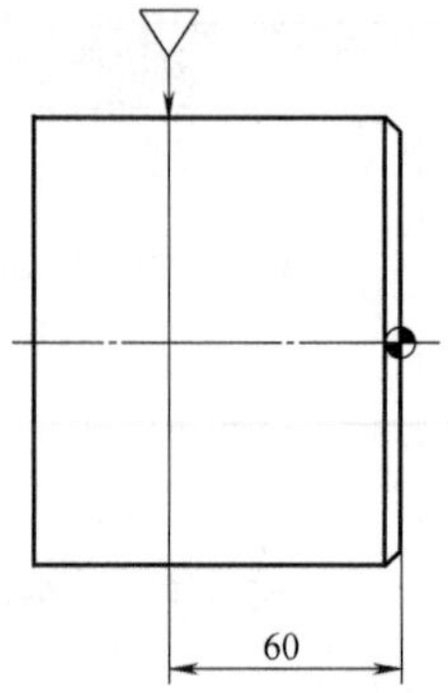 60

（续）

序号	工步	加工内容	加工简图
2	工步2	粗、精车外圆 ϕ22mm×45mm、ϕ18mm×4mm 及外锥度并倒角，至图样尺寸	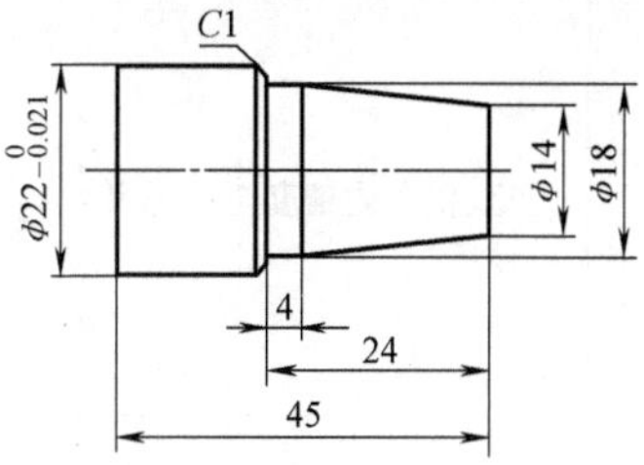
3	工步3	切槽 ϕ14mm × 4mm 至图样尺寸	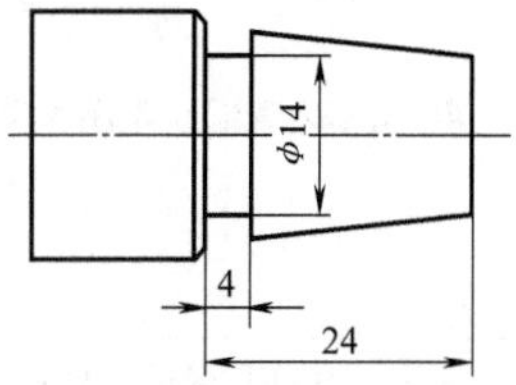
4	工步4	车外管螺纹至图样尺寸	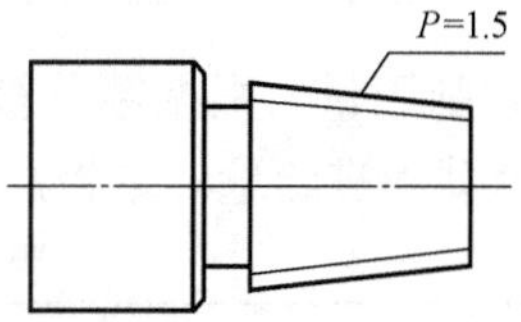
5	工步5	切断并保证外管螺纹零件总长至图样尺寸	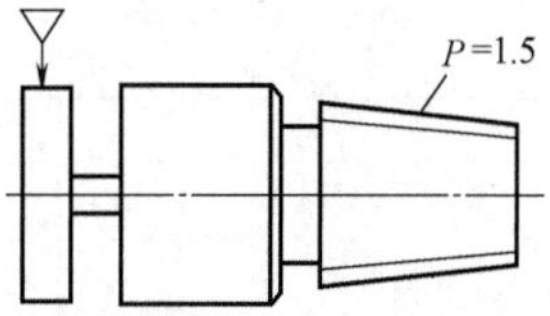
6	工步6	装夹毛坯，车端面、外圆，建立工件坐标系	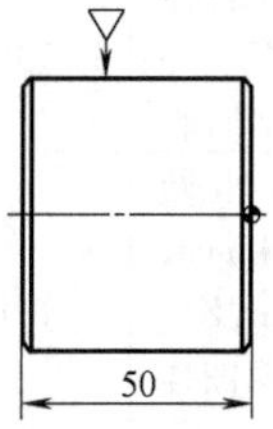
7	工步7	钻孔 ϕ36mm×50mm	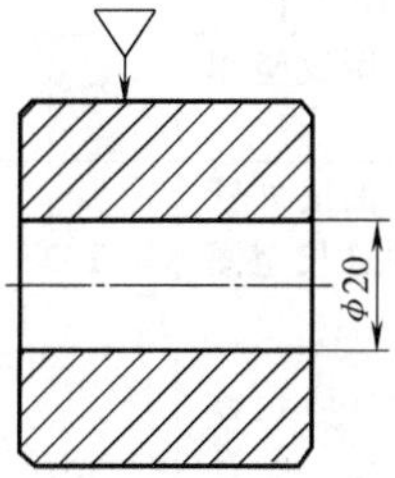

（续）

序号	工步	加工内容	加工简图
8	工步 8	粗、精车内锥度至图样尺寸	ϕ31.398　ϕ35.402
9	工步 9	粗、精车内管螺纹至图样尺寸	P=2
10	工步 10	调头，车端面，保证工件总长	
11	工步 11	检测	

（3）确定切削用量　根据零件被加工表面质量要求，刀具材料和工件材料，参考相关资料选取切削速度和进给量。数控加工工序卡见表 2-122。

表 2-122　数控加工工序卡

班级	姓名		数控车床工序卡片		零件名称	材料	零件图号	
					内外管螺纹零件	塑料棒	—	
工序	程序编号		夹具编号		使用设备	实训教室		
—	O2170. O2171		—		CAK5085DI	数控车床编程加工教室		
序号	工步内容	刀具号	刀具规格 /mm	主轴转速 n/(r/mm)	进给量 f/(mm/r)	背吃刀量 a_p/mm	刀尖圆弧半径 r_ε /mm	备注
1	装夹毛坯，工件伸出 60mm，车端面、外圆，建立工件坐标系	T01	25×25	1000	0. 15	0. 5	0. 4	手动
2	粗、精车外圆 ϕ22mm × 45mm、ϕ18mm × 4mm 及外锥度并倒角，至图样尺寸	T01	25×25	粗:1000 精:1400	粗:1. 5 精:0. 1	粗:0. 2 精:0. 1	0. 4	自动
3	切槽 ϕ14mm × 4mm 至图样尺寸	T02	25×25	1000	1. 5	0. 2	0. 4	自动
4	车外管螺纹至图样尺寸	T03	25×25	600	1. 5	分层递进		自动
5	切断并保证外管螺纹零件总长至图样尺寸	T02	25×25	600	0. 07	4		自动
6	装夹毛坯，车端面、外圆，建立工件坐标系	T01	25×25	1000	0. 15	0. 5	0. 4	

（续）

班级	姓名		数控车床工序卡片		零件名称	材料	零件图号	
					内外管螺纹零件	塑料棒	—	
工序	程序编号		夹具编号		使用设备	实训教室		
—	O2170. O2171		—		CAK5085DI	数控车床编程加工教室		
序号	工步内容	刀具号	刀具规格/mm	主轴转速 n/（r/mm）	进给量 f/（mm/r）	背吃刀量 a_p/mm	刀尖圆弧半径 r_ε/mm	备注
7	钻孔 ϕ20mm×50mm		ϕ22	300				
8	粗、精车内锥度至图样尺寸	T03	ϕ16	粗:800 精:1200	粗:1.5 精:0.1	粗:0.2 精:0.1	0.4	
9	粗、精车内管螺纹至图样尺寸	T04	ϕ16	600	1.5	分层递进		
10	调头，车端面保证工件总长	T01	25×25	1000	0.15	0.5	0.4	手动
11	检测							
编制		审核		批准		年　月　日		

2. 编制程序（表2-123）

根据加工工艺编制零件加工程序。表2-123列出了内外管螺纹加工程序。

表2-123　内外管螺纹加工程序

O2170;		程序名(外螺纹)
程序段号	程序内容	动作说明
N10	G00　X150.0　Z150.0;	车刀移动到换刀点
N20	M03　600;	主轴正转，转速600r/min
N30	T0303　M08;	换3号刀，切削液开
N40	G00　X20.0　Z8.0;	刀具移动至起刀点
N50	G76　P021160　Q100　R0.05;	车削螺纹，螺距为1.5mm
N55	G76　X18.4　Z-20　P975　R-2　Q200　F1.5;	
N60	G00　X50.0　M09;	车刀退回换刀点，切削液关
N0	Z150.0;	
N80	M05;	主轴停止
N90	M30;	程序结束并返回程序开始
O2171;		程序名(内螺纹)
N10	G00　X150.0　Z150.0;	车刀移动到换刀点
N20	M03　600;	主轴正转，转速400r/min
N30	T0101　M08;	换1号刀，切削液开
N40	G00　X30　Z8.0;	刀具移动至起刀点
N50	G76　P021160　Q100　R0.05;	车削螺纹，螺距为2.0mm
N55	G76　X31.6　Z-52　P1300　R2　Q200　F2;	
N60	G00　Z150.0　M09;	车刀退回换刀点，切削液关
N70	X50.0;	
N80	M05;	主轴停止
N90	M30;	程序结束并返回程序开始

3. 加工过程

（1）加工准备

1）检查毛坯尺寸。

2）开机，返回参考点。

3）装夹工件和刀具。工件装夹并找正、夹紧；内螺纹车刀安装在 4 号刀位。

4）程序输入。

（2）对刀

（3）程序模拟加工

（4）自动加工及尺寸检测

六、检查评议

1. 零件加工检测评分（表 2-124）

表 2-124　内外管螺纹零件加工检测评分

班级		姓名			学号		
任务三	管螺纹零件的编程与加工				零件编号		
序号	项目	检测内容		配分	评分标准	自检	他检
1	编程	工艺方案制订正确		5 分	不正确不得分		
2		切削用量选择合理、正确		5 分	不正确不得分		
3		程序正确和规范		5 分	不正确不得分		
4	操作	工件安装和找正规范、正确		5 分	不正确不得分		
5		刀具选择、安装正确		5 分	不正确不得分		
6		设备操作规范、正确		5 分	不正确不得分		
7		安全生产		5 分	违章不得分		
8		文明生产，符合“5S”标准		5 分	1 处不符合要求扣 2 分		
9	外螺纹	$P=1.5\text{mm}$	IT	15 分	达不到要求不得分		
			Ra	5 分	达不到要求不得分		
10	内螺纹	$P=2.0\text{mm}$	IT	15 分	达不到要求不得分		
			Ra	5 分	达不到要求不得分		
11	外圆	$\phi22_{-0.021}^{\ 0}\text{mm}$	IT	10 分	超出 0.01mm 扣 2 分		
			Ra	5 分	达不到要求不得分		
12	沟槽	$\phi14\text{mm}\times4\text{mm}$		3 分	按 GB/T 1804—m，精度超差不得分		
13	倒角	*C*1		2 分	达不到要求不得分		
总分				100 分			

2. 完成任务评定（表 2-125）

表 2-125　内外管螺纹加工完成任务评定

<table>
<tr><th>任务名称</th><th colspan="5"></th></tr>
<tr><td>任务准备过程分析记录</td><td colspan="5"></td></tr>
<tr><td>任务完成过程分析记录</td><td colspan="5"></td></tr>
<tr><td>任务完成结果分析记录</td><td colspan="5"></td></tr>
<tr><td>自我分析评价</td><td colspan="5"></td></tr>
<tr><td>小组分析评价</td><td colspan="5"></td></tr>
<tr><td>自我评定成绩</td><td></td><td>小组评定成绩</td><td></td><td>教师评定成绩</td><td></td></tr>
<tr><td>个人签名</td><td></td><td>组长签名</td><td></td><td>教师签名</td><td></td></tr>
<tr><td>综合成绩</td><td colspan="3"></td><td>日期</td><td></td></tr>
</table>

七、问题及防治

管螺纹加工中产生的问题及解决措施见表 2-126。

表 2-126　管螺纹加工中产生的问题及解决措施

问题现象	产生原因	解决措施
直径尺寸超差	(1)测量不正确 (2)刀具磨损设置不正确	(1)正确测量 (2)按测量数据,正确设置磨损补偿量
表面粗糙度达不到要求	(1)工艺系统刚性不足 (2)刀具角度不正确或刀具磨损 (3)切削用量选择不正确	(1)正确选择定位基准,提高工艺系统刚性 (2)合理选择刀具,及时更换车刀 (3)合理选择切削用量
螺距不正确	(1)编程参数设置不正确 (2)未设置空刀导入量和空刀退出量 (3)测量不正确	(1)正确设置编程参数 (2)合理设置螺纹加工的导入量和退出量 (3)正确测量
螺纹牙高深度不一	(1)直径计算及编程不正确 (2)车螺纹前圆锥尺寸计算不正确 (3)刀具磨损 (4)工艺系统刚性不足	(1)正确计算螺纹尺寸及设置编程数值 (2)正确计算圆锥尺寸 (3)及时更换磨损车刀,保持刀具锋利 (4)合理装夹工件及选择正确定位,提高工艺系统刚性
螺纹牙型不正确	(1)刀具安装不正确 (2)刀具磨损挤压变形 (3)刀具刀尖角不正确	(1)正确安装车刀 (2)及时更换磨损车刀,保持刀具锋利 (3)正确选择螺纹车刀
螺纹牙侧表面粗糙度达不到要求	(1)切削速度选择不当,产生积屑瘤 (2)切削润滑液性能不佳 (3)工艺系统刚性不足,产生振动 (4)刀具磨损 (5)切屑拉伤	(1)合理选择切削参数 (2)合理配置切削液,保证切削液的润滑性 (3)合理装夹工件及选择正确定位,提高工艺系统刚性 (4)及时更换车刀,保证车刀锋利 (5)合理选择刀具几何参数,控制切屑流出方向

八、扩展知识　数控车刀刀片失效形式及解决措施

数控车刀刀片的主要失效形式是磨损和破损，其损坏原因随刀具材料和工件材料的不同而不同，主要是以磨损为主，但有的则是以破损为主，或者是磨损的同时伴有微崩刃而损坏。随着切削速度的提高，切削温度升高，磨损的机理主要是粘结磨损和化学磨损（氧化和扩散）。对于脆性较大的 PCD、CBN 和陶瓷刀片高速断续切削高硬材料时，通常是切削力

和切削热综合作用下造成的崩刃、剥落和碎断形式的破损。对于以磨损为主而损坏的刀具，可按磨钝标准，根据刀具磨损寿命与切削用量和切削条件之间的关系，确定刀具磨损寿命。对于以破损为主而损坏的刀具，则按刀具破损寿命分布规律，确定刀具破损寿命与切削用量和切削条件之间的关系。

数控车刀刀片常见的失效形式及其解决措施见表 2-127。

表 2-127　数控车刀刀片常见的失效形式及其解决措施

失效形式	导致后果	可能原因	解决措施
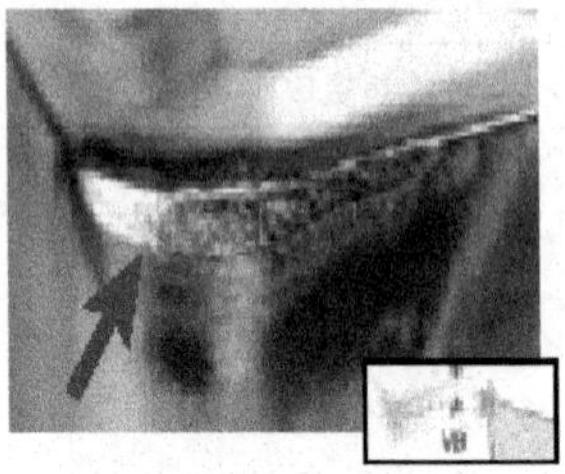 后刀面磨损、沟槽磨损	后刀面迅速磨损导致加工表面粗糙度值增大	(1)切削速度过高 (2)进给量不匹配	(1)选择更耐磨的刀片 (2)调整 f、a_p 如加大 f
	沟槽磨损导致表面组织变差和崩刃	(1)刀片牌号不正确 (2)加工硬化材料	(1)正确选择刀片牌号 (2)降低切削速度
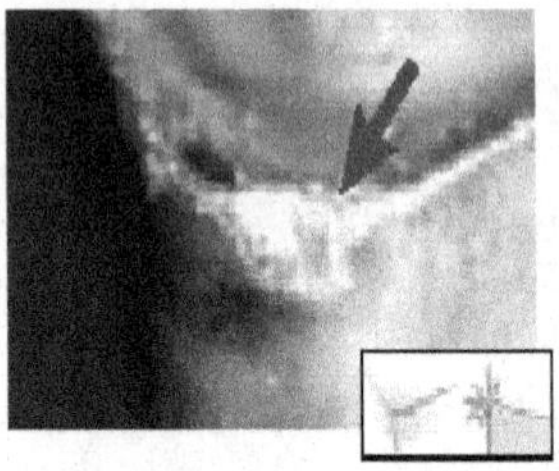 切削刃出现细小缺口	切削刃出现细小缺口，表面粗糙度值增大	(1)刀片过脆 (2)振动 (3)进给量大或切深量大 (4)断续切削 (5)切屑损坏	(1)选择韧性更好的刀片 (2)选择刃口带负倒棱刀片 (3)使用带断屑槽刀片 (4)增加工艺系统刚性
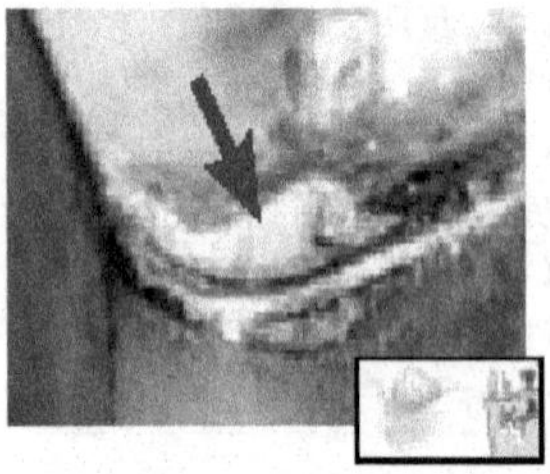 前刀面月牙洼磨损	月牙洼磨损会削弱刃口强度，在切削刃后缘破裂，表面粗糙度值增大	(1)切削速度或进给量过大 (2)刀片前角偏小 (3)刀片不耐磨 (4)冷却不够充分	(1)降低切削速度或进给量 (2)选择正前角槽形刀片 (3)选择更耐磨的刀片 (4)增加冷却或加大切削液流量
 塑性变形	周刃凹陷或侧面凹陷，引起切削控制变差和加工表面粗糙，过度的侧面磨损导致刀片崩刃	(1)切削温度过高且压力过大 (2)基体软化 (3)刀片涂层被破坏	(1)降低切削速度 (2)选择更耐磨的刀片 (3)增加冷却

（续）

失效形式	导致后果	可能原因	解决措施
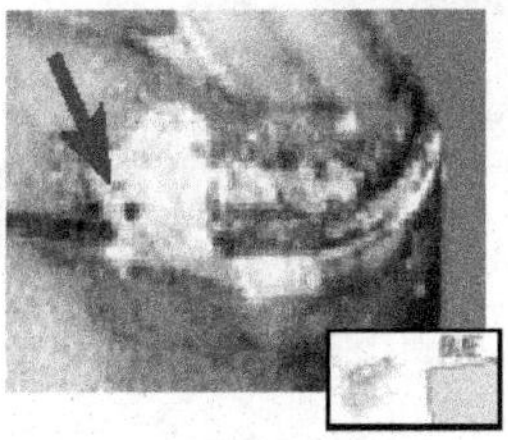 积屑瘤	积屑瘤会使加工表面粗糙度值增大，当它脱落时会导致刃口破损	(1)切削速度过低 (2)刀片前角偏小 (3)缺少冷却或润滑 (4)刀片牌号不正确	(1)提高切削速度 (2)加大刀片前角 (3)浇注充分切削液 (4)选用正确的刀片牌号
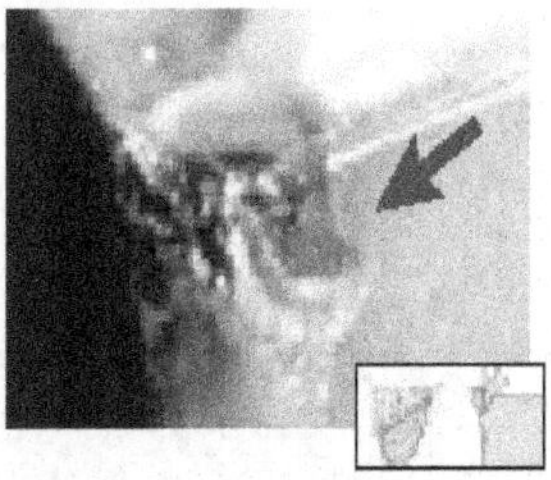 崩刃	损坏刀片和工件	(1)切削力过大 (2)切削状态不稳定 (3)刀尖强度差 (4)断屑槽槽形选择错误	(1)降低进给量或减少背吃刀量 (2)选择韧性更好的刀片 (3)选择刀尖角大的刀片 (4)选取正确的断屑槽形
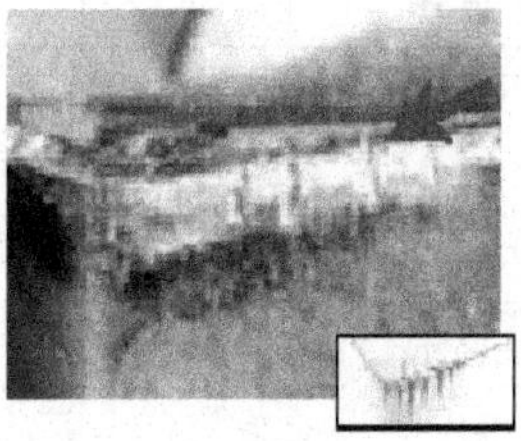 热裂	垂直于刃口的热裂裂纹会引起刀片崩碎和加工表面粗糙	(1)断续切削刃引起温度变化过大 (2)切削液浇注不均匀	(1)充分浇注切削液 (2)切削液喷射位置更准确
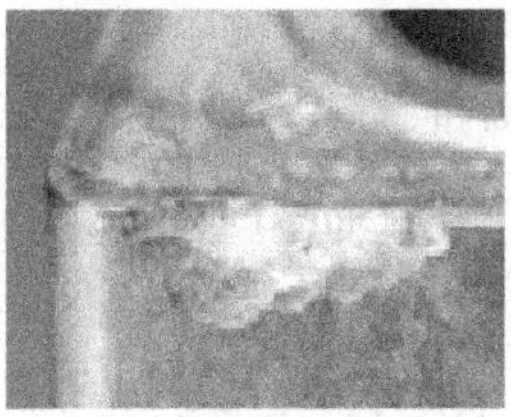 部分剥落（陶瓷刀片）	已加工表面粗糙度值增大	压力过大	(1)减小进给 (2)选择强度较好的牌号 (3)选择小倒棱刀片

九、扩展训练

1. 加工任务

根据所学指令编写图 2-179 所示管螺纹接头的数控加工工艺技术文件及加工程序。

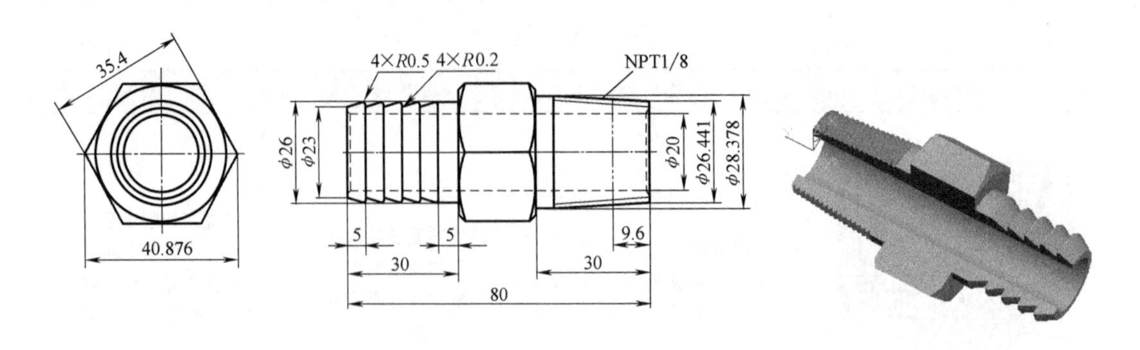

技术要求

1. 未注倒角 C1。
2. 锐边倒钝 C0.5。
3. 未注公差尺寸按 GB/T 1804 — m。

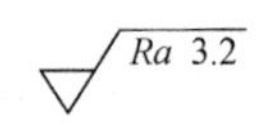

图 2-179　管螺纹接头及其三维效果

2. 零件加工检测评分（表 2-128）

表 2-128　管螺纹接头加工检测评分

班级		姓名			学号		
扩展训练	管螺纹接头的编程与加工				零件编号		
序号	项目	检测内容		配分	评分标准	自检	他检
1	编程	工艺方案制订正确		5 分	不正确不得分		
2		切削用量选择合理、正确		5 分	不正确不得分		
3		程序正确和规范		5 分	不正确不得分		
4	操作	工件安装和找正规范、正确		5 分	不正确不得分		
5		刀具选择、安装正确		5 分	不正确不得分		
6		设备操作规范、正确		5 分	不正确不得分		
7		安全生产		5 分	违章不得分		
8		文明生产，符合“5S”标准		5 分	1 处不符合要求扣 2 分		
9	外螺纹	NPT1/8	IT	20 分	达不到要求不得分		
			Ra	5 分	达不到要求不得分		
10	外圆	φ26mm，φ23mm	IT	3 分/3 分	超出 0.01mm 扣 2 分		
11	内孔	φ20mm	IT	2 分	达不到要求不得分		
12	长度	80mm、30mm、5mm		6 分	按 GB/T 1804—m，精度超差不得分		
13	圆弧	R0.5mm（4 处）		8 分	达不到要求不得分		
14		R0.2mm（4 处）		8 分	达不到要求不得分		
15	倒角	C1（4 处）		5 分	达不到要求不得分		
总分				100 分			

项目总结

通过本项目的学习，掌握螺纹类零件的加工方案制订、程序编制。螺纹类零件的加工中，要注意合理的切削用量选择、零件的装夹牢固、车刀的安装正确，以防出现安全事故。课后总结本项目所学内容，及时解决疑惑问题。

思考与练习

1. 普通螺纹加工有哪些加工要点？
2. 写出螺纹牙型角、螺距、中径、螺纹升角的定义和代号。
3. 常见车削螺纹的进刀方式、背吃刀量的分配方式是什么？
4. G32 指令和 G76 指令各自适用的加工范围是什么？
5. 为什么车削螺纹要设置升、降速段？
6. 如何确定内螺纹车削螺纹前的孔径尺寸？
7. 管螺纹有哪几种？螺纹标记 G1/2LH、Rc1/2、G3/4A 分别表示什么含义？
8. 管螺纹的公称直径是指哪个直径？
9. 常见螺纹的加工缺陷有哪些？
10. 数控车床加工螺纹时螺距会出现误差吗？原因有哪些？
11. 分析表 2-129 中零件图，确定如下外螺纹的加工工艺，材料为 45 钢。

（1）实际车削时的外圆柱面直径 d，螺纹实际小径 d_1，螺纹牙型高度 h；

（2）升速段和降速段的距离；

（3）螺纹加工走刀次数和分层的切削余量；

（4）确定主轴转速 n。

（5）用 G32 指令编制螺纹加工程序。

表 2-129　零件加工（一）　（单位：mm）

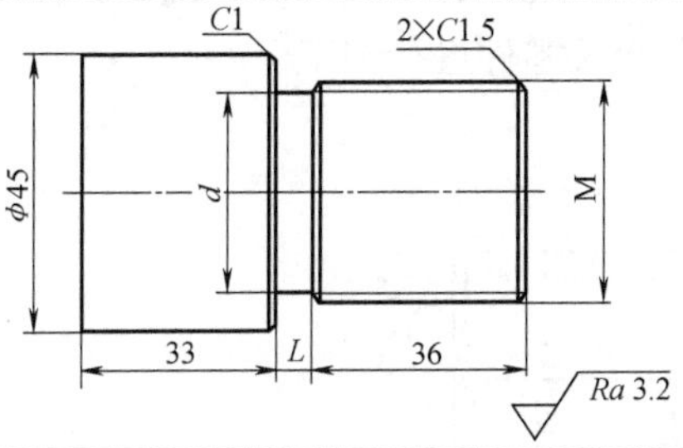

序号	M	d	L
1	M42×2	ϕ38	5
2	M36×2	ϕ32	5
3	M30×1.5	ϕ26	5
4	M24×1.5	ϕ22	4
5	M20×1	ϕ18	4

12. 分析表 2-130 中零件图，确定内螺纹加工尺寸，分别用 G32、G76 指令编制螺纹加工程序，材料为 45 钢，并用仿真软件检验。

表 2-130　零件加工（二）　（单位：mm）

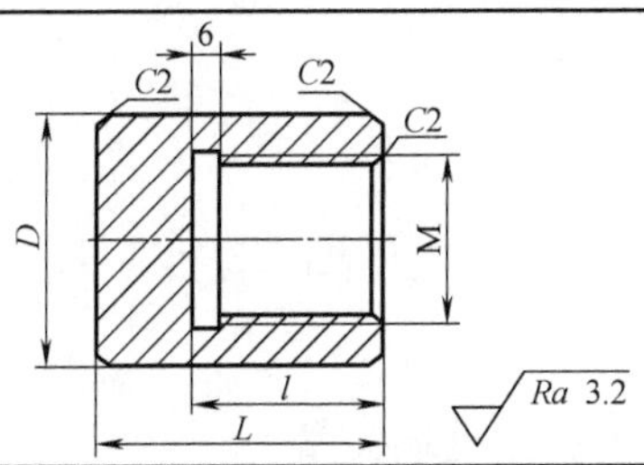

序号	D	L	l	M
1	ϕ50	40	30	M36×2
2	ϕ50	40	30	M30×2
3	ϕ40	40	30	M24×1.5
4	ϕ40	40	25	M20×1.5
5	ϕ40	40	25	M18×1

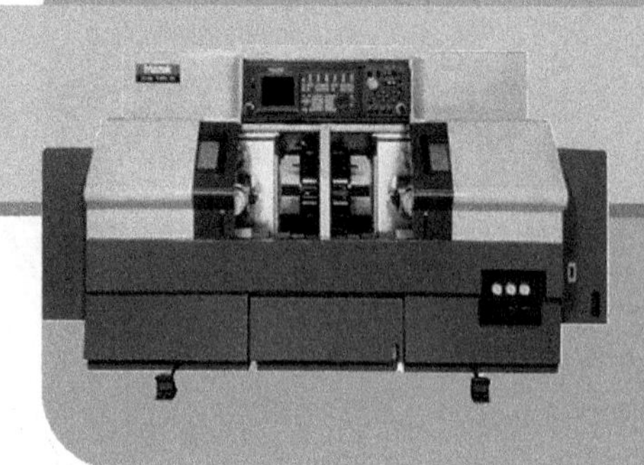

单元三 数控车削综合实训

技能目标

1. 通过典型零件的加工训练，掌握简单外轮廓零件、较复杂轮廓零件及配合件加工技术的综合应用。

2. 通过三个综合件的加工实训，了解数控车工中级工的职业标准要求，具备相应的理论水平和实践技能。

实训一 简单外轮廓零件的车削加工

【零件工单】

简单外轮廓零件如图3-1所示，毛坯材料为45钢，尺寸为ϕ40mm×90mm，圆钢，按单件生产安排其数控车削工艺，编制加工程序，采用数控车床对零件进行加工。

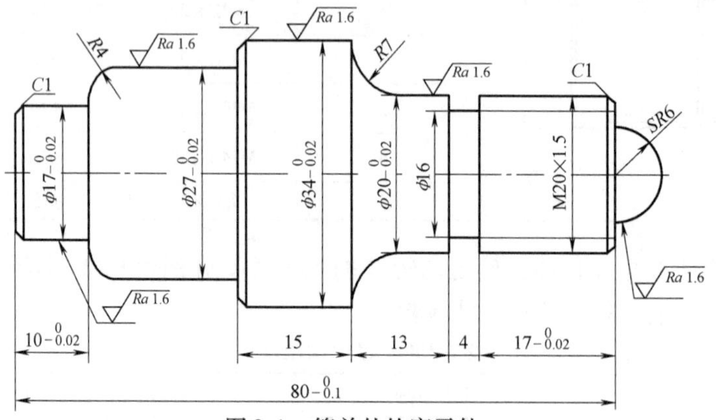

图3-1 简单外轮廓零件

【工艺分析】

1. 工件装夹

选用自定心卡盘装夹。工件伸出卡爪55mm，使用上料扳手把毛坯夹紧。

2. 确定加工顺序

1）左端加工如图3-2所示，使用90°外圆车刀加工左端外轮廓，至ϕ34mm外圆加工完，长度延长至48mm。

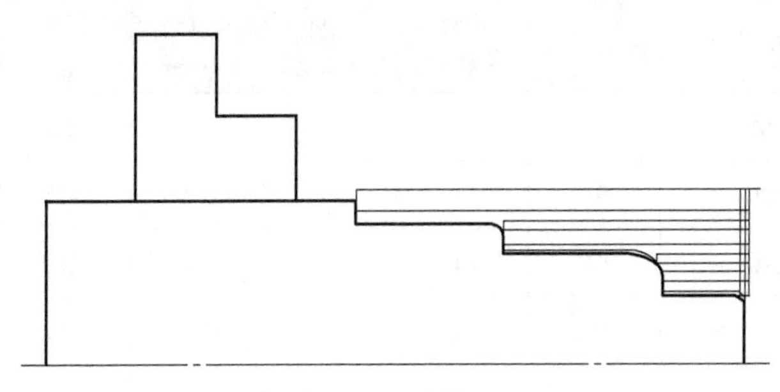

图3-2 左端加工

2）夹持左端已加工轮廓ϕ27mm外圆，为防止夹伤，使用开口套或铜皮包住该外圆。

3）右端加工如图3-3所示，使用90°外圆车刀把右端剩余外轮廓加工完成，直至达到图样要求。再使用外切槽刀加工螺纹退刀槽，最后使用三角形外螺纹车刀加工螺纹。

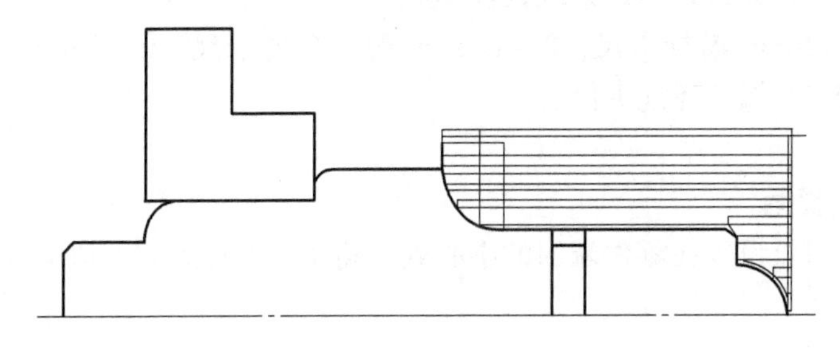

图3-3 右端加工

3. 刀具的选择

根据工件的材料、加工性质及工件的结构来选择刀具，刀具清单见表3-1。

表3-1 刀具清单

产品名称或代号			零件名称	简单外轮廓零件	零件图号	
序号	刀具名称	刀具规格	加工表面	数量	备 注	
1	90°外圆车刀	25mm×25mm	外轮廓	1		
2	外切槽刀	切削刃宽4mm	退刀槽	1		
3	三角形外螺纹车刀	牙型角60°	三角形外螺纹	1		
编制		审核		批准	共 页	第 页

4. 数控加工工艺卡（表3-2）

表3-2 数控加工工艺卡

单位		机床型号		零件名称		简单外轮廓零件		第 页
工序	工序名称		程序编号			备注		
工步	工步内容	刀号	半径补偿号	长度补偿号	半径补偿值/mm	n/(r/min)	f/(mm/r)	a_p/mm
1	粗车左端外轮廓	01	01	—	0.4	800	0.25	2

（续）

单位		机床型号		零件名称	简单外轮廓零件		第　页	
工序		工序名称		程序编号		备注		
工步	工步内容	刀号	半径补偿号	长度补偿号	半径补偿值/mm	n/(r/min)	f/(mm/r)	a_p/mm
2	精车左端外轮廓	01	01	—	0.4	1200	0.1	0.5
3	粗车右端外轮廓	01	01		0.4	800	0.25	2
4	精车右端外轮廓	01	01		0.4	1200	0.1	0.5
5	退刀槽加工	02	02		0.4	600	0.1	3
6	外螺纹加工	03				1000	1.5	0.2
7	整体精度检验							

5. 工艺准备

1）设备：FANUC 0i Mate-TD 系统数控车床。

2）量具：0～120mm 游标卡尺，0～150mm 游标深度卡尺，0～25mm、25～50mm 外径千分尺，M20×1.5-7h 螺纹环规 1 付。

3）垫铁若干。

6. 数控程序及说明

工件坐标系的原点设置在零件端面的中心处，将 X、Z 向的对刀值输入相应的刀具号参数内。

加工左轮廓程序

```
O0001;                                      程序名
N010  T0101;                                调用 1 号刀（90°外圆车刀）
N015  M03  S800;                            主轴正转，转速为 800r/min
N020  M08;                                  开切削液
N025  G99;                                  设定每转进给
N030  G00  X42  Z2;                         快速到达循环起始点
N035  G71  U2  R1;                          粗车循环
N040  G71  P045  Q080  U0.5  W0.05  F0.25;
N045  G00  X15;
N050  G01  Z0;
N055  X17  Z-1;
N058  Z-10;
N060  X27  R4;                              车削外圆与车圆弧
N065  Z-31;
N070  X34  C1;
N075  Z-48;
N080  G01  X42;                             循环结束
```

N085　G00　X100;	X 向退回安全点
N090　Z100;	Z 向退回安全点
N095　M00　M09;	暂停（测量尺寸），关切削液
N100　T0101;	准备精加工
N105　M03　S1200;	主轴正转，转速为 1200r/min
N110　M08;	开切削液
N115　G00　X42　Z2;	快速到达循环起始点
N120　G70　P045　Q080　F0.1;	精加工外轮廓
N125　G00　X100;	X 向退回安全点
N130　Z200;	Z 向退回安全点
N135　M05　M09;	主轴停止，关闭切削液
N140　M30;	程序结束并返回程序头

加工右轮廓程序

O0002;	程序名
N010　T0101;	调用 1 号刀（90°外圆车刀）
N015　M03　S800;	主轴正转，转速为 800r/min
N020　M08;	开切削液
N025　G99;	设定每转进给
N030　G00　X42　Z2;	快速到达循环起始点
N035　G71　U2　R1;	右轮廓粗车循环
N040　G71　P045　Q070　U0.5　W0.05　F0.25;	
N045　G00　X0;	
N050　G01　Z0;	
N055　G03　X12　Z-6　R6;	
N060　G01　X20　C1;	
N065　Z-41　R7;	
N070　G01　X42;	循环结束
N075　G00　X100;	X 向退回安全点
N080　Z100;	Z 向退回安全点
N085　M00　M09;	暂停（测量尺寸），关切削液
N090　T0101;	准备精加工
N100　M03　S1200;	主轴正转，转速为 1200r/min
N105　M08;	开切削液
N110　G00　X42　Z2;	快速到达循环起始点
N115　G70　P045　Q070　F0.1;	精加工外轮廓
N120　G00　X100;	X 向退回安全点
N125　Z200;	Z 向退回安全点
N130　M05　M09;	主轴停止，关闭切削液
N135　M30;	程序结束并返回程序头

加工退刀槽程序

```
O0003;
N010  T0202;                              换 2 号刀（4mm 外切槽刀）
N015  M03  S600;                          主轴正转，转速为 600r/min
N020  M08;                                开切削液
N025  G00  X25  Z2;                       快速到达定位点
N030  Z-28;
N035  X22;
N040  G01  X16  F0.1;                     切槽
N045  X22;
N050  G00  X100;                          X 向退回安全点
N055  Z200;                               Z 向退回安全点
N060  M05  M09;                           主轴停止，关闭切削液
N065  M30;                                程序结束并返回程序头
```

加工外螺纹程序

```
O0004;
N010  T0303;                              换 3 号刀（三角形外螺纹车刀）
N015  M03  S1000;                         主轴正转，转速为 1000r/min
N020  M08;                                开切削液
N025  X26  Z2;                            快速到达定位点
N030  G76  P021060  Q100  R0.05;          车削螺纹
N035  G76  X18.05  Z27  P975  Q200  F1.5;
N040  G00  X100;                          X 向退回安全点
N045  Z200;                               Z 向退回安全点
N050  M05  M09;                           主轴停止，关闭切削液
N055  M30;                                程序结束并返回程序头
```

【综合训练】

1. 训练目的

1）掌握典型零件的工艺分析。

2）通过分析零件图，能合理选择加工设备、刀具、量具、夹具、切削用量，正确编制加工程序。

2. 训练要求

1）能正确填写数控加工工艺卡片，见表 3-3。

2）零件轮廓、槽、螺纹的编程、加工与尺寸精度检测。

3）填写零件检测评分表，自我评价表、能力评价表及任务评价表，见表 3-4 ~ 表 3-7。

3. 训练项目

训练零件如图 3-4 所示，毛坯材料为 45 钢，尺寸为 ϕ40mm × 95mm。

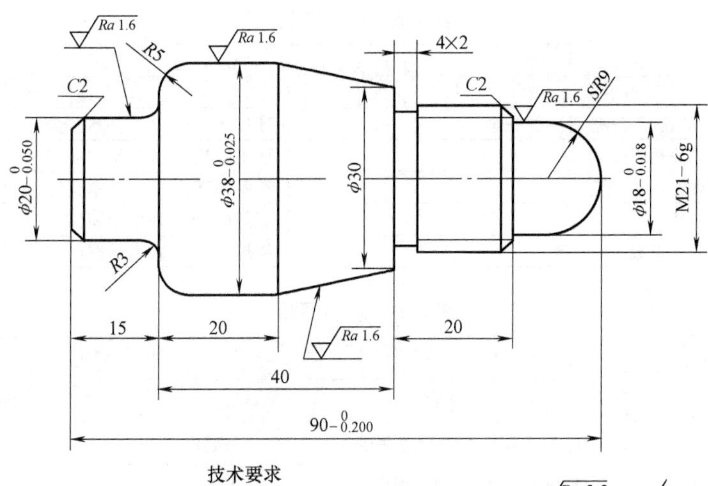

技术要求

1.锐边倒角C0.5。　　Ra 3.2 (√)

2.未注形状公差应符合GB/T 1184—1996要求。

3.不允许使用砂布或锉刀修整表面。

4.未注公差尺寸按GB/T 1804—m加工和检查。

图 3-4　训练零件

表 3-3　数控加工工艺卡

单位		机床型号		零件名称				第　页
工序		工序名称		程序编号			备注	
工步	加工内容	刀号	半径补偿号	长度补偿号	半径补偿值/mm	n/(r/min)	f/(mm/r)	α_p/mm

表 3-4　零件加工检测评分

姓名			定额时间		总分	
检测项目	序号	检测内容	配分	评分标准(不倒扣分)	实测	得分
外圆	1	$\phi38_{-0.025}^{0}$mm	10 分	每处超差 0.01mm 扣 1 分		
	2	$\phi20_{-0.05}^{0}$mm	10 分	每处超差 0.01mm 扣 1 分		
	3	$\phi18_{-0.018}^{0}$mm	10 分	每处超差 0.01mm 扣 1 分		
长度	4	15mm	5 分	每处超差 0.01mm 扣 1 分		
	5	40mm	5 分	每处超差 0.01mm 扣 1 分		
	6	$90_{-0.2}^{0}$mm	10 分	每处超差 0.01mm 扣 1 分		
螺纹	7	M21-6g	20 分	不合格不得分		
文明生产	8	正确佩戴安全防护等。操作规范,无安全事故	30 分			

表3-5　自我评价　　　　年　　月　　日

项目名称		姓名		班级	
评价项目		评价结果			
项目实施所需工具、量具、刀具是否准备齐全		准备齐全（ ）基本齐全（ ）不齐全（ ）			
项目实施所需材料准备是否妥当		准备妥当（ ）基本妥当（ ）不妥当（ ）			
项目实施所需设备事先是否完善		准备完善（ ）基本完善（ ）不完善（ ）			
项目实施目标是否清楚		清楚（ ）基本清楚（ ）不清楚（ ）			
项目实施工艺要点是否掌握		掌握（ ）基本掌握（ ）没掌握（ ）			

表3-6　能力评价　　　　年　　月　　日

项目名称		姓名		班级	
	学习目标	评价项目	评价结果		
知识	应知应会	（1）识读零件图关键点明确	明确（ ）一般（ ）不明确（ ）		
		（2）编写（输入）加工程序	正确（ ）有误（ ）		
		（3）工艺的编制	合理（ ）基本合理（ ）不合理（ ）		
专业能力	技能点	（1）切削参数在加工中是否改动、效果如何	改动后效果　好（ ）中（ ）差（ ）		
		（2）刀具使用情况	正常（ ）撞刀（ ）		
		（3）设备使用情况	正常（ ）撞坏（ ）		
		（4）项目完成情况	提前完成质量 好（ ）中（ ）差（ ）		
			正常完成质量 好（ ）中（ ）差（ ）		
			滞后完成质量 好（ ）中（ ）差（ ）		
		（5）工件自我检测	尺寸准确（ ）一般（ ）差（ ）		
通用能力	组织沟通能力				
	解决问题能力				
	自我创新能力				

表3-7　任务评价　　　　年　　月　　日

项目名称		姓名		班级	
评价项目	考核要求	评价结果			
安全文明生产	（1）安全规范	好（ ）一般（ ）差（ ）			
	（2）工、量、夹具的摆放及使用	合理（ ）不合理（ ）			
	（3）工件定位与装夹	合理（ ）不合理（ ）			
	（4）设备维护保养	保养（ ）不保养（ ）			
	（5）操作规程的执行	好（ ）一般（ ）差（ ）			
加工规范操作	（1）开机检查及开机顺序	正确（ ）不正确（ ）			
	（2）正确回参考点	回参考点（ ）不回参考点（ ）			
	（3）工件装夹规范	合理（ ）不合理（ ）			
	（4）刀具安装规范	好（ ）一般（ ）差（ ）			
	（5）对刀及工件坐标系建立	正确（ ）不正确（ ）			
	（6）程序校验	正确（ ）不正确（ ）			
	（7）自动加工防护门关闭	关闭（ ）不关闭（ ）			
学习态度	（1）出勤情况	良好（ ）一般（ ）差（ ）			
	（2）课堂纪律	良好（ ）一般（ ）差（ ）			
	（3）实操前的准备	充分（ ）不充分（ ）不准备（ ）			
	（4）团队协作	好（ ）一般（ ）差（ ）			

实训二　较复杂外轮廓零件的车削加工

【零件工单】

零件如图 3-5 所示，毛坯材料为 45 钢，尺寸为 ϕ40mm × 95mm，按照单件生产安排其数控车削工艺，编制加工程序、用数控车床对零件进行加工。

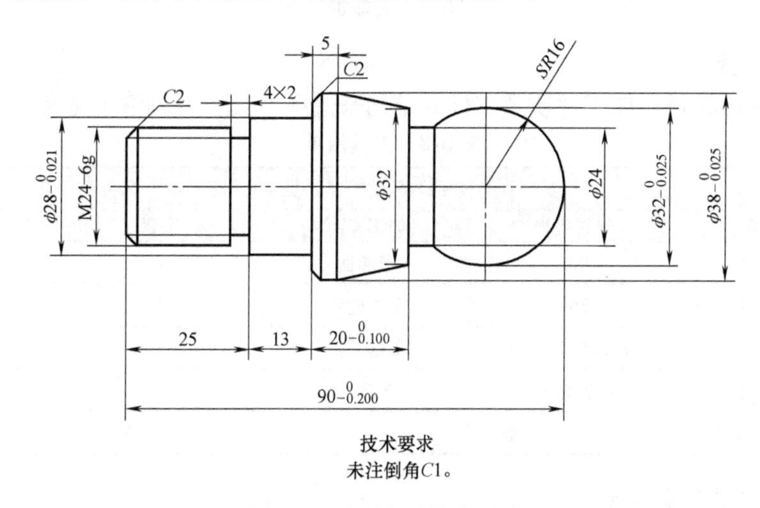

图 3-5　较复杂外轮廓零件

【工艺分析】

1. 工件装夹

选用自定心卡盘装夹。工件伸出卡爪 65mm，使用上料扳手把毛坯夹紧。

2. 确定加工顺序

1）左端加工如图 3-6 所示，使用 90°外圆车刀加工左端面，使用 35°外圆偏刀加工左端外轮廓，至 ϕ38mm 外圆及外圆锥面加工完，长度延长至 60mm，车退刀槽、车螺纹。

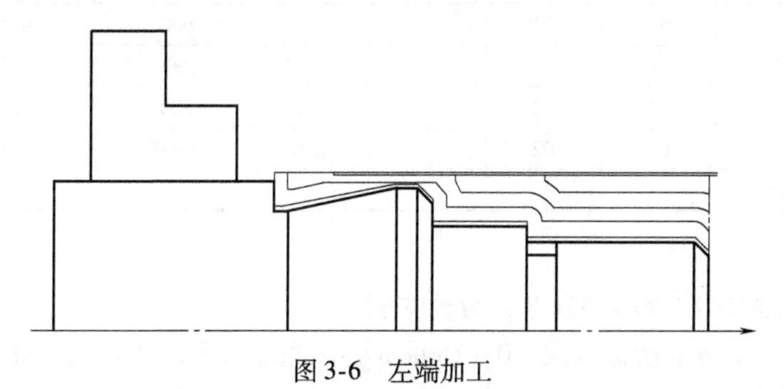

图 3-6　左端加工

2）夹持左端已加工轮廓 ϕ28mm 外圆，为防止夹伤，使用开口套或铜皮包住该外圆。

3）右端加工如图 3-7 所示，使用 35°外圆偏刀把右端剩余外轮廓加工完成，直至达到图样要求。

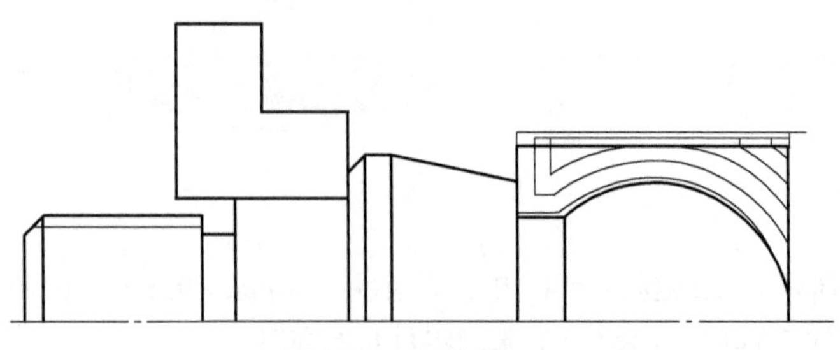

图 3-7　右端加工

3. 刀具的选择

应根据工件的材料、加工性质及工件的结构来选择刀具，刀具清单见表 3-8。

表 3-8　刀具清单

产品名称或代号			零件名称	较复杂外轮廓零件	零件图号	
序号	刀具名称	刀具规格	加工表面	数量	备　注	
1	外圆车刀	90°	车端面	1		
2	外圆偏刀	35°	车外轮廓	1		
3	外切槽刀	切削刃宽 4mm	车退刀槽	1		
4	三角形外螺纹车刀	牙型角 60°	车螺纹	1		
编制		审核	批准		共　　页	第　页

4. 数控加工工艺卡（表 3-9）

表 3-9　数控加工工艺卡

单位		机床型号		零件名称		较复杂外轮廓零件		第　页
工序	工序名称		程序编号		备注			
工步	工步内容	刀号	半径补偿号	长度补偿号	半径补偿/mm	n/(r/min)	f/(mm/min)	a_p/mm
1	加工端面	01	01		0.4	1000	0.2	1
2	粗车左端外轮廓	02	02		0.4	800	0.2	2
3	精车左端外轮廓	02	02		0.4	1200	0.1	0.5
4	车退刀槽	03	03			600	0.1	3
5	车螺纹	04				1000	0.2	3
6	粗车右端外轮廓	02	02		0.4	800	0.2	2
7	精车右端外轮廓	02	02		0.4	1200	0.1	0.5
8	整体精度检验							

5. 工艺准备

1）设备：FANUC 0i Mate-TD 系统数控车床。

2）量具：0～120mm 游标卡尺，0～150mm 游标深度卡尺、M24-6g 环规 1 付。

3）垫铁：若干。

6. 数控程序及说明

工件坐标系的原点设置在零件端面的中心处，将 X、Z 向的对刀值输入相应的刀具号参数内。

加工左端外轮廓

```
O0001;                              程序名
N10  T0202;                         换2号刀（35°外圆车刀）
N15  M03  S800;                     主轴正转，转速800r/min
N20  M08;                           开切削液
N25  G99;                           设定每转进给
N30  G00  X42  Z2;                  快速到达起始点
N35  G73  U11  W0  R5;              粗车复合循环
N40  G73  P45  Q95  U0.5  W0.05  F0.2;
N45  G00  X20;                      精加工路径第一段
N50  G01  Z0;
N55  X24  Z-2;
N60  Z-25;
N65  X28  C1;
N70  Z-38;
N75  X38  C2;
N80  Z-33;
N85  X32  Z-58;
N90  Z-60;
N95  G01  X42;                      精加工路径最后一段
N100  G00  X100;                    X向退回安全点
N105  Z100;                         Z向退回安全点
N110  M00  M09;                     程序暂停，主轴停转（测量尺寸），关闭切削液
N115  T0202;                        准备精加工
N120  M03  S1200;                   主轴正转，转速1200r/min
N125  M08;                          开切削液
N130  G00  X42  Z2;                 快速到达起始点
N135  G70  P45  Q95  F0.1;          精车循环
N140  G00  X100;                    X向退回安全点
N145  Z200;                         Z向退回安全点
N150  M05  M09;                     主轴停止，关闭切削液
N155  M30;                          程序结束并返回程序头
```

加工退刀槽程序

```
O0002;                              程序名
N10  T0303;                         换3号刀（外切槽刀）
N15  M03  S600;                     主轴正转，转速600r/min
N20  M08;                           开切削液
N25  G99;                           设定每转进给
N30  G00  X32  Z2;                  快速接近工件
```

```
N35  Z-25;
N40  G01  X20  F0.1;                切槽
N45  X32;
N50  G00  X100;                     X 向退回安全点
N55  Z200;                          Z 向退回安全点
N60  M05  M09;                      主轴停止，关闭切削液
N65  M30;                           程序结束并返回程序头
```

加工三角形外螺纹程序

```
O0003;
N10  T0404;                         换 4 号刀（外螺纹车刀）
N15  M03  S1000;                    主轴正转，转速 1000r/min
N20  M08;                           开切削液
N25  G99;                           设定每转进给
N30  G00  X30  Z3;                  快速到达起始点
N35  G76  P021060  Q100  R0.05;     螺纹车削循环
N40  G76  X20.1  Z-24  P1950  Q200  F3;
N45  G00  X100;                     X 向退回安全点
N50  Z200;                          Z 向退回安全点
N55  M05  M09;                      主轴停止，关闭切削液
N60  M30;                           程序结束并返回程序头
```

加工右端圆球程序

```
O0004;                              程序名
N10  T0202;                         换 2 号刀（35°外圆车刀）
N15  M03  S800;                     主轴正转，转速 800r/min
N20  M08;                           开切削液
N25  G99;                           每转进给
N30  G00  X42  Z2;                  快速到达起始点
N35  G73  U21  W0  R10;             粗车复合循环
N40  G73  P45  Q65  U0.5  W0.05  F0.2;
N45  G00  X0;
N50  G01  Z0;
N55  G03  X24  Z-26.58  R16;
N60  G01  Z-32;
N65  G01  X42;
N70  G00  X100;                     X 向退回安全点
N75  Z200;                          Z 向退回安全点
N80  M00  M09;                      程序暂停，主轴停转（测量尺寸）关闭切削液
N85  T0202;                         准备精加工
N90  M03  S1200;                    主轴正转，转速 1200r/min
```

```
N95  M08;                      开切削液
N100  G00  X42  Z2;            快速到达起始点
N105  G70  P45  Q65  F0.1;     精车循环
N110  G00  X100;               X向退回安全点
N115  Z200;                    Z向退回安全点
N120  M05  M09;                主轴停止
N125  M30;                     程序结束并返回程序头
```

【综合训练】

1. 训练项目

零件如图 3-8 所示，毛坯材料为 45 钢，尺寸为 ϕ60mm×122mm，圆钢。

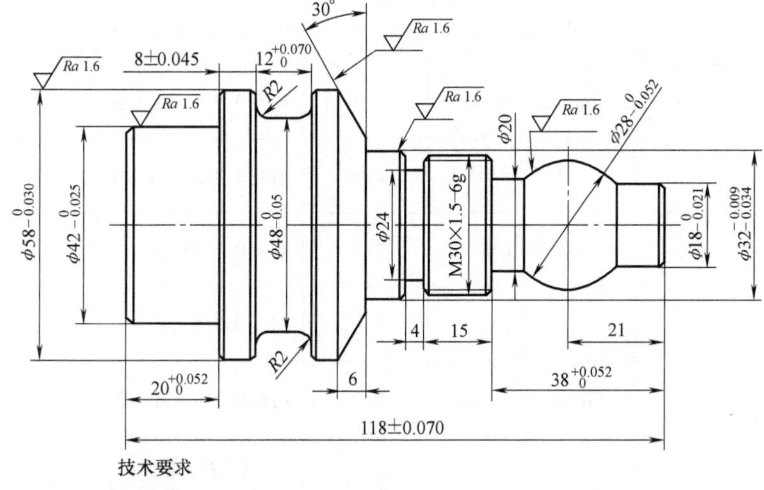

图 3-8 训练零件

2. 训练要求

填写数控加工工艺卡片（表 3-10），编制数控加工程序及进行零件加工，填写零件检测评分表（表 3-11）检测尺寸精度，填写自我评价表（表 3-12）、能力评价表（表 3-13）及任务评价表（表 3-14）。

表 3-10 数控加工工艺卡

单位			机床型号		零件名称			第 页
工序		工序名称		程序编号			备注	
工步	加工内容	刀号	半径补偿号	长度补偿号	半径补偿值/mm	n/(r/min)	f/(mm/r)	a_p/mm

表 3-11　零件加工检测评分

姓　名			定额时间		总分	
项目	序号	检测内容	配分	评分标准(不倒扣分)	实测	得分
外圆	1	$\phi58_{-0.03}^{0}$mm	5 分	超差 0.01mm 扣 1 分		
	2	$\phi42_{-0.025}^{0}$mm	5 分	超差 0.01mm 扣 1 分		
	3	$\phi32_{-0.034}^{-0.009}$mm	5 分	超差 0.01mm 扣 1 分		
	4	$\phi28_{-0.052}^{0}$mm	5 分	超差 0.01mm 扣 1 分		
	5	$\phi18_{-0.021}^{0}$mm	5 分	超差 0.01mm 扣 1 分		
长度	6	8mm ±0.045mm	5 分	超差 0.01mm 扣 1 分		
	7	$12_{0}^{+0.07}$mm	5 分	超差 0.01mm 扣 1 分		
	8	$20_{0}^{+0.052}$mm	5 分	超差 0.01mm 扣 1 分		
	9	$38_{0}^{+0.052}$mm	5 分	超差 0.01mm 扣 1 分		
	10	118mm ±0.07mm	5 分	超差 0.01mm 扣 1 分		
螺纹	11	M30 ×1.5-6g	20 分	螺纹塞规检验不合格不得分		
文明生产	12	正确佩戴安全防护等，操作规范，无安全事故	30 分			

表 3-12　自我评价　　　　年　　月　　日

项目名称		姓　名		班　级	
评价项目		评价结果			
项目实施所需工具、量具、刀具是否准备齐全		准备齐全(　)　基本齐全(　)　不齐全(　)			
项目实施所需材料准备是否妥当		准备妥当(　)　基本妥当(　)　不妥当(　)			
项目实施所需设备事先是否完善		准备完善(　)　基本完善(　)　不完善(　)			
项目实施目标是否清楚		清楚(　)　基本清楚(　)不清楚(　)			
项目实施工艺要点是否掌握		掌握(　)　基本掌握(　)　不掌握(　)			

表3-13　能力评价　　　　年　　月　　日

项目名称			姓名		班级	
	学习目标	评价项目	评价结果			
知识	应知应会	(1)识读零件图关键点明确	明确(　) 一般(　) 不明确(　)			
		(2)编写(输入)加工程序	正确(　) 有误(　)			
		(3)工艺的编制	合理(　)基本合理(　)不合理(　)			
专业能力	技能点	(1)切削参数在加工中是否改动、效果如何	改动后效果　好(　)中(　)差(　)			
		(2)刀具使用情况	正常(　) 撞刀(　)			
		(3)设备使用情况	正常(　) 撞坏(　)			
		(4)项目完成情况	提前完成质量 好(　)中(　)差(　)			
			正常完成质量 好(　)中(　)差(　)			
			滞后完成质量 好(　)中(　)差(　)			
		(5)工件自我检测	尺寸准确(　) 一般(　) 差(　)			
通用能力	组织沟通能力					
	解决问题能力					
	自我创新能力					

表3-14　任务评价　　　　年　　月　　日

项目名称		姓名		班　级	
评价项目	考核要求	评价结果			
安全文明生产	(1)安全规范	好(　) 一般(　) 差(　)			
	(2)工、量、夹具的摆放及使用	合理(　) 不合理(　)			
	(3)工件定位与装夹	合理(　) 不合理(　)			
	(4)设备维护保养	保养(　) 不保养(　)			
	(5)操作规程的执行	好(　) 一般(　) 差(　)			
加工规范操作	(1)开机检查及开机顺序	正确(　) 不正确(　)			
	(2)正确回参考点	回参考点(　) 不回参考点(　)			
	(3)工件装夹规范	合理(　) 不合理(　)			
	(4)刀具安装规范	好(　) 一般(　) 差(　)			
	(5)对刀及工件坐标系建立	正确(　) 不正确(　)			
	(6)程序校验	正确(　) 不正确(　)			
	(7)自动加工防护门关闭	关闭(　) 不关闭(　)			
学习态度	(1)出勤情况	良好(　) 一般(　) 差(　)			
	(2)课堂纪律	良好(　) 一般(　) 差(　)			
	(3)实操前的准备	充分(　) 不充分(　) 不准备(　)			
	(4)团队协作	好(　) 一般(　) 差(　)			

实训三 配合件的车削加工

【零件工单】

配合件如图 3-9 所示，毛坯材料为 45 钢，尺寸为 ϕ50mm × 100mm，圆钢，按单件生产安排其数控车削工艺，编制加工程序，用数控车床对零件进行加工。

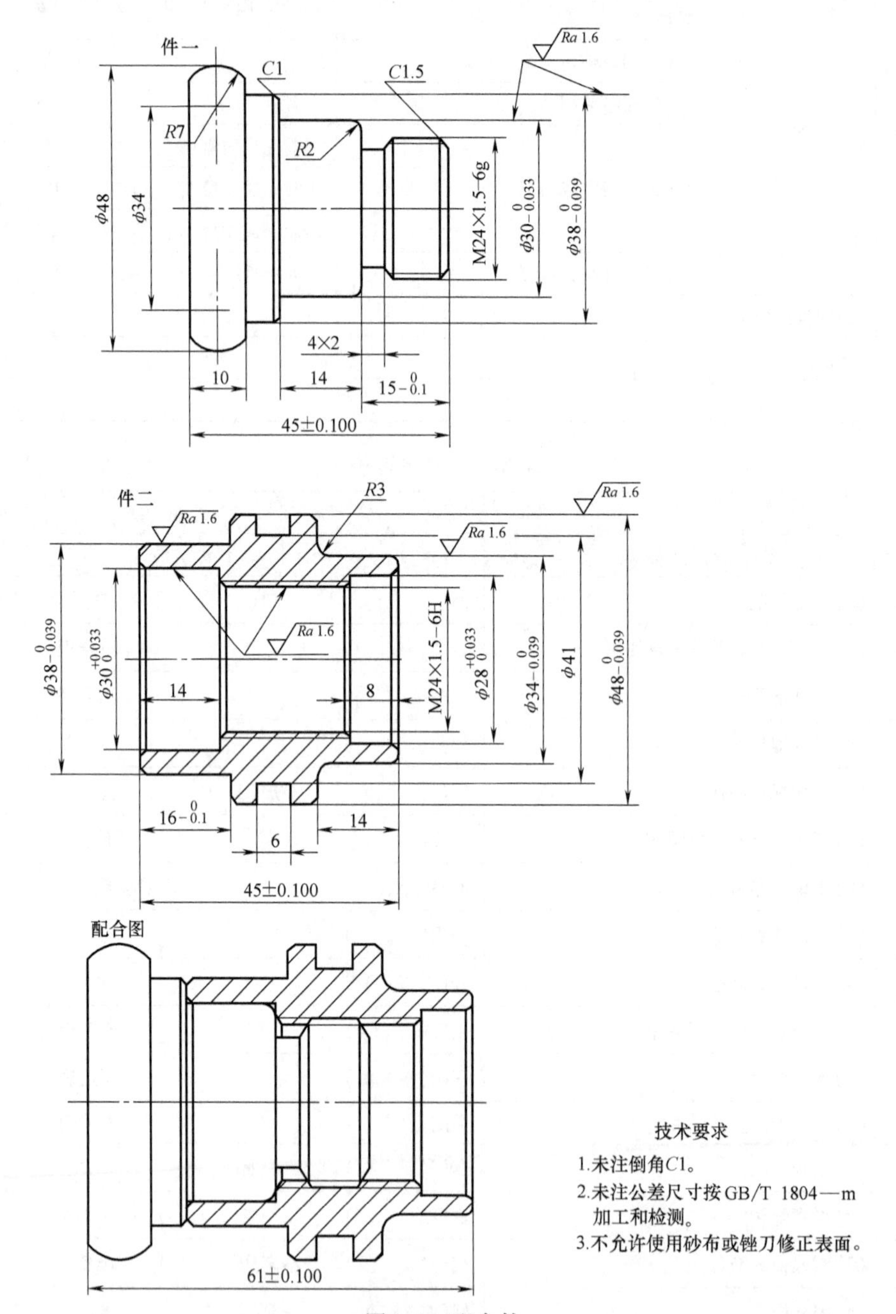

图 3-9 配合件

【工艺分析】

该配合件零件加工时应保证配合精度，由于是用1根毛坯加工2个工件，需要考虑加工工艺。

1. 确定加工工艺

（1）件一加工工艺

1）工件装夹。使用自定心卡盘装夹圆钢，伸出卡爪60mm。

2）使用外圆偏刀加工外轮廓，分粗、精加工进行，粗车时留0.5mm余量；在进行精加工后，使用外切槽刀加工螺纹退刀槽；然后再加工三角形外螺纹；最后使用切断刀把件一切断，切断时注意需要留件一长度余量1mm，加工路线如图3-10所示。

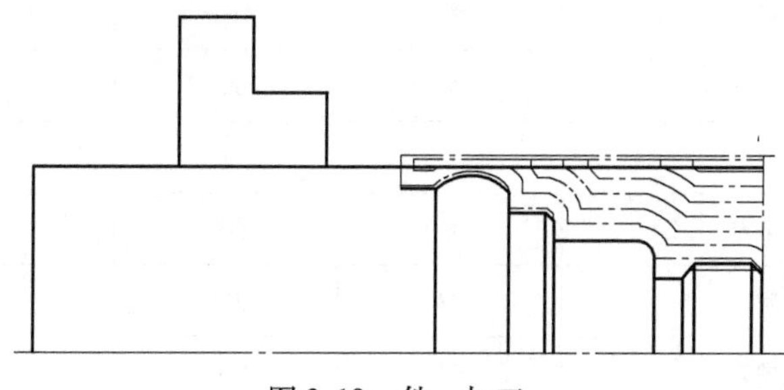

图3-10 件一加工

（2）件二加工工艺

1）工件装夹。方法同上。

2）首先使用ϕ20mm麻花钻把件二钻通，使用外圆车刀加工外轮廓；精车完成后，再使用内孔车刀加工内轮廓，直至车到图样要求的尺寸，加工路线如图3-11所示。

3）件二的调头加工。使用铜皮或开口套包住已加工好的ϕ38mm的外圆，防止被自定心卡盘的三爪夹伤，加工剩余内孔与外轮廓，直至达到图样要求，加工路线如图3-12所示。

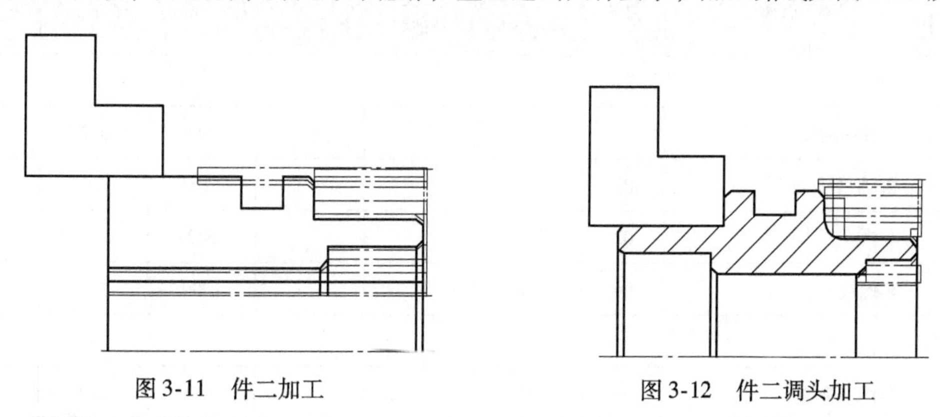

图3-11 件二加工　　　　图3-12 件二调头加工

2. 刀具的选择

应根据工件的材料、加工性质、工件的结构来选择刀具，刀具清单见表3-15。

3. 数控加工工艺卡（表3-16）

4. 工艺准备

1）设备：FANUC 0i Mate-TD系统数控车床。

2）量具：0～120mm 游标卡尺、25～50mm 外径千分尺、5～30mm 内径千分尺、0～150mm 游标深度卡尺、M24×1.5-6g 环规。

表 3-15 刀具清单

产品名称或代号		零件名称	配合件	零件图号	
序号	刀具名称	刀号	刀具规格	加工表面	数量
件一加工					
1	外圆车刀	01	90°		1
2	外圆偏刀	02	35°		1
3	外切槽刀	03	4mm		1
4	三角形外螺纹车刀	04	60°		1
件二加工					
1	外圆车刀	01	90°		1
2	外圆偏刀	02	35°		1
3	外切槽刀	03	4mm		1
4	内孔车刀	04			1

表 3-16 数控加工工艺卡

单位		机床型号		零件名称		配合件		第 页
工序		工序名称		程序编号		备注		
工步	工步内容	刀号	半径补偿号	长度补偿号	半径补偿值/mm	n/(r/min)	f/(mm/r)	a_p/mm
加工件一								
1	车件一端面	01	01			800	0.2	1
2	粗、精车外圆	02	02			1200	0.2	2
3	车槽	03	03			600	0.1	3
4	车螺纹	04	04			1000	1.5	0.2
加工件二								
1	车件二端面	01	01			800	0.2	1
2	粗、精车外圆	02	02			1200	0.2	2
3	车槽	03	03			600	0.1	3
4	粗、精车内孔	04	04			800	0.2	2
5	整体精度检验							

3）其他：垫铁若干。

5. 数控程序及说明

工件坐标系的原点设置在零件端面的中心处，将 X、Z 向的对刀值输入相应的刀具号参数内。

（1）加工工件一程序

1）加工外圆程序如下。

O0001；	程序名
N10　T0202；	换 2 号刀（35°外圆偏刀）
N15　M03　S800；	主轴正转，转速 800r/min
N20　M08；	开切削液
N25　G99；	设定每转进给
N30　G00　X52　Z2；	快速到达起始点
N35　G73　U16　W0　R7；	闭环粗车循环
N40　G73　P45　Q100　U0.5　W0.05　F0.2；	
N45　G00　X21；	精加工路径第一段
N50　G01　Z0；	
N55　X24　Z－1.5；	
N60　Z－15；	
N65　X30　R2；	
N70　G01　Z－29；	
N75　X38　C1；	
N80　Z－35；	
N85　X47.798；	
N90　G03　X47.798　Z－45　R7；	
N95　G01　Z－50；	
N100　G01　X52；	精加工路径最后一段
N105　G00　X100；	X 向退回安全点
N110　Z100；	Z 向退回安全点
N115　M00　M09；	暂停（测量尺寸），关闭切削液
N120　T0202；	准备精加工
N125　M03　S1200；	主轴正转，转速 1200r/min
N130　M08；	开切削液
N135　G00　X45　Z2；	快速到达循环起始点
N140　G70　P45　Q100　F0.1；	精加工外轮廓
N145　G00　X100；	X 向退回安全点
N150　Z200；	Z 向退回安全点
N155　M05　M09；	主轴停止，关闭切削液

```
N160  M30;                                          程序结束并返回程序头
```

2）加工外切槽程序如下。

```
O0002;
N10  T0303;                                         外切槽刀
N15  M03  S600;                                     主轴正转，转速 600r/min
N20  G00  X32  Z2;                                  快速接近工件
N25  Z-15;
N30  G01  X20  F0.1;                                切槽
N35  X32;
N40  G00  X100;                                     X 向退回安全点
N45  Z200;                                          Z 向退回安全点
N50  M30;                                           程序结束并返回程序头
```

3）加工螺纹程序如下。

```
O0003;
N10  T0404;                                         换 4 号刀
N15  M03  S1000;                                    主轴正转，转速 1000r/min
N20  M08;                                           开切削液
N25  G00  X30  Z3;                                  快速到达起始点
N30  G76  P021060  Q100  R0.05;                     加工螺纹
N35  G76  X22.05  Z-14  P975  Q200  F1.5;
N40  G00  X100;                                     X 向退回安全点
N45  Z200;                                          Z 向退回安全点
N50  M05  M09;                                      主轴停止，关闭切削液
N55  M30;                                           程序结束并返回程序头
```

（2）加工件二程序

1）加工左端外圆程序如下。

```
O0004;
N10  T0202;                                         换 2 号刀
N15  M03  S800;                                     主轴正转，转速 800r/min
N20  M08;                                           开切削液
N25  G99;                                           设定每转进给
N30  G00  X52  Z2;                                  快速到达起始点
N35  G71  U2  R1;                                   粗车复合循环
N40  G71  P45  Q75  U0.5  W0.05  F0.2;
N45  G00  X36;                                      精加工路径第一段
N50  G01  Z0;
N55  X38  Z-1;
```

```
N60   Z-16;
N65   X48   C1;
N70   Z-32;
N75   G01   X52;                       精加工路径最后一段
N80   G00   X100;                      X 向退回安全点
N85   Z100   M09;                      Z 向退回安全点
N90   M00   M09;                       暂停（测量尺寸）
N95   T0202;                           准备精加工
N100   M03   S1200;                    主轴正转，转速 1200r/min
N105   M08;                            开切削液
N110   G00   X45   Z2;                 快速到达循环起始点
N115   G70   P45   Q75   F0.1;         精加工外轮廓
N120   G00   X100;                     X 向退回安全点
N125   Z200;                           Z 向退回安全点
N130   M05   M09;                      主轴停止，关闭切削液
N135   M30;                            程序结束并返回程序头
```

2）加工件二外槽程序如下。

```
O0005;
N10   T0303;                           换 3 号刀
N15   M03   S600;                      主轴正转，转速 600r/min
N20   M08;                             开切削液
N25   G00   X52   Z2;                  快速接近工件
N30   Z-24.5;
N35   G01   X41   F0.1;                车槽
N40   X52;
N45   Z-26.5;
N50   X41;
N55   Z-24.5;
N60   X52;
N65   G00   X100;                      X 向退回安全点
N70   Z200;                            Z 向退回安全点
N75   M05   M09;                       主轴停止，关闭切削液
N80   M30;                             程序结束并返回程序头
```

3）加工左端内孔程序如下。

```
O0006;
N10   T0404;                           换 4 号刀（内孔车刀）
N15   M03   S800;                      主轴正转，转速 800r/min
```

```
N20  M08;                                   开切削液
N25  G00  X20  Z2;                          快速达到定位点
N30  G71  U2  R1;                           内孔粗车循环
N35  G71  P40  Q70  U0.5  W0.05  F0.2;
N40  G00  X32;                              精加工路径第一段
N45  G01  Z0;
N50  X30  Z-1;
N55  Z-14;
N60  X24  C1;
N65  Z-45;
N70  G01  X20;                              精加工路径最后一段
N75  G00  Z200;                             Z 向退回安全点
N80  M00  M09;                              程序暂停，主轴停止（测量尺寸），关
                                            闭切削液
N85  T0404;                                 准备精加工
N90  M03  S1200;                            转速为 1200r/min
N95  M08;                                   开切削液
N100  G00  X45  Z2;                         快速到达循环起始点
N105  G70  P40  Q70  F0.1;                  精加工外轮廓
N110  G00  X100;                            X 向退回安全点
N115  Z200;                                 Z 向退回安全点
N120  M05  M09;                             主轴停止，关闭切削液
N125  M30;                                  程序结束并返回程序头
```

4）加工件二右端外圆程序如下。

```
O0007;
N10  T0202;                                 换 2 号刀
N15  M03  S800;                             主轴正转，转速 800r/min
N20  M08;                                   开切削液
N25  G99;                                   设定每转进给
N30  G00  X52  Z2;                          快速到达定位点
N35  G71  U2  R1;                           粗车复合循环
N40  G71  P45  Q75  U0.5  W0.05  F0.2;
N45  G00  X32;                              精加工路径第一段
N50  G01  Z0;
N55  X34  Z-1;
N60  Z-14  R3;
N65  G01  X46;
```

N70　X48　Z-15;	
N75　G01　X52;	精加工路径最后一段
N80　G00　X100;	X 向退回安全点
N85　Z100;	Z 向退回安全点
N90　M00　M09;	暂停（测量尺寸），关闭切削液
N95　T0202;	准备精加工
N100　M03　S1200;	主轴正转，转速 1200r/min
N105　M08;	开切削液
N110　G00　X45　Z2;	快速到达循环起始点
N115　G70　P45　Q75　F0.1;	精加工外轮廓
N120　G00　X100;	X 向退回安全点
N125　Z200;	Z 向退回安全点
N130　M05;	主轴停止
N135　M30;	程序结束并返回程序头

5）加工右端内孔程序如下。

O0008;	
N10　T0404;	换 4 号刀（内孔车刀）
N15　M03　S800;	主轴正转，转速 800r/min
N20　M08;	开切削液
N25　G99;	设定每转进给
N30　G00　X20　Z2;	快速到达定位点
N35　G71　U2　R1;	内孔粗车复合循环
N40　G71　P45　Q75　U0.5　W0.05　F0.2;	
N45　G00　X30;	精加工路径第一段
N50　G01　Z0;	
N55　X28　Z-1;	
N60　Z-8;	
N65　X26;	
N70　X24　Z-9;	
N75　G01　X20;	精加工路径最后一段
N80　G00　Z200;	Z 向退回安全点
N85　M00　M09;	程序暂停、主轴停转（测量尺寸）
N90　T0404;	准备精加工
N95　M03　S1200;	主轴正转，转速 1200r/min
N100　M08;	开切削液
N105　G00　X20　Z2;	快速到达循环起始点
N110　G70　P45　Q75　F0.1;	精加工外轮廓
N115　G00　Z200;	X 向退回安全点
N120　X200;	Z 向退回安全点

N125　M05　M09；　　　　　　　　　　主轴停止

N130　M30；　　　　　　　　　　　　程序结束并返回程序头

【综合训练】

1. 训练项目

配合件如图3-13所示，毛坯材料为45钢，尺寸为ϕ50mm×150mm圆钢。

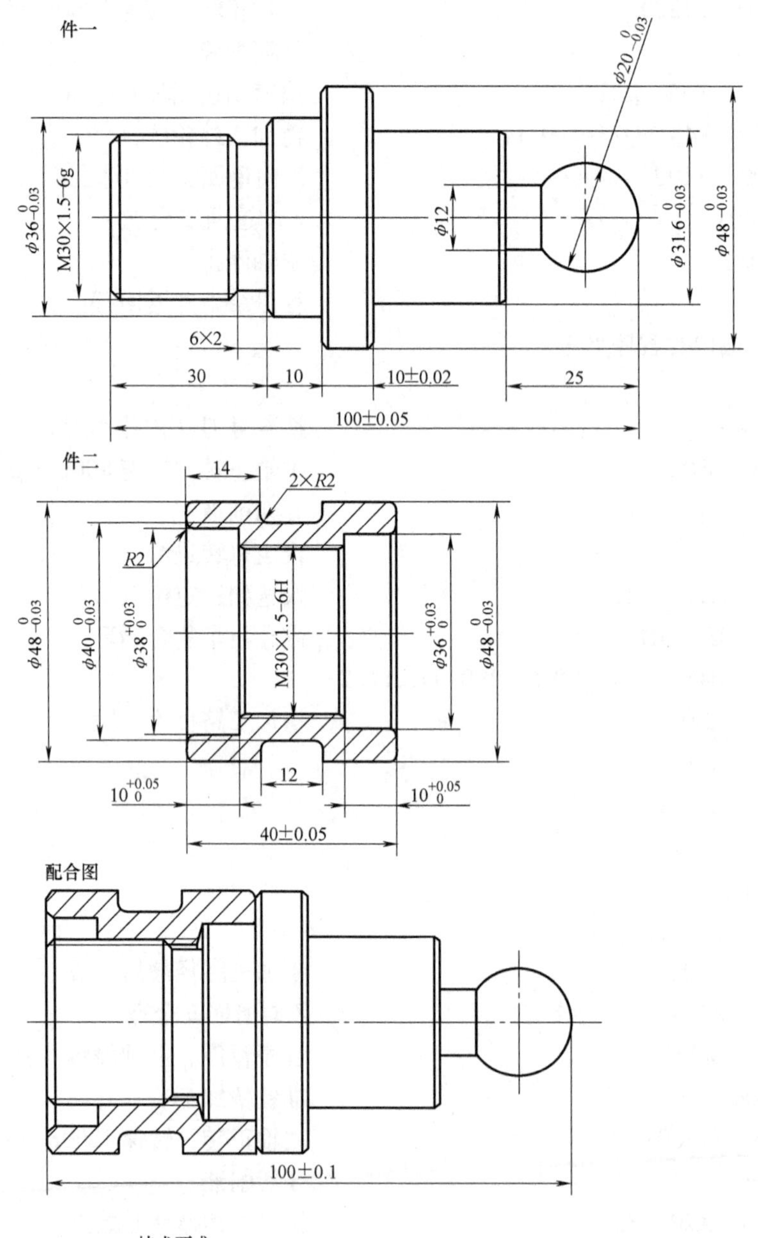

图3-13　训练零件

2. 训练要求

对零件工艺进行分析，合理选择刀具、量具、夹具、切削用量，编制程序，填写数控加工工艺卡（表3-17）、配合件检测评分表（表3-18），检测尺寸精度，填写能力评价表（表3-19）、自我评价表（表3-20）及任务评价表（表3-21）。

表3-17　数控加工工艺卡

单位		机床型号		零件名称		配合件		第　页
工序		工序名称		程序编号		备注		
工步	工步内容	刀号	半径补偿号	长度补偿号	半径补偿值/mm	n/(r/min)	f/(mm/R)	a_p/mm

表3-18　配合件加工检测评分

姓名			定额时间	总分		
项目	序号	检测内容	配分	评分标准(不倒扣分)	实测	得分
件一						
外圆	1	$\phi48_{-0.03}^{\ 0}$mm	5分	每处超差0.01mm扣1分		
	2	$\phi36_{-0.03}^{\ 0}$mm	5分	每处超差0.1mm扣1分		
	3	$\phi31.6_{-0.03}^{\ 0}$mm	5分	每处超差0.01mm扣1分		
	4	$\phi20_{-0.03}^{\ 0}$mm	5分	每处超差0.01mm扣1分		
螺纹	5	M30×1.5-6g	5分	不合格不得分		
长度	6	10mm±0.02mm	5分	每处超差0.01mm扣1分		
	7	100mm±0.05mm	5分	每处超差0.01mm扣1分		
件二						
外圆	8	$\phi48_{-0.03}^{\ 0}$mm(2处)	10分	每处超差0.01mm扣2分		
	9	$\phi40_{-0.03}^{\ 0}$mm	5分	每处超差0.1mm扣1分		
内孔	10	$\phi38_{\ 0}^{+0.03}$mm	5分	每处超差0.01mm扣1分		
	11	$\phi36_{\ 0}^{+0.03}$mm	5分	每处超差0.01mm扣1分		
	12	$\phi30_{\ 0}^{+0.03}$mm	5分	每处超差0.01mm扣1分		
长度	13	$10_{\ 0}^{+0.05}$mm	5分	每处超差0.01mm扣1分		
	14	40mm±0.05mm	5分	每处超差0.01mm扣1分		
配合件						
装配	15	能转配成形	10分	超差0.01mm扣2分		
长度	16	100mm±0.1mm	5分	超差0.01mm扣2.5分		
文明生产	17	正确佩戴安全防护服等。操作规范,无安全事故	10分			

表 3-19　能力评价　　　　年　　月　　日

项目名称		姓　名		班级	
	学习目标	评价项目	评价结果		
知　识	应知应会	(1)识读零件图关键点明确	明确(　　)　一般(　　)　不明确(　)		
		(2)编写(输入)加工程序	正确(　　)　　　　有误(　)		
		(3)工艺的编制	合理(　　)基本合理(　　)不合理(　)		
专业能力	技能点	(1)切削参数在加工中是否改动、效果如何	改动后效果　好(　)中(　)差(　)		
		(2)刀具使用情况	正常(　　)　　　　撞刀(　　)		
		(3)设备使用情况	正常(　　)　　　　撞坏(　　)		
		(4)项目完成情况	提前完成质量 好(　)中(　)差(　)		
			正常完成质量 好(　)中(　)差(　)		
			滞后完成质量 好(　)中(　)差(　)		
		(5)工件自我检测	尺寸准确(　　)　一般(　　)　差(　)		
通用能力	组织沟通能力				
	解决问题能力				
	自我创新能力				

表 3-20　自我评价　　　　年　　月　　日

项目名称		姓　名		班　级	
评价项目		评价结果			
项目实施所需工具、量具、刀具是否准备齐全		准备齐全(　)　基本齐全(　)　不齐全(　)			
项目实施所需材料准备是否妥当		准备妥当(　)　基本妥当(　)　不妥当(　)			
项目实施所需的设备事先是否完善		准备完善(　)　基本完善(　)　不完善(　)			
项目实施目标是否清楚		清楚(　)　基本清楚(　)不清楚(　)			
项目实施的工艺要点是否掌握		掌握(　)　基本掌握(　)　不掌握(　)			

表 3-21　任务评价　　　　　　年　　月　　日

项目名称		姓名		班　级	
评价项目	考核要求	评价结果			
安全文明生产	(1)安全规范	好(　　)	一般(　　)	差(　　)	
	(2)工量夹具的摆放及使用	合理(　　)		不合理(　　)	
	(3)工件定位与装夹	合理(　　)		不合理(　　)	
	(4)设备维护保养	保养(　　)		不保养(　　)	
	(5)操作规程的执行	好(　　)	一般(　　)	差(　　)	
加工规范操作	(1)开机检查及开机顺序	正确(　　)		不正确(　　)	
	(2)正确回参考点	回参考点(　　)		不回参考点(　　)	
	(3)工件装夹规范	合理(　　)		不合理(　　)	
	(4)刀具安装规范	好(　　)	一般(　　)	差(　　)	
	(5)对刀及工件坐标系建立	正确(　　)		不正确(　　)	
	(6)程序校验	正确(　　)		不正确(　　)	
	(7)自动加工防护门关闭	关闭(　　)		不关闭(　　)	
学习态度	(1)出勤情况	良好(　　)	一般(　　)	差(　　)	
	(2)课堂纪律	良好(　　)	一般(　　)	差(　　)	
	(3)实操前的准备	充分(　　)	不充分(　　)	不准备(　　)	
	(4)团队协作	好(　　)	一般(　　)	差(　　)	

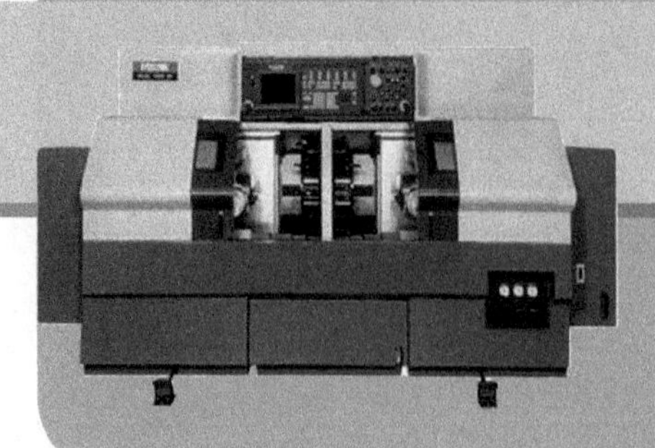

单元四 数控车削考级与提升

知识要求试题

模拟一　中级应知考核模拟试题一

注 意 事 项

1. 本试卷依据《数控车工》国家职业标准命制，考试时间：60 分钟。
2. 请在试卷标封处填写姓名、准考证号和所在单位的名称。
3. 请仔细阅读答题要求，在规定位置填写答案。

	一	二	总　分
得　分			

得　分	
评分人	

一、单项选择题（第 1 ~ 60 题。选择一个正确的答案，将相应的字母填入题内的横线中。每题 1 分，满分 60 分。）

1. 在高温下能够保持刀具材料切削性能的是____。

A. 硬度　　B. 耐热性　　C. 耐磨性　　D. 强度

2. 切削用量中对切削力影响最大的是____。

A. 切削深度　　B. 进给量　　C. 切削速度　　D. 影响相同

3. 被加工材料的____和金相组织对其表面粗糙度影响最大。

A. 强度　　B. 硬度　　C. 塑性　　D. 韧性

4. 计算 M24 ×2 螺纹牙型各部分尺寸时，应以____代入计算。

A. 螺距　　B. 导程　　C. 线数　　D. 中径

5. 车刀工作图中的切削平面视图可标注____。

A. 前角 γ_o　　B. 刃倾角 λ_s　　C. 倒棱前角 γ_f　　D. 后角 α_o

6. 圆柱被倾斜于轴线的平面切割后产生的截交线为____。

A. 圆形　　B. 矩形　　C. 椭圆　　D. 直线

7. ____夹紧装置结构简单，夹紧可靠。

A. 螺旋　　B. 螺旋压板　　C. 螺纹　　D. 斜楔

8. 花盘角铁的定位基准面的几何公差，要____工件几何公差的1/2。

A. 大于　　B. 等于　　C. 小于　　D. 不等于

9. 在花盘角铁上加工工件时，转速如果太高，因受____的影响，工件飞出而发生事故。

A. 切削力　　B. 离心力　　C. 夹紧力　　D. 转矩

10. 在花盘角铁上车削精度要求高的工件，它的定位基准面应经过____。

A. 粗铣　　B. 平磨和精刮　　C. 刨削　　D. 车削

11. 车削细长轴时，要使用中心架和跟刀架来增大工件的____。

A. 刚性　　B. 韧性　　C. 强度　　D. 硬度

12. FMS 是指____。

A. 直接数控系统　　B. 自动化工厂　　C. 柔性制造系统　　D. 计算机集成制造系统

13. 闭环系统比开环系统及半闭环系统____。

A. 稳定性好　　B. 故障率低　　C. 精度低　　D. 精度高

14. CNC 系统常用软件插补方法中，有一种是数据采样法，计算机执行插补程序输出的是数据而不是脉冲，这种方法适用于____。

A. 开环控制系统　　B. 闭环控制系统　　C. 点位控制系统　　D. 连续控制系统

15. 闭环控制系统的反馈装置____。

A. 装在电动机轴上　　B. 装在位移传感器上

C. 装在传动丝杠上　　D. 装在机床移动部件上

16. 圆弧加工指令 G02 / G03 中，I、K 值用于指令____。

A. 圆弧终点坐标　　B. 圆弧起点坐标

C. 圆心的位置　　D. 起点相对于圆心位置

17. 在切削过程中，车刀主偏角 κ_r 增大，主切削力 F_2 ____。

A. 增大　　B. 不变　　C. 减少　　D. 为零

18. 刀具磨损标准通常都按____的磨损值来制订。

A. 月牙洼深度　　B. 前面　　C. 后面　　D. 刀尖

19. 数控系统中 G96 指令用于指令____。

A. F 值为 mm/min　　B. F 值为 mm/r　　C. S 值为恒线速度　　D. S 值为主轴转速

20. 孔的基本偏差的字母代表含义为____。

A. 从 A 到 H 为上极限偏差，其余为下极限偏差

B. 从 A 到 H 为下极限偏差，其余为上极限偏差

C. 全部为上极限偏差

D. 全部为下极限偏差

21. 输出流量脉动最小的液压泵是____。

A. 齿轮泵　　B. 转子泵　　C. 柱塞泵　　D. 螺杆泵

22. 目前在机械工业中最高水平的生产形式为____。

A. CNC　　B. CIMS　　C. FMS　　D. CAM

23. 为了提高零件加工的生产率，应考虑的最主要一个方面是____。

A. 减少毛坯余量

B. 提高切削速度

C. 减少零件加工中的装卸、测量和等待时间

D. 减少零件在车间的运送和等待时间

24. 未注公差尺寸应用范围是____。

A. 长度尺寸　　B. 工序尺寸

C. 用于组装后经过加工所形成的尺寸　　D. 以上三者

25. 当交流伺服电动机正在旋转时，如果控制信号消失，则电动机将会____。

A. 立即停止转动　　B. 以原转速继续转动

C. 转速逐渐加大　　D. 转速逐渐减小

26. 粗加工时，切削液以____为主。

A. 煤油　　B. 切削油　　C. 乳化液　　D. 柴油

27. 精车刀修光刃的长度和进给量相比是____。

A. 大　　B. 相等　　C. 小　　D. 不确定

28. 混合编程的程序段是____。

A. G00　X100　Z200　F300；　　B. G01　X－10　Z－20　F30；

C. G02　U－10　W－5　R30；　　D. G03　X5　W－10　R30　F500；

29. 车孔时，如果车孔刀已经磨损，刀杆振动，车出的孔____。

A. 圆柱度超差　　B. 表面粗糙度大　　C. 圆度超差　　D. 尺寸精度低

30. CNC 系统主要由____。

A. 计算机和接口电路组成　　B. 计算机和控制系统软件组成

C. 接口电路和伺服系统组成　　D. 控制系统硬件和软件组成

31. 表面粗糙度对零件使用性能的影响不包括____。

A. 对配合性质的影响　　B. 对摩擦、磨损的影响

C. 对零件耐蚀性的影响　　D. 对零件塑性的影响

32. 计算机集成制造系统（CIMS）最基础的部分是____的集成。

A. CAD/CAPP　　B. CAD/CAM　　C. CAPP/CAM　　D. CAPP/CNC

33. 在切削塑性较大的金属材料时会形成____切屑。

A. 带状　　B. 挤裂　　C. 粒状　　D. 崩碎

34. GSK980 系统中，子程序结束指令 M99 可以和____处于同一程序段中。

A. M98　SI　　B. G00　X100　　C. M05　M09　　D. M09　M05

35. 相对编程是指____。

A. 相对于加工起点位置进行编程　　B. 相对于下一点的位置编程

C. 相对于前一位置进行编程　　D. 以方向正负进行编程

36. 车床数控系统中，用____指令进行恒线速控制。

A. “G00　S__；”　B. “G01　F__；”　C. “G96　S__；”　D. “G98　S__；”

37. 刀具容易产生积屑瘤的切削速度大致是在____范围内。
A. 低速 B. 中速 C. 高速 D. 中高速
38. 滚动导轨确定滚动体的直径 d 和数量 z 时，通常应优先选用____。
A. 较多的 z B. 较少的 z C. 较小的 d D. 较大的 d
39. 数字积分插补法的插补误差____。
A. 总是小于 1 个脉冲当量 B. 总是等于 1 个脉冲当量
C. 总是大于 1 个脉冲当星 D. 有时可能大于 1 个脉冲当量
40. 两个具有相同栅距的透射光栅叠在一起，刻线夹角越大，莫尔条纹间距____。
A. 越大 B. 越小 C. 不变 D. 不定
41. 光滑极限量规是一种间接量具，适用于____时使用的一种专用量具。
A. 单件生产 B. 多品种生产 C. 成批生产 D. 特殊品种生产
42. 卡盘与车床主轴的连接方法通常有____种。
A. 一 B. 二 C. 三 D. 四
43. 在机床上，为实现对笼型异步电动机的连续速度调节，常采用____。
A. 转子回路中串电阻法 B. 改变电源频率法
C. 调节定子电压法 D. 改变定子绕组极对数法
44. 数控机床位置精度的主要评定项目有____。
A. 四项 B. 三项 C. 二项 D. 一项
45. Q235AF 中的 A 表示____。
A. 高级优质钢 B. 优质钢 C. 质量等级 D. 工具钢
46. AC 控制是指____。
A. 闭环控制 B. 半闭环控制 C. 群控系统 D. 适应控制
47. 辅助功能 M03 代码表示____。
A. 程序停止 B. 切削液开 C. 主轴停止 D. 主轴顺时针方向转动
48. ____液压缸是用得最广泛的一种液压缸。
A. 柱塞式 B. 活塞式 C. 回转式 D. 摆动式
49. 不锈钢 12Cr13 的平均铬质量分数为____%。
A. 13 B. 1.3 C. 0.13 D. 0.013
50. 40Cr 钢的平均碳质量分数为____%。
A. 0.04 B. 0.4 C. 4.0 D. 40
51. T 功能是____。
A. 准备功能 B. 辅助功能 C. 换刀功能 D. 主轴转速功能
52. 下列 M 指令中，____指令表示暂停。
A. M12 B. M02 C. M20 D. M27
53. 一般经济型数控车床 Z 方向的脉冲当量为____ mm。
A. 0.05 B. 0.01 C. 0.1 D. 0.001
54. “N80 G27 M02”这一条程序段中，有____个地址字。
A. 一 B. 二 C. 三 D. 四
55. 影响开环伺服系统定位精度的主要因素是____
A. 插补误差 B. 传动元件的传动误差

C. 检测元件的检测精度　　　　　　　　D. 机构热变形

56. 滚动导轨重复定位误差可达____。

A. 0.02mm　　B. 0.002mm　　C. 0.2mm　　D. 0.02μm

57. 车床电气控制电路不要求____。

A. 必须有过载、短路、欠电压、失压保护

B. 主电动机起动、停止采用按钮操作

C. 工作时必须起动冷却泵电动机

D. 具有安全的局部照明装置

58. ____可以加工圆柱体、圆锥体等各种回转表面的物体、螺纹以及各种盘类工件，并进行钻孔、扩孔、镗孔等加工。

A. 数控铣床　　B. 数控磨床　　C. 数控车床　　D. 立式加工中心

59. 脉冲当量是____。

A. 相对于每一脉冲信号，传动丝杠所转过的角度

B. 相对于每一脉冲信号，步进电动机所回转的角度

C. 脉冲当量乘以进给传动机构的传动比就是机床部件的位移量

D. 对于每一脉冲信号，机床运动部件的位移量

60. 基本偏差代号____。

A. H 代表基准孔　　　　　　　　B. H 代表基准轴

C. h 代表基准孔　　　　　　　　D. H、h 都不代表基准孔、轴

得　分	
评分人	

二、判断题（第 61 ~ 100 题。将判断结果填入括号中。正确的填“√”，错误的填“×”。每题 1 分，满分 40 分。）

（　　）61. 为了节约时间，机床在水平调整时，可以先调整好一个方向，然后进行下一个方向的调整。

（　　）62. 代号为 BYG 的步进电动机表示磁阻式。

（　　）63. 相对于固定的坐标原点给出的刀具或车床运动位置的坐标值称绝对坐标。

（　　）64. 车圆锥时产生双曲线误差的主要原因是刀尖没有对准工件回转轴线。

（　　）65. 精车时，为了减小工件表面粗糙度值，车刀的刃倾角应取负值。

（　　）66. 车削脆性材料时，车刀应选择较大的前角。

（　　）67. 逆时针圆弧插补指令是 G03。

（　　）68. M02 表示程序结束。

（　　）69. P 类硬质合金车刀适于加工长切屑的黑色金属。

（　　）70. 正火是将钢件加热到临界温度以上 30 ~ 50℃，保温一段时间，然后再缓慢地冷却下来。

（　　）71. 在数控车床上加工螺纹时，由于机床伺服系统本身具有滞后特性，会在螺纹起始段和停止段不发生螺距不规则现象，所以实际加工螺纹的长度应包括切入和切出的刀具空行程量。

( ) 72. 滚珠丝杠副按照使用范围及要求分为六个等级精度，其中 C 级精度最高。

( ) 73. 数控机床的伺服系统由伺服驱动和伺服执行两个部分组成。

( ) 74. 为防止工件变形，夹紧部位要与支承件对应，尽可能不在悬空处夹紧。

( ) 75. 微处理器是 CNC 系统的核心，主要由运算器和控制器两大部分组成。

( ) 76. 切削液的主要作用是冷却和润滑。

( ) 77. 粗车时的切削抗力小于精车时的切削抗力。

( ) 78. G00 指令的移动速度受 S 字段值的控制。

( ) 79. 刃倾角是主切削刃与基面之间的夹角。

( ) 80. 切断刀的前角大，则切断工件时容易产生扎刀现象。

( ) 81. 数控机床伺服系统将数控装置的脉冲信号转换成机床移动部件的运动。

( ) 82. 尺寸链封闭环的基本尺寸，是其他各组成环基本尺寸的代数差。

( ) 83. 示教编程功能实质为模拟编程。

( ) 84. 工件坐标系上确定工件轮廓而进行编程计算的原点为工件坐标系原点。

( ) 85. 数控加工的夹具应尽量采用机械、电动、气动方式。

( ) 86. 逆时针圆弧插补指令是 G02。

( ) 87. 数控车床的刀具大多数采用焊接式刀片。

( ) 88. 在同一条螺线上，中径上的螺纹升角小于大径上的螺纹升角。

( ) 89. 调质的目的是提高材料的硬度和耐磨性。

( ) 90. 所谓前刀面磨损就是形成月牙洼的磨损，一般是在切削速度较高、切削厚度较大的情况下，加工塑性金属材料时引起的。

( ) 91. 数控车床一般使用标准的机夹可转位刀具。

( ) 92. 液压传动中，动力元件是液压泵，执行元件是液压缸，控制元件是油箱。

( ) 93. 恒线速控制的原理是当工件的直径越大，进给速度越慢。

( ) 94. 步进电动机在半闭环数控系统中获得广泛应用。

( ) 95. CIMS 是指计算机集成制造系统，CAPP 是计算机辅助工艺设计。

( ) 96. 切削速度越高，则切屑带走的热量比例越高，因此要减少工件热变形，采用高速切削为好。

( ) 97. 车削加工中，主轴转速应根据允许的切削速度和工件的直径来选择。

( ) 98. 轮廓加工中，在接近拐角处应适当降低进给量，以克服“超程”或“欠程”现象。

( ) 99. 在数控机床上加工时切削用量的选择原则是：保证加工精度和表面粗糙度，充分发挥刀具切削性能，提高生产率。

( ) 100. 脆性材料因易崩碎，故可以大进给量切削。

模拟二 中级应知考核模拟试题二

注 意 事 项

1. 本试卷依据《数控车工》国家职业标准命制，考试时间：60 分钟。
2. 请在试卷标封处填写姓名、准考证号和所在单位的名称。

3. 请仔细阅读答题要求，在规定位置填写答案。

	一	二	总　分
得　分			

得　分	
评分人	

一、单项选择题（第1～60题。选择一个正确的答案，将相应的字母填入题内的横线中。每题1分，满分60分。）

1. 数控机床几乎所有的辅助功能都通过____来控制。

A. 继电器　B. 主计算机　C. G代码　D. PLC

2. ϕ30H7/k6属于____配合。

A. 间隙　B. 过盈　C. 过渡　D. 滑动

3. FMS是指____。

A. 直接数控系统　B. 自动化工厂　C. 柔性制造系统　D. 计算机集成制造系统

4. 已加工表面产生加工硬化后，硬化层的硬度与工件硬度相比____。

A. 低　B. 高　C. 一样　D. 不确定

5. 量块按精度等级检查后的实际偏差为____。

A. 系统误差　B. 随机误差　C. 粗大误差　D. 加工误差

6. 适应控制机床是一种能随着加工过程中切削条件的变化，自动地调整____，实现加工过程最优化的自动控制机床。

A. 主轴转速　B. 切削用量　C. 切削过程　D. 进给用量

7. 光滑极限量规是一种间接量具，是适用于____的一种专用量具。

A. 单件生产　B. 多品种生产　C. 成批生产　D. 小量生产

8. 机床精度指数可衡量机床精度，机床精度指数____，机床精度高。

A. 大　B. 小　C. 无变化　D. 为零

9. 在逐点比较插补法中，反映刀具偏离所加工曲线情况的是____。

A. 偏差函数　B. 被积函数　C. 积分函数　D. 插补函数

10. 车削钢材的刀具材料，应选择____硬质合金。

A. YG3　B. YG8　C. YT15　D. YG5

11. 刀具切削过程中产生积屑瘤后，刀具的实际前角____。

A. 增大　B. 减小　C. 一样　D. 不确定

12. ____指令是控制机床“开—关”功能的指令，主要用于完成加工操作时的辅助动作。

A. S　B. M　C. G　D. T

13. 符合着装整洁文明生产的是____。

A. 随便着衣　B. 未执行规章制度　C. 在工作中吸烟　D. 遵守安全技术操作规程

14. 设计滚动导轨过程中确定滚动体的直径 d 和数量 z 时，通常应优先选用____。

A. 较多的 z　B. 较少的 z　C. 较小的 d　D. 较大的 d

15. 俯视图反映物体的____的相对位置关系。

A. 上下和左右 B. 前后和左右 C. 前后和上下 D. 以上都不是

16. 下列说法正确的是____

A. 画局部放大图时应在视图上用粗实线圈出被放大部分

B. 局部放大图不能画成剖视图或剖面图

C. 回转体零件上的平面可用两相交的细实线表示

D. 将机件的肋板剖开时，必须画出剖面线

17. 具有互换性的零件应是____。

A. 相同规格的零件 B. 不同规格的零件

C. 相互配合的零件 D. 形状和尺寸完全相同的零件

18. 工件源程序是____。

A. 用数控语言编写的程序 B. 由后置信息处理产生的加工程序

C. 计算机的编译程序 D. 用计算机汇编语言编写的程序

19. 测量车刀时设想的三个辅助平面，即切削平面、基面、主截面是相互____。

A. 垂直的 B. 平行的 C. 倾斜的 D. 变化的

20. 车刀的副偏角能影响工件的____。

A. 尺寸精度 B. 形状精度 C. 表面粗糙度值 D. 散热情况

21. 修改间隙补偿值是____。

A. 改变刀偏值 B. 改变工件尺寸值

C. 补偿正反向误差值 D. 长度补偿

22. 机床坐标系原点是确定____的基准。

A. 固定原点 B. 浮动原点 C. 工件原点 D. 程序原点

23. 实际偏差是____。

A. 设计时给定的 B. 直接测量得到的

C. 通过测量、计算得到的 D. 上极限尺寸与下极限尺寸之代数差

24. 滚珠丝杠副的基本导程 *Ph* 减小，可以____。

A. 提高精度 B. 提高承载能力 C. 提高传动效率 D. 加大螺旋升角

25. 毛坯制造时，如果____，应尽量利用精密铸造、精锻、冷挤压等新工艺，使切削余量大大减少，从而可缩短加工的机动时间。

A. 属于维修件 B. 批量较大 C. 在研制阶段 D. 要加工样品

26. 在中断型系统软件结构中，各种功能程序被安排成优先级别不同的中断服务程序。下列程序中被安排成最高级别的应是____。

A. CRT 显示 B. 伺服系统位置控制

C. 插补运算及转段处理 D. 译码、刀具中心轨迹计算

27. 用圆锥量规测量圆锥大、小直径时，工件端面____。

A. 对准外刻线 B. 对准内刻线

C. 在内、外刻线之间 D. 在外刻线左边

28. 基本偏差代号____。

A. H 代表基准孔 B. H 代表基准轴

C. h 代表基准孔　　D. H、h 都不代表基准孔、轴

29. 一般划线精度只能达到____ mm。

A. 0.05～0.1　　B. 0.1～0.2　　C. 0.25～0.5　　D. 0.5～1.0

30. 对于配合精度要求较高的圆锥工件，在工厂中一般采用____检验。

A. 角度样板　　B. 游标万能角度尺　　C. 圆锥量规涂色　　D. 其他量具

31. 在 FANUC 数控系统中，相对坐标和绝对坐标混合编程时，同一程序段中可以同时出现____。

A. X、U　　B. Z、W　　C. U、Z 或 X、W　　D. 以上都不对

32. 子程序结束指令是____。

A. M02　　B. M97　　C. M98　　D. M99

33. 切断时，防止产生振动的措施是____。

A. 增大前角　　B. 减小前角　　C. 减小进给量　　D. 提高切削速度

34. FANUC 数控系统中，顺/逆时针圆弧切削指令是____。

A. G00/G01　　B. G02/G03　　C. G01/G00　　D. G03/G02

35. FANUC 数控系统车床可以控制____个坐标轴。

A. 一　　B. 二　　C. 三　　D. 四

36. 制造较高精度、切削刃形状复杂并用于切削钢材的刀具其材料选用____。

A. 碳素钢　　B. 高速工具钢　　C. 硬质合金　　D. 立方氮化硼

37. 刀具容易产生积屑瘤的切削速度大致是在____范围内。

A. 低速　　B. 中速　　C. 高速　　D. 不确定

38. 切断刀由于受刀头强度的限制，副后角值____。

A. 较大　　B. 一般　　C. 较小　　D. 不确定

39. 减小____可以细化工件的表面粗糙度。

A. 主偏角　　B. 副偏角　　C. 刃倾角　　D. 后角

40. 在 FANUC 数控系统中，F 指令指的是____。

A. 系统坐标偏置　　B. 刀具偏置

C. 系统坐标偏置和刀具偏置　　D. 进给率

41. FANUC 数控系统中，下列的 G 代码指令中属于轮廓切削循环指令的是____。

A. G11　　B. G20　　C. G73　　D. G91

42. 标准公差共分____个等级。

A. 12　　B. 18　　C. 20　　D. 16

43. 在 M20×2-7g6g 中，7g 表示____公差带代号，6g 表示顶径公差带代号。

A. 大径　　B. 小径　　C. 中径　　D. 多线螺纹

44. 偏刀一般是指主偏角____90°的车刀。

A. 大于　　B. 等于　　C. 小于　　D. 以上都错

45. G04 在数控系统中代表____。

A. 车螺纹　　B. 暂停　　C. 快速移动外　　D. 外圆循环

46. 用卡盘装夹悬臂较长的轴，容易产生____误差。

A. 圆度　　B. 圆柱度　　C. 母线直线度　　D. 同轴度

47. 由外圆向中心进给车端面时，切削速度____。
A. 不变　B. 由高到低　C. 由低到高　D. 匀减速
48. 在车床上钻孔时，钻出的孔径偏大的主要原因是钻头的____。
A. 后角太大　B. 两主切削刃长不等
C. 横刃太长　D. 直径不标准
49. 数控系统中，____组 G 指令是插补（切削进给）指令。
A. G00、G28　B. G10、G11　C. G04、G27　D. G01、G03
50. 数控系统中，____组字段（地址）在加工过程中是模态的。
A. G01、F　B. G27、G28　C. G04　D. M02
51. 车削多线螺纹使用圆周法分线时，仅与螺纹____有关。
A. 中径　B. 螺距　C. 导程　D. 线数
52. 普通螺纹牙型角为____。
A. 40°　B. 20°　C. 60°　D. 29°
53. 钻 $\phi3 \sim \phi20$mm 小直径深孔时，应选用____比较适合。
A. 外排屑枪孔钻　B. 高压内排屑深孔钻
C. 喷吸式内排屑深孔钻　D. 麻花钻
54. 电子轮廓仪是属于____量仪的一种测量仪器。
A. 机械　B. 光学　C. 气动　D. 电动
55. 杠杆式卡规是属于____量仪的一种测量仪器。
A. 光学　B. 气动　C. 机械　D. 电动
56. 车圆锥孔时，如果车刀装得不对正中心，这时车出的孔的素线是____。
A. 凸状　B. 凹状　C. 凸状双曲线　D. 凹状双曲线
57. 减少已加工表面残留面积高度的措施是增大刀尖圆弧半径，减小____。
A. 切削速度　B. 切削深度
C. 主偏角和副偏角　D. 主偏角
58. 属于辅助时间范围的是____时间。
A. 进给切削　B. 测量和检验工件
C. 工人喝水和上厕所　D. 领取和熟悉产品图样
59. 电解加工____。
A. 生产率较低　B. 表面质量较差
C. 精度不太高　D. 工具电极损耗大
60. 数控机床的控制核心是____。
A. 主机　B. 控制部分　C. 驱动装置　D. 辅助装置

得　分	
评分人	

二、判断题（第 61 ~ 100 题。将判断结果填入括号中。正确的填“√”，错误的填“×”。每题 1 分，满分 40 分。）

(　　) 61. 数控车床使用较长时间后，应定期检查机械间隙。

（　　）62. 加工螺纹时为提高效率，在刀具安全条件下，主轴转速越大越好。
（　　）63. 圆弧车刀具有宽刃切削性质，能使精车余量相当均匀，改善切削性能。
（　　）64. 为保证工件不会飞出，电动卡盘夹得越紧越好。
（　　）65. 轴用量规的止规是检验轴的下极限尺寸。
（　　）66. 考虑经济性时，只要能满足使用的基本要求就应选用普通球轴承。
（　　）67. 基准不重合和基准位置变动的误差，会造成定位误差。
（　　）68. 用单动卡盘夹持棒料，夹持部位较长时，可限制工件四个自由度。
（　　）69. 使用自定心卡盘或单动卡盘装夹工件时，可限制工件的三个方向的移动。
（　　）70. 铸件的壁厚相差太大，毛坯内部产生的内应力也越大，应当采用人工时效的方法来加以消除，然后才能进行切削加工。
（　　）71. 数控机床的伺服系统由伺服驱动和伺服执行两个部分组成。
（　　）72. 为防止工件变形，夹紧部位要与支承件对应，尽可能不在悬空处夹紧。
（　　）73. 数控机床伺服系统将数控装置的脉冲信号转换成机床移动部件的运动。
（　　）74. 难加工材料主要是指切削加工性差的材料，不一定简单地从力学性能上来区分。例如在难加工材料中，有硬度高的材料，也有硬度低的材料。
（　　）75. 加工中心和数控车床因能自动换刀，在其加工程序中可以编入几把刀具，而数控铣床因不能自动换刀，其加工程序只能编入一把刀具。
（　　）76. 硬质合金是一种耐磨性好、耐热性高、抗弯强度和冲击韧度较高的刀具材料。
（　　）77. 所谓前面磨损就是形成月牙洼的磨损，一般是在切削速度较高、切削厚度较大的情况下加工塑性金属材料时引起的。
（　　）78. 车削时的进给量为工件沿刀具进给方向的相对位移。
（　　）79. 粗车时的切削抗力小于精车时的切削抗力。
（　　）80. 机床的操作、调整和修理应由有经验或受过专门训练的人员进行。
（　　）81. 液压传动系统在工作时，必须依靠油液内部的压力来传递运动。
（　　）82. 双作用叶片泵转子每转一周，每个密封容积就完成两次吸油和压油。
（　　）83. 流量控制阀节流口的水力半径小，受油温的影响小。
（　　）84. 熔断器中熔体是由易熔金属铝、锡、铜、银及其合金制成的。
（　　）85. 操作人员若发现电动机或电器有异常时，应立即停机修理，然后再报告值班电工。
（　　）86. 混合式步进电动机具有机械式阻尼器。
（　　）87. 数控车床上使用的回转刀架是一种最简单的自动换刀装置。
（　　）88. 数控车床能加工轮廓形状特别复杂或难于控制尺寸的回转体。
（　　）89. 步进电动机在输入一个脉冲时所转过的角度称为步距角。
（　　）90. G96 指令定义为恒线速切削指令。
（　　）91. 数控机床所加工的轮廓与所采用程序有关，而与所选用的刀具无关。
（　　）92. 数控机床既可以自动加工，也可以手动加工。
（　　）93. 数控机床上可用米制螺纹指令加工寸制螺纹，也可用寸制螺纹指令加工米制纹。

（　　）94. 数控机床的加工精度比普通机床高，是因为数控机床的传动链较普通机床的传动链长。

（　　）95. 数控机床的插补过程实际上是用微小的直线段来逼近曲线的过程。

（　　）96. 硬质合金刀具在切削过程中，可随时加注切削液。

（　　）97. 表面热处理就是通过改变钢材表面化学成分，从而改变钢材表面的性能的工艺。

（　　）98. 某一零件的实际尺寸正好等于其公称尺寸，则这个零件一定合格。

（　　）99. 为了适应数控机床自动化加工的需要，并不断提高产品的加工质量和生产率，应大力推广使用模块化和标准化刀具。

（　　）100. 工作前按规定穿戴好防护用品，袖口应扎紧，不准围围巾，不准戴手套。女工发辫应挽在帽里。

模拟三　中级应知考核模拟试题三

注 意 事 项

1. 本试卷依据《数控车工》国家职业标准命制，考试时间：60 分钟。
2. 请在试卷标封处填写姓名、准考证号和所在单位的名称。
3. 请仔细阅读答题要求，在规定位置填写答案。

	一	二	总　分
得　分			

得　分	
评分人	

一、单项选择题（第 1 ~ 60 题。选择一个正确的答案，将相应的字母填入题内的横线中。每题 1 分，满分 60 分。）

1. 普通螺纹的牙顶应为____形。

A. 圆弧　　B. 尖　　C. 削平　　D. 凹面

2. 梯形螺纹测量一般是用三针测量法测量螺纹的____。

A. 大径　　B. 中径　　C. 底径　　D. 小径

3. 职业道德体现了____。

A. 从业者对所从事职业的态度　　B. 从业者的工资收入

C. 从业者享有的权利　　D. 从业者的工作计划

4. 轴向直廓蜗杆在垂直于轴线的截面内齿形是____。

A. 延长渐开线　　B. 渐开线

C. 螺旋线　　D. 阿基米德螺旋线

5. 计算 M24 ×2 螺纹牙型各部分尺寸时，应以____代入计算。

A. 螺距　　B. 导程　　C. 线数　　D. 中径

6. 左视图反映物体的____的相对位置关系。

A. 上下和左右　　B. 前后和左右　　C. 前后和上下　　D. 以上都不是

7. 一般用硬质合金车刀粗车碳素钢时，磨损量 $VB=$____。

A. 0.6～0.8mm　　B. 0.8～1.2mm　　C. 0.1～0.3mm　　D. 0.3～0.5mm

8. 保证工件在夹具中占有正确的位置是____装置。

A. 定位　　B. 夹紧　　C. 辅助　　D. 车床

9. 体现定位基准的表面称为____。

A. 定位面　　B. 定位基面　　C. 基准面　　D. 夹具体

10. 设计夹具时，定位元件的公差应不大于工件____的公差。

A. 主要定位基准面　　B. 加工表面　　C. 未加工表面　　D. 已加工表面

11. 车削细长轴时，要使用中心架和跟刀架来增大工件的____。

A. 刚性　　B. 韧性　　C. 强度　　D. 硬度

12. 退火、正火一般安排在____之后。

A. 毛坯制造　　B. 粗加工　　C. 半精加工　　D. 精加工

13. 具有互换性的零件应是____。

A. 相同规格的零件　　B. 不同规格的零件

C. 相互配合的零件　　D. 形状和尺寸完全相同的零件

14. C620-1 型车床溜板箱内脱落蜗杆机构的作用主要是____时起保护作用。

A. 电动机过载　　B. 自动起刀　　C. 车螺旋　　D. 车外圆

15. 车床纵向溜板移动方向与被加工丝杠轴线在____的平行度误差对工件螺距影响最大。

A. 水平方向　　B. 垂直方向　　C. 任何方向　　D. 切深方向

16. 提高劳动生产率的措施，必须以保证产品____为前提，以提高经济效率为中心。

A. 数量　　B. 质量　　C. 经济效益　　D. 美观

17. 在 M20-6H/6g 中，6H 表示内螺纹公差代号，6g 表示____公差带代号。

A. 大径　　B. 小径　　C. 中径　　D. 外螺纹

18. 砂带磨削时的金属切除率与压力成____，一般地说，粗加工应施较____压力，精加工时宜施较____压力。

A. 正比　小　大　　B. 正比　大　小　　C. 反比　小　大　　D. 反比　大　小

19. 用细粒度的磨具对工件施加很小的压力，并作往复振动和慢速纵向进给运动，以实现微磨削的加工方法称为____。

A. 超精加工　　B. 珩磨　　C. 研磨　　D. 抛光

20. 一带有键槽的传动轴，使用 45 钢并需淬火处理，外圆表面粗糙度值要求达到 $Ra0.8\mu m$，尺寸公差等级要求达到 IT7，其加工工艺可为____。

A. 粗车→铣→磨→热处理　　B. 粗车→精车→铣→热处理→粗磨→精磨

C. 车→热处理→磨→铣　　D. 车→磨→铣→热处理

21. 麻花钻顶角越小，则轴向力越小。刀尖角增大有利于____。

A. 切削液进入　　B. 排屑

C. 散热和提高钻头寿命　　D. 减少表面粗糙度

22. MDI 方式下，可以____。
A. 通过操作面板输入一段指令并执行该程序段
B. 完整地执行当前程序号和程序段
C. 按手动键操作机床
D. 对加工程序进行编辑

23. 在高温下能够保持刀具材料切削性能的能力称为____。
A. 硬度　B. 耐热性　C. 耐磨性　D. 强度和韧性

24. 硬质合金的耐热温度为____℃。
A. 300～400　B. 500～600　C. 800～1000　D. 1100～1300

25. 不属于普通热处理的是____。
A. 退火　B. 正火　C. 淬火　D. 化学热处理

26. 在短时间内以较高速度作用于零件的载荷称为____载荷。
A. 静　B. 冲击　C. 交变　D. 动

27. 在保持一定刀具寿命条件下，硬质合金刀具的主偏角在____处最佳，主偏角太大或太小都会使刀具寿命降低。
A. 30°　B. 45°　C. 60°　D. 90°

28. 天然橡胶不具有____的特性。
A. 耐高温　B. 耐磨　C. 抗撕　D. 加工性能良好

29. 精加工时，应取较大的后角；____加工时，应取较小的后角。
A. 粗　B. 半精　C. 精　D. 粗、精

30. 在公差带图中，一般取靠近零线的那个偏差为____。
A. 上极限偏差　B. 下极限偏差　C. 基本偏差　D. 标准公差

31. 加工程序结束之前必须使系统（刀尖位置）返回到____。
A. 加工原点　B. 工件坐标系原点
C. 机械原点　D. 机床坐标系原点

32. 相对坐标也称____。
A. 绝对坐标　B. 增量坐标　C. 直径坐标　D. 半径坐标

33. 在花盘角铁上车削精度要求高的工件时，它的定位基准面应经过____。
A. 粗铣　B. 平磨和精刮　C. 刨　D. 车

34. 前、后两顶尖装夹车外圆的特点是____。
A. 精度高　B. 刚性好　C. 可大切削量切削　D. 安全性好

35. 刀补也称____。
A. 刀具半径补偿　B. 刀具长度补偿　C. 刀位偏差　D. 以上都不是

36. 基准刀的刀补一般可设置为____。
A. （X0，Z0）　B. （X－10，Z0）　C. （X0，Z－10）　D. （X10，Z10）

37. 单段停指示灯亮，表示程序____。
A. 连续运行　B. 单段运行　C. 跳段运行　D. 以上都不是

38. 键盘上“ENTER”键是____键。
A. 参数　B. 回车　C. 命令　D. 退出

39. 下列属于编辑菜单的是____。

A. AUTO　　B. EDIT　　C. BLANK　　D. JOG

40. 减小工件表面粗糙度值的方法主要有____。

A. 增大背吃刀量　　B. 选用合适的刀具和切削用量

C. 调整电压和操纵杆间隙　　D. 校正工件和调整大滑板

41. 数控机床利用插补功能加工的零件表面粗糙度值要比普通机床加工同样零件表面粗糙度值____。

A. 大　　B. 相同　　C. 小　　D. 不能确定

42. 辅助功能中表示无条件程序暂停的指令是____。

A. M00　　B. M01　　C. M02　　D. M30

43. 数控机床与普通机床的主机最大不同是数控机床的主机采用____。

A. 数控装置　　B. 滚动导轨　　C. 滚珠丝杠　　D. 主轴箱

44. 数控机床加工依赖于各种____。

A. 位置数据　　B. 模拟量信息　　C. 准备功能　　D. 数字化信息

45. 步进电动机的转速是通过改变电动机的____而实现。

A. 脉冲频率　　B. 脉冲速度　　C. 通电顺序　　D. 脉冲大小

46. 圆弧插补指令“G03 X __ Y __ R __;”中，X、Y 后的值表示圆弧的____。

A. 起点坐标值　　B. 终点坐标值

C. 圆心坐标相对于起点的值　　D. 圆心坐标

47. 数控机床进给系统减少摩擦阻力和动、静摩擦力之差，是为了提高数控机床进给系统的____。

A. 传动精度　　B. 运动精度和刚度

C. 快速响应性能和运动精度　　D. 定位精度

48. 采用经济型数控系统的机床不具有的特点是____。

A. 采用步进电动机伺服系统　　B. CPU 可采用单片机

C. 只配备必要的数控系统　　D. 必须采用闭环控制系统

49. 如果圆弧是一个封闭整圆，要求由 A（20，0）点逆时针圆弧插补并返回 A 点，其程序段格式为____。

A. G91　G03　X20　Y0　I－20　J0　F100

B. G90　G03　X20　Y0　I－20　J0　F100

C. G91　G03　X20　Y0　R－20　F100

D. G90　G03　X20　Y0　I20　J0　F100

50. 滚珠丝杠副消除轴向间隙的目的主要是____。

A. 提高反向传动精度　　B. 增大驱动力矩

C. 减少摩擦力矩　　D. 提高使用寿命

51. 闭环系统比开环系统及半闭环系统____。

A. 稳定性好　　B. 故障率低　　C. 精度低　　D. 精度高

52. 数控车床液压系统中的液压马达是液压系统的____。

A. 执行元件　　B. 控制元件　　C. 操纵元件　　D. 动力源

53. 滚珠丝杠副的基本导程 Ph 减小，可以____。

A. 提高精度　B. 提高承载能力　C. 提高传动效率　D. 加大螺旋升角

54. 在数控机床上安装工件，当工件批量较大时，应尽量采用____夹具。

A. 组合夹具　B. 手动夹具　C. 专用夹具　D. 通用夹具

55. 用____方法制成齿轮较为理想。

A. 由厚钢板切出圆饼再加工成齿轮　B. 由粗钢棒切下圆饼加工成齿轮

C. 由圆棒锻成圆饼再加工成齿轮　D. 先砂型铸出毛坯再加工成齿轮

56. CNC 系统常用软件插补方法中，有一种是数据采样法，计算机执行插补程序输出的是数据而不是脉冲，这种方法适用于____。

A. 开环控制系统　B. 闭环控制系统　C. 点位控制系统　D. 连续控制系统

57. 交、直流伺服电动机和普通交、直流电动机的____

A. 工作原理及结构完全相同　B. 工作原理相同，但结构不同

C. 工作原理不同，但结构相同　D. 工作原理及结构完全不同

58. 选择刀具起始点时应考虑____。

A. 防止与工件或夹具干涉碰撞　B. 方便工件安装测量

C. 每把刀具刀尖在起始点重合　D. 必须选在工件外侧

59. 准备功能 G90 表示的功能是____。

A. 预备功能　B. 固定循环　C. 绝对编程　D. 增量编程

60. 程序段“G90 X52 Z－100 F0.3；”中，“X52 Z－100”的含义是____。

A. 车削 100mm 长的圆锥　B. 车削 100mm 长，大端直径 52mm 的圆锥

C. 外圆终点坐标为（52，－100）　D. 车削 100mm 长，小端直径 48mm 的圆锥

得　分	
评分人	

二、判断题（第 61 ~ 100 题。将判断结果填入括号中。正确的填“√”，错误的填“×”。每题 1 分，满分 40 分。）

(　　) 61. 数控机床伺服系统将数控装置的脉冲信号转换成机床移动部件的运动。

(　　) 62. 难加工材料主要是指切削加工性差的材料，不一定简单地从力学性能上来区分。如在难加工材料中，有硬度高的，也有硬度低的。

(　　) 63. 加工中心和数控车床因能自动换刀，在其加工程序中可以编入几把刀具，而数控铣床因不能自动换刀，其加工程序只能编入一把刀具。

(　　) 64. 在数控机床上加工零件，应尽量选用组合夹具和通用夹具装夹工件，避免采用专用夹具。

(　　) 65. 为保证所加工零件尺寸在公差范围内，应按照零件的名义尺寸进行编程。

(　　) 66. 数控机床所加工的轮廓，只与所采用程序有关，而与所选用的刀具无关。

(　　) 67. 数控机床既可以自动加工，也可以手动加工。

(　　) 68. 数控机床上可用米制螺纹指令加工寸制螺纹，也可用寸制螺纹指令加工米制螺纹。

（　　）69. 数控机床的加工精度比普通机床高，是因为数控机床的传动链较普通机床的传动链长。

（　　）70. 数控机床的插补过程，实际上是用微小的直线段来逼近曲线的过程。

（　　）71. 在同一个程序里，既可以用绝对值编程，又可以用增量值编程。

（　　）72. 参考点是机床上的一个固定点，与加工程序无关。

（　　）73. 检测装置是数控机床必不可少的装置。

（　　）74. 对于任何曲线，既可以按实际轮廓编程，应用刀具补偿加工出所需要的廓形，也可以按刀具中心轨道编程加工出所需要的廓形。

（　　）75. 硬质合金是一种耐磨性好、耐热性高、抗弯强度和冲击韧性较高的一种刀具材料。

（　　）76. 所谓前面磨损就是形成月牙洼的磨损，一般是在切削速度较高、切削厚度较大的情况下加工塑性金属材料时引起的。

（　　）77. 车削时的进给量为工件沿刀具进给方向的相对位移。

（　　）78. 外圆车刀的卷屑槽一般在主后面上。

（　　）79. 自定心卡盘装夹工件时，限制了工件所有的自由度。

（　　）80. 在机械工业中最高水平的生产形式为 CNC。

（　　）81. P 类硬质合金车刀适于加工长切屑的黑色金属。

（　　）82. 在 FANUC 系统中，圆弧插补指令为 G00/G01。

（　　）83. V 带传递功率的能力，A 型带最小，O 型带最大。

（　　）84. 只要将交流电通入三相异步电动机定子绕组，就能产生旋转磁场。

（　　）85. 高碳钢的质量优于中碳钢，中碳钢的质量优于低碳钢。

（　　）86. 零件上的毛坯表面都可以作为定位时的精基准。

（　　）87. 凡已加工过的零件表面都可以作为定位时的精基准。

（　　）88. 在定位中只要能限制工件的六个自由度，就可以达到完全定位的目的。

（　　）89. 车削轴类零件时，如果车床刚性差，滑板镶条太松，传动零件不平衡，在车削过程中会引起振动，使工件尺寸精度达不到要求。

（　　）90. 铸件的壁厚相差太大，毛坯内部产生的内应力也越大，应当采用人工时效的方法来加以消除，然后才能进行切削加工。

（　　）91. 机床导轨是数控机床的重要部件。

（　　）92. 切断刀的特点是主切削刃较窄。

（　　）93. 尺寸链封闭环的基本尺寸，是其他各组成环基本尺寸的代数差。

（　　）94. 工件以其已加工平面在夹具的四个支承块上定位，属于四点定位。

（　　）95. 机床的操作、调整和修理应由有经验或受过专门训练的人员进行。

（　　）96. 数控加工中，程序调试的目的：一是检查所编程序是否正确，二是把编程零点、加工零点和机床零点相统一。

（　　）97. 用游标卡尺可测量毛坯件尺寸。

（　　）98. 8031 与 8751 单片机的主要区别是 8031 片内无 RAM。

（　　）99. 坦克的履带板是用硬度很高的高锰奥氏体钢制造的，因此耐用。

（　　）100. 闭环系统比开环系统具有更高的稳定性。

模拟四　中级应知考核模拟试题四

注 意 事 项

1. 本试卷依据《数控车工》国家职业标准命制，考试时间：60 分钟。
2. 请在试卷标封处填写姓名、准考证号和所在单位的名称。
3. 请仔细阅读答题要求，在规定位置填写答案。

	一	二	总　分
得　分			

得　分	
评分人	

一、单项选择题（第 1 ~ 60 题。选择一个正确的答案，将相应的字母填入题内的横线中。每题 1 分，满分 60 分。）

1. 主轴编码器的作用是____。

A. 检测主轴转速　　B. 攻螺纹用　　C. 控制准停　　D. 以上都对

2. 錾削时，当发现锤子的木柄上沾有油时____。

A. 不用管　　B. 应及时擦去

C. 应在木柄上包上布　　D. 应戴上手套

3. 离合器的种类较多，常用的有啮合式离合器、摩擦离合器和____离合器三种。

A. 叶片　　B. 齿轮　　C. 超越　　D. 无级

4. 车削矩形螺纹时常采用的量具有游标卡尺、千分尺、钢直尺、____等。

A. 百分表　　B. 卡钳　　C. 水平仪　　D. 样板

5. 欲加工第一象限的斜线（起始点在坐标原点），用逐点比较法直线插补，若偏差函数大于零，说明加工点在____。

A. 坐标原点　　B. 斜线上方　　C. 斜线下方　　D. 斜线上

6. 刃磨高速钢材料的梯形螺纹精车刀后，应用磨石并添加机油研磨刀具的前、后刀面，直至刃口平直、刀面光洁____为止。

A. 平滑　　B. 无划伤　　C. 无崩刃　　D. 无磨痕

7. 法向直廓蜗杆又称 ZN 蜗杆，这种蜗杆在法向平面内齿形为直线，而在垂直于轴线____的内齿形为延长线渐开线，所以又称延长渐开线蜗杆。

A. 水平面　　B. 基面　　C. 截面　　D. 前面

8. 对数控机床的位置检测装置的功用，下面正确的说法是____。

A. 开环控制的数控机床必须要有检测装置

B. 闭环控制的数控机床必须要有检测装置

C. 测速发电机是测量执行元件的运动转速度，故不属位置检测装置

D. 闭环系统中的定位精度主要取决于机床伺服系统的性能，与检测装置的性能无关

9. 任何一个工件在____前，它在夹具中的位置都是任意的。

A. 夹紧　　B. 定位　　C. 加工　　D. 测量

10. 数控机床在轮廓拐角处产生欠程现象，应采用____方法控制。

A. 提高进给速度　　B. 修改坐标点　　C. 减速或暂停　　D. 更换刀具

11. 绝对编程和增量编程也可在____程序中混合使用，称为混合编程。

A. 同一　　B. 不同　　C. 多个　　D. 主

12. 使用中心架或跟刀架时进行车削时，要注意经常检查支承爪的松紧程度，并进行必要的（　　）。

A. 加工　　B. 调整　　C. 测量　　D. 更换

13. 立式车床在结构布局上的另一个特点是：不仅在____上装有侧刀架，而且在横梁上还装有立刀架。

A. 滑板　　B. 导轨　　C. 立柱　　D. 床身

14. 精磨刀具的主、副后面时，常常用____检验刀尖角。

A. 千分尺　　B. 卡尺　　C. 样板　　D. 钢直尺

15. 车床的主轴箱所使用的齿轮，其精车前通常采用的热处理方法是____。

A. 正火　　B. 淬火　　C. 高频淬火　　D. 表面热处理

16. 齿轮传动是由主动齿轮、从动齿轮和____组成。

A. 其他齿轮　　B. 机架　　C. 带轮　　D. 齿条

17. 所谓联机诊断，是指数控计算机的____。

A. 远程诊断能力　　B. 自诊断能力

C. 脱机诊断能力　　D. 通信诊断能力

18. 适应控制机床是一种能随着加工过程中切削条件的变化，自动地调整____，实现加工过程最优化的自动控制机床。

A. 主轴转速　　B. 切削用量　　C. 切削过程　　D. 进给用量

19. 职业道德是____。

A. 社会主义道德体系的重要组成部分　　B. 保障从业者利益的前提

C. 劳动合同订立的基础　　D. 劳动者的日常行为规则

20. 测量两平行非完整孔的中心距时，可先用内径百分表或杆式内径千分尺直接测出两孔间的最大距离，然后减去两孔实际半径之____，所得的差即为两孔的中心距。

A. 积　　B. 差　　C. 和　　D. 商

21. 程序无误，但在执行时，所有的 X 移动方向对程序原点而言皆相反，下列何种原因最有可能____。

A. 发生警报　　B. X 轴设定资料被修改过

C. 未回归机械原点　　D. 深度补正符号相反

22. 用刀具半径补偿功能时，如刀补设置为负值，刀具轨迹是____。

A. 左补　　B. 右补

C. 不能补偿　　D. 左补变右补，右补变左补

23. 高合金钢是指合金元素总质量分数大于____% 的合金钢。

A. 8　　B. 9　　C. 10　　D. 12

24. 工业企业对环境污染的防治不包括____。

A. 防治大气污染　　B. 防治绿化污染
C. 防治固体废弃物污染　　D. 防治噪声污染

25. 在增量式光电码盘测量系统中，使光栅板的两个夹缝距离比刻线盘两个夹缝之间的距离小于1/4节距，使两个光敏元件的输出信号相差1/2相位，目的是____。
A. 测量被检工作轴的回转角度　　B. 测量被检工作轴的转速
C. 测量被检工作轴的旋转方向　　D. 提高码盘的测量精度

26. 细长轴工件图样中关于键槽画法一般采用____剖视表示。
A. 半　　B. 全　　C. 移出　　D. 剖面

27. 蜗杆半精加工、精加工一般采用两顶尖装夹，是利用____卡盘分线。
A. 分度　　B. 自定心　　C. 专用　　D. 偏心

28. 若未考虑车刀刀尖圆弧半径的补偿值，会影响车削工件的____精度。
A. 外径　　B. 内径　　C. 长度　　D. 锥度及圆弧

29. 通过分析装配图，可以掌握该部件的形体结构，能基本了解____的组成情况，以及各零件的相互位置、传动关系及部件的工作原理，由此可以想象出各主要零件的结构形状。
A. 零部件　　B. 装配体　　C. 位置精度　　D. 相互位置

30. 用百分表测量圆柱时，测量杆应对准____。
A. 圆柱轴中心　　B. 圆柱左端面　　C. 圆柱右端面　　D. 圆柱最下边

31. 闭环控制系统的位置检测装置装在____。
A. 传动丝杠上　　B. 伺服电动机轴上
C. 机床移动部件上　　D. 数控装置中

32. 数控车床的运动量是数控系统直接控制的，运动状态则是由____控制的。
A. 可编程序控制器　　B. 存储器　　C. 插补器　　D. 运算器

33. 偏心轴的结构特点是两轴线平行而（　　）。
A. 重合　　B. 不重合　　C. 倾斜30°　　D. 不相交

34. 数控车床出厂的时候均设定为直径编程，所以在编程时凡与____轴有关的各项尺寸一定要用直径值编程。
A. U　　B. Y　　C. Z　　D. X

35. 关于固定循环编程，以下说法不正确的是____。
A. 固定循环是预先设定好的一系列连续加工动作
B. 利用固定循环编程，可大大缩短程序的长度，减少程序所占内存
C. 利用固定循环编程，可以减少加工时的换刀次数，提高加工效率
D. 固定循环编程可分为单一形状与多重（复合）固定循环两种类型

36. 在使用____灭火器时，要防止冻伤。
A. 二氧化碳　　B. 化学　　C. 机械泡沫　　D. 干粉

37. 在半闭环数控系统中，位置反馈量是____。
A. 进给伺服电动机的转角　　B. 机床的工作台位移
C. 主轴电动机转速　　D. 主轴电动机转角

38. 硬质合金材料的车刀在加工____时，刀具的前角一般选用0°～5°。
A. 碳刚　　B. 白口铸铁　　C. 灰铸铁　　D. 球墨铸铁

39. 数控机床切削精度检验____，对机床精度和定位精度的一项综合检验。

A. 又称静态精度检验，是在切削加工条件下

B. 又称动态精度检验，是在空载条件下

C. 又称动态精度检验，是在切削加工条件下

D. 又称静态精度检验，是在空载条件下

40. 在碳素钢中加入适量的合金元素就形成了____。

A. 硬质合金　　B. 高速钢　　C. 合金工具钢　　D. 碳素工具钢

41. 关于保持工作环境清洁有序，下列叙述不正确的是____。

A. 优化工作环境　　B. 工作结束后再清除油污

C. 随时清除油污和积水　　D. 整洁的工作环境可以振奋职工精神

42. 跟刀架是由____、调整螺钉、支承爪、螺钉、螺母等组成的。

A. 套筒　　B. 弹簧　　C. 顶尖　　D. 架体

43. ____是指材料在高温下能保持其硬度的性能。

A. 硬度　　B. 高温硬度　　C. 耐热性　　D. 耐磨性

44. 高精度或形状特别复杂的箱体在粗加工之后还应安排一次____，以此消除粗加工的残余应力。

A. 淬火　　B. 调质　　C. 正火　　D. 人工时效

45. 高速钢的刀具具有制造简单、刃磨方便、刃口锋利、韧性好和____等优点。

A. 强度高　　B. 耐冲击　　C. 硬度高　　D. 易装夹

46. 用户宏程序就是____。

A. 由准备功能指令编写的子程序，主程序需要时可使用呼叫子程序的方式随时调用

B. 使用宏指令编写的程序，程序中除使用常用准备功能指令外，还使用了用户宏指令实现变量运算、判断、转移等功能

C. 工件加工源程序，通过数控装置运算、判断处理后，转变成工件的加工程序，由主程序随时调用

D. 一种循环程序，可以反复使用许多次

47. 当卡盘本身的精度较高，而装上主轴后径向圆跳动的误差却较大，其主要原因可能是主轴____过大。

A. 转速　　B. 旋转　　C. 跳动　　D. 间隙

48. 百分表的示值范围通常有：0～3mm、0～5mm 和____三种。

A. 0～8mm　　B. 0～10mm　　C. 0～12mm　　D. 0～15mm

49. 数控机床进给传动系统中不能用链传动是因为____。

A. 平均传动比不准确　　B. 瞬时传动比是变化的

C. 噪声大　　D. 运动有冲击

50. 偏心工件的装夹方法主要有两顶尖装夹、单动卡盘装夹、自定心卡盘装夹、偏心卡盘装夹、双重卡盘装夹、____夹具装夹等。

A. 专用偏心　　B. 随行　　C. 组合　　D. 气动

51. 量块除了可作为长度基准进行尺寸传递之外，还被广泛用于____和校准量具量仪。

A. 鉴定　　B. 检验　　C. 检查　　D. 分析

52. 带有花键的齿轮零件的图样，可以采用剖视图表示内花键的____。

A. 几何形状　　B. 相互位置　　C. 长度尺寸　　D. 内部尺寸

53. 在 CNC 系统的以下各项误差中，____是不可以用软件进行误差补偿，提高定位精度的。

A. 由摩擦力变动引起的误差　　B. 螺距累积误差

C. 机械传动间隙　　D. 机械传动元件的制造误差

54. 关于低压断路器叙述不正确的是____。

A. 操作安全工作可靠　　B. 不能自动切断故障电路

C. 安装使用方便，动作值可调　　D. 用于不频繁通断的电路中

55. 蜗杆粗车时，应使蜗杆____基本成形；而在精车时，就要保证齿形螺距和法向齿厚等尺寸。

A. 精度　　B. 长度　　C. 内径　　D. 牙形

56. 车刀负前角仅适用于硬质合金材料的车刀车削锻件、铸件毛坯和____的材料。

A. 硬度低　　B. 硬度很高　　C. 耐热性高　　D. 强度高

57. 加工时能防止或减小薄壁工件变形的方法主要有：①____；②采用轴向夹紧装置；③采用辅助支承或工艺肋。

A. 减小接触面积　　B. 增大接触面积

C. 增大刀具尺寸　　D. 采用专用夹具

58. 下列量具中，不属于游标类量具的是____。

A. 游标深度尺　　B. 游标高度尺　　C. 游标齿厚尺　　D. 外径千分尺

59. 在数控机床的闭环控制系统中，其检测环节具有两个作用：一个作用是检测出被测信号的大小，另一个作用是把被测信号转换成可与____进行比较的物理量，从而构成反馈通道。

A. 指令信号　　B. 反馈信号　　C. 偏差信号　　D. 脉冲信号

60. 常用固体润滑剂有石墨、二硫化钼、____等。

A. 润滑脂　　B. 聚四氟乙烯　　C. 钠基润滑脂　　D. 锂基润滑脂

得　分	
评分人	

二、判断题（第 61～100 题。将判断结果填入括号中。正确的填“√”，错误的填“×”。每题 1 分，满分 40 分。）

（　　）61. 对于同一个工件，工件坐标系选的越多，加工越复杂。

（　　）62. 机床有硬限位和软限位，但机床软限位在第一次手动返回参考点前是无效的。

（　　）63. 计算机数控装置中的 I/O 接口可以方便地与微机连接，实现并行和串行输出、通信、中断处理、存储器直接访问等。

（　　）64. 数控车床脱离了普通车床的结构形式，由床身、主轴箱、刀架、冷却系统、润滑系统等部分组成。

（　　）65. CIMS 是指计算机集成制造系统，CAPP 是指计算机辅助工艺设计。

(　　) 66. 插补运动的实际插补轨迹始终不可能与理想轨迹完全相同。

(　　) 67. 数控刀具应具有较长的寿命和较高的刚度、良好的材料热脆性、良好的断屑性能及可调、易更换等特点。

(　　) 68. 二轴联动坐标数控机床只能加工平面零件轮廓，曲面轮廓零件必须由三轴坐标联动的数控机床加工。

(　　) 69. 旋转变压器是一种测量角度用的小型交流电动机。

(　　) 70. 在数控机床上加工零件，应尽量选用组合夹具和通用夹具装夹工件，避免采用专用夹具。

(　　) 71. 子程序可以嵌套子程序，但子程序必须在主程序结束后建立。

(　　) 72. 数控机床精度较高，故其机械进给传动机构较复杂。

(　　) 73. 数控车床的运动量是由数控系统内的可编程序控制器 PLC 控制的。

(　　) 74. 检验数控机床主轴轴线与尾座锥孔轴线等高情况时，通常只允许尾座轴线稍低。

(　　) 75. 数控装置是数控车床的控制系统，它采集和控制着车床所有的运动状态和运动量。

(　　) 76. 开环控制的数控机床通常不带有任何检测反馈装置。

(　　) 77. 数控机床的工作环境，接地电阻应小于 4 ~ 7Ω。

(　　) 78. 在数控车床上钻削中心孔时，若中心钻中心点偏离主轴中心，则无法钻削。

(　　) 79. 所有零件只要是对称几何形状的均可采用镜像加工功能。

(　　) 80. 机床参考点是数控机床上固有的机械原点，该点到机床坐标原点在进给坐标轴方向上的距离可以在机床出厂后设定。

(　　) 81. 伺服系统是数控车床的执行机构，它包括驱动装置和执行机构两大部分。

(　　) 82. 任何提高劳动生产率的措施都必须以保证安全和产品质量为前提。

(　　) 83. 经济型数控一般多采用步进电动机、伺服开环结构。

(　　) 84. 机电一体化与传统的自动化最主要的区别之一是系统控制的智能化。

(　　) 85. 经济型数控机床一般采用半闭环系统。

(　　) 86. 数控系统的参数是依靠电池维持的，一旦电池电压出现报警，就必须立即关机，更换电池。

(　　) 87. 固定形状粗车循环方式适合于加工已基本铸造或锻造成形的工件。

(　　) 88. 系统操作面板上复位键的功能为接触报警和数控系统的复位。

(　　) 89. 判定机床坐标系时，应首先确定 X 轴。

(　　) 90. 数控加工中圆弧编程，通常既可以用圆心坐标编程，也可以用半径值编程。

(　　) 91. 自动换刀装置的形式有回转刀架换刀、更换主轴换刀、更换主轴箱换刀、带刀库的自动换刀系统。

(　　) 92. 在自动编程中，根据不同的数控系统的要求，对编译和数学处理后的信息进行处理，使其成为数控系统可以识别的代码，这一过程称为后置处理。

(　　) 93. 深孔钻削的主要关键技术有深孔钻的几何形状和冷却排屑问题。

(　　) 94. 提高工艺过程的劳动生产率是一个单纯的工艺技术问题，与产品设计、生产组织和企业管理等工作无关。

（　　）95. 恒线速控制的原理是工件的直径越大，进给速度越慢。

（　　）96. 数控机床的定位精度就是重复定位误差的大小。

（　　）97. M 指令主要用于机床加工操作时的工艺性指令。

（　　）98. 从机械结构的角度讲，数控机床具有较高的刚性和抗振性，传动精度高而传动链复杂等特点。

（　　）99. 利用宏程序可以方便地编制出任意非圆曲线或曲面的加工程序，且程序简单。

（　　）100. 数控装置处理程序时是以信息字为单元进行处理的。信息字是组成程序的最基本单元，它由地址字符和数字字符组成。

模拟五　中级应知考核模拟试题五

注 意 事 项

1. 本试卷依据《数控车工》国家职业标准命制，考试时间：60 分钟。
2. 请在试卷标封处填写姓名、准考证号和所在单位的名称。
3. 请仔细阅读答题要求，在规定位置填写答案。

	一	二	总　分
得　分			

得　分	
评分人	

一、单项选择题（第 1 ~ 60 题。选择一个正确的答案，将相应的字母填入题内的横线中。每题 1 分，满分 60 分。）

1. 数控车床能进行螺纹加工，其主轴上一定安装了____。

A. 测速发电机　B. 脉冲编码器　C. 温度控制器　D. 光电管

2. 数控车床的转塔刀架采用____驱动，可进行重负荷切削。

A. 液压马达　B. 液压泵　C. 气动马达　D. 气泵

3. 跟刀架固定在床鞍上，可以跟着车刀来抵消____切削力。

A. 主　B. 轴向　C. 径向　D. 横向

4. ____除具有抗热、抗湿及优良的润滑性能外，还能对金属表面起到良好的保护作用。

A. 钠基润滑脂　B. 锂基润滑脂

C. 铝基及复合铝基润滑脂　D. 钙基润滑脂

5. 防止周围环境中的水气、二氧化硫等有害介质侵蚀，这是润滑剂的____。

A. 密封作用　B. 防锈作用　C. 洗涤作用　D. 润滑作用

6. 精基准是用____作为定位基准面。

A. 未加工表面　B. 复杂表面

C. 切削量小的表面　D. 加工后的表面

7. 在大型和精密数控机床中，机床要求有较高的速度和精度，因而应采用____伺服系统。

A. 开环　　B. 闭环　　C. 半闭环　　D. 半闭环和闭环

8. 数控车床回转刀架转位后的精度，主要影响加工零件的____。

A. 形状精度　　B. 表面粗糙度　　C. 尺寸精度　　D. 圆柱度

9. 蜗杆半精加工、精加工一般采用____装夹，并利用分度卡盘进行分线。

A. 一夹一顶　　B. 两顶尖　　C. 专用夹具　　D. 单动卡盘

10. ____是在钢中加入较多的钨、钼、铬、钒等合金元素，主要用于制造形状复杂的切削刀具。

A. 硬质合金　　B. 高速钢　　C. 合金工具钢　　D. 碳素工具钢

11. 夹持工件的夹紧力其作用点应尽量落在主要____面上，以保证夹紧稳定可靠。

A. 基准　　B. 定位　　C. 圆柱　　D. 圆锥

12. 小型液压传动系统中用得最为广泛的泵是____。

A. 柱塞泵　　B. 转子泵　　C. 叶片泵　　D. 齿轮泵

13. 不属于电伤的是____。

A. 与带电体接触的皮肤红肿　　B. 电流通过人体内的击伤

C. 熔体烧伤　　D. 电弧灼伤

14. 混合编程的程序段是____。

A. G00　X100　Z200　F300　　B. G01　X－10　Z－20　F30

C. G02　U－10　W－5　R30　　D. G03　X5　W－10　R30　F500

15. 机床坐标系是机床固有的坐标系。其坐标轴的方向、原点在调试机床时已确定，是____的。

A. 移动　　B. 可变　　C. 可用　　D. 不可变

16. 伺服驱动系统是由伺服驱动电路和驱动装置组成的，驱动装置主要有____电动机，进给系统的步进电动机或交直流伺服电动机等。

A. 异步　　B. 三相　　C. 主轴　　D. 进给

17. 确定坐标系时，考虑刀具与工件之间的运动关系，采用____的原则。

A. 假设刀具运动，工件静止　　B. 假设工件运动，刀具静止

C. 根据具体情况定　　D. 假设刀具、工件都不动

18. 由于主轴轴承间隙过小会使____增加，摩擦热过多，这样就造成了主轴温度过高的现象。

A. 应力　　B. 外力　　C. 摩擦力　　D. 切削力

19. 用百分表测量偏心距时，表上指示出的最大值和最小值____的一半应等于偏心距的数值。

A. 之比　　B. 之和　　C. 之差　　D. 之积

20. 对长期不使用的数控机床保持经常性通电是为了____。

A. 保持电路的通畅　　B. 避免各元器件生锈

C. 检查电子元器件是否有故障　　D. 避免电子元件受潮发生故障

21. 在要求平稳、流量均匀、压力脉动小的中、低压液压系统中，应选用____。

A. CB 型齿轮泵　　B. YB 型叶片泵　　C. 轴向柱塞泵　　D. 螺杆泵

22. 数控机床几乎所有的辅助功能都通过____来控制。

A. 继电器　　B. 主计算机　　C. G代码　　D. PLC

23. 刀具材料的工艺性包括刀具材料的热处理性能和____。

A. 使用性能　　B. 耐热性　　C. 足够的强度　　D. 刃磨性能

24. 锯齿形螺纹常用于起重机和压力机械设备上，因为这种螺纹能够承受较大的____压力。

A. 冲击　　B. 双向　　C. 多向　　D. 单向

25. 程序编制中首件试切的作用是____。

A. 检验零件图设计的正确性

B. 检验零件工艺方案的正确性

C. 检验程序单的正确性，综合检验所加工的零件是否符合图样要求

D. 仅检验程序单的正确性

26. 刀具的副偏角一般采用____。

A. 10°~15°　　B. 6°~8°　　C. 1°~5°　　D. -6°左右

27. 用户宏程序就是____。

A. 由准备功能指令编写的子程序，主程序需要时可使用呼叫子程序的方式随时调用

B. 使用宏指令编写的程序，程序中除使用常用准备功能指令外，还使用了用户宏指令实现变量运算、判断、转移等功能

C. 工件加工源程序，通过数控装置运算、判断处理后，转变成工件的加工程序，由主程序随时调用

D. 一种循环程序，可以反复使用许多次

28. 数控机床能成为当前制造业最重要的加工设备是因为____。

A. 自动化程度高　　B. 对工人技术水平要求低

C. 劳动强度低　　D. 适应性强、加工效率高和工序集中

29. 数控系统的报警大体可以分为操作报警、程序错误报警、驱动报警及系统错误报警，某个程序在运行过程中出现“圆弧端点错误”，这属于____。

A. 程序错误报警　　B. 操作报警　　C. 驱动报警　　D. 系统错误报警

30. 测量蜗杆的量具主要有游标卡尺、千分尺、莫氏No. 3锥度塞规、游标万能角度尺、____卡尺、量针、钢直尺等。

A. 齿轮　　B. 深度　　C. 数显　　D. 精密

31. 数控机床进给系统减少摩擦阻力和动、静摩擦力之差，是为了提高数控机床进给系统的____。

A. 传动精度　　B. 运动精度和刚度

C. 快速响应性能和运动精度　　D. 传动精度和刚度

32. 偏心轴的结构特点是两轴线平行而____。

A. 重合　　B. 不重合　　C. 倾斜30°　　D. 不相交

33. 数控机床伺服系统是以____作为直接控制目标的自动控制系统。

A. 机械运动速度　　B. 机械位移　　C. 切削力　　D. 机械运动精度

34. 步进电动机在转速突变时，若没有一个加速或减速过程，会导致电动机____。

A. 发热　　B. 不稳定　　C. 丢步　　D. 失控

35. 偏心工件装夹时，必须按照已划好线的偏心和侧母线找正，并把偏心部分的轴线找正到与车床____轴线重合，即可加工。

A. 齿轮　　B. 主轴　　C. 电动机　　D. 丝杠

36. 测量外圆锥体的量具有检验平板、两个直径相同的圆柱形检验棒、____尺等。

A. 直角　　B. 深度　　C. 千分　　D. 钢直

37. 麻花钻的两个螺旋槽表面就是____。

A. 主后面　　B. 副后面　　C. 前面　　D. 切削平面

38. 圆感应同步器可以直接检测机床运动部件的____。

A. 直线位移　　B. 角位移　　C. 相位　　D. 幅值

39. 滚珠丝杠预紧的目的是____。

A. 增加阻尼比，提高抗振性　　B. 提高运动平稳性

C. 消除轴向间隙和提高传动刚度　　D. 加大摩擦力，使系统能自锁

40. 数控机床最适合____零件的生产。

A. 单件　　B. 小批　　C. 中小批　　D. 大批

41. 硬质合金的特点是耐热性好、切削效率高，但刀片____、韧性不及工具钢，且焊接、刃磨工艺也较差。

A. 塑性　　B. 耐热性　　C. 强度　　D. 耐磨性

42. 测量与反馈装置的作用是____。

A. 提高机床的安全性　　B. 提高机床的使用寿命

C. 提高机床的定位精度、加工精度　　D. 提高机床的灵活性

43. 为避免中心架支承爪直接和____表面接触，安装中心架之前，应先在工件中间车削一段安装中心架支承爪的沟槽，这样可减小中心架支承爪的磨损。

A. 光滑　　B. 加工　　C. 内孔　　D. 毛坯

44. 编制数控车床加工工艺时，应进行以下工作：分析工件____、确定工件装夹方法和选择夹具、选择刀具和确定切削用量、确定加工路径并编制程序。

A. 形状　　B. 尺寸　　C. 图样　　D. 精度

45. 在偏心夹紧装置中，其偏心轴的转动中心与几何中心____。

A. 垂直　　B. 不平行　　C. 平行　　D. 不重合

46. 数控车床加工时，发现工件外圆的圆柱度超差，则机床____误差影响最大。

A. 主轴定心轴颈的径向圆跳动　　B. X 轴轴向移动对主轴轴线的垂直度

C. Z 轴轴向移动在水平面的直线度　　D. 床身导轨在垂直面内的直线度

47. 梯形内螺纹的小径用字母“____”表示。

A. D_1　　B. D_3　　C. d　　D. d_2

48. 职业道德的实质内容是____。

A. 树立新的世界观　　B. 树立新的就业观念

C. 增强竞争意识　　D. 树立全新的社会主义劳动态度

49. 确定两个尺寸的精确程度，是根据两尺寸的____。

A. 公差大小　　B. 公差等级　　C. 基本偏差　　D. 公称尺寸

50. 偏心零件的____部分的轴线与基准轴线之间的距离，称为偏心距____。

A. 偏心　　B. 外圆　　C. 内孔　　D. 长度

51. 数控车床开机后，一般要先进行返回参考点操作，其目的是____。

A. 换刀、准备开始加工　　B. 建立机床坐标系

C. 建立局部坐标系　　D. 以上都对

52. 粗车42×6的矩形外螺纹时，应在外圆进行倒角，倒角应为____。

A. 2×45°　　B. 1×45°　　C. 3×45°　　D. 2×60°

53. 数控系统中大多有子程序功能，并且子程序____嵌套。

A. 只能有一层　　B. 可以有有限层　　C. 可以有无限层　　D. 不能

54. 长方体工件的侧面靠在两个支承点上，则限制了____个自由度。

A. 三　　B. 两　　C. 一　　D. 四

55. 限位开关在电路中起的作用是____。

A. 短路开关　　B. 过载保护　　C. 欠电压保护　　D. 行程控制

56. 加工细长轴需要使用中心架和跟刀架，这样可以增加工件的____刚性。

A. 工作　　B. 加工　　C. 回转　　D. 安装

57. 基本偏差为____与不同基本偏差轴的公差带形成各种配合的一种制度称为基孔制。

A. 不同孔的公差带　　B. 一定孔的公差带

C. 较大孔的公差带　　D. 较小孔的公差带

58. 花键齿轮零件的剖视图可以表示出内花键的____。

A. 几何形状　　B. 相互位置　　C. 长度尺寸　　D. 内部尺寸

59. 职业道德基本规范不包括____。

A. 爱岗敬业忠于职守　　B. 诚实守信办事公道

C. 发展个人爱好　　D. 遵纪守法廉洁奉公

60. 正弦规是由工作台、两个____尺寸相同的精密圆柱、侧挡板和后挡板等零件组成的。

A. 外形　　B. 长度　　C. 直径　　D. 偏差

得　分	
评分人	

二、判断题（第61～100题。将判断结果填入括号中。正确的填“√”，错误的填“×”。每题1分，满分40分。）

（　　）61. 机床参考点是数控机床上固有的机械原点，该点到机床坐标原点在进给坐标轴方向上的距离可以在机床出厂后设定。

（　　）62. 伺服系统是数控车床的执行机构，它包括驱动装置和执行机构两大部分。

（　　）63. 任何提高劳动生产率的措施，都必须以保证安全和产品质量为前提。

（　　）64. 经济型数控一般多采用步进电动机、伺服开环结构。

（　　）65. 机电一体化与传统的自动化最主要的区别之一是系统控制的智能化。

（　　）66. 大螺距的梯形螺纹加工时，最少准备两把刀。

（　　）67. 圆柱齿轮传动的精度要求有运动精度、工作平稳性、接触精度等几方面。

(　　) 68. 画零件图时可用标准规定的统一画法来代替真实的投影图。

(　　) 69. 蜗杆刀具材料主要是高锰钢。

(　　) 70. 齿轮的材料一般选用不锈钢。

(　　) 71. 数控车床横向进给靠转动中滑板丝杠来完成。

(　　) 72. 大型轮盘类零件不应在立式车床上加工。

(　　) 73. 对于偏心距较小的曲轴，可采用车偏心工件的方法车削。

(　　) 74. 数控车床传动系统的进给运动有纵向进给和横向进给运动。

(　　) 75. 闭环方式控制的数控机床的检测装置，通常都安装在伺服电动机上。

(　　) 76. 车床主轴编码器可以防止切削螺纹时乱扣。

(　　) 77. 从业者要遵守国家法纪，但不必遵守安全操作规程。

(　　) 78. 职工必须严格遵守各项安全生产规章制度。

(　　) 79. 不要在起重机吊臂下行走。

(　　) 80. 加工左旋螺纹时，梯形螺纹车刀左侧刃磨的后角应为（3°~5°）+ϕ。

(　　) 81. 检验数控机床主轴轴线与尾座锥孔轴线等高情况时，通常只允许尾座轴线稍低。

(　　) 82. 数控装置是数控车床的控制系统，它采集和控制着车床所有的运动状态和运动量。

(　　) 83. 开环控制的数控机床通常不带有任何检测反馈装置。

(　　) 84. 车床主轴的生产类型属单件生产。

(　　) 85. 薄壁工件采用辅助支承或工艺肋使夹紧力作用在工艺肋上 ，以减小工件变形。

(　　) 86. 车床主轴箱齿轮精车前的热处理方法为高频感应淬火。

(　　) 87. 自动编程中，使用后置处理的目的是将刀具位置数据文件处理成机床可以接受的数据程序。

(　　) 88. 数控系统出现故障后，如果了解了故障的全过程并确认通电对系统无危险时，就可通电进行观察，检查故障。

(　　) 89. 车偏心工件主要是把偏心部分的轴线找正到与车床主轴轴线相交的位置。

(　　) 90. 在传动链中常用的是套筒滚子链。

(　　) 91. 国家标准规定用细实线表示螺纹小径。

(　　) 92. 在加工脆性材料或硬度较高的材料时，刀具应选择较小的前角。

(　　) 93. 尖錾主要是用来錾削平面和分割曲线形板材。

(　　) 94. 梯形螺纹小径的尺寸可用大径尺寸减去两个实际牙型高度尺寸获得。

(　　) 95. 在程序中利用变量进行赋值及处理，使程序具有特殊功能，这种程序称为宏程序。

(　　) 96. 数控加工程序调试的目的：一是检查所编程序是否正确，二是把编程零点和机床零点相统一。

(　　) 97. 数控闭环系统比开环系统具有更高的稳定性。

(　　) 98. 数控机床的工作环境，接地电阻应小于4~7Ω。

(　　) 99. 在数控车床上钻削中心孔时，若中心钻中心点偏离主轴中心，则无法钻削。

(　　) 100. 所有零件只要是对称几何形状的均可采用镜像加工功能。

模拟六　中级应知考核模拟试题六

注 意 事 项

1. 本试卷依据《数控车工》国家职业标准命制，考试时间：60 分钟。
2. 请在试卷标封处填写姓名、准考证号和所在单位的名称。
3. 请仔细阅读答题要求，在规定位置填写答案。

	一	二	总　分
得　分			

得　分	
评分人	

一、单项选择题（第 1 ~ 60 题。选择一个正确的答案，将相应的字母填入题内的横线中。每题 1 分，满分 60 分。）

1. 画零件图的步骤是：①选择比例和图幅；②布置图面，完成底稿；③检查底稿后，再描深图形；④____。

A. 填写标题栏　　B. 布置版面　　C. 标注尺寸　　D. 存档保存

2. 限位开关在电路中起的作用是____。

A. 短路开关　　B. 过载保护　　C. 欠电压保护　　D. 行程控制

3. 圆柱齿轮传动的精度要求包括运动精度、工作平稳性、____等几方面精度要求。

A. 几何精度　　B. 平行度　　C. 垂直度　　D. 接触精度

4. 数控机床在轮廓拐角处产生欠程现象，应采用____方法控制。

A. 提高进给速度　　B. 修改坐标点　　C. 减速或暂停　　D. 更换刀具

5. 所谓联机诊断，是指数控计算机中的____。

A. 远程诊断能力　　B. 自诊断能力　　C. 脱机诊断能力　　D. 通信诊断能力

6. 加工细长轴时应使用中心架或跟刀架，以此增加工件的____刚性。

A. 工作　　B. 加工　　C. 回转　　D. 安装

7. 适应控制机床是一种能随着加工过程中切削条件的变化，自动地调整____实现加工过程最优化的自动控制机床。

A. 主轴转速　　B. 切削用量　　C. 切削过程　　D. 进给用量

8. 立式车床用于加工径向尺寸较大，轴向尺寸相对较小，且形状比较____的大型或重型的零件，如各种盘、轮和壳体类零件。

A. 复杂　　B. 简单　　C. 单一　　D. 规则

9. 空间直角坐标系中的自由体，共有____个自由度。

A. 七　　B. 五　　C. 六　　D. 八

10. 使用中心架加工零件的整个过程中，中心架支承爪与零件的接触处应经常添加润滑油，以减小____。

A. 内应力　B. 变形　C. 磨损　D. 表面粗糙度值

11. 化学热处理工艺是将工件置于一定的____中保温，使一种或几种元素渗入工件表层，改变其化学成分，从而使工件获得所需组织和性能的工艺方法。

A. 耐热材料　B. 活性介质　C. 冷却介质　D. 保温介质

12. 用刀具半径补偿功能时，如刀补设置为负值，刀具轨迹是____。

A. 左补　B. 右补

C. 不能补偿　D. 左补变右补，右补变左补

13. 程序无误，但在执行时，所有的 X 移动方向对程序原点而言皆相反，下列最有可能的原因是____。

A. 发生警报　B. X 轴设定资料被修改过

C. 未回归机械原点　D. 深度补正符号相反

14. 测量细长轴____公差的外径时应使用游标卡尺。

A. 形状　B. 长度　C. 尺寸　D. 自由

15. 用 46 块一套的量块，组合 95.552mm 的尺寸，其量块的选择为 1.002mm、____ mm、1.5mm、2mm、90mm 共五块。

A. 1.005　B. 20.5　C. 2.005　D. 1.05

16. 夹持工件时，欠定位是不能保证加工质量的，往往会产生废品，因此是____允许的。

A. 特殊情况下　B. 可以　C. 一般条件下　D. 绝对不

17. 在增量式光电码盘测量系统中，使光栅板的两个夹缝距离比刻线盘两个夹缝之间的距离小于 1/4 节距，使两个光敏元件的输出信号相差 1/2 相位，目的是____。

A. 测量被检工作轴的回转角度　B. 测量被检工作轴的转速

C. 测量被检工作轴的旋转方向　D. 提高码盘的测量精度

18. 精车削时，为减小刀具的____与工件的摩擦，保持刃口锋利，应选择较大的后角。

A. 基面　B. 前面　C. 后面　D. 主截面

19. 刀具硬质合金含钨量多，其____；而含钴量多则强度高、韧性好。

A. 硬度高　B. 耐磨性好　C. 工艺性好　D. 制造简单

20. 不适于做刀具材料的有____。

A. 碳素工具钢　B. 碳素结构钢　C. 合金工具钢　D. 高速钢

21. 加工飞轮时使用的量具主要有内径百分表、125 ~ 150mm 千分尺、____及一般游标卡尺等各一把。

A. 中型　B. 大型　C. 小型　D. 微型

22. 用板牙加工外螺纹时，应在工件端部倒角，这样板牙开始切削时就____。

A. 容易切入　B. 不易切入　C. 容易折断　D. 不易折断

23. 环境保护不包括____。

A. 预防环境恶化　B. 控制环境污染

C. 促进工、农业同步发展　D. 促进人类与环境协调发展

24. 游标万能角度尺是用来测量工件____的常用量具。

A. 内、外角度　　B. 内角度　　C. 外角度　　D. 弧度

25. CA6140 型车床尾座部件共由____个零件组成。

A. 40　　B. 50　　C. 60　　D. 45

26. 相邻两牙在____线上对应两点之间的轴线距离，称为螺距。

A. 大径　　B. 中径　　C. 小径　　D. 中心

27. 曲轴划线时，应将工件放在 V 形铁上，并在其两____分别划出主轴颈部分和曲轴颈部分的十字中心线 。

A. 槽　　B. 端面　　C. 零件　　D. 外圆

28. 夹紧工件的夹紧力方向应尽量与切向力的方向____。

A. 重合　　B. 相反　　C. 垂直　　D. 保持一致

29. 非整圆孔工件的图样应主要采用主视图和____图来表达。

A. 仰视　　B. 俯视　　C. 左视　　D. 局部剖视

30. 数控机床切削精度检验____，对机床精度和定位精度的一项综合检验。

A. 又称静态精度检验，是在切削加工条件下

B. 又称动态精度检验，是在空载条件下

C. 又称动态精度检验，是在切削加工条件下

D. 又称静态精度检验，是在空载条件下

31. 测量法向齿厚时，应先把齿高卡尺调整到齿顶高尺寸，同时使齿厚卡尺的____面与齿侧平行且有效地接触，这时齿厚卡尺测得的尺寸就是法向齿厚的实际尺寸。

A. 侧　　B. 基准　　C. 背　　D. 测量

32. 具有负前角的硬质合金车刀最适用于车削锻件、铸件毛坯和____的材料。

A. 硬度低　　B. 硬度很高　　C. 耐热性高　　D. 强度高

33. 数控机床进给传动系统中不能用链传动是因为____。

A. 平均传动比不准确　　B. 瞬时传动比是变化的

C. 噪声大　　D. 运动有冲击

34. 编排数控机床加工工序时，为了提高加工精度，采用____。

A. 精密专用夹具　　B. 一次装夹多工序集中

C. 流水线作业法　　D. 工序分散加工法

35. 润滑剂的作用主要有润滑作用、冷却作用、____、密封作用等。

A. 防锈作用　　B. 磨合作用　　C. 静压作用　　D. 稳定作用

36. 交、直流伺服电动机和普通交、直流电动机的____。

A. 工作原理及结构完全相同　　B. 工作原理相同，但结构不同

C. 工作原理不同，但结构相同　　D. 工作原理及结构完全不同

37. 测量两平行非完整孔的____时，可以选用内径百分表、内径千分尺、游标卡尺等量具。

A. 位置　　B. 长度　　C. 偏心距　　D. 中心距

38. 在偏心轴工件的图样中，若外径尺寸为 $\phi 40_{-0.40}^{-0.20}$ mm，则其____极限尺寸是 ϕ39.8mm 。

A. 上极限偏差　　B. 下　　C. 上　　D. 下极限偏差

39. 测量外圆锥体时，可选用检验平板、两个直径相同圆柱形检验棒、____尺等量具。

A. 直角　　B. 深度　　C. 千分　　D. 钢直

40. 在开环系统中，影响滚珠丝杠副重复定位精度的因素有____。

A. 接触变形　　B. 热变形　　C. 配合间隙　　D. 共振

41. 箱体加工时一般可考虑采用箱体上重要的孔作为____。

A. 工件的夹紧面　　B. 精基准　　C. 粗基准　　D. 测量基准面

42. 数控车床所选择的夹具应满足满足以下条件：安装调试方便、____性好、精度高、使用寿命长等要求。

A. 刚　　B. 韧　　C. 热硬　　D. 工艺

43. 梯形螺纹的大径和小径精度一般要求都不高，____可直接用游标卡尺测出。

A. 中径　　B. 小径　　C. 大径　　D. 底径

44. 数控机床有不同的运动形式，需要考虑工件与刀具相对运动关系及坐标方向，编写程序时，采用____的原则编写程序。

A. 刀具固定不动，工件移动

B. 铣削加工刀具固定不动，工件移动；车削加工刀具移动，工件不动

C. 分析机床运动关系后再根据实际情况

D. 工件固定不动，刀具移动

45. 车槽法就是选用切槽刀按直进法先车削出螺旋直槽，然后用梯形螺纹粗车刀粗车螺纹____。

A. 牙顶　　B. 两侧面　　C. 中径　　D. 牙高

46. 连接盘零件图样中，表面质量等级要求最高的是 *Ra*1.6 ____。

A. μm　　B. mm　　C. dm　　D. nm

47. 加工梯形螺纹一般可采用一夹一顶和____装夹方法。

A. 偏心　　B. 专用夹具　　C. 两顶尖　　D. 花盘

48. 梯形螺纹的工作____较长，且精度要求较高。

A. 精度　　B. 长度　　C. 半径　　D. 螺距

49. ____主要起冷却作用。

A. 水溶液　　B. 乳化液　　C. 切削油　　D. 防锈剂

50. 采用双重卡盘装夹工件时，其优点是安装方便、不需调整；但缺点是____较差，不宜选择较大的切削用量，只适用于小批量生产。

A. 韧性　　B. 刚性　　C. 精度　　D. 形状

51. 使用正弦规测量圆锥工件时，可用百分表检验工件圆锥上母线两端高度，若两端高度____，说明工件的角度或锥度是正确的。

A. 大于 1　　B. 不等　　C. 相等　　D. 小于 1

52. 刃磨好高速钢材料梯形螺纹精车刀之后，应用磨石添加机油研磨刀具的前、后面，并至刃口平直，刀面光洁____为止。

A. 平滑　　B. 无划伤　　C. 无崩刃　　D. 无磨痕

53. 当角铁的两个平面的夹角大于或小于____时，称之为角度角铁。

A. 60° B. 90° C. 180° D. 120°

54. 若未考虑车刀刀尖圆弧半径的补偿值，会影响车削工件的____精度。

A. 外径 B. 内径 C. 长度 D. 锥度及圆弧

55. 液压系统常出现的下列四种故障现象中，只有____不是因为液压系统的油液温升引起的。

A. 液压泵的吸油能力和容积效率降低

B. 系统工作不正常，压力、速度不稳定，动作不可靠

C. 活塞杆爬行和蠕动

D. 液压元件内外泄漏增加，油液加速氧化变质

56. 车削轴类零件时，跟刀架应固定在____上，这样在切削过程中可以跟着车刀一起来抵消背向力。

A. 床鞍 B. 导轨 C. 尾座 D. 卡盘

57. 偏心轴的结构特点是两轴线____而不重合。

A. 垂直 B. 平行 C. 相交 D. 相切

58. 用水平仪检验机床导轨的直线度时，若把水平仪放在导轨的右端，气泡向右偏 2 格；若把水平仪放在导轨的左端，气泡向左偏 2 格，则此导轨是____状态。

A. 中间凸 B. 中间凹 C. 不凸不凹 D. 扭曲

59. 精车矩形螺纹时，应采用____法加工。

A. 直进 B. 左右切削 C. 切直槽 D. 分度

60. 在直径 400mm 的工件上车削沟槽，若切削速度设定为 100m/min，则主轴转速宜选____ r/min。

A. 69 B. 79 C. 100 D. 200

得　分	
评分人	

二、判断题（第 61 ~ 100 题。将判断结果填入括号中。正确的填“√”，错误的填“×”。每题 1 分，满分 40 分。）

(　　) 61. 米制蜗杆的牙型角为 29°。

(　　) 62. 曲轴颈的偏心距是以另一个曲轴颈的轴线为基准。

(　　) 63. 数控机床的辅助装置包括液压系统、气动装置、冷却系统、润滑系统和排屑装置等。

(　　) 64. CA6140 型车床互锁机构是由横向进给操纵轴、固定套、球头销和弹簧销组成的。

(　　) 65. 在精车蜗杆时，一定要采用水平装刀法。

(　　) 66. 车削曲轴时，其两端面中心孔应选择“B”型。

(　　) 67. 画装配图时，要根据零件图的实际大小和复杂程度来确定合适的比例和图幅。

(　　) 68. 外圆与内孔轴线不重合的工件称为偏心套。

(　　) 69. 百分表的示值范围通常有 0 ~ 3mm，0 ~ 5mm，0 ~ 10mm 三种。

（　　）70. 奉献社会是职业道德中的最高境界。

（　　）71. 采用刀具半径补偿编程时，可按刀具中心轨迹编程。

（　　）72. 液压回路的压力损失是由于管道内的阻力造成的。

（　　）73. 整洁的工作环境可以振奋职工精神，提高工作效率。

（　　）74. 数控车床适用于加工形状特别复杂、难以控制、尺寸较大的工件。

（　　）75. 在数控机床上也能精确测量刀具的长度。

（　　）76. 调速阀是一个节流阀和一个减压阀串联而成的组合阀。

（　　）77. 脉冲当量是指每个脉冲信号使伺服电动机转过的角度。

（　　）78. 高压带电体应有防护措施，使一般人无法靠近。

（　　）79. 梯形螺纹车刀纵向的后角一般为 1°～2°。

（　　）80. 进给运动还有加大进给量和缩小进给量的传动路线。

（　　）81. 爱岗敬业就是对从业人员工作态度的首要要求。

（　　）82. 尺寸公差是允许尺寸的变动量，是用绝对值来定义的，因而它只能是正值。

（　　）83. 数控机床因其加工的自动化程度高，所以除了刀具的进给运动外，对于零件的装夹、刀具的更换、切屑的排除均需自动完成。

（　　）84. 数控机床的运动精度主要取决于伺服驱动元件和机床传动机构精度、刚度和动态特性。

（　　）85. 齿轮传动是由主动齿轮、从动齿轮和机架组成的。

（　　）86. 国家标准规定用细实线表示螺纹小径。

（　　）87. 数控机床的自诊断功能的状态显示属于在线诊断。

（　　）88. 在连续重复的加工以后，返回参考点可以消除进给运动部件的坐标随机误差。

（　　）89. “IF［<条件式>］GOTO *n*”指的是<条件式>成立时，从顺序号为 *n* 的程序段以下执行。

（　　）90. 数控车床在按 F 指令速度进行圆弧插补时，其 X、Z 两个轴分别按 F 指令速度运行。

（　　）91. 外圆与内孔偏心的零件叫偏心轴。

（　　）92. G00 和 G01 指令的运动轨迹一样，只是速度不一样。

（　　）93. 对闭环系统而言，不需要采用传动间隙消除机构。

（　　）94. 自动换刀装置（ATC）的工作质量主要表现为换刀时间和故障率。

（　　）95. 一般数控加工程序的编制分为三个阶段完成，即工艺处理、数值计算和编程调试。

（　　）96. 采用两顶尖偏心中心孔的方法加工曲轴时，应选用工件外圆作为基准。

（　　）97. 在数控机床上加工零件，应尽量选用组合夹具和通用夹具装夹工件。避免采用专用夹具。

（　　）98. 子程序可以嵌套子程序，但子程序必须在主程序结束后建立。

（　　）99. 数控机床精度较高，故其机械进给传动机构较复杂。

（　　）100. 数控车床的运动量是由数控系统内的可编程序控制器 PLC 控制的。

技能要求试题

模拟一　中级技能考核模拟试题一

一、零件图样

零件图样如图 4-1 所示。

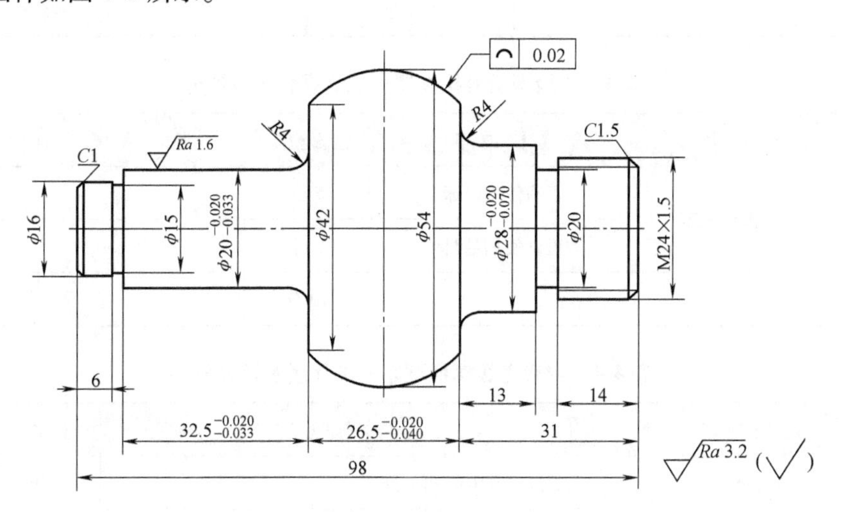

图 4-1　模拟试题一

二、准备要求

1. 机床选用 FANUC 数控系统。
2. 材料：45 钢；毛坯：ϕ60mm×105mm。
3. 工、量、刀具清单见表 4-1。

表 4-1　工、量、刀具清单

序号	名　称	规　格	单位	数量	备注
1	正手外圆车刀	90°~93°,35°菱形刀片	把	1	
2	外圆车刀	90°~93°	把	1	
3	平头切槽刀	2mm	把	1	
4	外螺纹车刀	M24×1.5	把	1	
5	扁锉	100~250mm	把	1	
6	薄铜皮	0.05~0.1mm	张	1	
7	百分表	分度值 0.01mm	个	1	
8	游标卡尺	0.02mm/(0~200)mm	把	1	
9	游标深度卡尺	0.02mm/(0~200)mm	把	1	
10	螺纹环规	M24×1.5	个	1	
11	磁性表座		个	1	
12	计算器		个	1	
13	草稿纸		张	若干	

4. 评分标准见表 4-2 ~ 表 4-4。

表 4-2　中级考级模拟试题—操作技能考核总成绩

序号	项目名称	配　分	得　分	备　注
1	现场操作规范	10 分		
2	工件质量	90 分		
合　计		100 分		

表 4-3　中级考级模拟试题—现场操作规范评分

序号	项　目	考核内容	配分	考场表现	得分
1	现场操作规范	正确使用机床	5 分		
2		正确使用量具	5 分		
合计			10 分		

表 4-4　中级考级模拟试题—工件质量评分表

序号	考核项目	评分标准	配分	得分
1	总长 98mm	每超差 0.02mm 扣 1 分	4 分	
2	外径 ϕ16mm	超差 0.1mm 全扣，长度 6mm 超差 0.5mm 扣 2 分	4 分	
3	外径 $\phi 20^{-0.02}_{-0.033}$mm	每超差 0.01mm 扣 2 分	8 分	
4	外径 $\phi 28^{-0.02}_{-0.07}$mm	每超差 0.01mm 扣 2 分	8 分	
5	M24 × 1.5 螺纹	螺纹环规检验，不合格全扣	10 分	
6	螺纹长度及退刀槽	长度超差 2mm 全扣，退刀槽宽度或底径超差 0.3mm 全扣	6 分	
7	2mm × ϕ15mm 槽	底径或槽宽每超差 0.05mm 扣 1 分	4 分	
8	外径 ϕ54mm	外径超差 0.1mm 全扣，轮廓度每超差 0.02mm 扣 1 分	8 分	
9	长度 $26.5^{-0.02}_{-0.04}$mm	每超差 0.01mm 扣 2 分	8 分	
10	长度 $32.5^{-0.02}_{-0.033}$mm	每超差 0.01mm 扣 2 分	8 分	
11	长度 31mm	超差 0.1mm 全扣	4 分	
12	2 × R4 圆角	每个圆角不合格扣 2 分	4 分	
13	倒角	每个倒角不合格扣 2 分	4 分	
14	表面粗糙度	Ra1.6μm 处每低一个等级扣 2 分，其余加工部位存在 30%、50%、75% 不达要求时分别扣 2 分、3 分、6 分	10 分	
合计			90 分	

扣分说明：凡注有公差尺寸，每超差 0.02mm 扣 2 分；未注公差尺寸超差 ±0.07mm 全扣

模拟二　中级技能考核模拟试题二

一、零件图样

零件图样如图 4-2 所示。

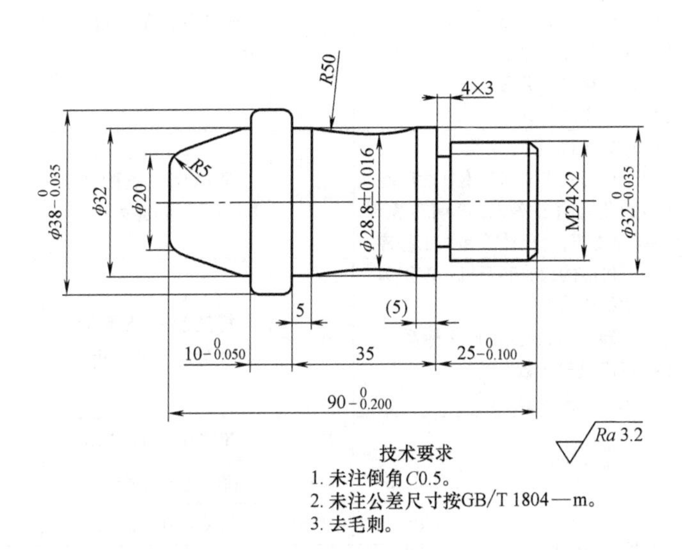

图 4-2　模拟试题二

二、准备要求

1. 机床选用 FANUC 数控系统。

2. 材料：45 钢；毛坯：ϕ40mm × 95mm。

3. 工、量、刀具清单见表 4-5。

表 4-5　工、量、刀具清单

序号	名　称	规　格	单位	数量	备注
1	45°外圆车刀	45°	把	自定	
2	90°外圆车刀	90°	把	自定	
3	切槽刀	4mm	把	自定	
4	圆头车刀	R = 3mm	把	自定	
5	三角形外螺纹车刀	M24 × 2	把	自定	
6	游标卡尺	0 ~ 300mm, 0.02mm	把	1	
7	外径千分尺	2.5 ~ 50mm, 0.01mm	把	1	
8	钢直尺	2000mm	把	1	
9	圆弧样板	R35 ~ R50mm	个	1	
10	螺纹环规或螺纹千分尺	M24-6g	个	1 套	
11	常用工具			自定	

4. 评分标准见表 4-6。

表 4-6　中级考级模拟试题二配分与评分标准

序号	考核项目	考核内容及要求		配分	评 分 标 准	检测结果	扣分	得分
1	工艺分析	填写工序卡。工艺不合理，视下列情况酌情扣分（详见工序卡） (1)工件定位和夹紧不合理 (2)加工顺序不合理 (3)刀具选择不合理 (4)关键工序错误		4 分	每违反一条酌情扣 1 分。扣完为止			
2	程序编制	(1)指令正确，程序完整 (2)运用刀具半径和长度补偿功能 (3)数值计算正确，程序编写表现出一定的技巧，简化计算和加工程序		4 分	每违反一条酌情扣 1 ~ 2 分。扣完为止			
3	数控车床规范操作	(1)开机前的检查和开机顺序正确 (2)回机床参考点 (3)正确对刀，建立工件坐标系 (4)正确设置参数 (5)正确仿真校验		6 分	每违反一条酌情扣 2 ~ 4 分。扣完为止			
4	外圆	$\phi32_{-0.035}^{0}$mm	IT	10 分	超差 0.01mm 扣 5 分			
			$Ra3.2\mu m$	2 分	降一级扣 1 分			
		$\phi38_{-0.035}^{0}$mm	IT	10 分	超差 0.01mm 扣 5 分			
			$Ra3.2\mu m$	2 分	降一级扣 1 分			
		ϕ32mm，ϕ20mm	IT	3 分	超差不得分			
			$Ra3.2\mu m$	2 分	降级不得分			
		R5mm		5 分	超差不得分			
5	成形面	ϕ28.8mm ± 0.016mm	IT	10 分	超差 0.01mm 扣 5 分			
			$Ra3.2\mu m$	2 分	降一级扣 1 分			
		R50mm		5 分	超差不得分			
6	外螺纹	M24 × 2	IT	10 分	不合格不得分			
			$Ra3.2\mu m$	2 分	降一级扣 1 分			
7	长度	5mm，35mm	IT	2 分	超差不得分			
		$10_{-0.05}^{0}$mm	IT	5 分	超差 0.02mm 扣 2 分			
		$25_{-0.1}^{0}$mm	IT	2 分	超差不得分			
		$90_{-0.2}^{0}$mm	IT	2 分	超差不得分			
8	槽宽	4mm × 3mm	IT	4 分	超差不得分			
9	倒角	共 3 处		3 分	每处 1 分，超差不得分			
10	安全文明生产	(1)着装规范，未受伤 (2)刀具、工具、量具的放置 (3)工件装夹、刀具安装规范 (4)正确使用量具 (5)卫生、设备保养 (6)关机后机床停放位置合理		5 分	每违反一条酌情扣 1 分。扣完为止			
11	否定项	发生重大事故（人身和设备安全事故等）、严重违反工艺原则和具备情节严重的野蛮操作等、不服从考试安排，由监考人决定取消其实操考核资格						

监考人：　　　　检验员：　　　　考评员：

模拟三　中级技能考核模拟试题三

一、零件图样

零件图样如图 4-3 所示。

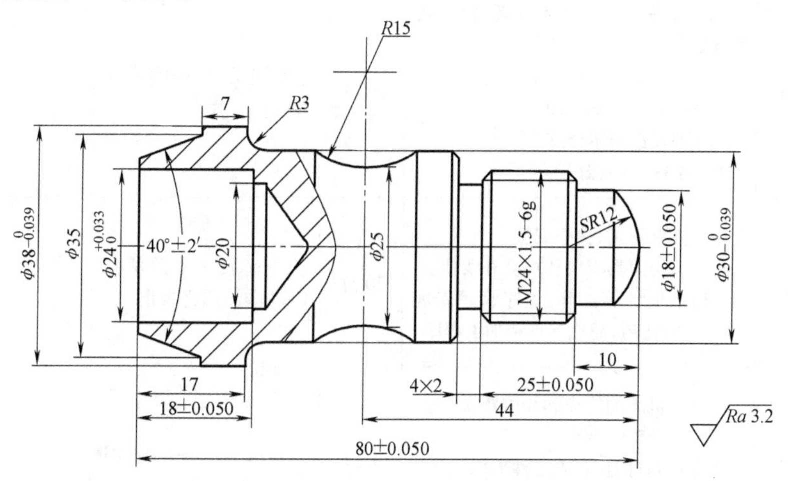

图 4-3　模拟试题三

二、准备要求

1. 机床选用 FANUC 数控系统。
2. 材料：45 钢；毛坯：ϕ40mm×83mm。
3. 工、量、刀具清单见表 4-7。

表 4-7　工、量、刀具清单

类型	序号	名　　称	规　　格	单位	数量	备注
量具	1	游标卡尺	0～200mm(分度值 0.02mm)	把	1	
	2	游标深度卡尺	0～200mm(分度值 0.02mm)	把	1	
	3	外径千分尺	0～25mm、25～50mm(分度值 0.01mm)	把	各 1	
	4	半径样板	R1～R25mm	个	各 1	
	5	螺纹千分尺	分度值 0.01mm	把	1	或螺纹环规
	6	内径百分表	18～35mm(分度值 0.01mm)	个	1	
刀具	7	45°端面车刀	45°	把	1	
	8	90°外圆粗车刀	90°	把	1	
	9	90°外圆精车刀	副偏角大于 35°	把	1	
	10	切槽刀	宽度为 4mm	把	1	
	11	三角形螺纹车刀	M24×2	把	1	
	12	内镗孔刀	ϕ20mm×35mm	把	1	
	13	钻头	ϕ20mm	个	1	
	14	中心钻	A3	个	1	
辅具	15	莫氏锥套		个	若干	
	16	函数型计算器		个	1	
	17	常用工具、辅具			若干	

4. 评分标准见表 4-8。

表 4-8 中级考级模拟试题三配分与评分标准

序号	考核项目	考核内容及要求		配分	评分标准	检测结果	扣分	得分
1	工艺分析	填写工序卡。工艺不合理，视下列情况酌情扣分（详见工序卡） （1）工件定位和夹紧不合理 （2）加工顺序不合理 （3）刀具选择不合理 （4）关键工序错误		10 分	每违反一条酌情扣 1 分。扣完为止			
2	程序编制	（1）指令正确，程序完整 （2）运用刀具半径和长度补偿功能 （3）数值计算正确，程序编写表现出一定的技巧，简化计算和加工程序		20 分	每违反一条酌情扣 1 ~ 5 分。扣完为止			
3	数控车床规范操作	（1）开机前的检查和开机顺序正确 （2）回机床参考点 （3）正确对刀，建立工件坐标系 （4）正确设置参数 （5）正确仿真校验		5 分	每违反一条酌情扣 1 分。扣完为止			
4	外圆及内孔	$\phi38_{-0.039}^{0}$ mm	IT	4 分	超差 0.01mm 扣 2 分			
			Ra	2 分	降级全扣			
		$\phi30_{-0.039}^{0}$ mm	IT	4 分	超差 0.01mm 扣 2 分			
			Ra	2 分	降级全扣			
		$\phi18$mm ± 0.05mm	IT	4 分	超差全扣			
			Ra	2 分	降级全扣			
		$\phi24_{0}^{+0.033}$ mm	IT	4 分	超差 0.01mm 扣 2 分			
			Ra	2 分	降级全扣			
5	角度	40° ± 2′	IT	4 分	超差全扣			
			Ra	2 分	降级全扣			
6	成形面	*SR*12mm	IT	3 分	超差全扣			
			Ra	2 分	降级全扣			
		*R*15mm	IT	3 分	超差全扣			
			Ra	2 分	降级全扣			
7	外螺纹	M24 × 1.5-6g	大径	2 分	超差不得分			
			中径	5 分	不合格不得分			
			Ra	2 分	降一级扣 2 分			
8	长度	80mm ± 0.05mm	IT	2 分	超差不得分			
		25mm ± 0.05mm	IT	2 分	超差不得分			
		18mm ± 0.05mm	IT	2 分	超差不得分			
9	槽宽	4mm × 2mm	IT	2 分	超差不得分			

（续）

序号	考核项目	考核内容及要求	配分	评分标准	检测结果	扣分	得分
10	倒角	共3处	3分	每处1分，超差不得分			
11	安全文明生产	（1）着装规范，未受伤 （2）刀具、工具、量具的放置 （3）工件装夹、刀具安装规范 （4）正确使用量具 （5）卫生、设备保养 （6）关机后机床停放位置不合理	5分	每违反一条酌情扣1分。扣完为止			
12	否定项	发生重大事故（人身和设备安全事故等）、严重违反工艺原则和具有情节严重的野蛮操作等，由监考人决定取消其实操考核资格					
合计		100分		得分			
监考人：		检验员：		考评员：			

模拟四　中级技能考核模拟试题四

一、零件图样

零件图样如图4-4所示。

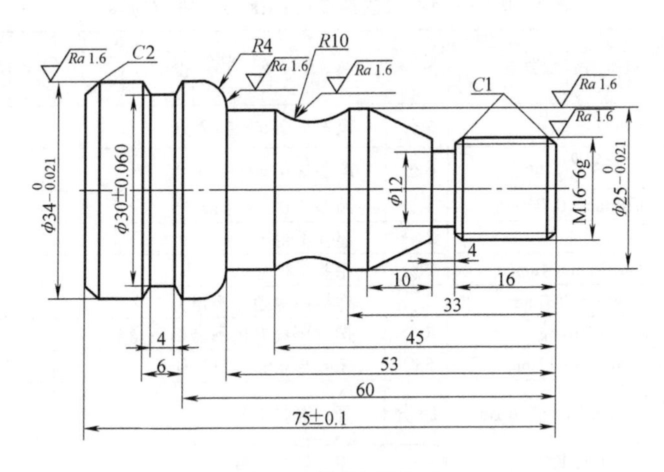

图4-4　模拟试题四

二、准备要求

1. 机床选用FANUC数控系统。
2. 材料：45钢；毛坯：ϕ36mm×77mm。
3. 工、量、刀具清单见表4-9。

表4-9　工、量、刀具清单

类型	序号	名　　称	规　　格	单位	数量	备注
刀具	1	93°外圆车刀		把	1	
	2	90°外圆车刀	副偏角≤45°	把	1	
	3	切槽刀	刀头宽4mm	把	1	
	4	螺纹车刀	刀尖角度60°	把	1	

（续）

类型	序号	名称	规格	单位	数量	备注
量具	5	游标卡尺	0～150mm，0.02mm	把	1	
	6	千分尺	0～25mm，0.01mm	把	1	
	7	千分尺	25～50mm，0.01mm	把	1	
	8	半径样板	$R1$～$R7$mm	个	1	
	9	半径样板	$R7$～$R14.5$mm	个	1	
	10	游标万能角度尺	0～320°，2′	把	1	
	11	螺纹塞规	M16×2-6H	把	1	
工具	12	卡盘扳手		个	1	
	13	刀架扳手		个	1	
	14	夹力杆		个	1	
	15	毛刷		个	1	
其他	16	铜棒、铜皮、计算器及编程说明书等			若干	选用

4. 评分标准见表 4-10。

表 4-10　中级考级模拟试题四配分与评分标准

考核项目	考核内容	序号	考核内容及要求	配分	评分标准	检测结果	得分	备注
产品考核项目	外圆	1	$\phi25_{-0.021}^{\ 0}$mm	6 分	超差 0.01mm 扣 2 分			
		2	$\phi34_{-0.21}^{\ 0}$mm	6 分	超差 0.01mm 扣 2 分			
	切槽	3	$\phi30$mm±0.06mm	4 分	超差 0.02mm 扣 1 分			
		4	4	2 分	超差不得分			
		5	$\phi12$mm×4mm	2 分	超差不得分			
	圆弧	6	$R4$mm、$R10$mm	4 分	样板检测超差不得分			
	螺纹	7	M16-6g	8 分	螺纹环规测量不合格不得分			
	长度	8	75mm±0.1mm	6 分	超差 0.02mm 扣 1 分			
	表面质量	9	5 处表面为 $Ra1.6\mu m$	10 分	降一级扣 1 分			
	倒角	10	3 处倒角	4 分	少一处扣 1 分			
生产流程考察项目	程序	11	优化、简明、可加工	30 分	错一处扣 4 分			
	工艺编排	12	编排合理、得当	4 分	不合理不得分			
	产品成形	13	完整、无缺陷	4 分	没有最终成形不得分			
	安全操作	14	按操作规程操作	6 分	违反操作扣 6 分			
	工、量具使用	15	正确使用工、量具	4 分	工、量具使用不正确不得分			
综合项目评定	意见：						总分	

模拟五　中级技能考核模拟试题五

一、零件图样

零件图样如图 4-5 所示。

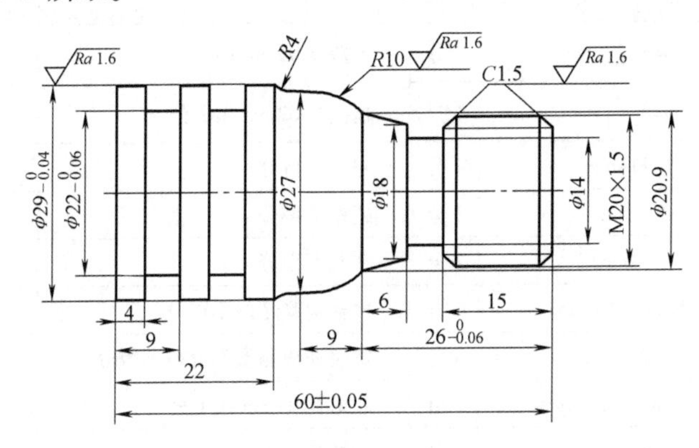

图 4-5　模拟试题五

二、准备要求

1. 机床选用 FANUC 数控系统。
2. 材料：45 钢；毛坯：ϕ36mm × 162mm。
3. 工、量、刀具清单见表 4-11。

表 4-11　工、量、刀具清单

类型	序号	名　称	规　格	单位	数量	备注
刀具	1	93°外圆车刀		把	1	
	2	90°外圆车刀	副偏角≤45°	把	1	
	3	切槽刀	宽度 4mm	把	1	
	4	螺纹车刀	刀尖角度 60°	把	1	
量具	5	游标卡尺	0 ~ 150mm, 0. 02mm	把	1	
	6	千分尺	0 ~ 25mm, 0. 01mm	把	1	
	7	千分尺	25 ~ 50mm, 0. 01mm	把	1	
	8	半径样板	R1 ~ R7mm	个	1	
	9	半径样板	R7 ~ R14. 5mm	个	1	
	10	游标万能角度尺	0 ~ 320°, 2′	把	1	
	11	螺纹塞规	M20 × 1. 5-6H	把	1	
工具	12	卡盘扳手		个	1	
	13	刀架扳手		个	1	
	14	夹力杆		个	1	
	15	毛刷		个	1	
其他	16	铜棒、铜皮、计算器及编程说明书等				选用

4. 评分标准见表4-12。

表4-12　中级考级模拟试题五配分与评分标准

考核项目	考核内容	序号	要　求	配分	评分标准	检测结果	得分	备注
产品考核项目	外圆	1	$\phi29_{-0.04}^{0}$mm	4分	超差0.01mm扣2分			
	切槽	2	$\phi22_{-0.06}^{0}$mm	4分	超差0.02mm扣2分			
		3	ϕ14mm	4分	超差不得分			
		4	5mm	2分	超差不得分			
		5	4mm	2分	超差不得分			
	圆弧	6	R4mm、R10mm	4分	样板检测超差不得分			
	螺纹	7	M20×1.5	8分	螺纹环规测量不合格不得分			
	长度	8	60mm±0.05mm	6分	超差0.04mm扣1分			
		9	$26_{-0.06}^{0}$mm	4分	超差0.04mm扣1分			
	表面质量	10	3处表面为Ra1.6μm	6分	降一级扣1分			
	倒角	11	2处倒角	7分	少一处扣1分			
生产流程考察项目	程序	12	优化、简明、可加工	30分	错一处扣4分			
	工艺编排	13	编排合理、得当	4分	不合理不得分			
	产品成型	14	完整、无缺陷	6分	没有最终成型不得分			
	安全操作	15	按操作规程操作	5分	违反操作扣6分			
	工、量具使用	16	正确的使用工、量具	4分	工、量具使用不正确扣2分			
综合项目评定	意见：						总分	

模拟六　中级技能考核模拟试题六

一、零件图样

零件图样如图4-6所示。

二、准备要求

1. 机床选用FANUC数控系统。

2. 材料：45钢；毛坯：ϕ50mm×125mm。

3. 工、量、刀具清单见表4-13。

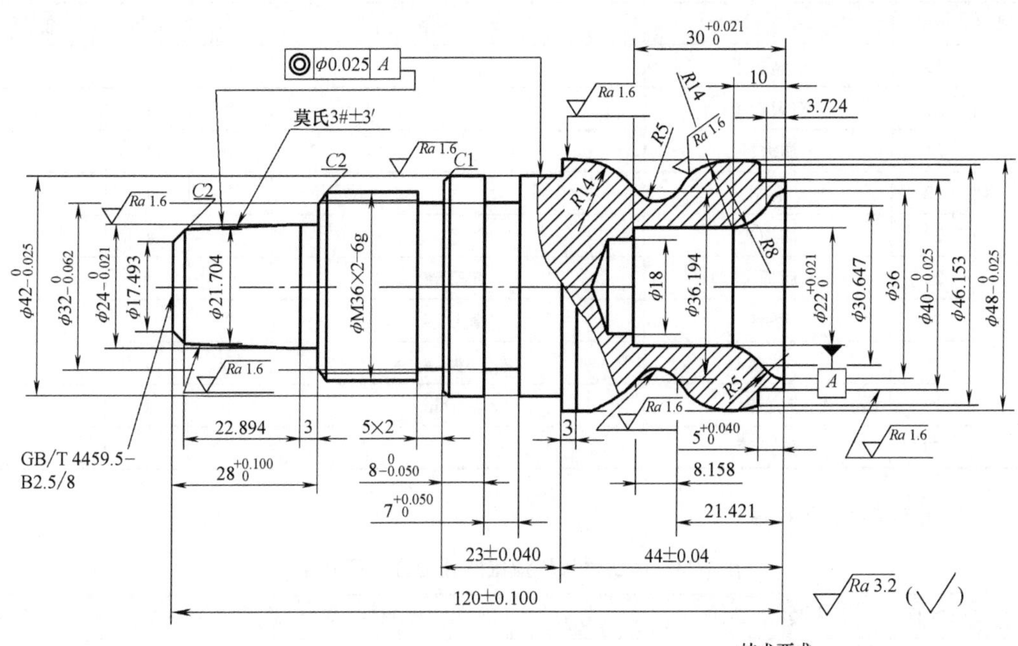

图 4-6 模拟试题六

表 4-13 工、量、刃具清单

类别	序号	名称	规格	单位	数量	备注
刀具	1	90°外圆偏刀	80°刀片	把	自定	
	2	90°外圆偏刀	35°刀片	把	自定	
	3	切槽刀	$L=4$mm	把	自定	
	4	圆头车刀	$R\leqslant2$mm	把	自定	
	5	外螺纹车刀	刀尖角度60°，$P=1.5$mm	把	自定	
	6	内孔车刀	ϕ22mm×45mm	把	自定	
	7	中心钻	B2.5	把	自定	
	8	麻花钻	ϕ18mm	把	自定	
量具	9	游标卡尺	0～150mm	把	1	
	10	游标深度卡尺	0～200mm	把	1	
	11	千分尺	0～25mm	把	1	
	12	千分尺	25～50mm	把	1	
	13	半径样板	R5mm、R14mm、R8mm	个	1	
	14	游标万能角度尺	0°～320°，2′	个	1	
	15	螺纹环规	M36×2-6g	套	1	
	16	内径指示表	18～36mm	套	1	
	17	百分表	1～10mm	个	1	
	18	磁力表座		个	1	

（续）

类别	序号	名　称	规　格	单位	数量	备注
工具	19	卡盘扳手		个	1	
	20	刀架扳手		个	1	
	21	加力杆		个	1	
	22	毛刷		个	1	
	23	前顶尖		个	1	
	24	后顶尖	莫氏 5#	个	1	
	25	钻夹	莫氏 5#	个	1	
	26	钻套	莫氏 3#、4#、5#	个	1	
	27	鸡心夹	$\phi \geq 50$mm	个	1	
	28	红丹粉				

4. 评分标准见表 4-14。

表 4-14　中级考级模拟试题六配分与评分标准

序号	项目	技术要求	配分	评分标准	实测结果	扣分	得分
1	外圆	$\phi48_{-0.025}^{0}$mm	5 分	超差 0.01mm 扣 2 分			
2	外圆	$\phi42_{-0.025}^{0}$mm	5 分	超差 0.01mm 扣 2 分			
3	外圆	$\phi32_{-0.062}^{0}$mm	6 分	超差 0.01mm 扣 2 分			
4	外圆	$\phi40_{-0.025}^{0}$mm	5 分	超差 0.01mm 扣 2 分			
5	外圆	$\phi24_{-0.021}^{0}$mm	6 分	超差 0.01mm 扣 2 分			
6	内孔	$\phi22_{0}^{+0.021}$mm	6 分	超差 0.01mm 扣 2 分			
7	锥度	莫氏 3# ±2′	6 分	超差 2′扣 3 分			
8	沟槽	$7_{0}^{+0.05}$mm	5 分	超差 0.02mm 扣 3 分			
9	螺纹	M36×2-6g	10 分	超差无分			
10	圆弧	$R5$mm、$R14$mm、$R8$mm	3 分/3 分/3 分	达不到要求无分			
11	长度	120mm ±0.1mm	4 分	超差无分			
12	长度	44mm ±0.04mm	4 分	超差无分			
13	长度	$30_{0}^{+0.021}$mm	2 分	超差无分			
14	长度	$28_{0}^{+0.1}$mm	2 分	超差无分			
15	长度	23mm ±0.04mm	2 分	超差无分			
16	长度	$8_{-0.05}^{0}$mm	3 分	超差无分			
17	长度	$5_{0}^{+0.04}$mm	2 分	超差无分			
18	同轴度	$\phi0.025$mm	6 分	超差 0.01mm 扣 1 分			
19	倒角	$C2$(2 处)	2 分	一处达不到要求扣 1 分			
20	表面粗糙度值	$Ra1.6\mu m$(7 处)	7 分	一处达不到要求扣 1 分			
21	去锐角		3	一处达不到要求扣 0.5 分			

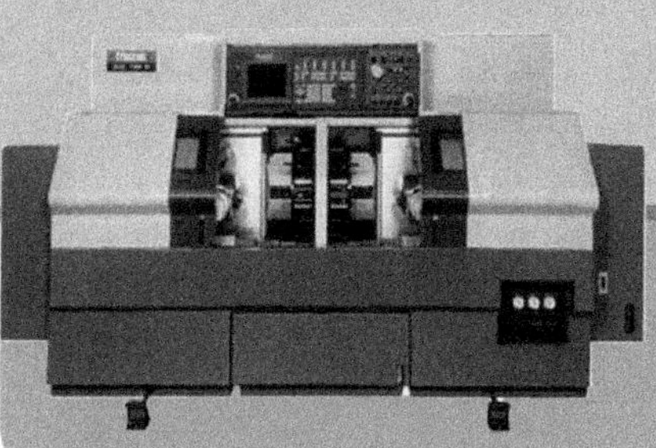

附录

中级应知考核模拟试题参考答案

模拟一 中级应知考核模拟试题一参考答案

一、单项选择题（第1～60题。选择一个正确的答案，将相应的字母填入题内的括号中。每题1分，满分60分。）

1. B 2. A 3. C 4. A 5. B 6. C 7. A 8. C 9. B 10. B

11. A 12. C 13. D 14. B 15. D 16. D 17. C 18. C 19. C 20. B

21. D 22. B 23. B 24. D 25. A 26. C 27. A 28. D 29. D 30. A

31. D 32. B 33. A 34. B 35. C 36. C 37. B 38. D 39. D 40. B

41. C 42. B 43. B 44. B 45. C 46. D 47. D 48. B 49. A 50. B

51. C 52. A 53. B 54. A 55. B 56. B 57. C 58. C 59. D 60. A

二、判断题（第61～100题。将判断结果填入括号中。正确的填“√”，错误的填“×”。每题1分，满分40分。）

61. × 62. × 63. √ 64. √ 65. × 66. × 67. √ 68. √ 69. √ 70. ×

71. √ 72. √ 73. √ 74. √ 75. √ 76. √ 77. × 78. × 79. √ 80. √

81. √ 82. × 83. √ 84. × 85. × 86. × 87. × 88. × 89. × 90. √

91. √ 92. × 93. × 94. × 95. √ 96. √ 97. √ 98. × 99. × 100. ×

模拟二 中级应知考核模拟试题二参考答案

一、单项选择题（第1～60题。选择一个正确的答案，将相应的字母填入题内的括号中。每题1分，满分60分。）

1. D 2. B 3. C 4. B 5. A 6. B 7. C 8. B 9. A 10. C

11. A 12. B 13. D 14. D 15. B 16. C 17. A 18. D 19. A 20. C

21. C 22. A 23. C 24. A 25. B 26. B 27. C 28. A 29. C 30. C

31. C 32. D 33. A 34. B 35. B 36. B 37. B 38. C 39. B 40. D

41. C 42. C 43. C 44. B 45. B 46. B 47. B 48. B 49. D 50. A

51. D 52. C 53. A 54. D 55. C 56. C 57. C 58. B 59. C 60. B

二、判断题（第61～100题。将判断结果填入括号中。正确的填“√”，错误的填“×”。每题1分，满分40分。）

61. √　62. ×　63. √　64. ×　65. √　66. √　67. √　68. √　69. ×　70. √
71. √　72. √　73. √　74. ×　75. √　76. ×　77. √　78. ×　79. ×　80. √
81. ×　82. √　83. ×　84. √　85. ×　86. ×　87. √　88. √　89. √　90. √
91. ×　92. √　93. ×　94. ×　95. √　96. ×　97. ×　98. ×　99. √　100. √

模拟三　中级应知考核模拟试题三参考答案

一、单项选择题（第1~60题。选择一个正确的答案，将相应的字母填入题内的括号中。每题1分，满分60分。）

1. C　2. B　3. A　4. D　5. A　6. C　7. C　8. A　9. B　10. A
11. A　12. A　13. A　14. B　15. A　16. B　17. D　18. B　19. A　20. B
21. C　22. A　23. B　24. C　25. C　26. B　27. C　28. A　29. A　30. C
31. A　32. B　33. B　34. A　35. B　36. A　37. B　38. B　39. B　40. B
41. A　42. A　43. C　44. D　45. A　46. B　47. C　48. D　49. B　50. A
51. D　52. A　53. A　54. C　55. C　56. B　57. B　58. A　59. C　60. C

二、判断题（第61~100题。将判断结果填入括号中。正确的填“√”，错误的填“×”。每题1分，满分40分。）

61. √　62. ×　63. √　64. √　65. √　66. ×　67. √　68. ×　69. ×　70. √
71. √　72. √　73. ×　74. √　75. ×　76. √　77. ×　78. ×　79. ×　80. ×
81. √　82. ×　83. ×　84. ×　85. ×　86. ×　87. ×　88. √　89. ×　90. √
91. √　92. √　93. ×　94. ×　95. √　96. √　97. ×　98. √　99. √　100. ×

模拟四　中级应知考核模拟试题四参考答案

一、单项选择题（第1~60题。选择一个正确的答案，将相应的字母填入题内的括号中。每题1分，满分60分。）

1. B　2. B　3. C　4. D　5. B　6. D　7. C　8. B　9. B　10. C
11. A　12. B　13. C　14. C　15. A　16. B　17. B　18. B　19. A　20. C
21. B　22. D　23. C　24. B　25. C　26. C　27. A　28. D　29. B　30. A
31. C　32. C　33. B　34. D　35. C　36. A　37. A　38. C　39. C　40. C
41. B　42. D　43. C　44. D　45. B　46. B　47. D　48. B　49. B　50. A
51. A　52. A　53. D　54. B　55. D　56. B　57. B　58. D　59. A　60. B

二、判断题（第61~100题。将判断结果填入括号中。正确的填“√”，错误的填“×”。每题1分，满分40分。）

61. ×　62. √　63. √　64. ×　65. √　66. √　67. √　68. ×　69. √　70. √
71. √　72. ×　73. ×　74. ×　75. √　76. √　77. √　78. √　79. ×　80. ×
81. √　82. √　83. √　84. √　85. ×　86. ×　87. √　88. √　89. ×　90. √
91. √　92. √　93. √　94. ×　95. ×　96. ×　97. √　98. ×　99. ×　100. √

模拟五　中级应知考核模拟试题五参考答案

一、单项选择题（第1~60题。选择一个正确的答案，将相应的字母填入题内的括号中。每题1分，满分60分。）

1. B 2. A 3. C 4. C 5. B 6. D 7. D 8. C 9. B 10. B

11. B 12. D 13. B 14. D 15. D 16. C 17. A 18. C 19. C 20. D

21. B 22. D 23. D 24. D 25. C 26. B 27. B 28. D 29. A 30. A

31. C 32. B 33. B 34. C 35. B 36. C 37. C 38. B 39. C 40. C

41. C 42. C 43. D 44. C 45. D 46. C 47. A 48. D 49. B 50. A

51. B 52. C 53. B 54. B 55. D 56. D 57. B 58. A 59. C 60. C

二、判断题（第61～100题。将判断结果填入括号中。正确的填“√”，错误的填“×”。每题1分，满分40分。）

61. × 62. √ 63. √ 64. √ 65. √ 66. √ 67. √ 68. √ 69. × 70. ×

71. √ 72. × 73. √ 74. √ 75. × 76. √ 77. × 78. √ 79. √ 80. ×

81. × 82. √ 83. √ 84. × 85. √ 86. × 87. √ 88. √ 89. × 90. √

91. √ 92. √ 93. × 94. √ 95. √ 96. × 97. × 98. √ 99. √ 100. ×

模拟六 中级应知考核模拟试题六参考答案

一、单项选择题（第1～60题。选择一个正确的答案，将相应的字母填入题内的括号中。每题1分，满分60分。）

1. A 2. D 3. D 4. C 5. B 6. D 7. B 8. A 9. C 10. C

11. B 12. D 13. B 14. D 15. D 16. D 17. C 18. C 19. A 20. B

21. B 22. A 23. C 24. A 25. B 26. B 27. D 28. D 29. C 30. C

31. D 32. B 33. B 34. B 35. A 36. B 37. D 38. C 39. C 40. B

41. C 42. A 43. C 44. D 45. B 46. A 47. C 48. B 49. A 50. B

51. C 52. D 53. B 54. D 55. C 56. A 57. B 58. B 59. B 60. B

二、判断题（第61～100题。将判断结果填入括号中。正确的填“√”，错误的填“×”。每题1分，满分40分。）

61. × 62. × 63. √ 64. × 65. √ 66. √ 67. × 68. × 69. √ 70. ×

71. √ 72. √ 73. √ 74. × 75. × 76. √ 77. × 78. √ 79. × 80. √

81. √ 82. √ 83. × 84. √ 85. √ 86. √ 87. √ 88. × 89. √ 90. ×

91. × 92. × 93. × 94. √ 95. √ 96. × 97. √ 98. √ 99. × 100. ×

参考文献

[1] 陈子银. 数控车床编程与操作 [M]. 北京：人民邮电出版社，2010.
[2] 苏源. 数控车床加工工艺与编程 [M]. 北京：机械工业出版社，2012.
[3] 叶伯生. 计算机数控系统原理、编程与操作 [M]. 武汉：华中理工大学出版社，1999.
[4] 陈秋霞. 数控加工技术 [M]. 武汉：武汉大学出版社，2011.
[5] 陈子银. 数控机床结构原理与应用 [M]. 北京：北京理工大学出版社，2009.
[6] 晏初宏. 数控机床与机械结构 [M]. 北京：机械工业出版社，2010.
[7] 于万成. 数控机床及应用 [M]. 北京：机械工业出版社，2008.
[8] 韩鸿鸾. 数控机床的结构与维修 [M]. 北京：机械工业出版社，2004.
[9] 武友德. 数控设备故障诊断与维修技术 [M]. 北京：机械工业出版社，2003.